河北省教育厅人文社会科学研究重大课题攻关项目：
“雄安质量”金融服务创新研究（项目编号：ZD201812）
河北金融学院金融创新与风险管理研究中心资助

Construction of CHINA'S CARBON Emission Trading System

——Experience from the European Union

中国碳排放交易系统构建

——来自欧盟的经验

谷晓飞　王宪明　/ 著

中国财经出版传媒集团
经济科学出版社
Economic Science Press

序　言

多年来，全球变暖的问题已经日趋严重。如果这种趋势得不到有效遏制，将严重威胁人类的生存和发展。造成全球变暖的主因经过多年的研究，已经可以确定是由于工业革命之后人类活动造成的过量温室气体排放。降低温室气体排放，是减缓全球变暖的最有效手段。为了推动世界各国协调推进温室气体减排，1997 年在《联合国气候变化框架公约》（United Nations Framework Convention on Climate Change，UNFCCC）的框架下制定了《京都议定书》（Kyoto Protocol），这是世界各国达成的第一项具有现实意义的减排协议，在人类历史上具有里程碑式的意义。《京都议定书》基于历史排放责任的考量，确定了发达国家和发展中国家承担“共同但有区别”的减排责任。主要承担减排责任的是发达国家，发展中国家的主要任务仍然是发展经济、消除贫困。

为了实现《京都议定书》对发达国家设定的强制减排目标，各国研究并实践了各种减排方式，包括碳税、排放管制、排放交易等。如何保证在实现减排目标的同时，经济发展不受或少受影响，是实现减排的过程中需要解决的最大难题。从各国多年的理论研究和实践结果来看，建立排放交易系统，通过市场化手段进行减排是实现这一目标的最佳途径。2005 年，欧盟率先建立了全球第一个跨国排放交易系统——欧盟排放交易系统（EU Emission Trading Scheme，EU ETS）。通过这一系统的有效运行，欧盟在 2012 年超额完成了《京都议定书》对欧盟设定的减排目标。在实现减排目标的同时，欧盟的经济社会发展基本未受到减排的负面影响。到目前为止，EU ETS 已经是全世界最先进、覆盖区域最广、减排效果最好的排放交易系统，是全世界市场化减排的典范，成为很多国家学习和效仿的对象。

2015 年 12 月，《联合国气候变化框架公约》第 21 次缔约方大会（COP 21）在法国巴黎召开。同年 12 月 12 日，巴黎气候变化大会上通过了《巴黎协定》（The Paris Agreement）。该协定为 2020 年后全球应对气候变化行动作出了安排：长期目标是将全球平均气温较前工业化时期上升幅度控制在 2℃以内，并为将温度上升幅度控制在 1.5℃以内而努力。2016 年 4 月 22 日，《联合国气候变化框架公约》近 200 个缔约方在联合国总部纽约签署了《巴黎协定》。

为纪念应对气候变化《巴黎协定》达成 5 周年，2020 年 12 月 12 日联合国及有关国家以视频方式举行气候峰会。在峰会上中国向全世界郑重承诺：中国将提高国家自主贡献力度，二氧化碳排放力争于 2030 年前达到峰值，努力争取 2060 年前实现碳中和。到 2030 年，中国单位国内生产总值二氧化碳排放将比 2005 年下降 65%以上，非化石能源占一次能源消费比重将达到 25%左右，森林蓄积量将比 2005 年增加 60 亿立方米，风电、太阳能发电总装机容量将达到 12 亿千瓦以上。

中国作为全球最大的温室气体排放国、第二经济大国、最大的工业国，要实现减排目标难度很大，需要各项减排政策协调配合。建立全国统一的排放交易系统，是实现中国减排目标的核心举措之一。通过排放交易系统，能够确保以最低限度牺牲经济社会发展为代价，顺利实现减排目标。建设中国的排放交易系统，需要在中国现实国情的基础上，充分参考国外发展排放交易的经验和教训。EU ETS 作为全世界覆盖范围最广、交易规模最大、减排效果最好的排放交易系统，理应成为中国建设排放交易系统的主要参考和借鉴对象。

全书在充分介绍世界各国、各地区发展排放交易的经验和教训的基础上，重点研究和分析了 EU ETS 的运行机制，包括总量控制与交易的基本框架、减排覆盖范围的确定、排放上限的计算和配额的分配，以及排放交易系统基础设施建设等。进一步研究了 EU ETS 的辅助机制，包括 MRVA 系统、MSR 系统、碳泄漏的处理，以及配额市场的监管等。在充分研究 EU ETS 机制的基础上，总结了欧盟发展排放交易系统对中国的重要启示，可以为中国建设和发展排放交易系统提供宝贵的借鉴和参考。中国开展排放交易，并非从零开始，而是有着良好的基础，包括中国开展的排放交易的试点，国家从上到下实现减排的坚强决心和意志、雄厚的经济基础、成熟完善的金融体系，以及多年的宣传形成的全民环保的理念等。

中国建设排放交易系统，能够有效推动减排目标的实现，为全世界的减排事业作出自身的贡献。中国的减排还可以鼓舞更多发展中国家为世界的减排事业作出更大贡献。这不仅是一个简单的系统，也不仅是一套规章制度，这是中国与人类的命运、人类的未来订立的希望之约，将有助于我们行走在正确的道路上。我们正站在新的起点上，眼前的道路此刻是充满希望的，但我们需要将这些希望转化为现实。

笔 者
2021 年 6 月

目　录

第一章　导　　论

第一节　温室气体与全球变暖

一、温室气体

温室气体（green house gas，GHG）或称温室效应气体，是指大气中吸收和重新释放出红外辐射的自然和人为的气态成分，包括二氧化碳（CO_2）、甲烷（CH_4）、氧化亚氮（N_2O）、氢氟碳化物（HFC）、全氟化合物（PFC）、六氟化硫（SF_6）和三氟化氮（NF_3）。

温室气体的共同点在于它们都能够吸收红外线。由于太阳辐射以可见光居多，这些可见光能够直接穿透大气层，到达并加热地面。而加热后的地面会发射红外线从而释放热量，由于这些红外线不能穿透大气层，因此热量就保留在地面附近的大气中，造成温室效应。近年来极为反常的全球气温快速上升，主要是由于人为作用使大气中温室气体的浓度急剧上升导致的。人类近代历史上的温室效应，与过去相比是非常显著的。这是由于工业革命以来，人类大规模使用化石燃料，二氧化碳排放不断增加，大气中的二氧化碳含量急剧上升所导致。全球二氧化碳排放量从 1965 年的 11 194 百万吨，增长到 2018 年的 33 891 百万吨，年均复合增长率达 2.11%（见图 1－1）。

温室气体排放的不断增长，加强了地球的温室效应。这是造成全球变暖的主要原因，这一点已成为世界各国的共识。全球平均气温在 1906～2005 年的 100 年间上升了 0.74℃；而在 1956～2005 年的 50 年间，平均每 10 年上升 0.13℃（见图 1－2）。

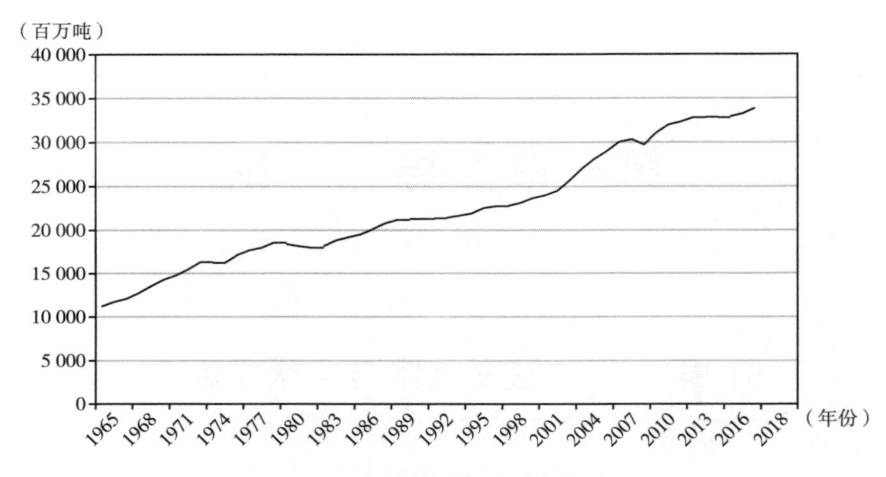

图 1-1　全球二氧化碳排放量

资料来源：Wind 金融终端。

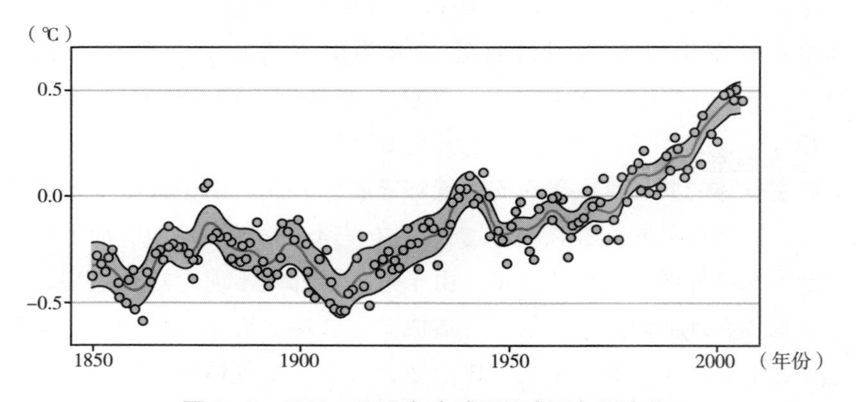

图 1-2　1850～2000 年全球平均表面气温变化

注：变化是相对于 1961～1990 年的平均值。平滑曲线代表十年间平均数值，圆点代表每年数值。阴影部分为不确定间距。

资料来源：政府间气候变化专门委员会（IPCC）2007 年《第四次评估报告》（IPCC AR4）。

2020 年 4 月，全球地表平均气温是 14.76℃，比 20 世纪的平均温度 13.7℃高出 1.06℃，是 141 年有记录以来第二高的 4 月气温。4 月份气温的最高记录是 2016 年，比平均气温高 1.13℃。自 2010 年以来，历史纪录以来最热的 8 个 4 月份已经出现。2016 年 4 月和 2020 年 4 月是地球表面气温超过历史平均气温 1.0℃的两个 4 月。按照目前的发展趋势，到 2100 年全球平均气温预计会上升高达3.2℃（见图1-3）。

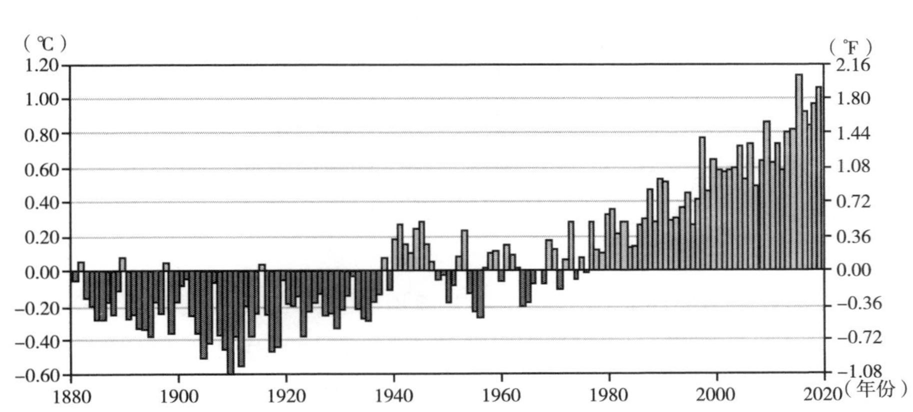

图1-3 全球四月份地表平均气温变化

资料来源：https：//www.ncdc.noaa.gov/sotc/global/202004.

二、《联合国气候变化框架公约》与《京都议定书》

全球温室效应的不断增强，将导致全球平均气温不断上升，这将给人类生态环境带来极大危害：冰川和冻土消融、海平面上升等。进一步还将危害自然生态系统的平衡，促使世界极端气候事件更频繁和更强，包括洪水、干旱、热浪、飓风、海啸等，将严重威胁人类的生存和发展。全球变暖这一问题，不是一个国家、一个地区所能解决的，需要全人类共同应对。

（一）联合国气候变化框架公约

《联合国气候变化框架公约》（United Nations Framework Convention on Climate Change，UNFCCC）是在1992年5月22日联合国政府间谈判委员会就全球气候变化问题达成的公约，于1992年6月4日，在巴西里约热内卢举行的联合国环境与发展大会（又称地球首脑会议）上通过。《联合国气候变化框架公约》（以下简称《公约》）是世界上第一个为全面控制二氧化碳等温室气体排放，以应对全球气候变化对人类经济社会造成的不利影响制定的国际公约，也是国际社会在应对全球气候变化问题上进行国际合作的一个基本框架。1994 年 3 月 21 日，《公约》正式生效。正如《公约》第二条所说，“本公约及缔约方会议可能通过的任何相关法律文书的最终目标是：根据本公约有关规定，将大气中温室气体的浓度稳定在能够防止气候系统受到危险的人为干扰的水平上。这一水平应当在足以使生态系统能够自然地适应气候变化、确保粮食生产免受威胁并使经济发展能够在可持续进行的时间范围内实现。”截至 2018 年，《公约》共有 197 个缔约方。

《公约》没有对个别缔约方规定需承担的具体义务，也未规定全球减排的具体实施机制。从这个意义上说，《公约》缺少法律上的约束力。但是，《公约》规定可在后续附属的议定书中设定温室气体的强制减排限制。到目前为止，《公约》达成的具备法律约束力的主要协定，包括 1997 年通过的《京都议定书》（Kyoto Protocol）和 2015 年通过的《巴黎协定》（The Paris Agreement）。这两项协定对全球温室气体减排确定了清晰具体的目标，并且提出了切实可行的实施路径。

（二）《联合国气候变化框架公约》缔约方大会及历史成果

1995 年 4 月 7 日，《联合国气候变化框架公约》缔约方大会（Conference of the Parties，COP）第 1 次会议（COP 1）在德国柏林召开。COP 1 通过了《柏林授权书》等文件。文件认为，现有《公约》所规定的温室气体减排的义务是不充分的，应该立即开始谈判，就 2000 年后应该采取何种适当的行动来保护气候进行磋商。文件认为最迟应于 1997 年签订一项议定书，议定书应明确规定在一定期限内发达国家所应限制和减少的温室气体排放量。

1996 年 7 月，第 2 次缔约方大会（COP 2）在瑞士日内瓦召开。COP 2 就《柏林授权书》所涉及的“议定书”的起草问题进行了讨论，但没有获得一致意见。会议决定由全体缔约方参加的“特设小组”继续讨论，并向 COP 3 报告结果。

1997 年 12 月，第 3 次缔约方大会（COP 3）在日本京都召开。在 COP 3 上全球 149 个国家和地区的代表通过了《联合国气候变化框架公约京都议定书》（以下简称《京都协议书》），《京都议定书》规定 2008 ~ 2012 年，全球主要工业国家的温室气体排放量要在1990年排放量的基础上平均减少5.2%。其中，欧盟削减排放8%，美国削减7%，日本削减6%。

1998年11月，第4次缔约方大会（COP 4）在阿根廷布宜诺斯艾利斯召开。大会上，一直以整体出现的发展中国家集团分化为3个集团，一是环境脆弱、易受气候变化影响，自身排放量很小的岛国联盟（Alliance of Small Island States，AOSIS），这些国家自愿承担减排义务；二是期待通过清洁发展机制（Clean Development Mechanism，CDM）获取外汇收入的国家，如墨西哥、巴西和非洲国家；三是中国和印度，坚持目前不承担减排义务。

1999年10月，第5次缔约方大会（COP 5）在德国波恩召开。会议通过了《公约》附件，该附件列明了缔约方国家《信息通报编制指南》《温室气体清单技术审查指南》及《全球气候观测系统报告编写指南》，并就减排技术的开发与转让、发展中国家及经济转型期国家的减排能力的建设问题进行了协商。

2000年11月，第6次缔约方大会（COP 6）在荷兰海牙召开。世界上最大的温室气体排放国美国坚持要大幅度降低它的减排指标，因而使会议陷入僵局。谈判形成了欧盟—美国—发展中大国（即中国、印度）的三足鼎立之势。美、日、加等少数发达国家执意推销"抵消排放"和"换取排放"方案，并试图以此代替减排；欧盟凭借其人口和能源等优越条件，强调履行京都协议，试图通过减排取得与美国的相对优势；中国和印度坚持目前不承担减排义务。

2001年3月，美国参议院决定拒绝批准《京都议定书》，当时的布什政府随即宣布退出《京都议定书》，不再履行议定书中对美国的减排做出的种种限制，包括到2012年美国的排放量比1990年降低7%的强制减排责任。尽管不少国家和国际组织极力劝说美国继续留在《京都议定书》中，但美国一意孤行，决定退出议定书。作为全球第一温室气体排放大国，美国决定退出《京都议定书》，对于人类减排事业是一次重大打击和挫折。

2001年11月，第7次缔约方大会（COP 7）在摩洛哥马拉喀什召开。会议通过了有关《京都议定书》履约问题（尤其是有关清洁发展机制）的一揽子高级别政治决定，形成了马拉喀什协议文件，作为《京都议定书》

的附件。马拉喀什协议的通过为缔约方批准《京都议定书》并使其生效铺平了道路。

2002年10月，第8次缔约方大会（COP 8）在印度新德里举行。会议通过的《德里宣言》，强调抑制气候变化必须在可持续发展的框架内进行。这表明减少温室气体的排放，以及可持续发展仍然是各缔约方今后的主要任务。《德里宣言》重申了《京都议定书》的要求，敦促各工业化国家在2012年底以前将温室气体排放量在1990年的基础上平均减少5.2%。

2003年12月，第9次缔约方大会（COP 9）在意大利米兰举行。在世界二氧化碳第一排放大户美国两年前退出《京都议定书》的情况下，二氧化碳排放大户俄罗斯不顾多国与会代表的劝说，仍然拒绝批准其议定书，致使该议定书不能在俄罗斯生效。不过为了抑制气候变化，减少由此带来的经济损失，会议仍然通过了约20条具有法律约束力的减排决议。

2004年12月，第10次缔约方大会（COP 10）在阿根廷布宜诺斯艾利斯举行。来自150多个国家和地区的政府、政府间组织、非政府组织的与会代表围绕《联合国气候变化框架公约》生效10周年来取得的成就，以及未来气候变化带来的影响、面临的气候挑战、温室气体减排政策及在公约框架下的资金机制、技术转让、能力建设等重要问题进行了讨论。

2005年2月16日，《京都议定书》正式生效。截至2005年初，已有156个国家和地区批准了该项协议。2005年11月，第11次缔约方大会（COP 11）在加拿大蒙特利尔举行。来自全世界189个国家的近万名代表参加了此次会议，并最终达成了40多项重要决定。其中包括启动《京都议定书》第二个承诺期的谈判，以进一步推动和强化各国的共同减排行动，切实遏制世界气温变暖的势头。第11次缔约方大会取得的主要成果被称为“控制气候变化的蒙特利尔路线图”。

2006年11月，第12次缔约方大会（COP 12）在肯尼亚首都内罗毕举行。这次大会取得了两项重要成果：一是达成包括“内罗毕工作计划”在内的几十项决议，以帮助发展中国家提高应对气候变化的能力；二是在管理“气候适应基金”的问题上取得一致，基金将主要用于支持发展中国家应对气候变化的行动。

2007年12月，第13次缔约方大会（COP 13）在印度尼西亚巴厘岛举行，会议着重讨论“后京都”问题，即《京都议定书》第一承诺期在2012年到期后如何进一步降低温室气体的排放。12月15日，联合国气候变化大会通过了“巴厘路线图”，启动了加强《联合国气候变化框架公约》和《京都议定书》全面实施的谈判进程，致力于在2009年底前完成《京都议定书》第一承诺期在2012年到期后，全球应对气候变化新安排的谈判，并期望能够签署有关协议。对于协议的达成，大部分国家抱有积极乐观的态度。

2008年12月，第14次缔约方大会（COP 14）在波兰波兹南举行。由于受2008年蔓延全球的美国金融危机的影响，大部分国家特别是金融业发达的工业国家遭受重大冲击。各国的主要注意力集中在应对金融危机影响，尽快恢复本国经济方面。在此背景下，发达国家不愿继续出资支持发展中国家的减排行动。各国在金融危机的冲击下，温室气体排放量出现了明显下降，对于《京都议定书》的第二承诺期的谈判，发达国家普遍不再积极支持。

2009年12月，第15次缔约方大会（COP 15）在丹麦哥本哈根举行。由于各方在温室气体减排目标、温室气体减排的“三可”（即可测量、可报告和可核实）问题、减排的长期目标、减排资金等问题上分歧较大，《哥本哈根协议》最终没有被大会通过。在两年期达成“巴厘路线图”后，各国普遍对后续谈判抱有乐观的期待，但由于金融危机等情况的影响，谈判过程出人意料的起伏和艰难，这恐怕是之前各国都没有预料到的。

2010年12月，第16次缔约方大会（COP 16）在墨西哥坎昆召开。本次会议还是未能完成“巴厘路线图”的谈判，没有就《京都议定书》第二承诺期达成协议，“巴厘路线图”计划再一次受挫。不过关于低碳和减排技术的转让、资金和能力建设等发展中国家关心问题的谈判中取得了不同程度的进展。最终，在玻利维亚强烈反对的情况下，缔约方大会强行通过了《坎昆协议》。

2011年12月，第17次缔约方大会（COP 17）在南非德班召开。经过马拉松般的延期会议，最终达成了在气候谈判进程中具有标志性意义的决定：各缔约方同意从2013年1月1日起实施《京都议定书》第二期承诺期，在2012年底结束“巴厘路线图”谈判，启动“德班增强行动平台工作组”谈判进程，在2015年达成一项包括所有国家在内的、2020年正式实施的、具备法律约束力的全球减排协议。德班会议这个决定涉及的三方面内容相互挂钩，平衡了发达国家和发展中国家的主要关切和诉求，是各方妥协的结果。

2012年11月，第18次缔约方大会（COP 18）在卡塔尔多哈召开。大会通过了决议，确定2013～2020年为《京都议定书》第二承诺期，挪威等国将参加第二承诺期。决议中写入了欧盟排放量比1990年降低20%等部分发达国家的减排目标。大会还通过了2020年开始的新框架公约的起草计划及有关对发展中国家的资金援助的决议。《京都议定书》作为具有法律约束力的减排框架得到了维持。在为期两周的会议中，发展中国家要求发达国家给出资金援助的具体计划，发达国家则由于金融危机造成的财政短缺而不愿承诺具体金额，谈判进展缓慢。有关援助资金的决议再次确认，到2020年发达国家对发展中国家的援助总额为1 000亿美元。决议敦促发达国家增加援助额，努力达到与2010～2012年相同的水平。

2013年11月，第19次缔约方大会（COP 19）在波兰华沙召开。华沙气候大会取得了两方面成果：其一，华沙会议重申了落实“巴厘路线图”成果对于提高2020年前行动力度的重要性，敦促发达国家进一步提高2020年前的减排力度，加强对发展中国家的资金和技术支持力度。同时围绕资金、损失和损害问题达成了一系列机制安排，为推动绿色气候基金注资和运转奠定了基础。其二，华沙会议就进一步推动德班平台达成决定，既重申了德班平台谈判在公约下进行，以公约原则为指导的基本共识，为下一步德班平台的谈判沿着加强公约实施的正确方向不断前行奠定了政治基础，还要求各缔约方抓紧在减缓、适应、资金、技术等方面进一步细化未来协议要素，要求各方开展关于2020年后强化行动的国内准备工作，向国际社会发出了确保德班平台谈判于2015年达成协议的积极信号。

2014年12月，第20次缔约方大会（COP 20）终于在秘鲁首都利马宣告闭幕。大会通过的最终决议力度与各方预期尚有差距，但就2015年巴黎大会协议草案基本达成了一致。最终决议进一步细化了2015年协议的各项要素，为各方在2015年进一步起草并提出协议草案奠定了基础。会议还就继续推动德班平台谈判达成共识，进一步明确并强化2015年的巴黎协议在《公约》下，继续遵循“共同但有区别”责任原则的基本政治共识，初步明确了各方2020年后应对气候变化国家自主贡献所涉及的信息。尽管发达国家落实《京都议定书》第二承诺期减排指标的进展仍然不足，但利马大会还是就加速落实2020年前“巴厘路线图”成果、并提高执行力度做出了进一步安排，增进了各方的互信。

2015年11月，第21次缔约方大会（COP 21）在法国巴黎举行。在经历了数年艰苦的谈判之后，全球196个缔约方终于就后《京都议定书》时代全球碳排放目标达成一致，通过了具有里程碑意义的《巴黎协定》。《巴黎协定》旨在加强《公约》，包括其目标的执行方面、联系可持续发展和消除贫困的努力、加强对气候变化威胁的全球应对。协定的主要目标是：将全球平均气温升幅控制在人类工业化前水平2℃之内，并努力将气温升幅限制在1.5℃之内而努力奋斗。巴黎气候变化大会达成包括《巴黎协定》和相关决定的巴黎成果，在国际社会应对气候变化进程中又向前迈出了关键一步。《巴黎协定》的达成标志着2020年后的全球气候治理将进入到一个前所未有的新阶段，具有里程碑式的非凡意义。

2016年11月，第22次缔约方大会（COP 22）在摩洛哥马拉喀什举行。这是具有历史意义的《巴黎协定》达成以来的第一次气候大会，其主要内容是讨论如何落实《巴黎协定》的相关内容。可以说，此次大会是探索协定实施之路的一个重要开始。经过近两周的磋商和谈判，与会各方就《巴黎协定》程序性议题达成一致。大会通过了《马拉喀什行动宣言》，重申支持《巴黎协定》，强调各方应做出最大政治承诺，以行动落实协定内容。值得注意的是，在发达国家如何出资帮助发展中国家应对气候变化问题上，各方仍未达成一致。《巴黎协定》规定，2020年前应制定路线图，以敦促发达国家落实2020年前每年向发展中国家提供1 000亿美元资金支持的承诺，目前发达国家提供的资金距离这一数字仍有不小差距。

2017年11月，第23次缔约方大会（COP 23）在德国波恩举行。经过各方艰苦谈判，会议达成了一系列积极成果，为《巴黎协定》实施细则谈判如期完成奠定了良好基础。本次大会通过了名为“斐济实施动力”的一系列成果，就《巴黎协定》实施涉及的各方面问题形成了平衡的谈判细则，进一步明确了2018年促进性对话的组织方式，通过了加速2020年前气候行动的一系列安排。大会同意在《联合国气候变化框架公约》下设立专门的秘书处，负责管理发达国家向发展中国家提供应对气候变化的支持资金问题，并考虑将具体的资金支持项目交由世界银行（World Bank）等现有金融机构运作。长期合作行动工作组谈判涉及全球气候问题的资金、技术、减缓和适应四个方面。其中较为突出的问题是针对发展中国家自主减排行动的"三可"，仍然分歧较大。

2018年12月，第24次缔约方大会暨（COP 24）在波兰卡托维兹举行。大会取得了一揽子成果。各缔约方就《巴黎协定》关于自主贡献、减缓、适应、资金、技术、能力建设、透明度等涉及的机制、规则基本达成共识，并对下一步落实《巴黎协定》、加强全球应对气候变化的行动力度做出进一步安排。大会成果体现了"共同但有区别的"的责任原则，传递了坚持多边主义、落实《巴黎协定》、加强应对气候变化行动的积极信号，提振了国际社会合作应对气候变化的信心。尽管各方完成了《巴黎协定》实施细则的谈判，但仍有一些问题还需进一步谈判解决，其中一点就涉及将全球平均气温升幅较工业化前水平控制在1.5℃之内的目标。

2019年12月，第25次缔约方大会（COP 25）在西班牙马德里举行。因谈判各方分歧严重，大会未就《巴黎协定》第6条的实施细则这项核心任务达成共识。马德里大会是《巴黎协定》全面实施前的一次重要会议，主要解决协定实施细则遗留问题。此次大会对2020年前盘点、适应、气候资金、技术转让和能力建设、支持等议题展开了讨论。COP 25既要就《巴黎协定》第6条实施细则，即通过市场机制降低减排成本、提高减排力度的制度安排等进行谈判，又要对2020年前实施和力度情况进行盘点，还要开展"华沙损失与损害国际机制"评审，同时要解决气候资金这个老大难问题。多目标、无重点的齐头并进，使谈判进一步复杂化。延期40多个小时后，COP 25于12月15日在西班牙马德里落下帷幕。虽然经历了最漫长的气候谈判，仍没能换来令各方满意的会议成果，该议题将留至2020年英国格拉斯哥气候大会上继续审议。此外，各缔约方在增强减排雄心、资金等关键问题上依旧缺乏共识。

2020年4月1日，《联合国气候变化框架公约》秘书处发布声明宣布，因新冠肺炎疫情因素，原定于2020年11月9～20日在英国格拉斯哥召开的《联合国气候变化框架公约》第26次缔约方大会（COP 26）将延期至2021年举行。2020年5月28日，《联合国气候变化框架公约》秘书处宣布，此前因新冠肺炎疫情宣布延期后的第26次缔约方大会（COP 26）定于2021年11月1～12日举行，举办地点不变，仍然是英国的格拉斯哥。公约秘书处表示，自缔约方大会主席团2020年4月举行上次会议以来，秘书处启动了数个旨在推动全球气候行动和气候雄心的倡议。缔约方之间的正式谈判和决策进程将安排在2020年10月的公约附属机构会议期间进行。这一决定是在缔约方大会主席团、东道国英国和本届大会合作方意大利协商一致后达成的。此届气候变化大会东道国英国商务、能源与产业战略部当天在声明中表示，英国将继续与各方合作增加气候行动、建设气候韧性、降低碳排放。声明称，2021年11月这一新会期亦将使得英国和意大利可以利用下一年将分别担任七国集团和二十国集团主席国的机会去推动更大的气候雄心。

2020年12月12日，为纪念应对气候变化《巴黎协定》达成5周年，联合国及有关国家以视频方式举行了气候雄心峰会。来自世界各地的75位领导人公布了减少温室气体排放的新承诺和具体计划以应对不断增加的气候变化趋势。在峰会上，占全球约65%二氧化碳排放和占世界经济体量约70%的国家承诺将实现净零排放或碳中和。联合国秘书长古特雷斯表示，《巴黎协定》签署五年后，全球"仍然未能朝着正确的方向前进"。他呼吁全球各国领导人"宣布进入气候紧急状态，直到本国实现碳中和为止"。在气候雄心峰会期间，中国国家主席习近平通过视频发表题为《继往开来，开启全球应对气候变化新征程》的重要讲话，倡议开创合作共赢的气候治理新局面，形成各尽所能的气候治理新体系，坚持绿色复苏的气候治理新思路。中国重申了在2020年9月第75届联合国大会期间做出的"二氧化碳排放力争于2030年前达到峰值，努力争取2060年前实现碳中和"的庄严承诺。中国进一步提出将采取更加有力的政策和措施，到2030年，单位国内生产总值二氧化碳排放将比2005年下降65%以上，非化石能源占一次能源消费比重将达到25%左右，森林蓄积量将比2005年增加60亿立方米，风电、太阳能发电总装机容量将达到12亿千瓦以上。

（三）京都议定书

1.《京都议定书》的主要内容

《京都议定书》全称《联合国气候变化框架公约京都议定书》，是《联合国气候变化框架公约》的补充条款，由1997年12月在日本京都府京都市召开的《联合国气候变化框架公约》缔约国第三次会议（COP 3）制定。其目标是“将大气中的温室气体含量稳定在一个适当的水平，以保证生态系统的平滑适应、粮食的安全生产和经济的可持续发展”。

政府间气候变化专门委员会（Intergovernmental Panel on Climate Change，IPCC）预计从1990年到2100年，全球气温将升高1.4℃～5.8℃。如果《京都议定书》能被完全彻底地执行，到2050年之前仅可以把气温的升幅减少0.02℃～0.28℃。正因如此，许多专家学者和环保主义者质疑《京都议定书》的价值，认为其标准设定过低，根本不足以应对未来气候变化的严重危机。而支持者们认为《京都议定书》只是第一步，为了达到《联合国气候变化框架公约》的目标，今后还要继续修改完善。

2. 共同但有区别的减排责任

在《京都议定书》制定过程中，广大发展中国家团结一致，要求在确定减排责任时，要重点考虑不同国家在世界工业化过程中，温室气体排放的历史责任，即发达国家需要对全球温室气体的存量负主要责任。就这一点来说，发达国家需要承担比发展中国家更高的减排责任。《京都议定书》接受了这一观点，在确定减排义务方面，对发达国家和发展中国家设置了不同的减排指标。发达国家需要完成确定的减排指标，发展中国家无须承担硬性减排指标，只需尽力减排即可。发展中国家的主要责任仍然是发展经济、减少饥饿和贫困、确保人的发展。

以《京都议定书》的制定和实施为契机，在发达国家和发展中国家就温室气体减排达成了一个基本的共识——“共同但有区别”的减排责任。这一原则的达成，厘清了发达国家和发展中国家长时间以来纠缠不休的减排责任划分问题。为了鼓励发展中国家减排，《京都议定书》设置了三种灵活减排机制。其中的清洁发展机制（Clean Development Mechanism，CDM）的主要内容，是鼓励发达国家通过向发展中国家提供资金与技术支持，支持发展中国家不断提高温室气体的减排能力。这对发展中国家实际上是一种奖励，减排力度越大，奖励就越多。

《京都议定书》对于发达国家和地区在2012年的温室气体减排设置了具体的减排目标：在1990年温室气体排放量的基础上，不同的发达国家和地区根据其历史排放责任、经济发展情况等综合因素确定减排幅度。设定发达国家和地区1990年的排放量为100，发达国家和地区2012年的目标排放指数如表1－1所示。

表1－1 《京都议定书》发达国家和地区承诺的2012年排放指数

缔约方	排放指数
澳大利亚	108
奥地利	92
比利时	92
保加利亚*	92
加拿大	94
克罗地亚*	95
捷克*	95
丹麦	92
爱沙尼亚*	92
欧盟	92
芬兰	92
法国	92
德国	92
希腊	92
匈牙利*	94
冰岛	110
爱尔兰	92
意大利	92
日本	94
拉脱维亚*	92
列支敦士登	92
立陶宛*	92

续表

缔约方	排放指数
卢森堡	92
摩纳哥	92
荷兰	92
新西兰	100
挪威	101
波兰	94
葡萄牙	92
罗马尼亚*	92
俄罗斯*	100
斯洛伐克*	92
斯洛文尼亚*	92
西班牙	92
瑞典	92
瑞士	92
乌克兰*	100
英国	92
美国	93

注：*为正在向市场经济过渡的国家和地区。
资料来源：https：//newsroom. unfccc. int/。

3.《京都议定书》第二承诺期

2012年12月8日，在卡塔尔多哈召开的第18届联合国气候变化大会上，通过了包含部分发达国家第二承诺期量化减排指标的《〈京都议定书〉多哈修正案》。第二承诺期为期8年，于2013年1月1日起实施，至2020年12月31日结束。这样，本应于2012年到期的《京都议定书》被同意延长至2020年。

但是从修正案内容来看，一般认为第二承诺期的《京都议定书》象征意义大于实际意义。加拿大、日本、新西兰和俄罗斯已明确不参加《京都议定书》第二承诺期，而且在处理第一承诺期的碳排放余额的问题上，仅有澳大利亚、列支敦士登、摩纳哥、挪威、瑞士和日本六国表示，不会使用或购买一期排放余额来扩充二期碳排额度。

在资金问题上，修正案重申发达国家需要为发展中国家应对气候变化提供资金支持，并在2020年前实现“绿色气候基金”每年投入1 000亿美元的目标。《京都议定书》是至今为止国际气候谈判所达成的唯一带有法律约束力的条约，《京都议定书》到第二承诺期就基本失效，令世界大部分国家感到遗憾。

（四）《京都议定书》下的三种灵活减排机制

2005年《京都议定书》正式生效，要求主要工业发达国家2012年底前温室气体排放量较1990年平均降低5.2%。其中欧盟降低8%、美国降低7%、日本和加拿大降低6%。同时确定了通过补充性市场机制来降低减排成本的三种灵活机制：联合履约机制、清洁发展机制和国际排放贸易。

1. 联合履约机制

联合履约机制（Joint Implementation，JI）是《京都议定书》第6条所确立的合作机制，主要是指发达国家之间通过项目级的合作，一个发达国家所实现的温室气体减排额，可以转让给另一个承担减排责任的发达国家。通过允许发达国家之间通过减排额度转让的方式履约，降低了购买方的合规成本，提高了出售方的福利，对于双方来说是一种帕累托改进。联合履约机制还规定，必须在转让方的允许排放限额上扣减相应的额度。通过这一规定，能够激励出售排放配额的发达国家实施更进一步的减排。通过该机制产生的减排额度，被称为排放减排单元（Emission Reduction Unit，ERU）。在很多国家的碳市场上，ERU被允许公开交易。

2. 清洁发展机制

清洁发展机制（Clean Development Mechanism，CDM）是《京都议定书》第12条确立的合作机制，指发达国家通过提供资金和技术的方式，与发展中国家开展项目级的合作，通过项目所实现的温室气体减排量，可以由发达国家缔约方用于完成在《京都议定书》第3条下的减排承诺。清洁发展机制是一项“双赢”机制：一方面，发展中国家通过合作可以获得减排的资金和技术，有助于实现自己的可持续发展和经济转型；另一方面，通过这种合作，发达国家可以大幅度降低其在国内实现减排所需的高昂费用。与联合履约机制类似，这实际上也是一种帕累托改进。通过清洁发展机制产生的减排额度，被称为核证减排（Certification Emission Reduction，CER）。与ERU类似，CER 也被很多国家的碳市场允许公开交易，抵充排放配额。欧盟的排放交易体系就允许成员国在一定比例和范围内，使用 CER 来履行减排义务。

3. 国际排放贸易

国际排放贸易（International Emissions Trade，IET）是《京都议定书》第 17 条确立的合作机制，主要指发达国家间的合作。该条款明确，缔约方会议应就排放贸易特别是其核查、报告和责任，确定相关的原则、方式、规则和指南。任何此种贸易应是对“为实现该条规定的量化限制和减少排放的承诺”的目的而采取的本国行动的补充。发展中国家反对引入该项机制，美国等“伞形集团”（Umbrella Group）国家则坚持引入该机制。最后经过妥协，该机制只剩下一个排放贸易的概念，确立了该机制是在发达国家之间开展的温室气体排放贸易合作。

《京都议定书》中规定的三种减排机制，首次采用市场化的减排机制进行减排，对于减排目标的实现具有重大意义。在《京都议定书》实施之前，有不少国家使用环境税、排放税、排放管制等惩罚性方式来促进节能减排。事实证明，税收等惩罚性方式对促进节能减排的效果有限，且容易产生较大的副作用。而通过市场化的方式实现减排目标，目前已经证明是最为有效的方式。市场化的减排方式，能够在确保精准实现减排目标的前提下，将减排对经济社会发展的不利影响降至最低。欧盟通过市场化的减排方式，建立了全球最为成功的减排系统——欧盟碳排放交易体系（European Union Emission Trade System，EUETS），通过这一系统的良好运行，超额实现了《京都议定书》中的减排要求。

（五）巴黎协定

2015 年巴黎气候变化大会达成了包括《巴黎协定》和相关决定的巴黎成果，在国际社会应对气候变化进程中又向前迈出了关键一步。《巴黎协定》的达成标志着 2020 年后的全球气候治理将进入一个前所未有的新阶段，具有里程碑意义。这也是《京都议定书》之后人类通过的第二项具有法律约束力和明确目标的排放协定。

1.《巴黎协定》的具体目标

（1）将全球平均气温升幅控制在工业化前水平 2℃之内，并努力将气温升幅控制在 1.5℃之内而努力奋斗。

（2）提高全球各国适应气候变化不利影响的能力，并以不威胁粮食生产的方式增强抵御温室气体的增长。

（3）使资金的流动符合温室气体的低排放和适应气候发展的路径。

《巴黎协定》继续坚持了发展中国家一直坚持的减排底线：协定的执行将按照不同的国情体现平等，以共同但有区别的责任原则，确定发达国家和发展中国家的减排责任。这对于协定中强调的节能减排不能以牺牲发展中国家的发展空间为代价极为重要。

2.《巴黎协定》的历史意义

第一，《巴黎协定》最大限度地凝聚了各方共识，向着《联合国气候变化框架公约》所设定的“将大气中温室气体的浓度稳定在防止气候系统受到危险的人为干扰的水平上”的最终目标迈进了一大步。实际上，各国目前提交的“国家自主贡献”目标远不足以保证 21 世纪全球温度上升幅度能控制在 2℃以内，《巴黎协定》为此做出了巨大努力。在长期目标上，各方承诺将全球平均气温增幅控制在工业化前 2℃以内的升幅水平，并向 1.5℃的目标努力。为不断加强减排力度，《巴黎协定》明确了从 2023 年开始，以 5 年为周期的全球盘点机制（Global Stock Take），包含对排放减缓行动和减排资金承诺等比较全面的盘点，逐步提升未来各国减排信心，弥合实际行动与目标之间的差距。《巴黎协定》为将来实现进一步强化减排目标指明了方向，提供了制度安排。考虑到目前国际政治、经济、生态和排放格局的变动所造成的各国利益的巨大分歧这一现实，《巴黎协定》的成果是有力度的，来之不易。

第二，《巴黎协定》将全球气候治理的理念进一步确定为低碳绿色发展。全球气候谈判的历史，实际上是全球从过去依赖化石能源的经济形态向去碳化的低碳绿色经济发展的历史，但这一演变的进程十分艰难。其中既有传统能源行业抵制的原因，也有新能源技术、机制不完善的因素，更与未来全球发展方向的不清晰有关。《巴黎协定》的通过，展示了各国对发展低碳绿色经济的明确承诺，向世界发出了清晰而强烈的信号：走低碳绿色发展之路是人类未来发展的唯一选择，绿色低碳将成为未来全球气候治理的核心理念。

第三，《巴黎协定》奠定了世界各国广泛参与减排的基本格局。《京都议定书》只对发达国家的减排确定了具有法律约束力的绝对量化减排指标。广大发展中国家的国内减排行动是自主承诺，不具有法律约束力。根据《巴黎协定》，所有成员将承诺自身的减排行动，无论是相对量化减排还是绝对量化减排，无论是减排的存量责任还是增量责任，都将纳入一个统一的有法律约束力的框架，这在全球气候治理中是第一次。

第四，《巴黎协定》标志着国际气候谈判模式的转变，即从自上而下的谈判模式转变为自下而上。1990 年世界气候谈判启动以来，遵循的是保护臭氧层谈判的模式，即自上而下模式，先确定减排目标，再向各国层层分解。《巴黎协定》确立了 2020 年后，以“国家自主贡献”目标为主体的国际应对气候变化机制安排。这是一种典型的“自下而上”的谈判模式，模式的转变将对未来全球气候治理产生深远影响。

第五，《巴黎协定》标志着国际气候谈判重心的转移，即未来谈判将从宏大的减排机制转向具体的低碳行动和气候政策。《巴黎协定》之后，世界气候谈判的重点将从协议文本的协商和部署，转向具体减排行动和协议的落实。所谓“一份部署，九分落实”，就是这个道理。《京都议定书》在制定之后，有些国家就拒绝批准议定书，有些国家还拒绝履行减排义务。因此不管协定的文本和内容有多完善，如果不能将协定落地实施，将不会有任何实际意义。好在各国都注意到了这一点，对于《巴黎协定》，将重点放在协定内容的具体实施和落实。

第六，《巴黎协定》标志着多元治理将成为全球气候治理的亮点。应对气候变化不能只靠国家和政府，全民动员才是应对气候变化的根本之道。在巴黎气候大会期间，这种认识比以往任何时候都更加清晰。近年来，城市和企业在低碳发展进程中的表现十分抢眼，高度重视企业和社会在应对气候变化中的作用，是近年来国际气候谈判观念最深刻的变化之一。作为排放的微观主体，企业和公民是排放的最终受益人和责任人。提高企业和个人的低碳环保意识，主动参与低碳环保行动，是确保各国各类减排行动和项目顺利实施的重要保证。

第七，《巴黎协定》标志着中国开始展现在减排方面的全球领导力。熟悉巴黎气候谈判进程的人们都知道，《巴黎协定》的最后达成其实并无很大悬念。其中一个关键原因是，巴黎气候大会之前，中美签署的两份气候变化联合声明和中法气候联合声明，已就谈判中的一些关键难题达成谅解，如对“共同但有区别”原则的坚持、排放透明度问题的处理等。在推动巴黎气候谈判的进程中，中国的作用日益凸显，其全球领导力开始展现。在巴黎气候谈判的进程中，中国提出应对气候变化要坚持人类命运共同体和生态文明的理念，坚持共同但有区别的责任原则，坚持气候正义，维护发展中国家基本权益，日益受到各缔约方的欢迎和重视。在谈判的关键议题上，中方促成了发达国家与发展中国家之间的立场相向而行，达成妥协和谅解。《巴黎协定》的通过显示出中国在全球气候治理的角色，正从积极的参与者向负责任的引领者转变。

第八，《巴黎协定》的达成向国际社会传递了各国政府有意愿、有能力共同应对全球性挑战的信心。全球气候治理是全球治理的一面镜子，在当前世界面对诸多传统安全和非传统安全领域全球性挑战困扰的时刻，《巴黎协定》克服重重困难得以达成，是在向世界表明：面对全球性挑战，国际社会并非一盘“散沙”，是能够作出强有力反应的。这对推进全球治理的发展无疑提供了有益的启示和坚定的信心。

当然，从发展中国家的立场看，《巴黎协定》并不完美。“共同但有区别”原则没有在减缓、适应、损失与损害问题、气候融资等问题上得以充分体现，发达国家逃避排放的历史责任的意图越来越明显，发展中国家之间的分化趋势也有增无减。这些问题充分说明，今后如何建立更加公平合理的国际气候规则，仍然任重道远。

《巴黎协定》的制定与通过，并非人类协调减排的终点，而是一个全新的起点。应对气候变化，发展低碳绿色经济是长期的战略性任务，关键在行动。未来全球气候治理仍征途漫漫。但通过此次巴黎气候大会，有四点可以肯定：其一，经历了《京都议定书》第二承诺期的消沉之后，各国对于共同应对气候变化、共同承担减排责任重燃信心；其二，低碳技术将在各国未来经济发展中占据越来越重要的位置；其三，《巴黎协定》将对中国的绿色低碳发展起到倒逼作用，有利于助推中国经济发展的低碳绿色转型；其四，《巴黎协定》将成为未来一段时间全球气候治理的主要规则和平台，一个国家在世界上的地位和作用将在很大程度上取决于其在这一平台上的表现。

三、《京都议定书》实施以来全球减排机制的实施情况

《京都议定书》实施以来，众多国家在议定书三种灵活减排机制下建立了符合本国的减排方案并积极实施，取得了良好的减排效果。从各国的减排方案来看，碳税和排放交易已经成为全球大部分国家特别是发达国家实施减排的主流方案。通过碳税和排放交易，不少发达国家不仅实现了减排目标，还有效推动了本国经济朝着低碳绿色方向的转型。

（一）新冠肺炎疫情的影响

从2020年的情况来看，新冠肺炎疫情肆虐全球，对全球经济造成了重创，比2008年的金融危机造成的影响还要严重。有些行业，包括旅游业、航空业、电影产业、酒店等，几乎遭遇“灭顶之灾”。由于社会需求严重不足，各行业的产出严重下降，直接导致全世界对能源需求的大幅下跌。石油、煤炭、天然气等化石燃料的价格呈现出持续性的暴跌，原油期货还出现了历史上第一次负价格。能源需求的暴跌，导致全球二氧化碳排放量的大幅下降。根据世界银行和国际货币基金组织（International Monetary Fund，IMF）的预测，2020年全世界主要的经济体中，只有中国有望取得正增长，其他主要经济体全部为不同程度的负增长。

彻底消除疫情的影响，最有效的手段是开发新冠疫苗。截至2020年底，疫苗已经开始在很多国家接种。但是由于生产能力有限，并且有些疫苗的安全性还有待进一步检验，导致民众对于有些疫苗的安全性存在疑虑。疫苗的全面接种还需要比较长的时间才能全面铺开。2021年世界经济的发展仍存在较大不确定性，即使各国采取了刺激经济发展的各项措施，也很难在短时间之内恢复到疫情之前的水平。经济的衰退将直接导致对能源需求的下降，能源需求的恢复还需要一段较长的时间。

在能源消费短时间之内明显下跌的情况下，温室气体的排放随之出现大幅下降。但是，温室气体的这种下降是暂时的，是不可持续的，等到未来全球经济从疫情中恢复过来，温室气体的排放将回归常态。因此，减排

的各项规划与行动不能停止。可喜的是，尽管发生了社会和经济动荡，很多国家和地区仍在加快气候行动的努力。《联合国气候变化框架公约》的120个缔约方正在努力争取在2050年之前实现碳中和，这是气候雄心联盟的一部分。截至2020年4月1日，丹麦、法国、新西兰、瑞典和英国已在这一承诺的基础上再接再厉，将碳中和的目标写入立法，而苏里南和不丹已经实现了二氧化碳的负排放。

（二）全球减排项目的最新进展

在《京都议定书》实施之后，虽然温室气体减排事业在不少国家遭遇了种种挫折，但是通过市场化的排放交易系统，以及通过征收碳税等方式来实现温室气体减排，已经成为全球大部分国家减排的主要路径。

（1）很多国家已开始考虑在其现有减排体系之外，采取补充性减排举措，以实现更高的减排目标。在欧洲，德国、奥地利和卢森堡正在计划将更多未纳入EU ETS的排放企业尽快纳入减排覆盖范围。欧盟的《绿色协议》承诺到2050年实现碳中和，这为扩大EU ETS的覆盖范围提供了充足的理由。

（2）现有碳减排项目的覆盖范围正在扩大。更多的排放企业和温室气体被纳入覆盖范围。智利、冰岛、新西兰和瑞士等国家开始降低减排项目的覆盖门槛，将更多排放企业纳入减排监管中。随着碳边界调整在欧洲被重新摆上台面，各国可能会受到激励，积极实施自己的减排举措。

（3）采取减排行动的国家和地区在不断增长。在美洲，受加拿大联邦减排项目的推动，2019年加拿大各省和地区制定了一系列减排倡议，并辅之以联邦减排支持政策。2020年，墨西哥的国家排放交易系统开始试运行，这是拉丁美洲第一个排放交易系统。不仅如此，减排项目合作正在国家之间和地区之间开始展开。在欧洲，瑞士排放交易系统和EU ETS于2020年1月1日达成协议，允许瑞士排放交易系统覆盖的排放企业能够使用EU ETS的排放配额进行合规，反之亦然。英国在脱离欧盟并最终脱离EU ETS之后，正在考虑建立自己的排放交易系统，并计划将其与EU ETS挂钩。在美国，区域温室气体倡议（RGGI）已扩大到新泽西州和弗吉尼亚州。区域温室气体倡议主要施行区域是美国东北部各州，覆盖的主要行业是电力企业，宾夕法尼亚州目前有意加入区域温室气体倡议。作为美国主要的化石燃料州之一，宾夕法尼亚州被纳入该减排协议将极大增加该协议下排放交易系统的规模。与此类似，美国东北部10个州正在推进一项交通企业的排放总量管制和投资计划。

（三）全球减排项目的总体情况

1. 全球碳减排项目概况

根据世界银行的统计数据，到2020年全世界有46个国家、32个次国家级行政单位（省、州）建立了减排机制。有61项减排项目已经实施或计划实施，包括31项排放交易系统和30项碳税，覆盖了120亿吨二氧化碳当量的温室气体排放，占全球温室气体总排放量的22%，这与2019年相比有明显增加。2019年，全球已实施或计划实施的排放交易系统和碳税覆盖的温室气体排放占全球总排放量的20%。温室气体减排项目覆盖率上升的主要原因，是墨西哥排放交易系统的试运行、加拿大新不伦瑞克省碳税的立法和启动，以及即将实施的德国排放交易系统和美国弗吉尼亚州的排放交易系统。

2. 减排项目收入及碳价格情况

2019年，全球各国政府从排放交易系统和碳税等碳减排项目中获得了450多亿美元的收入。其中近一半的收入用于环境或更广泛的气候项目，超过40%的收入用于一般预算，其余资金用于减税和直接转移。尽管很多减排项目下的碳价格不断上涨，但仍大大低于实现《巴黎协定》排放目标所需的价格。根据世界银行的估算，到2020年碳价格至少为40～80美元/吨二氧化碳，到2030年碳价格至少为50～100美元/吨二氧化碳，才能实现《巴黎协定》中提出的温度控制目标。

3. 碳减排的国际合作

有模型显示，与单独行动的国家相比，如果实施减排项目的国家通过《巴黎协定》第6条开展减排合作，可将减排成本减少约一半，相当于到2030年节约减排成本2 500亿美元，或者相当于在成本不变的前提下，将全球温室气体排放量再减少50%。但是目前在《巴黎协定》第6条下开展国际减排合作的进展缓慢，因为这涉及一些不易解决的问题，包括《京都议定书》减排单位的转让与交易、对发展中国家减排的资金支持和技术转让，以及如何实现全球排放的总体缓解。尽管如此，一些国际合作试点工作已经开始运行。这些合作减排试点对理解国际合作如何产生强有力的减排效果，以及实现合作减排所需要的基础设施具有重要意义。

4. 碳汇的高速发展

在过去的几年里，不少国家和地区对碳汇的兴趣激增。森林碳汇处于碳汇发展的最前沿，过去几年42%的碳汇市场来自林业。与基于市场原则的排放交易系统和基于管制原则的碳税不同，碳汇是一种基于自然的减排解决方案。与排放交易和碳税相比，碳汇减排具有显著降低排放成本的潜力，以及产生外部正效应的能力。不同于减排的安排，碳汇无须减少温室气体的排放，而是通过植树造林的方式，提高对二氧化碳的吸收来实现净排放的降低。直接减少二氧化碳的排放，无论是通过碳税还是排放交易，都会对经济社会发展造成不利影响，特别是在短期之内。但是碳汇就不会产生这种副作用，应该是未来各国降低净排放的主要手段之一。

5. 碳信用活动开始超越京都机制

截至2020年，全球已有超过14 500个注册的碳信用项目，累计产生了近40亿吨二氧化碳当量的碳信用。在《京都议定书》实施之后，碳信用常产生于清洁发展机制（CDM）。根据世界银行的统计数据，全球绝大部分CDM产生的CER，主要由EU ETS购买，欧盟是全球CER的主要买家。在2012年之后，由于全球主要发达国家没能就《京都议定书》第二承诺期做出具体的减排承诺，造成CDM名存实亡。欧盟虽然做出了第二承诺期的减排承诺，但是明确要求成员国在EU ETS第三交易期（2013～2020年），即《京都议定书》第二承诺期，不得使用CER抵充本国排放配额。

欧盟的决定直接导致了在2012年清洁发展机制下的CER市场价格暴跌，之后全球CER交易量接近于0。在世界范围内京都信用趋于停滞的状态下，各国政府开始发展国内碳信用机制。这些项目不仅能为当地带来收益，还能让企业在遵守国内碳减排法规方面有一定的灵活性。目前围绕国际航空业中的国际航空碳抵消和减排机制（Carbon Offsetting and Reduction Scheme for International Aviation，CORSIA）中基准的讨论，可能也会增加对碳信用的需求。还有越来越多的企业通过内部碳排放定价来降低碳排放价值。为了确保环境的完整性，需要提高碳信用产生和使用的透明度，并就健全的计入机制标准达成一致。

6. 碳信用的一致性

区域、国家、国家以下各独立的碳信用机制数量的增加也带来了一个挑战，需要确保不同机制下产生的每一笔碳信用，都代表了一吨二氧化碳的减排，需要确保各碳信用机制的一致性。实现不同减排机制之间的互联互通，是未来实现以最低成本减排的关键环节。这就要求各减排机制必须确保碳信用的权威性，这是建立不同减排机制之间互信的基础，也是实现不同减排机制之间互联互通的重要前提。此外，对于同一减排企业，避免重复计算是建立碳信用之间互联互通的另一重要基础。

（四）全球减排项目实施的效果

《京都议定书》在实施之后，尽管遭遇了各种困难与问题，但还是为全人类的温室气体减排事业作出了巨大贡献。《京都议定书》的制定与实施，对全世界的减排工作是一次开创性的壮举，不仅为议定书实施之后第一个承诺期的减排提供了法律基础，而且也为后议定书时代的减排提供了基本的方向与框架。

1. 开创了全球合作减排的先河

在《京都议定书》实施之前，已经有国家开始合作进行温室气体减排，但都不成体系，减排效果有限。为促进全世界在减排方面开展全方位的合作，早在 1992 年，联合国就通过了一项旨在防止“危险的”人类活动对全球气候系统干扰的《联合国气候变化框架公约》（以下简称《公约》）。《公约》于 1994 年 3 月 21 日生效，已经有 197 个缔约方加入了《公约》。这在当时是了不起的，要知道在 1994 年《公约》生效时，全球变暖的科学证据比现在少。

《公约》在制定与实施过程中，借鉴了人类历史上最成功的多边环境条约之一——1987 年通过的《蒙特利尔议定书》。这一议定书取得成功的一条非常重要的原则在于，它要求成员国为了人类的安全限制自身行动，即使在科学上还不能完全确定的情况下。《公约》的最终目标是将温室气体浓度稳定在“防止对气候系统造成危害的水平”。《公约》指出，“应在足以使生态系统自然适应气候变化的时限内达到这一水平，以确保粮食生产不受威胁，并使经济发展能够以可持续的方式进行”。

《公约》的通过与实施，基本肯定了全球变暖这一基于科学的判断。《公约》要求世界各国联合起来，共同采取行动降低温室气体排放，抑制全球气温在人类工业化后不断上升的趋势。《公约》拥有 197 个缔约国，是 1997 年通过、2012 年修订的《京都议定书》的母条约，也是 2015 年通过的《巴黎协定》的母条约。但是《公约》并未对实施温室气体的减排提出具体的措施，也未设置具体的减排目标，对各国承担温室气体的减排责任也没能进行明确的区分。因此《公约》中减排目标的实现，需要一个更加切实可行的协议。好在世界上大部分国家都意识到了这一点，在《公约》通过之后立即着手进行了艰苦的谈判，终于在 1997 年通过了《京都议定书》。

《京都议定书》汇集了全世界的资源与力量，为世界各国开展广泛而普遍的合作减排彻底铺平了道路，是人类共同应对气候变化的第一座“里程碑”。

2. 为减排建立了最重要的基础设施

《京都议定书》的最终目标是“将大气中的温室气体含量稳定在一个适当的水平，进而防止剧烈的气候改变对人类造成伤害”。为了实现这一长远目标，《京都议定书》首次对全世界温室气体的减排提出了具体的目标。联合国政府间气候变化专门委员会预计，如果不采取任何减排措施，全球平均气温从 1990 年到 2100 年将升高 1.4℃ ~5.8℃。

如果《京都议定书》中各项减排措施能够被彻底完全执行，到 2050 年之前可以把全球平均气温的上升幅度降低 0.02℃ ~0.28℃。当然，这一减排目标对于实现《京都议定书》中的长期目标是远远不够的。但是需要看到《京都议定书》实施的最重大意义不在于实现短期内的减排目标，而在于建立了一个全世界都普遍接受的减排框架，这一框架是实现长远减排目标最重要的基础设施。有了这一基础设施，就可以在未来逐步提高减排的目标和任务。

事实证明，在《京都议定书》于 2012 年到期之后，虽然各国没能就议定书第二承诺期的减排义务达成一致，但是大部分承担了减排义务的国家还是沿着《京都议定书》设定的减排路径，继续本国的减排行动。有些国家和地区已经自发设定了更高的减排目标，如欧盟。依靠 EU ETS 排放交易系统，欧盟超额完成了 2012 年温室气体排放比 1990 年下降 85% 的目标。在实现这一目标后，欧盟并未停止减排的行动，而是继续实施减排行动，计划到 2020 年达到以下目标。

（1）温室气体排放量比 1990 年至少减少 20%；

（2）能源消费的 20% 来自可再生资源；

（3）通过提高能源的效率来实现，与预计水平相比一次能源使用减少 20%。

3. 对减排提供了可行的路径

《京都议定书》的实施，为各国提供了一条市场化的减排途径，能够以最低的成本实现精准减排。美国率先开展市场化的减排尝试，尽管由于缺乏国家层面的支持导致减排效果有限，但也充分证实了市场化减排方式的可行性。欧盟在 2005 年建立了全世界规模最大的排放交易系统，通过这一系统的成功运行，欧盟得以超额完成《京都议定书》中对欧盟设定的减排任务。目前，世界上已经有很多国家开始采取排放交易的模式，以市场化的方式实现温室气体的减排，并已经取得了良好的效果。

此外，有些发达国家为了实现《京都议定书》中的减排目标，还探索了其他减排方式，其中最有效的就是征收碳税。建设排放交易系统的成本是比较高的，对于一些小国来说，以征收碳税的方式减排成本更低。也有一些国家，通过申请加入其他国家的排放交易系统，来实现本国的减排目标。在欧洲，冰岛、挪威和列支敦士登不是欧盟成员国，但是也加入了 EU ETS，顺利实现了本国的减排目标。

4. 共同但有区别的减排责任

在制定《京都议定书》的过程中，一个争议的焦点在于减排责任如何在发达国家和发展中国家之间进行分配。在制定协议过程中，发达国家和发展中国家持有完全不同的立场。如果这个问题不能得到很好解决，要么最终无法达成协议，要么达成的协议没有任何法律约束力。

（1）发达国家的立场。发达国家声称温室气体的过度排放全世界每个国家都有责任，虽然不同国家的责任不同，但基于全人类的福祉，所有国家都需要设定强制减排义务，无论是发达国家还是发展中国家。发达国家主要讨论的是温室气体的增量问题，而对于其存量问题却很少提及。即使完全不考虑温室气体排放的历史责任，人口越多的国家拥有的排放权应该越大，这应该是基本的共识。有些发达国家提出的以国家为单位来确定减排义务的提议没有得到广泛支持，甚至连大部分发达国家也不支持，于是这一提议很快被抛弃。但是几乎所有发达国家还是坚持，发展中国家可以根据自身发展情况暂时承担较少的减排责任，但也是需要承担强制减排责任。

（2）发展中国家的立场。发展中国家坚持在确定减排义务时，应该主要依据每个国家温室气体的历史排放量，即温室气体排放的存量。实际上温室气体长期以来一直维持在一个稳定的量，只是从工业革命以来的这200多年间才迅速增长，其始作俑者正是现在的发达国家。发达国家在实现工业化过程中，由于当时技术上的限制，使用的能源几乎全部是化石燃料，地球温度的明显上升正是以人类的工业化为起点的。除此之外，另外一个需要重点考虑的问题是：降低温室气体的排放是为了提高人类的福祉。但是一个非常现实的问题是，世界上还有很多发展中国家数以亿计的人口生活在贫困线以下，解决贫困人口的生存问题才是第一要务。因此，发展经济、消除贫困才是这些国家的主要任务。以发展中国家的经济状况和技术水平，在目前阶段要实现经济的发展，大量消耗化石燃料是不可避免的。

综合以上两个主要原因，发展中国家认为减排责任应该主要由发达国家承担。发展中国家也可以承担部分减排任务，但是需要发达国家在技术与资金方面给予充分支持，包括低碳技术、新能源技术等，确保发展中国家在减排的同时确保经济发展不受影响。

（3）《京都议定书》确定的减排原则。在经历了漫长的谈判与讨价还价之后，各国终于在1997年基本达成一致，确定了发达国家与发展中国家应共同承担减排责任，但是发达国家需要承担强制减排责任，发展中国家只需要尽力减排即可。《京都议定书》首次以法律文件的形式规定了发达国家在2008～2012年的承诺期内，应在1990年水平基础上减少一定的比例。在力量对比悬殊之下，《京都议定书》是包括中国在内的发展中国家的一个“历史性的胜利”。

（五）《京都议定书》生效以来全球减排的成果

《京都议定书》自2005年生效以来，取得了巨大成果。虽然出于“减排会影响经济社会发展”的担忧，不断有发达国家推迟批准甚至退出议定书。尽管如此，世界大部分国家还是认真履行了议定书中的减排义务，有效降低了温室气体的排放。其中公认最为成功的是欧盟的减排体系——欧盟排放交易系统（European Union Emissions Trading System，EU ETS），是世界上最主要的碳市场，也是全球最大的碳市场。

1. 欧盟的减排成果

设定欧盟15国（EU－15）1990年温室气体排放量为基准指数100，1990～2005年欧盟15国碳排放指数基本保持在100左右，波动较小。从2005年《京都议定书》生效开始，欧盟即开始构建其碳排放交易系统EU ETS。

通过EU ETS的成功运作，欧盟地区温室气体排放量显著下降，已经超额完成了《京都议定书》中规定的强制减排目标：2012年欧盟地区排放指数是84.9，即比2005年温室气体排放量下降了15.1%，远高于《京都议定书》对欧盟设定的降低8%的目标（见图1－4）。EU ETS减排系统的成立与成功运作，为全球减排总目标的实现树立了榜样和信心，也直接推动了世界其他地区排放交易系统的设立与运作。长期来看，如果EU ETS与世界其他主要排放国家的排放交易系统能够做到互联互通，甚至融合发展，将极大推动全球碳交易市场的发展和繁荣，助力实现世界范围内的减排目标。

《京都议定书》的核心思想是使用市场手段，以最低成本实现温室气体减排，最大程度降低减排对经济社会发展的影响。欧盟GDP除2008年受金融危机影响出现明显下降外，其余年份增长速度基本未受影响（见图1－5）。用市场化的方式，以最小成本实现温室气体的减排，目前来看是完全可行的。这无疑对全球实现人类温室气体减排的长期目标指明了方向，这是《联合国气候变化框架公约》生效以来所达成的最大成果。

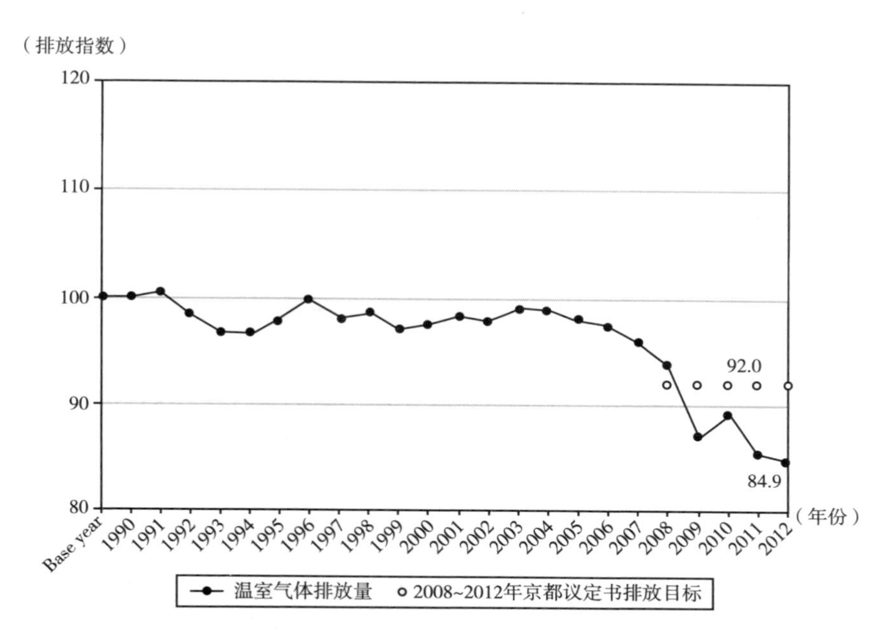

图1-4 EU-15温室气体排放量1990~2012年与2008~2012年排放目标比较

资料来源：EEA Technical report "Annual European Union greenhouse gas inventory 1990-2012 and inventory report 2014 submission to the UNFCCC secretariat".

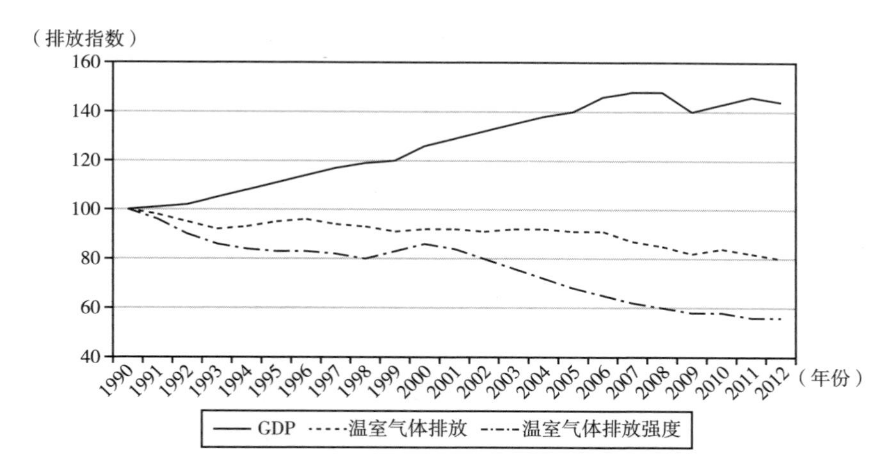

图1-5 1990~2012年欧盟GDP、温室气体排放和温室气体排放强度指数

资料来源：Progress Towards Achieving the Objectives Kyoto and EU 2020.

2. 世界碳市场发展情况

从2005年欧盟交易碳排放配额（European Union Allowance，EUA）开始，其交易量开始迅速增长。2005年的日均交易量为54万吨，2006年日均交易量为174万吨，其后交易量逐年增长。

2008年，随着美国的金融危机席卷全球，国际金融市场剧烈震荡，各国经济发展出现了不同程度的减速甚至衰退。不少国家经济出现了负增长，这对于新兴的碳市场是一个极大的打击。碳市场受金融危机影响，市场价值和市场份额增长缓慢甚至出现了不同程度的下降。不过随着大部分国家经济的恢复，全球主要碳市场开始重新活跃起来（见图1-6）。

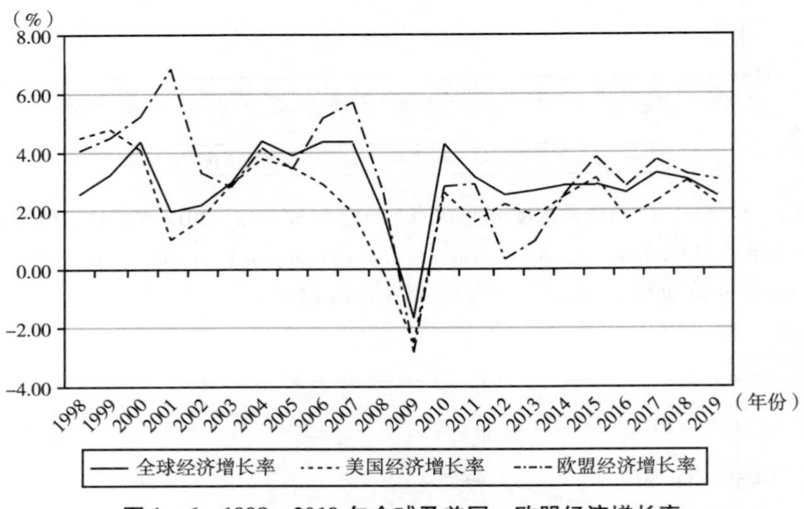

图1-6　1998~2019年全球及美国、欧盟经济增长率

资料来源：Wind金融终端。

从2009年开始，EU ETS排放交易开始迅速恢复。到2019年，EU ETS日均交易量为2 892万吨二氧化碳当量。从2005~2019年，欧盟EUA日成交量年均复合增长速度达到32.89%（见图1-7）。碳市场的繁荣，通过配额的价格反过来极大促进了节能减排技术的研发与应用，促进了减排目标的实现。

从交易价格来看，2005年随着欧盟碳市场的开张，EUA价格一度从15欧元/吨二氧化碳当量，迅速上涨到30欧元/吨。到2006年，EUA价格一直维持在20欧元之上。2007年，金融危机开始发酵，并迅速席卷全球。

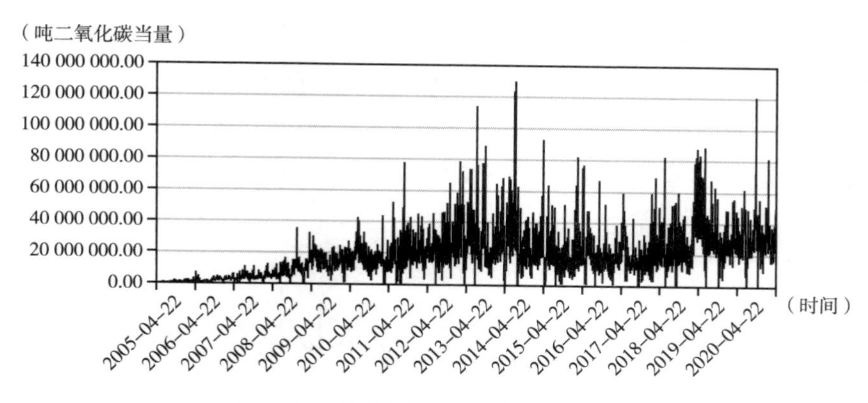

图1－7 欧盟EUA日成交量变化趋势

资料来源：Wind金融终端。

此次金融危机的一大影响是金融市场流动性的迅速枯竭，这也导致了EUA交易价格急速下跌，从15欧元/吨跌至接近于0欧元/吨。在经历了较短的低迷期后，随着欧盟经济的恢复，欧盟EUA市场迅速恢复。EUA交易价格从接近于0欧元/吨，上涨至30欧元/吨。2009年EUA市场彻底恢复正常，结算价格稳定在15欧元/吨。从2011年开始，EUA市场进入到一段价格低迷期，EUA结算价格快速下降到5欧元/吨，并持续维持到2017年中。从2017年下半年开始，欧盟碳市场开始进一步回暖，EUA价格快速回升。2018年EUA价格回升到25欧元/吨，之后在15～30欧元/吨的价格区间快速波动，欧盟碳市场开始重新繁荣起来（见图1－8）。

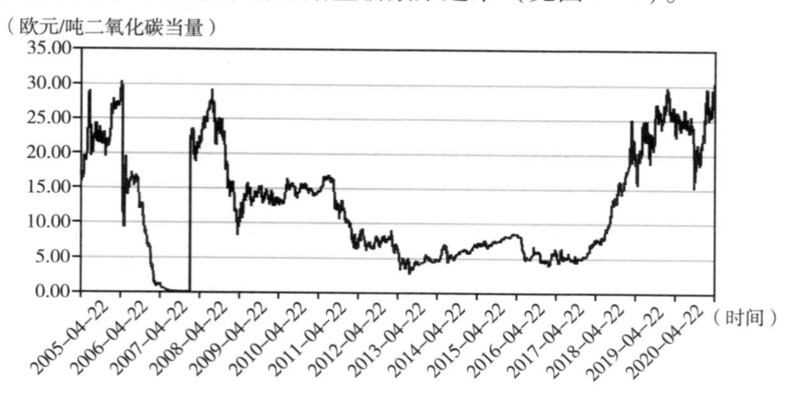

图1－8 欧盟EUA期货结算价格走势

资料来源：Wind金融终端。

从持仓量来看，从2005年开市交易，欧盟EUA期货持仓量开始逐年递增。到2015年12月14日，EUA期货合约持仓量达到峰值15.62亿吨。随后持仓量开始缓慢下降，但始终维持在8亿吨以上。如此之高的持仓量，说明了欧盟碳市场交易是非常活跃的（见图1-9）。

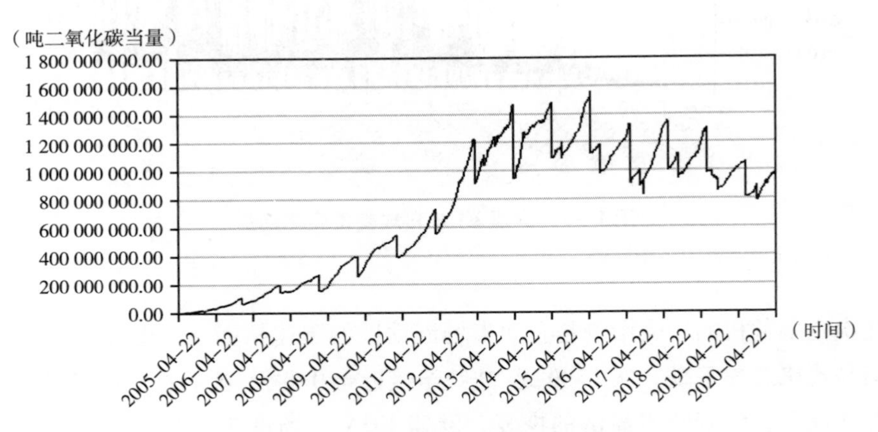

图1-9　欧盟EUA期货持仓量走势

资料来源：Wind金融终端。

3. 欧盟CER的交易情况

除EUA外，欧盟还交易核证减排（Certification Emission Reduction，CER）。核证减排是指联合国执行理事会（EB）向符合清洁发展机制原则及要求的企业颁发的，经过指定经营实体（DOE）核实的温室气体减排量，一单位CER等同于一吨二氧化碳当量。只有联合国向企业颁发了CER证书之后，减排指标CER才能在国际碳市场上交易。

欧洲气候交易所（European Climate Exchange，ECX）（2010年被洲际交易所ICE收购）从2008年3月14日开始交易CER期货，随后结算价格一路攀升至2008年7月7日的22.94欧元/吨的最高点。此后CER价格急剧下跌，2009年2月12日跌至7.39欧元/吨的低点。之后CER价格很快止跌回升，从2009年3月到2011年7月，CER价格始终在10~15欧元之间稳定波动。从2011年8月价格跌破10欧元开始，CER期货价格一路暴跌，到2012年11月8日，首次跌破1欧元/吨（见图1-10）。

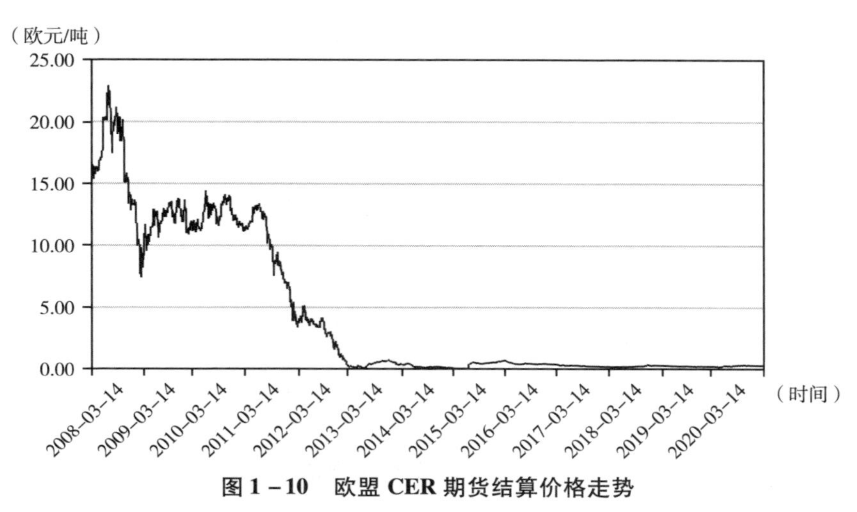

图 1－10 欧盟 CER 期货结算价格走势

资料来源：Wind 金融终端。

此后虽然涨涨跌跌，但 CER 价格再也没有涨回到 1 欧元，大部分时间的价格甚至低于 0.5 欧元，这种价格明显低于维持碳市场正常运转所需要的最低水平。实际上任何一种资产，包括碳排放权，如果价格长期接近于 0，资产的买家和卖家会逐步撤出市场，造成交易量越来越少，最终导致市场关闭。造成 CER 价格低迷的主要原因，是在《京都议定书》第二承诺期，也是 EU ETS 第三个交易期（2013～2020 年），欧盟不再允许成员国使用 CER 来抵充本国的排放配额。欧盟作为 CER 全球最主要的购买方，这一决议直接导致了全球 CER 市场的停滞。

除价格之外，交易量是判断碳市场发展趋势的另一个重要指标。ECX（ICE）的 CER 期货日成交量从上市之初的 31.9 万吨，稳定增长。2012 年 12 月 11 日，CER 期货日成交量达到峰值 2 648.4 万吨。此后成交量一路大幅下滑，从 2014 年 5 月 22 日之后，日成交量再也没有高于 500 万吨。2017 年开始出现连续多日无成交的情况，此后无成交的情况逐渐成为市场常态。即使偶尔出现有成交量的情况，成交额度也极低，CER 市场基本处于停滞的状态（见图 1－11）。

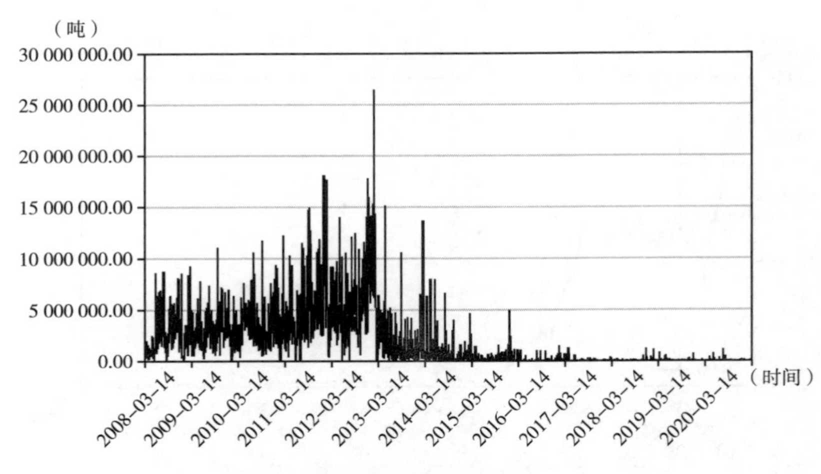

图 1－11 ECX（ICE）CER 期货日成交量

资料来源：Wind 金融终端。

成交量可以反映市场短期发展趋势，持仓量更能说明市场的长期情况。ECX（ICE）的 CER 期货的持仓量从 2008 年 3 月开市交易的 31.9 万吨，到 2008 年 10 月下旬突破 1 亿吨，用时仅 7 个月。之后 CER 期货持仓量增长速度有所下降，但总体来看仍保持了较高增速。2012 年 10 月 22 日，CER 期货合约持仓量达到峰值 2.78 亿吨。此后短短 5 个月的时间，CER 持仓量暴跌至 1.14 亿吨。随后持仓量虽然有所反弹，回升至 1.54 亿吨，但紧接着就出现了长期且持续的下跌。截至 2020 年 9 月，CER 期货合约持仓量跌至 1 000 万吨以下（见图 1－12）。

造成 CER 在 2012 年之后交易基本停滞的根本原因在于，《京都议定书》第一承诺期于 2012 年到期。由于发达国家和发展中国家在第二承诺期的减排责任的分配问题上分歧很大，不少发达国家认为在第一承诺期承担了过高的减排义务，因此要求在第二承诺期降低减排责任，同时还要求发展中国家也要承担减排责任。发展中国家的立场与发达国家截然相反，认为根据温室气体排放的历史责任，发达国家做得远远不够，需要在第二承诺期继续承担更高的减排责任。在巨大分歧之下，各国最终没能就议定书第二期的减排责任承担问题达成一致。

在发达国家拒绝履行议定书第二承诺期的减排义务，拒绝承诺减排目标的情况下，对 CER 的需求就不存在了。欧盟虽然在 2013 年 EU ETS 第三

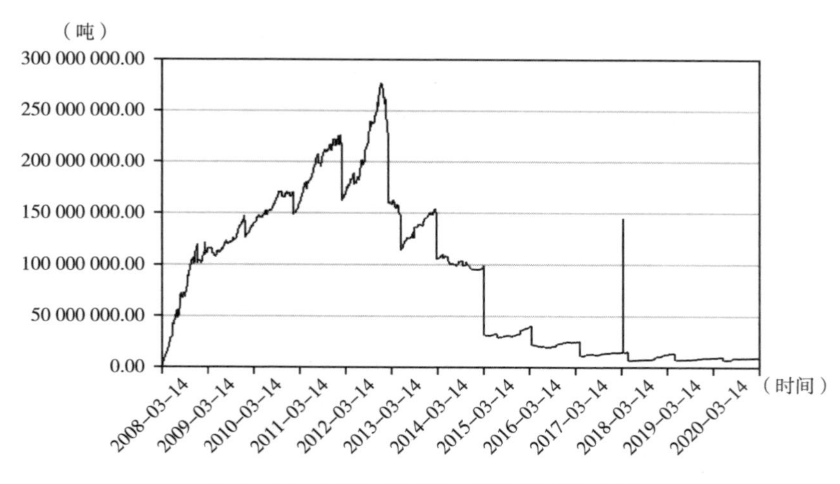

图 1-12 ECX（ICE）CER 期货持仓量

资料来源：Wind 金融终端。

交易期（2013～2020 年）设置了减排目标，但出于对促进本区域低碳经济发展等因素的考虑，还是决定拒绝在 EU ETS 中使用京都碳信用进行履约。这就彻底堵死了 CER 的最终出路，导致 CER 交易呈现出断崖式的下降，最终交易趋于完全停滞。

4. 美国碳市场的交易情况

由于美国布什政府在 2001 年退出《京都议定书》，因此美国并未形成全国性的碳市场，不过成立了一些区域性的碳市场，但除加州外，其他能源大州基本上没有参与。由于没有强制减排义务，美国的碳市场主要是各类自愿减排项目，包括通过配额拍卖进行减排的区域温室气体减排行动，通过碳抵消减排的机构气候行动储备，以及核证标准协会（VCSA）、西部气候倡议、绿色交易所（GreenX）、芝加哥气候交易所等。

这些减排项目中规模最大、运行最规范的是芝加哥气候交易所（CCX）。CCX 交易的碳资产是碳金融工具（Carbon Financial Instrument，CFI），每一单位 CFI 等价于 100 吨二氧化碳当量。CCX 根据会员的排放基线和减排时间表签发减排配额，如果会员减排量超出分配的减排配额，则可以在 CCX 将超出部分额度储存或交易。如果会员减排量未达到承诺的减排配额，则需要在市场上购买等额的 CFI。碳金融工具（CFI）的价格从 2003 年初期的 1 美元/吨，一路上涨到 2008 年的 7 美元/吨。2008 年金融危机后，CFI

交易量大幅下滑，价格也直线下降。2009 年下半年，CFI 价格下跌至接近于 0，这一价格一直延续到 2011 年初。2011 年 1 月 31 日，CCX 由于 CFI 的成交量太低不得不宣布终止交易（见图 1 – 13）。

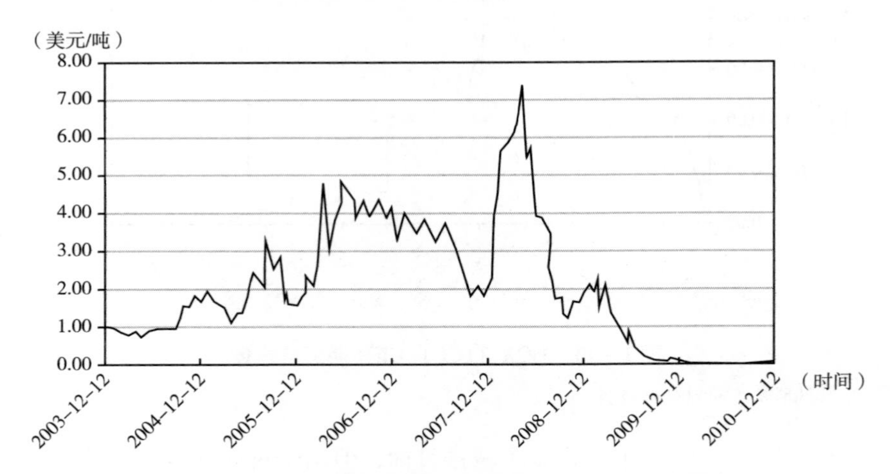

图 1 – 13　2003 ~ 2010 年芝加哥气候交易所 CFI 收盘价

资料来源：Wind 金融终端。

（六）全球碳市场前瞻

1. 新冠肺炎疫情的影响

2020 年全球经济受到新冠肺炎疫情的影响，出现了大幅度的下降。在世界主要经济体中，只有中国保持了正增长，英国的 GDP 甚至降低了 10%。新冠肺炎疫情对碳排放的影响，比 2008 年的金融危机要大得多。各国为了应对新冠肺炎疫情，主要采取的手段是居家隔离、减少人员的聚集等。这些措施有效降低了新冠肺炎疫情的传播率和传染速度。但是各国对化石能源特别是对石油的需求开始暴跌。美国纽约商品期货交易所（NY-MEX）交易的 WTI 原油期货合约，历史上首次出现了负价格。

对化石燃料需求的大幅下降，引起最直接的结果是碳排放的下降。开设了排放交易的国家和地区，排放配额开始出现供过于求的情况，导致配额的价格大跌。配额价格的低迷，将对碳市场的交易造成严重的影响。配额价格是实现减排激励的主要因素，不断降低的配额价格非常不利于对减排的激励。如果配额价格长期低迷，碳市场甚至有可能就此关闭。

2. 各国通过排放交易实施减排的努力

虽然新冠肺炎疫情仍然在继续传播，不少发达国家在短时间之内甚至看不到好转的迹象。但是在全人类的共同努力下，特别是新冠疫苗已经开始逐步投放市场，由此推断在未来3～5年的时间内，全球经济大概率可以恢复正常。经济恢复正常之后，碳排放也要开始出现反弹，因此继续实施市场化的排放交易，对于碳减排是必须的。随着2016年《巴黎协定》的正式签署，会有越来越多的国家建立排放交易系统，或者加入其他国家或地区的排放交易系统来实施减排。

对于经济规模较小的国家，比较适宜采用碳税的方式来进行减排；对于经济规模较大的国家，更适宜采用排放交易的方式来减排。当然，一些国家也可以通过参加其他国家或区域建立的排放交易系统来进行排放交易。瑞士已经决定将本国的排放交易系统与EU ETS连接起来，允许本国的减排企业通过购买欧盟的配额来合规，欧盟也允许EU ETS覆盖企业购买瑞士配额来履约。此外，还有发展中国家规划建立排放交易系统来实施减排，墨西哥的排放交易系统已经开始试运行。还有不少国家，包括发展中国家已经开始规划或者论证建立本国的排放交易系统，希望通过市场化的减排方式实施减排，为实现《巴黎协定》规划的长远减排目标作出更多的国家自主贡献，共同推动人类减排事业的进步。

3. 欧盟EU ETS的发展前景

通过三个交易期的运行，欧盟EU ETS实现了每一阶段的减排目标：2012年排放量比1990年降低8%，2020年排放量比1990年降低21%。作为通过市场化的排放交易实现温室气体减排目标的典范，EU ETS已经开始规划第四个交易期（2021～2030年），设定的减排目标是到2030年实现碳排放比1990年降低40%，到2050年实现碳中和。

目前，EU ETS的覆盖范围是50%左右，欧盟正在计划将更多的排放装置纳入到EU ETS的覆盖范围内。EU ETS还计划扩大区域覆盖范围，将更多规划开展排放交易，但无力自建排放交易系统的国家纳入EU ETS中。目前，EU ETS覆盖的国家是30个，包括27个欧盟成员国（不含英国，英国在2020年正式脱离欧盟）和3个非欧盟的欧洲国家（挪威、冰岛和列支敦士登）。未来欧盟将继续发展和完善EU ETS，欧盟期望通过这一排放交易系统的良好运行，来实现欧盟设定的雄心勃勃的减排目标。

4. 美国的碳市场规划

目前，在美国针对减排形成了两大对立的派别，一派以传统能源企业为首，一派以新能源企业为首。这两派在美国政界都有各自的代言人，且势均力敌。当代表新能源派别的民主党上台之后，美国就积极进行减排规划；当代表传统能源派别的共和党上台后，美国就开始取消或退出各类减排行动与减排协议。美国曾两次加入全球减排协议，包括《京都议定书》和《巴黎协定》，都是在民主党支持下进行的。美国退出《京都议定书》和《巴黎协定》，都是在共和党政府支持下进行的。特朗普政府的任期于2021 年 1 月结束后，民主党的拜登上任。

拜登成功当选美国总统，但是美国化石能源企业在美国国会中的势力仍然非常强大。虽然，美国已宣布重返《巴黎协定》，但美国建立国家排放交易系统的可能性极低，未来美国民主党政府在温室气体减排领域难有大的作为。美国政权的更迭对于美国在减排负面的消极态度影响不大，奥巴马政府当政的八年时间中，美国也未就国家层面设置减排目标及开展排放交易等方面取得任何实质性进展。因此，美国对于减排的消极态度是整个国家的问题，与执政的党派关系不大。

在国家层面对减排始终抵制的同时，美国的不少地方政府已经在规划新的减排项目，大部分是排放交易机制（见表 1－2）。可以预见的是，缺乏了国家层面的立法支持，美国地方排放交易能够实现的减排目标也很有限。

表 1－2　　美国地方政府减排项目的规划情况

区域	减排项目及状态	主要发展状态
纽约市	碳排放管制正在探索中	作为减排规划的一部分，纽约将从 2024 年开始为大多数大型建筑设定排放强度限制。纽约市政府将研究在全市范围内为建筑行业制定排放标准的可行性，并在 2021 年前公布调查研究的结果
新墨西哥州	排放交易正在规划中	2019 年 11 月，新墨西哥州气候变化特别工作组发布了初步建议，指出新墨西哥州需要实施排放交易机制，以实现该州的减排目标。新墨西哥州正在评估未来建设排放交易系统的可行性，规划与已经通过排放交易进行减排的其他州进行合作

续表

区域	减排项目及状态	主要发展状态
北卡罗来纳州	排放交易正在探索中	2019 年 10 月，北卡罗来纳州环境质量部发布建议，开始评估基于市场的计划如何帮助该州实现温室气体减排目标
俄勒冈州	排放交易正在规划中	在 2019 年俄勒冈州立法机构和 2020 年众议院法案以及参议院法案未能通过总量管制与交易制度的法案之后，俄勒冈州州长于 2020 年 3 月 10 日签署了一项行政命令，对大型固定排放源、车用燃料、天然气以及其他化石燃料实施“总量管制和削减计划”。环境质量部必须在 2020 年 5 月 15 日前提交一份规则制定和方案设计报告。这一上限与之前的立法一致，要求到 2035 年，温室气体排放量在 1990 年的基础上减少 45%，到 2050 年至少减少 80%。计划开工日期为 2022 年
宾夕法尼亚州	排放交易正在规划中	2019 年 10 月 3 日，宾夕法尼亚州政府通过了一项提案，以建立覆盖电力行业的排放交易系统，并打算加入 RGGI 或与 RGGI 建立联系。宾夕法尼亚州环境保护部于 2020 年 1 月 30 日发布了该提案的草案。提案草案基本上符合 RGGI 模型规则的系统设计特点，包括实施 ECR 和 CCR，以及分配排放配额的季度拍卖。在 2020 年 7 月 31 日发布最终排放交易系统提案之前，第一份提案将经过审查和利益相关者参与过程。预计宾夕法尼亚州排放交易系统及其与 RGGI 的联系的最早开始日期为 2022 年。宾夕法尼亚州作为美国第二大天然气生产州和第三大煤炭生产州，将成为加入该体系的碳密集型州。此外，将其纳入宾夕法尼亚 – 泽西 – 马里兰地区输电网（包括非 RGGI 州）可能会产生一些竞争力问题
弗吉尼亚州	排放交易正在规划中	2019 年 6 月 26 日，弗吉尼亚州排放交易系统条例生效，为弗吉尼亚州排放交易自 2020 年 1 月 1 日起开始运作奠定了法律基础，并促进了参与 RGGI。弗吉尼亚州排放交易系统主要覆盖的范围是电力企业，然而，该州 2019 年的预算法案阻止了弗吉尼亚州在未经议会批准的情况下参与 RGGI 的所有财政支出，从而搁置了弗吉尼亚州排放交易计划的实施。该州 2019 年预算法案中的条款也禁止使用 RGGI 等区域气候变化协议的收益。 在 2020 年初，弗吉尼亚州立法机关通过了《弗吉尼亚州清洁经济法案》和《清洁能源和社区法案》。与 2019 年法规相比，前者对覆盖电力企业的排放交易系统进行了一些修改，而后者决定了如何使用排放交易系统的收入。由于参众两院通过的法案版本略有不同，因此在 2020 年 3 月 5 日将其合并为一份草案。一旦签署，当前的排放交易条例将不得不进行修订，以符合立法

续表

区域	减排项目及状态	主要发展状态
华盛顿州	排放交易正在规划中	自2017年12月以来，根据地方法院的裁决，《清洁空气条例》的实施被要求暂停。2020年1月16日，华盛顿州最高法院的裁决部分支持这项减排条例。新的裁决指出，合规要求可适用于固定的直接排放源，但不适用于燃料供应商和天然气分销商。 与此同时，应华盛顿州州长的要求，已经向华盛顿州立法机构提交了法案，以扩大生态监管部门的权力，对化石燃料供应商和天然气分销商等间接排放源进行监管

资料来源：世界银行。

5. 中国排放交易的展望

在《巴黎协定》签署并实施之后，有很多国家公开作出了减排承诺。最为振奋人心的是中国宣布二氧化碳排放力争于2030年前达到峰值，努力争取2060年前实现碳中和。要实现这一目标，建设中国的排放交易系统是最佳途径。中国从2014年开始，在全国7个市建立了排放交易的试点，取得了良好的减排经验。此外，在《京都议定书》的第一承诺期，中国积极参与国家化减排，中国的CDM项目产生的CER占全球交易总量的50%以上。

中国为建立国家排放交易系统已经做好了成分的准备。目前，在中国的“十四五”规划中，建设全国排放交易系统已经被写入其中。如果没有意外中国将在2021~2025年建立全国排放交易系统，实施市场化减排。中国的二氧化碳排放量占全球总排放量的28%，位居第一位。在开展排放交易后，中国的排放交易系统覆盖的区域、交易量等将很快超过欧盟，成为全球最大的排放交易系统。中国的排放交易系统必将为中国实现中长期减排目标，同时确保将减排对经济社会的发展不利影响降至最低。

中国开展排放交易，必将鼓舞更多发展中国家实施减排，为实现《巴黎协定》中的减排目标作出更多的贡献。

第二节 开展排放交易研究的现实意义

截至2020年3月31日，已有189个缔约方批准了《巴黎协定》。186个缔约方（185个国家加上欧盟）向《联合国气候变化框架公约》秘书处通报了其首次国家自主贡献，3个缔约方通报了其第二次国家自主贡献。此外，缔约方还提交了17份长期战略、18份国家适应计划和2份适应信息通报。2020年暴发的新冠肺炎疫情抑制了全世界的经济活动，扰乱了业务的正常运转，也为各国提供了一个机会来重新评估优先事项并重建本国经济，使其更加绿色、更具气候变化适应力。

一、严峻的减排形势

《京都议定书》和《巴黎协定》签署并实施以来，在众多国家的共同努力下，世界温室气体排放总量明显降低。但是，全球变暖的总趋势并未得到根本扭转，气候危机并未解除，因为国际社会对扭转危机所需的充分承诺持回避态度。2019年是全世界有记录以来平均气温第二高的一年，也是最暖十年（2010～2019年）的结束之年。高温给世界各大洲带来了大量的野火、飓风、干旱、洪水和其他自然气候灾害。根据专家的估算，如果按照目前的发展趋势，到2100年全球平均气温将会上升3.2℃。要实现《巴黎协定》中要求的平均温度上升不超过2℃甚至是1.5℃的目标，要求全球排放量尽快达到峰值，到2030年实现在2010年排放水平上下降45%，到2050年实现净零排放。按照目前各国的国家自主贡献水平，世界在实现这一目标上已经远远偏离了轨道。2000～2018年，全球发达国家和转型经济体的温室气体排放量下降了6.5%。2000～2013年，发展中国家的排放量上升了43.2%，这一增长主要归因于发展中国家工业化程度的提高和经济产出的增长（见图1－14）。

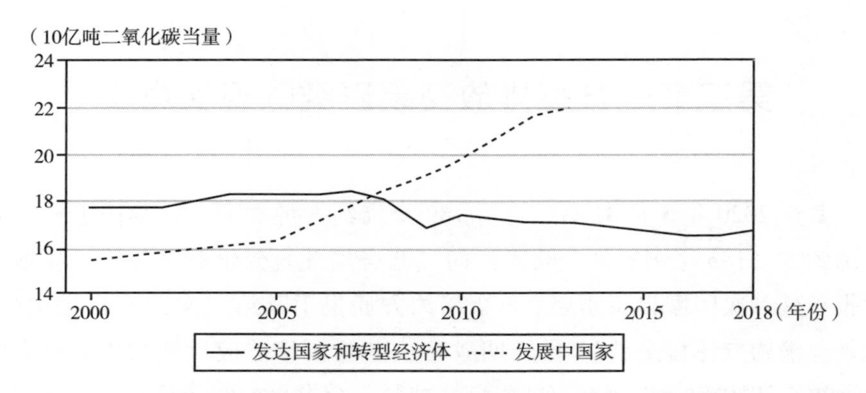

图1－14　2000年以来发达国家（转型经济体）和发展中国家温室气体排放量合计

资料来源：世界银行。

尽管新冠肺炎疫情的出现导致人类活动急剧减少，但由此产生排放量的下降仍未达到实现《巴黎协定》目标的最低要求。而且随着疫情逐步缓解，温室气体的排放量预计还会上升。如果全世界现在不采取有力的行动，将逐步远离实现《巴黎协定》目标的轨道，气候变化产生的灾难性影响将远远超过新冠肺炎疫情。各国政府和企业应利用这次危机带来的教训和机遇，加快实现《巴黎协定》所需的转变，重新定义人类与环境的关系，并进行系统性变革，加快转型为低排放且具有气候适应力的经济和社会。

二、各经济体及各组织的减排努力

尽管新冠肺炎疫情导致全球经济陷入严重的衰退，2020年世界主要经济体中，只有中国保持了正增长。从2021年初的情况来看，新冠肺炎疫情非但没有减弱，反而有愈演愈烈的趋势。全世界累计感染人数达9 300万人，死亡近200万人。疫情最为严重的美国，截至2021年1月初，已经累计感染2 400万人，死亡40万人。在疫情严重冲击下，各国的经济发展都经历了巨大困难。世界银行、IMF等国际金融组织之前预测2021年各国经济将出现巨大反弹，但是从最新的情况看，2021年各国经济很可能会经历第二次冲击。2021年各国经济能否实现反弹，基本取决于疫苗接种的情况。但是疫苗主要生产国中国和美国的产量有限，在短时间内很难大幅提高，并且还需要供应全世界所有国家，产量压力极大。难得的是，在这样艰难的情况下，世界上还是有很多国家，包括发展中国家在继续为减排作出努力。

（一）发展中国家的减排努力

在经济衰退的情况下，世界温室气体排放也出现了大幅下降，预计在2021年温室气体排放量将会继续下降。但是，温室气体排放量在这种情况下的降低只是暂时的，是不可持续的。因此，虽然正在经历经济衰退，但还是有不少国家已经开始制订或实施减排计划，其中大部分是发展中国家。发展中国家开展温室气体减排，对于世界减排事业的发展是一项重大利好。特别是作为最大发展中国家的中国，在2020年宣布要在2030年前实现温室气体排放达峰，努力在2060年前实现碳中和。中国的这一表态极大振奋了全世界的减排事业，为《巴黎协定》长远目标的实现注入了一剂“强心针”。

（二）国家适应计划

国家适应计划正在帮助各国实现《巴黎协定》下的全球适应目标——对气候变化提高适应力、增强弹性和减少脆弱性。2019年，全世界153个发展中国家中至少有120个国家开展了制订和执行国家适应计划的活动（见图1－15）。另外，包括5个最不发达国家和4个小岛屿发展中国家在内的18个国家已经完成并向《联合国气候变化框架公约》秘书处提交了国家适应计划，并且还有许多国家正处于这一进程的不同阶段。

（三）绿色气候基金

绿色气候基金通过其准备和筹备支持计划，与最不发达国家基金一起为国家适应计划的制订与实施提供资金支持。截至2019年底，已有81个国家提交了83件提案，共获取2.038亿美元的资金支持。这些国家中，有29个（35%）是最不发达国家。共有40件提案获得批准，其中14件（35%）来自最不发达国家。最不发达国家基金下的9个项目提案也获得批准，以支持国家适应计划的制订和执行。

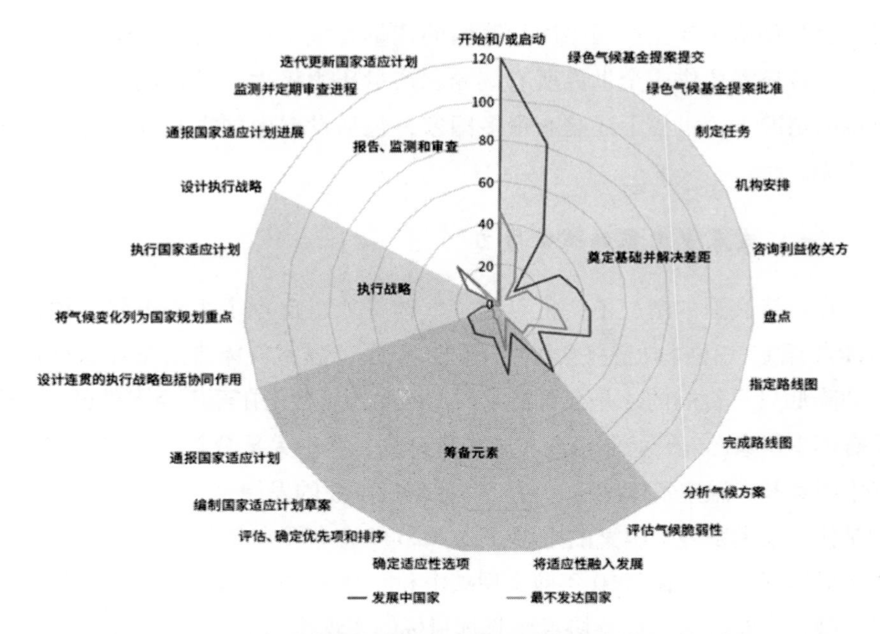

图 1-15　发展中国家在制订和执行国家适应计划过程中采取的措施（截至 2019 年底）

数据来源：世界银行。

三、通过排放交易实现减排的优势

1. 市场化减排的理论基础

通过市场化的排放交易系统实现低成本减排，在《京都议定书》签署之前就已经开始被专家深入进行了理论方面的研究。专家普遍认为利用市场化的手段进行温室气体减排，能够充分利用市场“看不见的手”的机制，以最高的效率配置资源。亚当·斯密（Adam Smith）在《国富论》和《道德情操论》中对市场机制中“看不见的手”进行了充分论证，最终认为“每个人都在力图应用他的资本，来使其生产品能得到最大的价值。一般来说，他并不企图增进公共福利，也不知道他所增进的公共福利是多少。他所追求的仅仅是他个人的安乐，仅仅是他个人的利益。在这样做时，有一只‘看不见的手’引导他去促进一种目标，而这种目标绝不是他所追求的东西。由于追逐他自己的利益，他经常促进了社会利益，其效果要比他真正想促进社会利益时所得到的效果为大”。市场化的减排机制，在理论上能够很好地将“看不见的手”机制应用于排放配额的交易中，最终实现社会福利的最大化。

2. 市场化减排的实践

市场化的减排方式在理论上得到充分论证之后，就有国家和地区就开始将这一理念付诸实践。2003 年成立的芝加哥气候交易所是世界上第一个采用市场化手段实施减排的项目。芝加哥气候交易所吸引了大量知名企业加入，排放交易很快就取得了成功，从实践的角度充分论证了市场化手段减排的可行性。虽然由于交易量过低、配额价格过低等原因，芝加哥气候交易所在 2010 年被迫关闭。但是造成其最终失败的原因并非市场化方式减排的手段，而是美国缺乏国家层面的减排立法，导致大量的会员不断退出交易。

3. 欧盟的成功实践

在充分参考芝加哥气候交易所的经验后，欧盟在 2005 年建立了全世界最大的市场化减排体系——欧盟排放交易系统（EU ETS），很快便取得了巨大成功。EU ETS 纳入减排范围的排放企业和航空公司的温室气体排放量，占欧盟温室气体总排放量的 50% 左右。EU ETS 建立的基本原则是“总量管制与交易（Cap and Trade）”，同时允许交易排放配额，以便排放企业和航空公司的排放量保持在其上限之内。通过限制总排放量，允许高成本排放企业购买低成本排放企业的排放配额，来实现在成本最低的地方实现减排。除 EU ETS 外，欧盟还有不少国家通过征收碳税的方式来进行减排，但是欧盟减排的主要途径仍然是 EU ETS。市场化的减排方式有助于以经济、高效的方式应对气候变化。作为世界上最大的排放交易系统，EU ETS 覆盖了 30 个欧洲国家（不含英国，英国于 2020 年退出），11 000 多个工业工厂和发电站，以及成员国所有的航空公司。

依靠 EU ETS 运行，欧盟成功在 2012 年超额实现了《京都议定书》中对欧盟确定的 8% 的减排比例。欧盟在此基础上更进一步，计划到 2020 年排放量比 2005 年继续降低 20%。虽然欧盟还未公布具体数据，但据专家估算，欧盟实现这一减排目标已成定局。EU ETS 已经成为全球最成功的排放交易系统，是全世界市场化减排的典范。

四、温室气体减排

温室气体排放的不断增加对全人类生存和发展会造成严重威胁，这一点已经成为全球绝大部分国家的共识。为了应对气候的变化，必须采取措施来抑制温室气体排放不断增长的趋势。从温室气体的排放来源看，化石燃料的燃烧是温室气体排放的最主要的来源。如果能够控制这一点，就可以实现温室气体的有效减排。但是目前存在的最大矛盾点在于，能源是维持一个国家正常运转的必备条件。对于发展中国家来说，稳定的能源供给是完成工业化、提高经济发展水平、改善居民生存状况的必备条件。因此，必须确保在实现减排过程中能源的稳定、足额供给。

从理论上来看，提高化石的燃烧效率、减少能源传递过程中的损耗，是继续使用化石能源、实现温室气体减排的唯一路径。在近年来化石燃料价格不断上涨的激励下，企业在提高化石能源使用效率方面已经进行了多年的努力。在技术的限制下，目前在这一方面已经在短期之内得到大幅提高。虽然已经有国家在开发碳捕捉和碳封存技术，但是从研发的进度来看，短期之内很难取得重大突破。在目前技术允许的前提下，尽快将化石能源转换为清洁无排放的新能源，是实现温室气体减排的唯一可行途径。

就新能源来说，目前还存在较大的问题：与传统的化石能源相比，新能源价格普遍较高；有些新能源，如太阳能、风电等，能源供给很不稳定；新能源还普遍存在在技术上不够成熟的缺点，如纯电汽车的电池储能太低、充电速度过慢等问题。尽管如此，新能源还是代表了人类能源未来发展的方向，新能源替代传统化石能源是大势所趋。如何推动新能源对传统能源的替换，将决定温室气体减排的成效。

（一）新能源的应用

能量的转换是恒定的，在人类实现工业化的漫长历史进程中，生物能量是主要能源。在18世纪中叶，瓦特的蒸汽机和廉价煤炭的获得创造了人类历史上第一次工业革命，从此人类就步入了工业化时代。在19世纪，两大技术进步——内燃机和现代蒸汽轮机——推动了能源结构从煤炭到石油的转变，石油的大规模使用更是促进了全人类工业文明的巨大发展。得益于工业化的发展，人类文明取得了根本性的进步。人类从此创造的财富，比工业化之前人类创造的总财富还要多得多。

在推动人类社会进步的同时，大量使用化石燃料排放出来的巨量二氧化碳，造成了严重的温室效应。减少二氧化碳的排放，是降低温室效应的唯一选项。但是能源是维持人类社会正常运转的必要物质资源，科学家兼政策分析师瓦茨拉夫·斯米尔认为“能源是唯一的通用货币”。从煤炭到天然气和阳光，能源对人类的生存至关重要。然而，许多人如此习惯于它的存在，以至于忘记了它的来源。随着文明的发展，人类提取和生产能源的能力也在不断提高，这提高了生产力，促进了生活的改善。今天，全世界有超过 20 亿人必须通过燃烧化石燃料来获得能源，近 10 亿人还得不到电力，因此改变能源结构是减排的最佳路径。

新能源主要是指太阳能、风能、生物质能、水能等，新能源一般是转化为电能之后再进行消费。与化石燃料相比，新能源的最大优势是较少排放或不排放温室气体，因此新能源也被称为清洁能源。向新能源的过渡是一个持续的过程：由供求关系、技术进步和公共政策推动。能源是社会进步的基础——从原始社会的觅食到矿物燃料驱动的特大城市——人口增长和生活水平提高推动了需求的增长。能源消费推动了社会的巨大进步，但它的生产和使用却产生了负面影响：由化石燃烧燃料产生的温室气体（GHG）引起的全球变暖迫使我们必须直面依赖化石燃料的后果。

为了减轻全球变暖的影响，能源消费需要从化石燃料向新能源尽快转变。这是一个过程，涉及人类在取暖、运输、发电和制造业中对能源依赖的全面转变，终极目标是实现零碳经济。通往零碳经济的道路将漫长而复杂——既要解决为全球近 10 亿还没有用上电的人提供负担得起的电力，又要不断阻止全球气候的变暖，这是一个双重挑战。幸运的是，市场的价格信号有助于实现这些相关但可能相互冲突的目标。通过对化石能源征收碳税、对新能源进行财政补贴，以及其他市场化的方式来推动新能源对化石能源的替代。当然，这需要一个过程。现在，对气候风险中新的外部性的认识意味着现有的经济模式不能继续下去，但实际的脱碳之路可能会很不平坦，包括提高能源效率和部署新的脱碳技术，如电池储能、氢和碳抓捕。碳氢化合物仍将是重要的能源提供者，但它们的碳足迹将通过碳捕获技术或碳补偿的使用得到缓解。

（二）能源投资回报比率

在现代人类文明中，化石燃料资源的开发费用实际上是非常高的。即便如此，巨量的化石燃料还是被不断开采出来，因为它们产生了很高的净能源回报。能源投资回报比率（energy returned on energy invested，EROEI）是能源回报与能源投资的比率，用于确定石油、生物燃料、地热、核能、煤炭、太阳能、风能和水力发电等能源的投资效率。比例越高就说明能源越廉价，如果比率为 1 意味着投资的能源没有回报。在市场经济中，EROEI 是决定能源价格的关键，是决定能源使用广度的主要因素。对于经济需要高速发展的发展中国家来说，煤炭是一种优质的能源，因为煤炭的 EROEI 是最高的。虽然技术的进步提高了能源投资回报比率，但经济的不断增长也增加了对能源的需求。现在，随着气候风险出现新的外部性，能源投资回报比率需要包括一个新的外部性——污染成本。EROEI 的计算公式需要进行调整，必须包括污染成本。

由于对环境的污染并未导致能源消费者直接支付相关成本，原因在于环境本身的产权是不清晰的。在市场环境下，只有清晰的产权才能实现资源的有效配置，实现污染者付费。对此，有效的方式只能是将政府作为环境的所有者。政府通过对污染进行收费或者征收污染税等方式，来实现能源使用中的污染成本。能源投资者通过计算加入了污染成本的 EROEI，来确定哪一种能源最值得投资。理论上来说，政府总是可以通过提高污染费用或者税率，来提高污染成本，迫使投资者避开化石能源，转而投资新能源。但是如果污染成本过高，就会提高能源最终消费者的成本。这些消费者可能是生产者，也可能是普通居民。过高的能源价格将对经济发展带来负面的冲击，不利于社会的正常运行。特别是对发展中国家更不现实，毕竟发展中国家的主要发展目标仍然是消除饥饿和贫困，确保人的正常生存和发展。

（三）减排的路径选择

在实施减排的途径方面，在《京都议定书》实施之后，基于市场化的减排方式在不少减排项目中得到广泛应用。特别是欧盟，基于市场化的减排理念建立了全球最大的温室气体排放交易系统 EU ETS，依靠这一系统，欧盟在实现减排目标的同时，确保了社会的正常运行，经济发展基本不受影响。

以英国为例，在率先完成工业化到 20 世纪初，英国一直是全球煤炭生产与消费的“领头羊”。1950 年，煤炭供应了英国 90% 的能源需求。到了 1970 年，煤炭的能源供给仍占据了英国能源供给的接近一半。在 2005 年加入 EU ETS 后，英国通过市场化方式推动减排，成效显著。2012 年，英国与 EU ETS 其他欧盟成员国共同实现了减排 8% 的目标。

目前，英国的化石能源在能源供给中所占份额已经很低，这充分说明了通过基于市场的机制与政策干预相结合，可以将碳密集型能源逐步从能源供给中剔除。2013 年，英国引入了碳价格支持（Carbon Price Support，CPS）计划。英国电力部门支付的碳价格是由 CPS 加上 EU ETS 的配额价格构成。CPS 机制被广泛认为是英国电力生产商煤改气的驱动力。到 2020 年，英国不到 5% 的电力来自煤炭发电，这些煤炭发电的电厂预计将在 2024 年前全部退役。

市场化的减排机制本身也存在一些固有的缺陷。与市场经济类似，配额市场中可能会出现配额价格过高或者过低的情况，类似于金融市场中的利率。如果政府不加干预，配额价格的暴涨暴跌在短期之内必然对减排产生不利影响。当然，如果从长期来看，配额价格还是应该由市场的供给与需求决定，政府的干预对配额长期价格的形成没有实质影响。但是就像凯恩斯所说的，“从长远来看，我们都死了。（如果只是这样）经济学家给自己定的任务未免太简单，太无用。如果在暴风雨的季节，他们只能告诉我们，当暴风雨过去时，海洋又将是平静的”。因此对于配额市场，也应该引入政府的干预，类似于央行通过实施货币政策，调节一国利率。

2008 年爆发的美国经济危机和 2010 年爆发的欧洲债务危机引起欧盟经济明显衰退，经济活动的减少导致碳排放量显著低于预期。EU ETS 出现了排放配额供过于求的情况，且持续了较长时间。在长期低迷的排放配额价格下，企业缺乏足够的动力去实施减排措施，往往通过购买配额的方式来合规。为了稳定排放配额的价格，EU ETS 于 2019 年建立了市场稳定储备（MSR）机制，作为排放配额的“中央银行”。EU ETS 可以根据配额市场的供求状况，在每年年初决定配额的拍卖数额。在拍卖总量不变的前提下，如果配额市场出现严重供过于求的状况，就减少配额的拍卖量，将未拍卖的配额转移到储备中；当配额市场供不应求时，再将配额发放到流通中。这一机制类似于中央银行的货币政策：当市场利率过高时，通过向市场注入流动性来降低利率；当市场利率过低时，通过回收流动性来提高利率。通过这种机制，有助于维持碳市场的有序运作，稳定配额价格的预期，有益于 EU ETS 实现欧盟范围内的减排目标。

随着 MSR 机制的引入，排放配额的价格开始迅速从低谷中恢复，足以将天然气提升到优先等级。自 2019 年以来，EU ETS 强劲的碳价格和国际能源市场上较低的天然气价格，促使煤炭在欧盟能源结构中能够迅速被天然气取代。随着能源转型的继续，获得透明的定价使决策者能够衡量排放市场的有效性——排放配额的价格越高，企业通过能源转型进行减排的动力越大，这是一种鼓励减排的行动反馈机制。

通过市场的力量进行温室气体减排，对于满足经济社会发展日益增长的能源需求，减少温室气体减排对经济发展的不良影响，以最有效的方式降低污染和碳排放强度至关重要。欧盟及其他国家与地区多年的减排实践已经充分证明了这一点。对于发展中国家来说，确保经济以较高速度的发展，对于减少贫困，推动人的发展是第一位的。温室气体减排是一项全球性的事业，发达国家应该承担主要的减排责任是一项基本共识。但是如果发展中国家无视自身的减排责任，在发展过程中肆无忌惮地使用化石燃料，不采取任何减排措施，损害的将是全人类的利益。

从目前来看，已经能够完全做到同时实现经济发展与温室气体减排，那就是要通过市场化的方式进行减排。市场化的减排方式，可以确保减排参与者在正确的道路上前进，为所有人创造一个美好的、前景光明的及更可持续的未来。

五、中国的减排雄心

中国作为最大的发展中国家，依据“共同但有区别的”减排责任，是不需要承担强制减排义务的。但是作为负责任的大国，秉承人类命运共同体的理念，中国还是克服了种种困难，支付了极高的成本，为全世界的减排事业作出了巨大贡献。

（一）实质性的自主减排贡献

中国政府从战略上是非常重视节能减排工作的。针对减排工作，中国充分发挥自身规划优势，制订了一系列“五年规划”，并采取了切实可行的措施，一步一个脚印地实现了每一个“五年规划”的减排目标。对于温室气体减排，中国说到做到。

1. “十一五”（2006～2010年）减排

在2006年制订实施的“十一五”规划中，中国政府提出到2010年“单位GDP能耗要比2005年下降20%左右”“主要污染物排放总量减少10%，森林覆盖率达到20%”的目标，并制定了《中国应对气候变化科技专项行动》《中国应对气候变化国家方案》等指导性文件。在2009年，中国政府做出了自主减排的进一步安排：到2020年单位GDP二氧化碳排放比2005年降低40%～45%。

经过艰苦的努力，根据2009年底的统计数据，“十一五”期间中国单位GDP能耗下降了19.1%，主要污染物排放总量下降约一成，二氧化硫排放总量下降超过13%，提前一年完成“十一五”规划的减排目标。

2. “十二五”（2011～2015年）减排

在制订“十二五规划纲要”时，按照2009年做出的自主减排安排，进一步明确了“十二五”时期中国应对气候变化的具有约束力的具体行动目标：单位GDP能源消耗降低16%，单位GDP二氧化碳排放降低17%，非化石能源占一次能源消费比重达到11.4%，森林蓄积量比2005年增加15亿立方米。据此制定的《节能减排“十二五”规划》进一步规定，到2015年，全国万元GDP能耗下降到0.869吨标准煤（按2005年价格计算），比 2010 年下降 16%（比 2005 年的 1. 276 吨标准煤下降 32%）。截至 2015 年，全国单位 GDP 能耗降低 18. 4%，单位 GDP 二氧化碳排放降低了 20%，非化石能源占一次能源消费比重达到 12%，森林蓄积量比 2005 年增加了 21. 88 亿立方米，万元 GDP 能耗比 2010 年下降了 19. 91%，超额完成节能减排预定的各项目标任务。此外，低碳省市、园区、社区的试点工作现在正在有序开展，全国 7 省市碳排放交易试点也全部实现了上线交易，适应气候变化的能力逐步在加强。

3. “十三五”（2016 ~ 2020 年）减排

“十三五”规划对能源消耗和碳排放强度做出了进一步的安排：到 2020 年，能源消费总量控制在 50 亿吨标准煤以内，单位国内生产总值能源消费比 2015 年下降 15%，非化石能源比重达到 15%。截至 2019 年底，中国能源消费总量 48. 6 亿吨标准煤，碳排放强度比 2015 年下降 18. 2%，非化石能源占能源消费比重达到 15. 3%，提前超额完成了“十三五”的减排目标。不仅如此，到 2019 年底，中国碳排放强度比 2005 年降低 48. 1%，提前超额完成了中国向国际社会承诺的到 2020 年排放强度下降 40% ~45%。

可以看出，中国科学合理规划了中长期减排目标，并付诸艰苦卓绝的努力，正在一步步实现各项低碳减排目标。为了降低能耗和污染物的排放量，中国政府积极推进产业结构调整，转变经济增长方式，顺应绿色低碳发展国际潮流，把绿色低碳发展作为经济社会发展的重大战略和生态文明建设的重要途径，采取积极措施，有效控制温室气体排放。加快科技创新和制度创新，健全激励和约束机制，发挥市场配置资源的决定性作用和更好发挥政府作用，加强碳排放和大气污染物排放协同控制，强化绿色低碳的引领。中国一直是全球应对气候变化事业的积极参与者，目前已成为世界节能和利用新能源、可再生能源第一大国。

中国也在通过各种措施提高人们在生产、生活中的节能环保意识，这些措施将在以后的几年里取得明显效果。通过改革定价机制，汽油、天然气的价格逐步实现与国际市场的接轨；通过广泛的宣传教育，在全社会普遍提高人们生活中的节能意识，同时也提高人们的节能技术水平。对公众的引导教育可以说是一项根本性的措施，它不仅促使人们践行环保理念，还将促使人们监督社会上的非环保行为。为了实现节能减排，中国正在动员全社会所有的力量。

（二）积极参与减排谈判

中国不仅通过自身的努力，对世界减排事业作出越来越大的贡献，而且积极参与全球性的减排协作。减排是一项非常典型的全球性事业，如果只是某些国家实施减排，其他国家仍然正常排放，甚至不断增加排放，那么全球温室气体减排最终一定会归于失败。因此包括所有国家在内的全球性减排协调尤为重要。在这一过程中，中国率先垂范，坚定支持联合国在全球减排行动中的中心地位，积极推动各国为实现全球性的减排达成各项减排协议。可以说，目前中国已经成为推动全球合作减排的中坚力量。

1. 推动《京都议定书》的制定与实施

《京都议定书》是人类历史上第一个为温室气体减排制定了具体的时间表和路线图的全球性减排协议，对世界各国合作减排具有里程碑意义。在制定《京都议定书》过程中，最大的争议在于发达国家和发展中国家减排责任的分配。发达国家坚持所有国家都需要承担强制减排责任，且主要关注温室气体的增量问题。发展中国家坚持发达国家承担强制减排责任，减排责任的分配主要考虑存量问题。中国作为全球最大的发展中国家，坚定与其他发展中国家统一立场，要求确定各国减排义务应该主要基于历史排放责任。在中国与欧盟等国家和地区的领导与协调之下，《京都议定书》最终获得通过并很快得以实施。

2. 推动《巴黎协定》的制定与实施

在《京都议定书》第一个承诺期于 2012 年到期后，不少发达国家公开表示将不再参与议定书的第二承诺期。

中国在巴黎气候大会上为应对气候挑战，凝聚政治共识，积极推动《巴黎协定》的制定与实施。中国在“国家自主贡献”中提出于 2030 年左右使二氧化碳排放达到峰值，2030 年单位 GDP 二氧化碳排放比 2005 年下降 60%～65%，非化石能源占一次能源消费比重达到 20% 左右，森林蓄积量比 2005 年增加 45 亿立方米左右。同时中国还提出，设立 200 亿元的中国气候变化南南合作基金，支持发展中国家的减排事业。中国还将尽快在发展中国家开展 10 个低碳示范区、100 个减缓和适应气候变化项目及 1 000 个应对气候变化培训名额的合作项目，继续推进清洁能源、防灾减灾、生态保护、气候适应型农业、低碳智慧型城市建设等领域的国际合作，并帮助他们提高融资能力。

在全球气候变化的挑战面前，人类命运与共，单边主义没有出路。只有坚持多边主义，讲团结、促合作，才能互利共赢，福泽各国人民。中国鼓励与支持各国尽快实施《巴黎协定》，为应对气候变化作出更大贡献。此外，中国还督促发达国家加大向发展中国家提供资金、技术、能力建设支持。

2020 年 9 月 22 日，在第 75 届联合国大会期间，中国主动提出将提高国家自主贡献度，通过更加有力的政策和措施，力争二氧化碳排放量在 2030 年前达到峰值，并且努力在 2060 年前实现碳中和。中国的这一承诺远远超出了《巴黎协定》“2℃温控目标”下全球 2065 ~ 2070 年左右实现碳中和的要求，这将可能使全球实现碳中和的时间提前 5 ~ 10 年，对全球气候治理起到关键性的推动作用。联合国气候变化问题专家评价中国的这一承诺“是过去十年里最大的气候新闻”“甚至推进全球提前达到《巴黎协定》目标”。中国在联合国大会上所作出的减排承诺，是全球多年来最重要的气候变化方面的承诺。

六、中国的减排路径

从 1998 年中国正式核准《京都议定书》开始，中国就开始规划并实施减排规划。经过 20 年的实践与探索，中国已经积累了丰富的减排经验。多年来，通过多项配套措施，中国在每一阶段都超额完成了各项减排承诺。

（一）中国进一步的减排承诺

中国作为制定《巴黎协定》的重要贡献者，以及落实《巴黎协定》的积极践行者，正在通过更加有力的政策和措施，不断提高国家自主贡献度。2020 年 9 月，中国宣布将采取更加有力的政策和措施，力争 2030 年前二氧化碳排放达到峰值，努力争取2060年前实现碳中和。到2030年，中国单位国内生产总值二氧化碳排放（碳强度）比2005年下降65%以上，非化石能源占一次能源消费比重达到25%左右，森林蓄积量比2005年增加60亿立方米，风电、太阳能发电总装机容量达到12亿千瓦以上。

（二）减排目标实现的路径

中国历来重信守诺，在推动高质量发展中促进经济社会发展全面绿色转型，脚踏实地落实减排目标，为全球应对气候变化作出更大贡献。中国要如期实现碳达峰和碳中和的任务面临很多挑战，需要做很多工作，这就需要做好规划，建好机制，通过多项配套措施来实现减排目标。

1. 中国减排的可选路径

中国需要通过何种途径去实现碳减排，在中国国内一直存在争论。争论的焦点是主要依靠行政性任务分解，还是主要依靠价格激励。

第一条路径是按照中国计划经济的传统方式，可以将碳减排的任务进行层层分解，然后下达给地方政府。要求地方政府实现分解的碳减排目标，并对减排过程进行监督检查。

第二条路径主要依靠价格激励机制，通过征收碳税或排放市场下形成的碳价格提供激励机制加以实现，这是以市场手段为主，这也是目前世界上其他国家实现碳减排的主流路径。

2. 中国减排任务的艰巨性

目前距离2030年前实现碳达峰还有不到10年，距离2060年实现碳中和还有不到40年的时间，实际上中国的减排任务是相当艰巨的。即使是作为发达国家中通过市场化手段实现减排的典范欧盟，在2005年《京都议定书》实施之后，经过15年的努力，欧盟的温室气体排放出现明显下降，但是也远未实现碳中和。欧盟规划的实现碳中和的实现时间是2050年，这是欧盟在积累了丰富的减排经验，同时区域内经济社会发展已经非常成熟的前提下做出的目标规划。

虽然在加入《京都议定书》之后，中国也通过“五年规划”的形式实现了碳减排。但是与欧盟不同，中国作为发展中国家是无须承担强制减排责任的，中国的减排更多的是碳排放强度的下降，但是中国的二氧化碳的总排放量却是逐年增长的。从 2005 年开始，中国的二氧化碳排放量就超过了美国成为全球第一排放大国。到 2018 年中国的排放量占全球总排放量的 28%，要知道中国的人口占全世界的比重约为 20%，即中国的人均排放量是明显高于世界平均水平的。另外，实现碳达峰和碳中和的目标是需要大量投资的，而这类投资是需要较长的周期才能确认投资成果的，这对吸引民间投资是非常不利的。因此中国要按时实现碳达峰和碳中和的目标，减排任务是相当艰巨的。

3. 中国减排路径的选择

在计划经济时代，国家的各类经济发展的目标的达成，主要是通过在国家层面设置总目标，再通过层层分解的方式，将任务下达给各地方和职能部门，分别推行。这样的方式依赖的是行政命令的手段，基本没有激励机制。事实上，很多任务本身是非常不现实的，最终也是无法完成。在实现温室气体减排目标方面也是如此，单纯依靠传统的任务分解方式实现温室气体减排是远远不够的。如果缺乏良好的激励机制，只是层层分解任务，往往会导致分解的任务无法实现，最后各地上报的数据通常缺乏真实性。

与经济发展的其他目标相比，温室气体减排实施过程中的一个难点是二氧化碳排放量的监督和核查，排放数据的真实性是实现减排的最基本要求。欧盟在建立市场化减排系统 EU ETS 过程中，一项重要的基础设施是监督、报告与核查（Monitoring，Reporting and Verification，MRV）系统。通过这一系统 EU ETS 才能确保每家企业排放数据的真实性，这是保障排放交易系统正常运行的基础。无论未来中国采取何种减排方式，二氧化碳排放量基础数据的采集都是需要先期进行的基础性工作。如果由官方机构来执行这些职能，将出现计划经济时代的种种不良后果，成本将会非常高。类似于股市在发展过程中，应该将各类职能尽可能交给各类市场主体来完成，监管机构只需要做好最终“守门员”即可。类似于审计上市公司财务报告之类的业务，只需要交给会计师事务所，完全无须监管机构的介入。

党的十八届三中全会首次提出，“使市场在资源配置中起决定性作用”，还要“更好发挥政府作用”。党的十九大将“发挥市场在资源配置中的决定性作用，更好发挥政府作用”写入了党章。在确定碳减排的路径上，应该充分借鉴国外发达国家减排的经验和教训，发挥市场在资源配置中的决定性作用。

4. 可行的减排路径

对于中国的这样的排放大国来说，实施减排的主要路径包括碳税和市场化的排放交易。征收碳税和建设排放交易系统，哪一种方式的减排效果更好，世界上有很多不同的意见。有些国家采用的是单一的碳税，有些国家采用的是单一的排放交易系统，还有一些国家既有碳税又有排放交易系统。

（1）碳税的特点。碳税相对更加简单，通过征收碳税的方式提高企业的排放成本，最终实现减排。但是碳税作为一个税种，其形成的税收集中在财政部门。国际上大部分国家的典型做法是，将碳税的收入形成一个专门的减排基金，基金的主要用途是资助符合标准的减排项目。但是财政部门能否将资金最优化配置，资助最需要支持的减排项目，实际上是存疑的。从政府层面来看，由政府部门决定资金的具体用途，在决策中往往会遭遇各种官僚主义，资金的使用需要层层审批，这对需要及时获得资金支持的各类创新型碳减排技术的研发尤其不利。因此必须明确把碳税定义为目的税，税收资金必须用于对节能减排项目的支持。但是即使制定了这样的制度，在实践中往往也会出现很多问题，导致碳税资金不能主要用于支持减排项目。

征收碳税对于小国来说减排效果是比较好的，不少发达国家通过征收碳税的方式实现了减排。但是对于中国来说，碳税显然不适宜作为主要的减排途径。如何确定“合适”的碳税税率是非常困难的，而且通过碳税实现减排不能在事先精确确定减排效果。如果碳税税率过高会对企业造成过高的成本，税率过低不能完全实现减排效果。碳税作为副作用相对最小的行政减排方式，对于中国这样中长期之内仍然需要将发展经济作为首要任务的发展中国家来说是不合适的。

（2）市场化减排的特点。市场化减排方式是目前对中国来说最佳的减排方式，能够有效发挥市场在资源配置中的决定性作用。当然，市场化的减排方式也存在一些不足，最大的问题是建立排放交易系统的成本很高，需要一系列配套的子系统，这也是很多国家没有采用市场化减排的主要原因。但是这一点对中国来说并非重大缺陷，中国作为一个大国，经济总量已经稳居世界第二位，且拥有成熟完善的金融体系，排放交易的大部分子系统完全可以利用已有的金融市场基础设施，无须重新建立。中国作为全球第一排放大国，拥有丰富的碳资源，足以支撑排放交易系统的正常运行。

通过对碳税和碳市场多角度的综合比较，可以将这两种方法进行结合，共同实现中国的减排目标。但是需要明确的是，中国减排的主要路径是市场化的碳减排，碳税可以起到辅助的作用。一些最基本的、确定的、风险小的减排项目，可以依靠政府碳税基金的支持来完成，如某些可再生能源项目。碳税的税率需要参考碳市场的价格制定，这样可以有效消除碳市场上不一致的价格信号。除此之外，其他减排事项应该通过碳市场解决。碳市场及其配套的金融体系可以有效处理减排中的跨期业务、不确定性和风险管理。

5. 排放交易系统的基本安排

（1）总量的分配。在确定排放总量之后，就需要将排放量向企业分配出去。从 EU ETS 发展的经验来看，在排放交易系统运行初期，为企业留出充足的适应时间，减轻企业减排成本，可以考虑采取向企业无偿分配排放配额。随着排放交易系统的成熟稳定，可以将排放配额的分配方式逐步向拍卖过渡。欧盟在 EU ETS 试运行期间（2005～2007 年），将排放总量设置得比较高，企业的减排压力较小。在正式运行的第二个交易期（2008～2012 年）才开始下调排放总量。欧盟能够如此“从容”，主要是因为欧盟的减排任务并不重。根据欧盟在《京都议定书》中的减排承诺，到 2012 年欧盟只需将排放量在 1990 年的基础上下降 8% 即可。中国的减排任务比欧盟更加困难，需要在 2030 年实现碳达峰，努力争取在 2060 年实现碳中和。因此留给中国减排的时间不多了，减排任务的实现应该尽量往前赶，否则后 30 年的减排任务可能就会很重。

（2）广泛发动各类社会主体参与排放交易。实现温室气体的减排目标，不是哪一个政府部门、哪一家企业能够完成的。为了完成这样艰巨的任务，需要社会各界的广泛参与。在排放交易初期，为了降低减排成本，提高减排效果，排放交易系统主要覆盖的是温室气体的排放大户。在中国，二氧化碳最主要的排放大户是火力发电企业，因此在初期必须首先将这类企业纳入排放交易系统的覆盖范围。与其他排放企业相比，发电企业的基础排放数据比较齐全，可以确保减排效果。后续应该尽快将其他排放大户纳入排放交易系统的覆盖范围，如燃油汽车、钢铁、水泥、玻璃、航空等。只有将尽可能多的排放企业纳入减排系统中，才能有效实现全国的减排目标。

对纳入排放覆盖范围的企业，需要精确测定每家排放企业的排放数据，确保数据的真实性和权威性。此类业务可以交给经审核有资质的专业企业，类似于股市中会计师事务所的功能。到目前为止，还有很多行业和企业并不清楚应该使用何种计量方法与参数来确定自身温室气体的排放量。只有尽快确定企业排放量的计算方法和有关参数，才能准确计算每家企业的排放数额，这是排放交易系统正常运行所需要的最重要的基础。

（3）排放交易系统的建设需要进行动态调整。在建立中国的排放交易系统时，应该为未来系统的不断改进留足空间。随着碳市场的成熟完善，要实现中国的减排目标，碳配额价格需要不断上涨。只有将碳价格保持在一定水平，才能激励市场主体逐步从化石燃料向清洁能源过度。随着低碳技术的不断进步，碳捕捉和碳存储等技术会逐步成熟。减排成本非常高的企业，未来可能需要寄希望于碳捕捉和碳存储技术。但是要彻底放弃化石能源的难度是非常大的，不能全部寄希望于碳捕捉和碳存储技术。从化石燃料向可再生能源的过渡，更多需要依靠碳排放市场的价格激励。

此外，还要考虑未来在减排过程中可能出现的一个很大的可能性，那就是全球变暖速度的加快。实际上现在全球平均气温的上升速度比预期的要快，有可能已经超过之前预期的2℃线性安排的减排进度。对此，在建设排放交易系统时需要充分考虑到这一点。关于碳汇，目前各国的计算方法并不相同，各种参数并不统一。这需要依靠创新，而创新需要投融资的支持。在这种情况下，就更加需要加大对创新的激励，这些激励主要依靠来自碳市场中形成的碳价格，碳价格越高，对碳汇领域创新的激励力度就越大。

（4）做好减排的国际协调。从温室气体的排放效应来看，二氧化碳被排放到空气中以后，就分不清国界了。但从温室气体的治理来看，仍然是以国家为主体的治理结构，联合国的职能是居中协调。只有每个国家管控好各自的温室气体排放，才能实现全球的减排目标。在实践中也存在超越国界的碳排放，最为典型的是国际航线的民航飞机的碳排放。除此之外，还包括国际贸易中的海运等。这些跨越国界的碳排放需要尽快做好国际协调，确定排放管辖权是关键。

中国作为发展中国家，一直没有在国内推行强制减排，因此不存在碳排放的国际协调问题。未来中国建立排放交易系统，在国内实行强制减排后，就会出现此类问题。欧盟在建立 EU ETS 后，对涉及跨国排放管辖权的问题一直小心翼翼。在 EU ETS 成熟运行后，欧盟开始要求从 EU ETS 成员国（包括欧盟 27 国和挪威、冰岛、列支敦士登）进出港的国际航线的民航飞机，依据欧盟对航空业的要求缴纳排放配额。欧盟的这一决定立即遭到了世界其他国家的强烈抵制，欧盟只能将这一决定暂时搁置。在建立中国的排放交易系统时，也会遭遇此类问题，这需要与其他国家进行沟通协调。随着减排行动在全世界的推广，以及低碳环保理念的不断深入人心，未来减排的阻力会越来越小。但是购买排放配额的收入是由东道国还是母国来支配，将会产生很大争议，很容易导致国家之间的摩擦。这对中国全球治理能力是一种挑战，需要在管理上进行创新。

七、中国排放交易系统的建设路径

2016 年 11 月生效的《巴黎协定》中提出，期望在 2051 ~ 2100 年，全球达到碳中和。同时，将全球平均气温较工业化前升高水平控制在 2℃之内并将升温控制在 1.5℃之内而努力。根据《巴黎协定》，共有近 200 个国家在协定中承诺减少碳排放，根据独立气候研究机构气候行动追踪组织（CAT）的测算，即使这些承诺全部实现，仍将导致全球气温到 2100 年为止升高 2.7℃。2020 年 9 月 22 日，在第 75 届联合国大会期间，中国提出将提高国家自主贡献力度，采取更加有力的政策和措施，二氧化碳排放力争于 2030 年前达到峰值，并努力争取 2060 年前实现碳中和。如果中国能够达到 2060 年前实现碳中和的目标，那么到 2100 年为止，全球气温升高的幅度将缩减0.2~0.3℃，达到2.4℃。因此，中国的承诺是迄今为止世界各国中，做出的最大减少全球变暖预期的气候承诺。

要达到《巴黎协定》中1.5℃的升温幅度，不仅需要中国的努力，还需其他排放大国特别是美国和欧盟方面的行动。但美国对减排始终持抵制态度，特别是特朗普上台之后，更加毫不遮掩地对减排表示反对。2019年11月4日，美国政府正式通知联合国，要求退出应对全球气候变化的《巴黎协定》。至此，全球减排的重任主要落在了中国和欧盟身上。

中国虽然是全球第一大温室气体排放国，但作为发展中国家中国是无须承担强制减排义务的。作为负责任、有担当的大国，中国还是对世界做出了温室气体排放“2030年前达到峰值，并努力争取2060年前实现碳中和”的承诺。实现这一目标的难度不小，有诸多基础性工作需要完成，建设全国统一的碳市场是其中的核心工作。近年来中国碳市场建设持续推进，陆续发布了24个行业的碳排放核算报告指南和13项碳排放核算的国家标准，碳市场相关制度建设、基础设施建设、能力建设扎实稳步推进。全国碳排放权交易市场建设稳步推进，有关部门已经从建立健全制度体系、建设基础支撑系统、开展能力建设等方面加快推进全国碳交易体系建设。

目前，全国共有7个试点碳市场：北京市、天津市、上海市、重庆市、湖北省、广东省和深圳市，都已初具规模并显现减排成效。全国碳排放权交易市场建设是一项非常复杂的工作，它是用市场机制来控制和减少温室气体排放、推动绿色低碳发展的一项重大制度创新。

创建全国统一的碳市场，制度建设是关键。从目前全球范围来看，欧盟的碳市场机制无疑是最成功的一个。EU ETS的“总量控制与交易”关键机制，应该成为中国建设全国碳市场的重要参考。借鉴国外碳市场已有的成功做法，结合中国碳市场试点建设积累的经验，同时根据近年来中国经济社会发展变化的实际情况，建设全国统一的碳市场，是未来中国节能减排的核心环节。

第一，建设全国碳市场，是实现碳减排目标和承诺的必要措施。从世界范围来看，通过市场化的方式实现节能减排，是效率最高、效果最好的方式。一般来说，实现温室气体减排的主要方式包括：政府直接管制、污染者付费（即碳税）和碳排放权交易。这三种方式世界不少国家已经采用过，其中政府直接管制减排效果较好，但副作用极大；碳税的副作用较小，但减排效果不好；市场化的碳排放权既能实现减排目标，又能将减排对经济社会发展的负面影响降至最低，是实现减排的最好方式。全国碳市场的建设，就是要通过市场化的碳排放权交易，以最小的代价实现减排目标。

第二，建设全国碳市场，能够最大程度降低减排对经济发展的负面影响。采用市场化的碳排放权交易的方式实现减排，能够最大程度减少减排对经济社会发展的影响。中国作为全世界最大的发展中国家，发展经济的任务依然很重。如果减排政策制定不慎，则有可能对经济发展造成较大影响。美国正是因为担忧减排对美国工业特别是能源行业造成重大不利影响，最终在全世界的反对声中先后退出《京都议定书》和《巴黎协定》。中国作为发展中国家，尤其要注意这一点。实践证明，市场化的减排方式能够最大程度减少对经济发展的负面影响。

第三，建设全国碳市场，可以尽快在国际碳市场中占有一席之地。随着世界各国碳市场的普遍建设与运营，碳排放权将逐渐成为一种重要的资产。中国作为全球第一大温室气体排放国，拥有丰富的碳资源。截至 2017 年 6 月，全世界签发的 CER 总额累计为 231.08 亿吨，中国占其中的 71.1%，稳居世界第一位。未来碳资源必将成为全球重要的资产，欧盟正在积极考虑将 EU ETS 对外扩展。不同的碳市场之间的互联互通将是世界碳市场发展的趋势，中国只有尽快建立自己的全国性的碳市场，并尽快将交易量和交易价格提高上去，才能在未来的全球碳市场中占有一席之地。不少国家的碳市场就是由于交易量太少、交易价格太低，而不得不关闭碳市场。

第四，建设全国碳市场，可以有效推动中国产业升级。新中国成立以来，中国经济发展总体保持了快速增长，取得了举世瞩目的伟大成就。但随着经济社会的快速发展，出现了一系列问题。改革开放后的经济发展，有不少是依靠国外的产业转移。凭借中国庞大的高素质产业工人群体，以及低廉的工人工资，国外大量的劳动密集型产业转移到中国来。这些产业的到来，促进了中国的经济发展，提高了社会就业率。但是转移进来的产业绝大部分属于低端产业，产品附加值低，有些还存在高污染、高能耗的问题。近年来中国也一直在推动产业升级，其中存在的障碍之一是，中国目前对环境破坏处罚力度较轻，特别是温室气体排放。而发达国家由于实行了强制减排，大大提高了排放企业的生产成本。中国有些高能耗企业凭借这种低成本的优势，拒绝产业升级。通过建立全国碳市场，提高高能耗企业的排放成本，激励采用新技术、新工艺降低能耗的企业，不仅可以实现温室气体减排，还可以倒逼企业转型升级。

八、EU ETS 的研究意义

通过市场化的排放交易实现温室气体减排，需要建立一套完整的系统。这套完整的排放交易系统需要建立各种基础设施，且相互之间协调配合，共同完成通过排放配额的交易实现碳减排的目标。将碳排放权作为一种全新的资产进行交易，在中国还是全新的。尽管可以将排放配额作为一种金融工具进行交易，但排放配额有其自身的特点，与其他金融工具并不完全相同。因此在建设中国的排放交易系统时，充分参考其他国家和地区已经开展的排放交易，是中国排放交易取得成功的关键环节之一。

纵观全球，通过开展排放交易实现温室气体减排的典范是欧盟，这一点已经得到了全世界的公认。欧盟通过 EU ETS 排放交易系统，成功实现了各阶段的减排目标，同时做到了对经济社会最小的负面影响。中国排放交易系统的建设，应该充分参考欧盟在建设和发展 EU ETS 过程中的经验，根据中国国情进行更多的研究、分析、论证和机制设计，建立符合中国实际的排放交易系统。以此为基础再配合其他的减排政策，完全能够使中国所承诺的减排目标成功实现。

第三节 通过排放交易实现减排的理论基础

一、排放交易的有效性分析

传统经济学将温室气体作为自然要素、经济外生变量，温室气体排放成为经济的外部性问题，马歇尔、庇古及科斯等经济学家提出了外部性问题的解决办法。1920 年，庇古提出政府征收庇古税（修正税）拉平私人与社会成本来解决负外部性。温室气体减排使碳排放权成为稀缺资源，这就产生了碳资源优化配置的问题。新古典经济学认为单靠市场机制无法实现碳资源的优化配置，提出政策调控和市场机制相结合的配额与税收解决办法。科斯认为产权是财产所有者的行为权力，产权制度能保障资产排他性和资产有效运行，产权明晰并允许自由交易，可达到帕累托最优。科斯定理提出了产权和政府干预来解决外部性的新参照体系。碳市场实质上是通过政府碳排放配额和市场机制来解决碳排放的负外部性，在全球范围内优化配置资源，将外部成本内部化，进而实现温室气体减排。

碳排放权不仅是为解决环境资源问题而设计的产权，更是一种有效的制度安排。其对超过规定排放额的碳排放有明确的处罚制裁措施，碳排放额的卖方可以通过转让碳配额获得补偿收益；而买方则通过支付对价获得碳排放额。碳排放权成为商品，通过政府和市场机制来优化配置环境资源。发达国家的碳减排成本数倍于发展中国家，这是碳排放权交易兴起和发展的内在动力。从理论上来说有三种削减碳排放的途径：政府直接管制、污染者付费（又叫碳税）和碳排放权交易。无论是通过政府直接管制，还是征收碳税让污染者自行付费，都要求政府进行干预，处理大量微观市场信息增加了政府的管理和交易成本，还可能会扭曲市场信号，降低资源配置效率，减排效果堪忧。碳排放权交易能够通过市场机制发挥作用，最大程度减少政府干预带来的负面影响，进而实现减排目标。使用碳排放权的市场化方式进行减排，越来越受到重视并为世界多国采用。

除内部交易碳排放配额外，发达国家排放企业还可以通过清洁发展机制和联合履约机制，直接向发展中国家购买碳排放配额，来满足其国内排放要求。这不仅实现了同样的减排目标，还能够有效降低减排成本，同时激励发展中国家不断采取各种措施实现节能减排来获取收益。由于《京都议定书》对发达国家实行的是强制减排，对发展中国家实行的是自愿减排。为确保减排效果，发达国家对本国减排企业通过清洁发展机制和联合履约机制购买发展中国家排放配额都设置了额度限制。

二、排放交易与“看不见的手”

亚当·斯密在《道德情操论》和《国富论》中对市场机制中“看不

见的手”进行了充分论证，认为“每个人都在力图应用他的资本，来使其生产品能得到最大的价值。一般来说，他并不企图增进公共福利，也不知道他所增进的公共福利是多少。他所追求的仅仅是他个人的安乐，仅仅是他个人的利益。在这样做时，有‘一只看不见的手’引导他去促进一种目标，而这种目标绝不是他所追求的东西。由于追逐他自己的利益，他经常促进了社会利益，其效果要比他真正想促进社会利益时所得到的效果为大”。这就是市场经济的精髓，通过竞争迫使企业不断提高产品质量，降低产品价格，最终促进了社会福利的提高。

市场化的减排机制，正是将这一理论在减排领域的典型应用。通过对一个区域（通常是一个国家）确定时间内碳排放总量进行管制，以此为基础将排放总量分配给纳入减排范围的企业，形成每家企业的排放配额。配额的分配方式可以是免费的，也可以通过拍卖获得。每家企业必须在其配额范围内排放温室气体，如果企业的排放量超过其配额，就需要在配额市场购买超额排放的配额。如果企业的排放量低于其配额，则超额的配额可以在配额市场上出售。这样的一套机制，基本不需要政府插手，企业为了获取收益或者降低成本，会尽力去降低排放量。当所有企业都努力去减排时，一个国家的排放量就降下来了。通过配额市场上的交易形成的配额价格，来实现配额资源的最佳配置。减排成本高的企业，可以在配额市场上购买配额来合规；减排成本低的企业，可以通过自身超额减排，将未使用的配额在市场上出售获取收益。通过这样的一种机制，可以确保二氧化碳总是可以在成本最低的地方减排。这正是“看不见的手”市场机制的绝佳应用。

当然，在理论上，政府还是需要对排放交易系统进行干预的。政府需要根据减排目标，以及经济社会的实际情况来设置排放总量。排放总量的设置既不能过高，也不能过低。过高就无法激励企业尽力减排，导致可能无法完成减排目标；过低会导致配额价格过高，企业的减排压力过大。因此排放总量的设置，需要政府精确计算，这需要对未来本国的经济发展、低碳技术发展等有一个较为准确的预测。

三、排放市场中的期权

在国家征收碳税的情况下，有些企业可以将部分甚至全部的减排成本转嫁给下游的消费者，有些企业则无法转嫁减排成本。能否转嫁减排成本，与企业的产品需求情况有关。不同类型的排放企业，在碳税的情况下减排成本完全不同，这显然有失公平。排放交易系统则完全不存在这种情况，所有的企业碳价格都是完全一致的。不仅如此，利用排放交易实现温室气体减排，对于企业来说还存在一个免费使用的期权。这一期权能够允许企业以最有利的途径减排，进一步降低企业减排成本，这是市场化减排所独有的优势。

（一）企业的看涨期权

排放企业被确定配额之后，只能在配额范围内排放温室气体。如果企业排放量超过自身配额，就需要在配额市场购买超额排放的配额。对于企业来说，实现排放合规的途径有两个：通过自身减排来合规，以及通过购买配额来合规。企业可以选择成本最低的方式减排。如果企业由于种种原因，如低碳技术不成熟、生产工艺落后等，造成企业自身减排成本过高，企业就可以选择购买配额来合规。由于企业总是可以通过在配额市场购买配额来合规，因此配额价格就是企业合规的成本上限。如果配额价格低于企业减排成本，企业就购买配额来合规；如果配额价格高于企业减排成本，企业就通过自身减排来合规。企业的合规成本总是小于等于配额的价格，这是一种典型的看涨期权：购买资产的成本总是小于等于期权的行权价格。

（二）企业的看跌期权

从另一方面来看，如果企业减排成本较低，能够将排放量控制在配额以下，企业就可以将多余的配额在市场上出售。当然，即使企业的减排成本很低，也是需要支付成本的。企业在决定是否通过减排获取收益时，最简单的方法是计算减排成本与出售配额的收益。如果减排成本低于配额的收益，就实施减排进而出售配额获取收益；如果减排成本高于配额价格，就不实施减排，转而在配额市场购买配额来合规。这是一种典型的看跌期权：出售资产的收益总是高于或等于期权的行权价格。

（三）排放期权的价值

对于企业来说，获得这些减排期权是无须支付任何成本的。在排放交易系统中，每家企业都可以获得免费的减排期权。期权的价格与配额价格的波动性及期权的有效期有关。配额价格的波动性越大，期权的有效期越长，期权的价格就越高。一般来说，排放交易系统中配额价格的波动性主要取决于排放总量的管制，期权的有效期与企业的合规时间有关，一般为一年。由于企业可以自行决定是否购买或出售配额，因此排放期权是一种美式期权。但是与交易所内挂牌交易的普通期权（又称香草期权）不同，由于配额的价格在不断发生变化，相当于排放期权的行权价格是一个变量而非常量。与场外交易的各种非标准化的期权类似，排放期权本质上也是一种奇异期权。奇异期权的理论价格不能通过标准化的 B－S－M 模型计算，但是可以通过其他近年来发展的新模型、新方法定价。

第二章　世界碳市场发展

第一节　全球碳市场现状

一、全球碳市场的概况

碳市场自产生以来，经过十几年的建设和探索，在全球各地快速分化。有些国家和地区的碳市场发展迅速，取得了巨大的成功，交易规模达到了非常高的水平。这些碳市场充分发挥了价格发现、排放配额资源的有效配置等作用，对于推动减排目标的实现发挥了重要作用。有些国家和地区的碳市场交易清淡，甚至由于交易量过低而不得不关闭。截至 2019 年，全球有 21 个排放交易系统在运行中，另有 24 个排放交易系统正在开发或规划中（见表 2－1）。21 个已经运行的排放交易系统横跨了四大洲，包括 1 个超国家机构、5 个国家、16 个省（州）及 7 个城市。实施了碳排放交易的区域覆盖了全球 42% 的 GDP、9% 的温室气体及 17% 的人口。

开设碳市场的 1 个超国家机构是欧盟，欧盟建立了世界上规模最大的排放交易系统 EU ETS，覆盖了 30 个欧洲国家，包括欧盟全部 27 个成员国，以及冰岛、挪威和列支敦士登。欧洲的发达国家基本都被纳入 EU ETS 中，这些发达国家在《京都议定书》中都被设置了到 2012 年的减排目标。依靠 EU ETS 欧盟成功实现了到 2012 年碳排放比 1990 年降低 8% 的目标，EU ETS 已经成为全球碳市场的典范。欧盟还积极规划，希望通过 EU ETS 在 2050 年成功实现碳中和的目标。

开展碳排放交易的 5 个国家中，有 3 个发达国家和 2 个发展中国家，包括韩国、瑞士、新西兰，以及哈萨克斯坦和墨西哥。美国、日本、加拿大、澳大利亚等主要工业国家都没有建立全国性的碳市场。与在 2005 年就加入

EU ETS 的法国、德国、英国和意大利等欧洲主要工业国家相比，上述工业国家在碳减排方面的态度是很消极的。美国先后加入又率先退出了《京都议定书》和《巴黎协定》，加拿大在 2011 年退出了《京都议定书》。美加两国是全世界发达国家中仅有的两个退出《京都议定书》的国家。澳大利亚是全世界发达国家中唯一一个最近几年排放量逐年增长的国家。日本作为全球经济总量排名第三位的发达国家，由于担忧排放交易会对本来就一直不景气的日本经济造成负面影响，因此日本一直拒绝建立全国性的碳市场。

在省（州）层面，全球开展排放交易的省（州）中，美国有 11 个州，中国有 3 个省，加拿大有 2 个省。在城市层面，全球开展碳市场的 7 个城市中，中国有 5 个，日本有 2 个。省（州）和城市开展的碳市场都属于区域性排放市场，与全国性的碳市场相比，区域碳市场存在很多固有的缺陷，如碳泄漏问题无法得到有效解决等，导致其减排效果无法与全国性的碳市场相比。

表 2－1　　2019 年全球开设碳市场的区域

<table>
<tr><th>超国家机构（1 个）</th><th>国家（5 个）</th><th colspan="2">省和州（16 个）</th><th colspan="2">城市（7 个）</th></tr>
<tr><td rowspan="16">欧盟成员国（27 国）+冰岛+列支敦士登+挪威</td><td rowspan="4">哈萨克斯坦</td><td rowspan="11">美国</td><td>康涅狄格州</td><td rowspan="11">中国</td><td rowspan="2">北京市</td></tr>
<tr><td>新罕布什尔州</td></tr>
<tr><td>特拉华州</td><td rowspan="2">重庆市</td></tr>
<tr><td>新泽西州</td></tr>
<tr><td rowspan="3">新西兰</td><td>纽约州</td><td rowspan="2">上海市</td></tr>
<tr><td>缅因州</td></tr>
<tr><td>罗得岛州</td><td rowspan="2">深圳市</td></tr>
<tr><td rowspan="3">韩国</td><td>马里兰州</td></tr>
<tr><td>佛蒙特州</td><td rowspan="3">天津市</td></tr>
<tr><td>马萨诸塞州</td></tr>
<tr><td rowspan="3">瑞士</td><td>弗吉尼亚州</td></tr>
<tr><td rowspan="3">中国</td><td>福建省</td><td rowspan="5">日本</td><td rowspan="3">东京</td></tr>
<tr><td>广东省</td></tr>
<tr><td rowspan="3">墨西哥</td><td>湖北省</td></tr>
<tr><td rowspan="2">加拿大</td><td>新斯科舍省</td><td rowspan="2">琦玉县</td></tr>
<tr><td>魁北克省</td></tr>
</table>

资料来源：国际碳行动伙伴组织（International Carbon Action Partnership，ICAP）。

在开设区域性碳市场的 4 个国家中，美国、加拿大和日本都是发达国家，中国是唯一的发展中国家。中国开展区域性碳市场的主要目的，是为建设全国性的碳市场进行探索。中国已经明确将在其“十四五”时期（2021～2025 年）建立中国的全国性碳市场。

二、全球碳市场的类型

全球已经开展的碳市场目前可做如下分类。

第一，按减排意愿划分，可分为强制减排市场和自愿减排市场。

强制减排市场，最初是发达国家为实现《京都议定书》确定的减排目标而建立和发展起来的。通过将区域内符合特定排放标准的排放企业纳入减排范围，通过在配额市场交易排放配额的方式来实现减排目标。其中较为典型的有欧盟的 EU ETS、美国的区域碳市场等。目前，世界上大部分碳市场都属于强制减排市场。这种类型的碳市场需要由政府根据规划的减排目标确定排放总量，即总排放配额，并将配额通过免费或者拍卖的方式分配给排放企业。如果排放企业的实际排放量高于自身的配额，就需要向其他排放企业购买。如果排放企业的排放量低于配额，就可以将多余的配额出售给其他企业。当超额排放企业向具有配额余额的企业购买配额时，配额交易市场就形成了。通过这种市场化的强制减排机制，可以实现温室气体的总排放量等于排放总额，能够实现精准减排。

自愿减排市场，则是企业从承担社会责任、扩大社会效益及获取经济收益等其他非履约目标出发，自愿地进行碳排放交易以实现减排。自愿减排又可以分为“自愿加入、自愿减排”和“自愿加入、强制减排”两类。“自愿加入、自愿减排”是指排放企业无论是加入减排项目，还是在加入项目之后的减排，都是自愿的。由《京都议定书》下的三种灵活减排机制中的“清洁发展机制”衍生出来的减排项目，就是一种典型的“自愿加入、自愿减排”的项目。发展中国家的企业通过 CDM 机制，自愿参加减排。在通过联合国有关机构的认证之后，企业的减排量可以出售给发达国家，用于履行《京都议定书》中发达国家的减排承诺。“中国核证自愿减排”减排项目，是继 2012 年《京都议定书》第一承诺结算结束之后，中国在国内发起设立的，也是一种典型的“自愿加入、自愿减排”减排项目。“自愿加入、强制减排”是指企业通过自愿的方式加入到减排项目中，但是在加入项目的有效期内，企业需要承担强制减排责任，就像在“总量控制与交易”机制下的控排企业一样。芝加哥气候交易所是一种典型的“自愿加入、强制减排”的减排项目，由于美国联邦政府退出《京都议定书》，导致美国缺乏建立全国性的排放交易系统的法律基础。在一些地方政府和有责任感的企业支持下，芝加哥气候交易所成立了。这是世界上第一个采用了“总量控制与交易”机制的减排项目。

第二，按交易机制的不同，可以分为基于配额的市场和基于项目的市场。

基于配额的交易主要是基于“总量控制与交易”机制。由国家或地方政府对排放总量进行限制，监管部门向减排单位分配排放额度。减排单位最终的排放量必须等于或低于自身拥有的排放配额。要实现这一点，排放单位可以根据自身的情况，选择自我减排或者选择在配额市场购买所需的排放配额来合规。这一市场的主要代表是欧盟排放交易系统（EU ETS），以及中国在国内 7 省市进行的排放交易试点。总量管制下的碳市场交易的是排放配额，如 EU ETS 的“欧盟排放配额”。中国 7 省市的排放交易试点交易的是各自的排放配额，如广州碳排放权交易所交易的广东省碳排放配额、上海环境能源交易所交易的上海碳排放配额等。

基于项目的交易是将某一减排项目产生的温室气体减排量用于交易。这一市场主要是通过《京都议定书》下的两种灵活减排机制，清洁发展机制和联合履约机制下开展的低于基准排放水平或碳汇的减排项目。市场参与方在经过认证机构（联合国的有关部门）认证后获得减排单位 CER（基于 CDM 机制）和 ERU（基于 JI 机制），并通过交易出售给有减排责任和要求的国家或机构。通过基于项目的交易，购买方能够以更低的成本完成减排义务；出售方可以通过出售减排单元获取经济收益，这对交易双方来说是一种帕累托改进。

第三，按覆盖地域范围不同，碳市场可分为跨国碳市场、国家碳市场和区域碳市场。

跨国碳市场是指多个国家联合建立一套减排机制，共同建立统一的碳市场来实现减排。多个国家联合建立统一的碳市场，可以大大降低碳市场的建设成本和运行维护成本。碳市场要获得成功，流动性是关键性因素之一。交易者数量越多，碳市场的流动性就越好，就越容易取得成功。EU ETS是世界上规模最大的碳市场，是典型的跨国碳市场。EU ETS覆盖了欧盟所有成员国（英国于2020年正式脱离欧盟）以及挪威、冰岛和列支敦士登等共30个国家。通过EU ETS，欧盟在减排领域取得了举世瞩目的成就，已经成为全世界市场化减排的典范。

国家碳市场是指一个主权国家建立的全国统一的碳市场，通过覆盖国家全境，将符合标准的排放企业全部纳入减排范围。与跨国碳市场和区域碳市场相比，建立国家碳市场的难度是最低的。建立跨国碳市场需要国家之间的相互协调，还要让渡一部分主权，难度是很大的，目前全球唯一成功的跨国碳市场只有欧盟的EU ETS。区域碳市场由于缺乏国家层面的支持，缺乏立法权，因此很难建立具有法律约束力的碳市场，这就很难取得成功了。目前世界国家碳市场只有5个，其中还有2个发展中国家，另外3个发达国家都是小国，对全球减排意义不大。美国和日本出于对减排对经济发展不利影响的考虑，一直没有将建立国家碳市场提上议事日程。

区域碳市场是指一个国家内的部分区域独自或者联合其他区域建立的碳市场。美国的区域温室气体减排行动、西部气候行动倡议，中国的7省市减排试点都属于区域碳市场，还有其他不少发达国家也都建立了区域碳市场。中国建立区域碳市场是为建立国家碳市场进行有效探索。其他发达国家建立区域碳市场的原因主要是所在的国家并不支持建立国家碳市场，但是在一些地方政府和部分企业的支持下，建立了区域性的碳市场。从理论来看，区域性碳市场是很难取得良好的减排成果的，实践情况也很好证实了这一点。由于缺乏国家层面的支持，区域性碳市场一般只是在本区域具有法律约束力。缺少了法律约束力，就很容易出现碳泄漏的风险，导致碳市场不能有效发挥减排作用。

第四，按覆盖行业范围的不同，碳市场可分为多行业碳市场和单行业碳市场。

多行业碳市场是指覆盖了多个碳排放行业的碳市场，单行业碳市场是指覆盖一个行业的碳市场。目前绝大多数碳市场属于多行业碳市场，通过覆盖主要的排放行业，来有效降低碳排放量。EU ETS 覆盖了发电站和其他≥20 兆瓦的燃烧装置，此外，还覆盖了炼油、焦炉、钢铁、水泥熟料、玻璃、石灰、砖、陶瓷、纸浆、纸和纸板等多个行业。

单行业碳市场是指只覆盖特定的一个排放行业，一般覆盖的是电力行业，火力发电是很多国家的第一大碳排放的来源。不少碳市场在建立初期，由于缺乏经验和数据，为了降低市场的运行成本，只将电力行业纳入减排范围。与其他排放行业相比，电力行业的基础排放数据比较齐全，从电力行业开始减排项目，是最容易取得成果的。在电力行业取得经验之后，可以逐步将减排范围扩大至其他行业。美国的区域温室气体倡议，只覆盖使用化石燃料发电的电力行业。全球碳市场类型具体情况如表 2－2 所示。

表 2－2　　全球碳市场概况

地区	排放交易系统	生效时间	自愿/强制	全国/区域	覆盖行业	状态
欧盟	欧盟排放交易系统（EU ETS）	2005 年	强制	跨国	多行业	运行
北美	加利福尼亚－魁北克总量管制与交易项目（California-Québec Cap-and-Trade Program，CaT）	2014 年	强制	跨国	多行业	运行
	西部气候行动倡议（WCI）	2012 年至今	强制	跨国	多行业	运行
美国	区域温室气体行动（RGGI）	2009 年	强制	区域	电力	运行
	芝加哥气候交易所（CCX）	2003～2010 年	自愿加入强制减排	区域	多行业	关闭
	马萨诸塞州排放交易系统（Massachusetts ETS）	2018 年	强制	区域	电力	运行
日本	日本自愿排放交易系统（JV ETS）	2005～2012 年	自愿	全国	多行业	关闭
	东京都总量控制与交易项目（Tokyo Cap-and-Trade Program，TCTP）	2010 年	强制	区域	多行业	运行
	埼玉总量控制与交易项目（Saitama ETS）	2011 年	强制	区域	多行业	运行

续表

地区	排放交易系统	生效时间	自愿/强制	全国/区域	覆盖行业	状态
澳大利亚	新南威尔士州温室气体减排计划（NSW GGAS）	2003年	强制	区域	多行业	运行
	澳大利亚减排基金保障机制（Australia ERF）	2015年	自愿	区域	多行业	运行
中国	8个排放交易试点省市：广东、湖北、深圳、北京、上海、天津、重庆、福建	2014年	强制	区域	多行业	运行
	中国核证自愿减排（CCER）	2014年	自愿	全国	多行业	运行
新西兰	新西兰碳排放权交易制度（New Zealand Emissions Trading Scheme, NZ ETS）	2008年	强制	全国	多行业	运行
加拿大	新斯科舍省排放交易系统（Nova Scotia ETS）	2018年	强制	区域	多行业	运行
韩国	韩国排放交易系统（Korea ETS）	2015年	强制	全国	多行业	运行
哈萨克斯坦	哈萨克斯坦排放交易系统（Kazakhstan ETS）	2013~2016年、2018年至今		全国	多行业	运行
瑞士	瑞士排放交易系统（Switzerland ETS）	2008年	2008~2012年自愿加入；2013~2020年强制纳入	全国	多行业	运行
墨西哥	墨西哥排放交易系统	2020年	强制	全国	多行业	运行

资料来源：世界银行。

三、全球碳市场发展情况

从全球碳市场发展情况来看，排放交易在很大程度上实现了温室气体的减排。有些发达国家并未建立国家层面的排放交易系统，甚至没有开展区域性的排放交易，碳排放也出现了明显降低。但是并不能因此认为碳市场是可有可无的辅助性减排体系，只需从其他方面推动减排就能实现减排目标。实际上近年来很多发达国家温室气体排放量显著下降的主要原因，并不是这些国家采取了有效的减排措施，而是由于外部因素的冲击造成了经济明显衰退，造成了温室气体排放量的降低。

（一）金融危机对碳排放的影响

2008 年美国的金融危机，很快席卷全球，并演变成经济危机。在经济全球化的背景下，发达国家几乎无一幸免，经济社会发展遭到剧烈冲击。在经济出现明显衰退的背景下，温室气体的排放量自然开始下降。美国等发达国家为了在短时间之内促使经济尽快恢复，主要采取的措施是大规模量化宽松的货币政策。长期以来，美国基准利率维持在 6% 左右，这是美国各类国债期货将名义标准券全部设为 6% 的原因。为了应对金融危机的影响，在 2008 年下半年美联储不断降息，直到 2008 年底不得不将利率压低到接近于 0。从 2009 年开始，美国的零利率持续到 2015 年中旬。从 2015 年 6 月 1 日开始，美联储开始尝试逐步加息。为了最大程度减少对经济的不利影响，给美国经济以适应时间，美联储加息的速度是非常慢的。从 2015 年 6 月 1 日的 0. 12% 加息到 2019 年 4 月 29 日的最高点 2. 45%，美联储花费了整整 4 年时间（见图 2 - 1）。

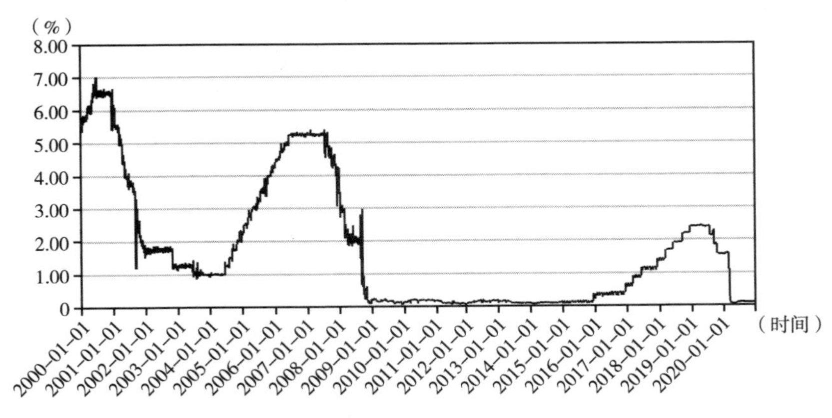

图 2 - 1　美国联邦基金利率

资料来源：Wind 金融终端。

日本的情况与美国相比更加糟糕，从 20 世纪 90 年代日本经济陷入停滞开始，为了拉动经济的增长，日本实行了长期的低利率政策，市场基准利率基本再也没有超过 1%。2008 年为了应对美国金融危机的冲击，日本将利率降低至 0. 1% 以下，实际上已经是零利率了。到了 2016 年，日本甚至将利率压制为负值，成为世界上少数几个实行负利率的主要经济体（见图 2－2）。

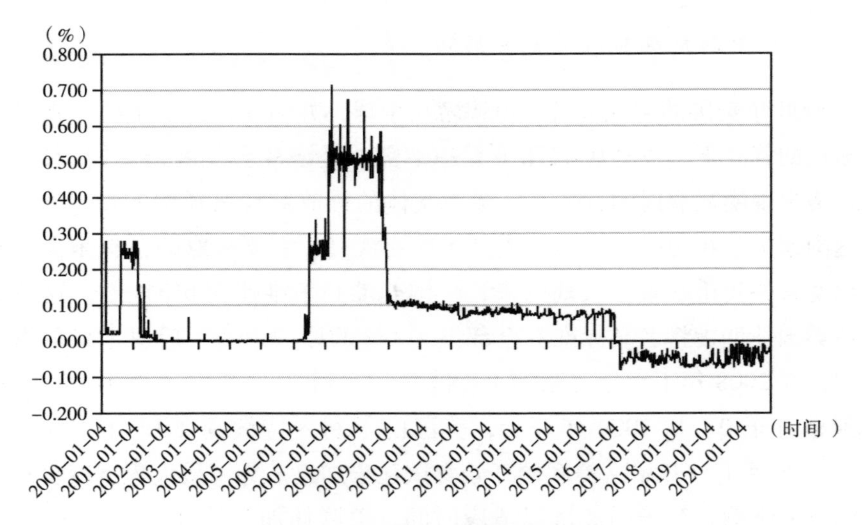

图 2－2　日本无担保隔夜拆借利率

资料来源：Wind 金融终端。

在 2008 年美国金融危机之前，欧盟的情况要比日本好得多，市场利率维持在 4% 以上。为了应对金融危机的影响，欧盟迅速将利率降低至 1% 以下，并很快降低至 0。从 2015 年开始，欧盟也将利率降低至负值（见图 2－3）。

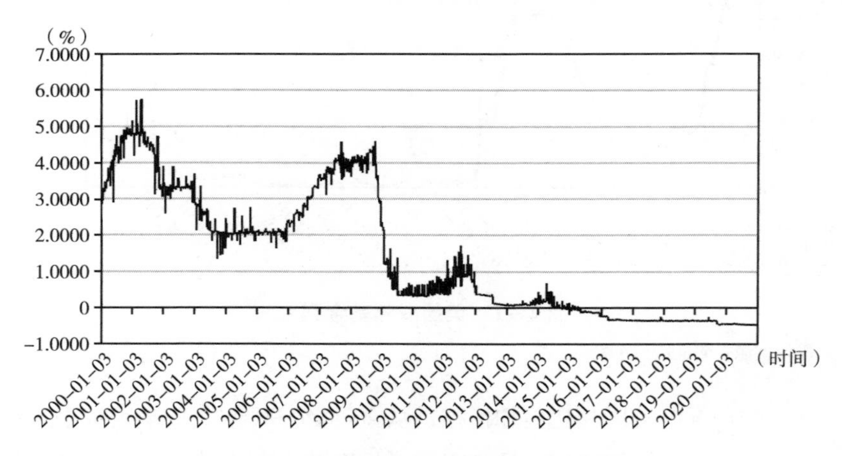

图 2－3　欧元银行间同业拆借利率（隔夜）

资料来源：Wind 金融终端。

在超级宽松货币政策的刺激下，从数据来看，美日欧等发达国家和地区的经济增长很快恢复了正常，但是实际上这是大规模注射了货币“兴奋剂”的结果。判断经济是否从根本上得以恢复，最简单的标准是看量化宽松的货币政策是否能够彻底退出，市场利率是否恢复到历史平均值。显然，美国没有做到这一点，日本和欧盟等发达国家也没有做到这一点，这些国家的低利率需要长期坚持，才能维持经济的正常发展。换句话说，主要发达国家经济体在被金融危机冲击之后，造成的变化不是表面的、暂时性的，而是结构性的、长期性的（见图 2 -4）。要维持经济从数据上看起来的正常发展，就需要长期注射低利率甚至负利率的“强心针”。

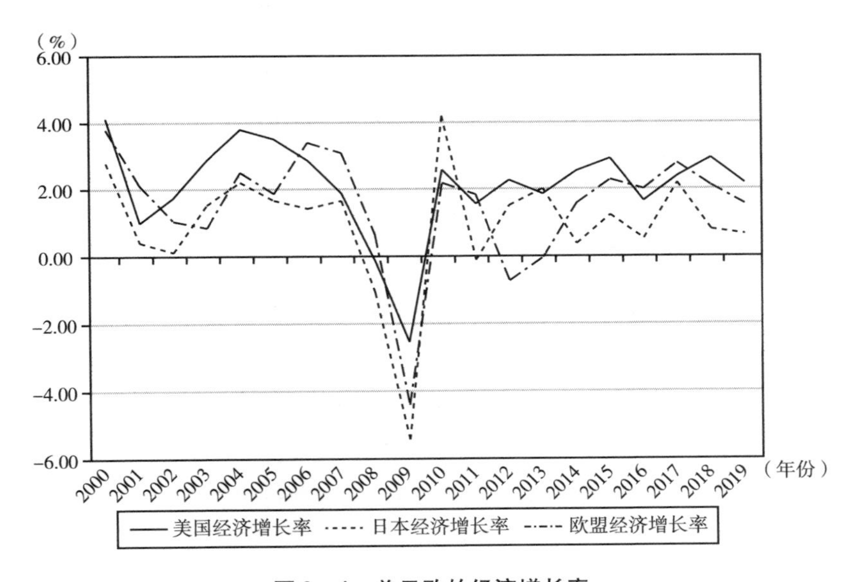

图 2 -4　美日欧的经济增长率

资料来源：Wind 金融终端。

在金融危机的影响下，美国、日本、欧洲等发达国家或地区的经济开始衰退，碳排放也随之出现明显下降。2008 ~2019 年，美国的碳排放年均下降 1. 25%，日本下降 1. 32%，欧盟则下降了 1. 97%。从数据来看，美国和日本排放下降幅度基本相等，这是由于经济衰退造成的。欧盟的碳排放的下降幅度要比美国和日本大得多，比美国高 0. 72%，比日本高 0. 65%，这就是欧盟建立市场化排放交易系统 EU ETS 所实现的减排成果（见图 2 -5）。

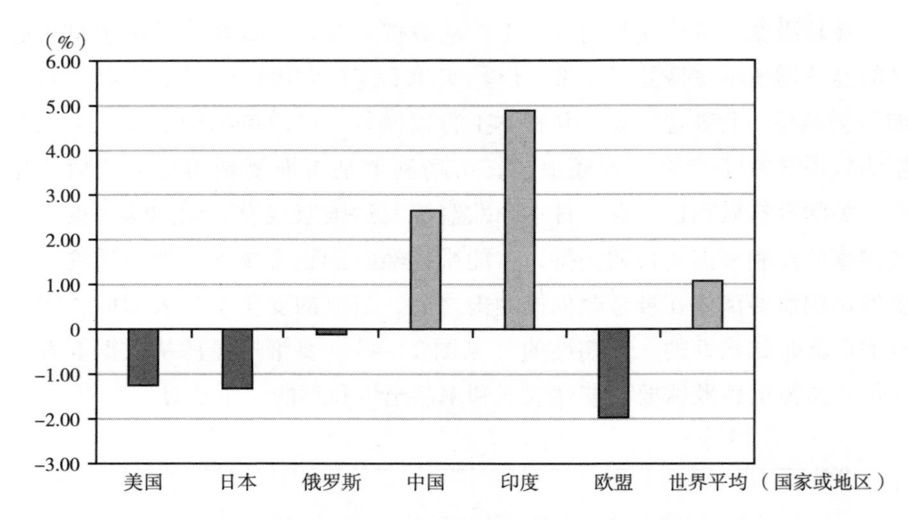

图2-5　2008~2019年全球主要经济体碳排放年均增长率

资料来源：Wind金融终端。

（二）碳市场实现的成果

从1997年《京都议定书》实施之后，全球建立了多个碳市场，有些取得了很大的成功，有些则归于失败。目前全世界公认最成功的碳市场，是欧盟的EU ETS排放交易系统。欧盟在2012年超额完成了《京都议定书》中对于欧盟设置的“2008~2012年间，将温室气体排放量在1990年的基础上削减8%”的减排目标，EU ETS对于减排目标的实现起到了关键性作用。到2020年，欧盟还实现了碳排放比1990年降低20%的目标。还有一些碳市场要么由于长时间没有成交量等原因而被迫关闭，要么处于交易非常清淡的状态，对减排目标的实现未能起到应有的作用。

但是仔细分析这些碳市场会发现，通过市场化的碳市场实现精准减排不仅在理论上无懈可击，在实践中也是完全可行的。市场化减排是排放大国在不影响经济发展速度前提下，能够实现减排目标的最佳甚至是唯一路径。

有些碳市场未能取得成功的主要原因包括以下几方面。

1. 缺少国家层面的支持

这方面的典型例子是美国。由于美国缺乏欧盟的环保意识和传统，再加上美国国内能源企业极强的游说能力，美国在节能减排方面始终持消极态度。美国先后加入过《京都议定书》和《巴黎协定》，但都很快退出。虽然美国有不少地方政府和民间环保力量坚定支持减排，甚至建立了数项区域性排放项目，但这些项目要么交易清淡，要么彻底关闭，对于温室气体减排效果有限。芝加哥气候交易所于2003年推出了碳金融工具（Carbon Financial Instrument，CFI）交易，这是世界上第一个市场化减排项目，在交易初期无论是交易量还是交易价格都相当可观。但是随着时间的流逝，由于碳泄漏造成了会员的大规模退出，会员数量越来越少，最终导致排放配额的交易量越来越低。到2010年，由于配额交易量过低及配额价格长期接近于0，芝加哥气候交易所不得不关闭交易。

2. 温室气体的排放总量较低，不足以支撑碳市场的正常运营

除欧盟的EU ETS外，世界上大部分碳市场的交易量都较低。目前世界上温室气体排放总量前五名的大国（地区）是：中国、美国、欧盟、印度和俄罗斯。除以上国家（地区）外，其他国家的经济体量并不足以支撑起一个完整的排放交易系统。欧盟排放交易系统之所以取得成功，原因之一是联合了欧盟27个成员国共同加入到同一个排放交易系统。到后期EU ETS陆续有其他欧洲国家，包括冰岛、挪威、列支敦士登及克罗地亚等的加入。加拿大、澳大利亚等国，由于地广人稀、经济总量较小，排放量也小，只需要对本国的能源政策进行相应调整，就可以在基本不影响本国经济发展的前提下实现减排目标，碳市场对此类国家减排的作用有限，且建设成本相对较高。

3. 国家经济发展陷入停滞甚至衰退，无须建设排放交易系统

《京都议定书》对发达国家设置了强制减排目标。美国还未等《京都议定书》生效，就宣布拒绝批准议定书。美国的主要担忧是，减排目标的实现会影响经济社会的发展。一个基本事实是，温室气体排放的增加，往往伴随着经济的发展。经济增长率和温室气体排放增长率往往呈较强的正相关关系。因此经济高速增长的国家一般不太愿意为本国设置明确的减排目标。有些国家的经济已经陷入长期停滞，因此实现减排的成本非常低，甚至无须建立碳市场就可以实现减排目标。《京都议定书》对日本设置的减排目标是，2008～2012年温室气体排放总量比1990年降低6%。日本在

1995 年后经济基本陷入停滞，1995～2019 年日本经济年均复合增长率是 0.52%，2009 年甚至出现了高达 -5.99% 的负增长。对于这样的经济体，基本不需要采取过多的额外措施，如建设排放交易系统等，就可以实现减排目标。如果花费了高昂的成本建立了碳市场，但由于经济已经陷入停滞甚至衰退，排放企业的生产基本不再增长，对排放配额的需求极低，最终会造成市场配额交易量过低而丧失作用。

尽管如此，全球碳市场的发展和繁荣，也反映了低碳环保的理念已经在全世界范围内得到普遍接受，节能减排的观念日益深入人心。一些发展中国家，基于自愿减排建立了众多的减排项目和减排体系。这些减排项目在一定程度上发挥了减排的作用，还为未来减排的进一步深入打下了良好的基础。这些国家碳市场建设和发展过程中的经验和教训，可以为中国建立和发展全国性的排放交易系统提供有效的借鉴。

第二节　国际碳市场的发展特点

一、越来越多的国家和地区通过建立排放交易系统来应对气候变化，碳交易已成为国际上的主流减排途径

碳市场将碳排放配额标准化为可交易的商品，通过价格的信号作用，从那些减排成本较低或有富余排放配额的国家或企业，转移到减排成本较高、难以达到排放标准的国家或企业。这种交易对于配额买卖双方的福利都是一种改进，这属于经济学中典型的帕累托改进。这是其他减排方式，包括碳税和政府管制等无法实现的。由于在处理资产价格等微观信号方面具有无可比拟的优势，市场化是目前世界上绝大部分国家实现资源有效配置的主要方式。在实现碳减排的道路上，市场化依然是最优选择，至少在理论上如此。

通过不断强制减排和市场化引导，排放配额的价格从长期来看会不断上涨，这将迫使承担减排义务的排放企业不断加快清洁能源、减排技术的创新研发，不断降低碳排放，以降低合规成本或提高配额出售量从而提高

收益。在配额价格的引导和激励下，排放主体也将获得各类融资支持以不断降低碳排放。在微观主体不断努力减排的前提下，国家的碳排放总量将不断降低，低碳经济将获得大力支持，低效率高能耗的经济结构也将得到有效调整。这种市场化减排机制无须政府过多介入，也无须提供大量的财政资金补贴和税收优惠，而实现的减排效果比政府直接管制要好得多。

二、应用总量控制与交易机制的国家和地区越来越多

《京都议定书》中确立了三种灵活减排机制：清洁发展机制、联合履约机制及国际排放贸易。核证减排（CER）是清洁发展机制下，通过联合国执行理事会向实施清洁发展机制项目的企业颁发的，经过指定经营实体核查证实的温室气体减排量。只有联合国向企业颁发了 CER 证书之后，减排配额 CER 才能在国际碳市场上交易。减排量单位（ERU）是发达国家之间通过联合履约机制实现项目级的合作，所实现的减排单位。ERU 可以转让给另一发达国家，但同时必须在转让方的“分配数量”配额上扣减等量的额度。

发达国家碳减排的成本相差不大，同时排放量最大的发达国家——美国退出《京都议定书》，欧盟 27 国自建了统一的 EU ETS，致使 ERU 交易量不高。CER 一般是发达国家和发展中国家之间的减排项目产生的，发达国家通过购买发展中国家的排放配额，来实现自身强制减排的目标。由于发展中国家的减排义务并非强制，因此联合国对于发达国家通过购买 CER 来实现减排目标设置了总额限制。同时发达国家担忧由于“碳泄漏”等问题对本国产业的冲击，开始对本国企业购买 CER 进行更加严格限制。目前来看，基于总量控制下与交易下的减排效果最好，发展也最为迅速。

三、碳市场排放配额的价格主要由供求关系决定

配额市场是排放配额价格形成的平台。分配给排放管制企业的排放配额量，以及排放企业碳减排额的提供决定了配额的市场供给量。排放管制企业的减排成本、惩罚力度的大小决定了配额的需求量。与其他所有商品一样，配额的价格也决定于市场的供给与需求。政府的排放管制所产生的

约束要比市场自身产生的约束更为严格，与自愿减排市场相比，配额价格会更高，交易规模也会更大。

排放配额的价格准确反映供求状况，是排放交易系统有效配置资源的重要因素。政府部门决定的排放配额的总量，决定了排放配额价格的基本走势。当配额总量远低于企业实际排放总量时，配额价格就会很高，企业的减排压力会很大，这样对于经济发展的负面影响就会很大。当然，如果配额总量设置过高，企业只需投入很少成本进行改进，即可实现排放要求，这就会导致配额的价格过低。配额的成交量过低，无助于实现减排总目标。

EU ETS 在配额的供给与需求方面进行了有益探索，且获得了较好的效果。EU ETS 第一个交易期（2005～2007 年）派发的配额总量过高，致使配额价格不断走低。第二个交易期（2008～2012 年）分配的配额总量比第一个交易期减低了 6%，大幅提高了配额价格。第三个交易期（2013～2020 年）采取了更加先进的线性折减的办法平滑降低排放配额总量，这种方法能够稳定市场预期，逐步降低配额的供给来提高配额价格。

四、配额价格与能源价格关联性强

在配额市场上，可以看出配额价格与石油、煤炭及天然气等化石能源的价格关联紧密。当化石能源价格较高时，排放企业会自发降低化石能源的使用量。配额市场上配额的供给增加，需求减少，配额的价格会下降。当化石能源价格下降时，配额的价格会上涨。配额价格与化石能源价格之间呈现明显的负相关关系。此外，欧洲的电力价格与排放配额价格也有很强的关联性。

电力作为清洁能源，近年来对化石能源的替代性越来越强。以中国为例，作为碳排放大户的交通运输业正在经历电力对燃油的大规模替代。高铁使用的能源全部为电力，大规模替代了之前的内燃机车。纯电汽车作为最重要的新能源汽车，也正在越来越快地替代燃油汽车。产生这种趋势的主要原因之一是不断上涨的燃油价格和稳定的电力价格。电力价格的下降，会激励企业将更多的化石能源替代为电力，降低配额的需求，进而降低配额的价格。

除此之外，政府的有关政策也会影响化石燃料和电力的价格，进而影响配额价格。已经有很多国家出于环保或者能源安全等的考虑，通过税收或财政政策对化石燃料征收较高的污染税，对电力免税甚至提供财政补贴。这种政策会直接提高化石燃料的价格，降低电力价格，导致配额价格的下降。当然，需要明确的是，电力的价格也会受化石燃料价格的影响。在有些国家发电的主要燃料仍然是化石燃料，这种情况会使电力价格、化石燃料价格和配额价格之间的关系更加复杂。

五、各类市场主体广泛参与配额市场，是推动配额市场发展的重要力量

在排放交易系统中，配额市场是核心环节。类似于股票市场，配额市场也分为一级市场和二级市场。一级市场即发行市场，在管理机构决定配额总量之后，就会将配额分配给纳入到减排范围的企业。配额的分配包括无偿（免费）和有偿（拍卖）两种分配方式。在排放交易系统运行初期，一般采用的是无偿分配的方式。排放系统逐步成熟之后，配额的分配方式将会逐步过渡到拍卖。企业获得配额之后，就能够在配额市场进行交易了。

无论采用哪一种分配方式，企业获得配额之后，就需要进行履约。履约的方式是在每年年底，排放企业向监管机构清缴其配额，清缴的配额数额等于企业的实际排放量。企业的实际排放量能否准确测定，决定了企业的履约成本，决定了排放交易系统的权威性和公平性。即使采用了先进的计算方法和测量技术，确定企业的真实排放量也是非常复杂的。成功的排放交易系统总是有一套严密的监测、报告与核查（MRV）系统。这套系统的运行需要中介机构的参与才能有效完成，中介机构在 MRV 中的作用类似于会计师事务所审计上市公司的财务报告。

排放企业交易配额的市场是二级市场，即交易市场。二级市场的效率决定了企业能够以多高的成本交易所需的配额，间接决定了一级市场的效率。二级市场的作用类似于股票市场的二级市场，只有当二级市场能够高

效运转时，才能有效配置市场资源，直接影响一级市场的繁荣。二级市场能否高效运转，关键因素之一是市场的流动性。市场的流动性越高，交易者找到交易对手方成交配额的成本就越低。决定市场流动性的主要因素是交易者的数量，交易者的数量越多，流动性就越好。广泛吸引各类市场主体参与配额二级市场的交易，是提高市场流动性的关键。

六、多元化的金融工具被运用于碳市场，碳市场金融化发展趋势明显

各国在发展自己的碳市场时，大都选择将碳资产作为一种金融工具来建立有关的交易体系。这样可以最大程度利用成熟金融市场的各种资源，包括交易平台、交易规则、专业人员等。以最低的成本尽快建立配额市场，推动排放配额上市交易。将配额资产作为一种金融工具来交易，还可以广泛吸引各类市场主体，包括机构投资者和个人投资者，类似于股票市场。这样可以提高配额市场的社会参与度，增强配额市场的流动性，提高配额市场的价格发现功能。

实际上从金融投资角度来看，配额资产和其他大宗商品如石油、黄金、玉米等并无本质差别。大宗商品绝大部分的投机交易，是通过判断资产价格的涨跌来获取收益，并非对商品本身有刚性需求。配额市场也是如此，随着市场的发展，绝大多数交易的目的是投机。碳市场发展初期交易的产品主要是碳现货，随着交易需求的多样化，新的金融工具也层出不穷。除碳现货外，近年来广泛交易的还包括碳期货、碳期货期权等碳衍生品。碳市场不仅仅是一个专为温室气体减排而设立的交易市场，已经成为金融市场的重要组成部分。

七、国际碳市场之间的合作越来越频繁

为共同应对全球气候变化，在联合国的呼吁下，在全球大多数国家的努力下，以《联合国气候变化框架公约》为基本准则，制定通过了两项具有里程碑意义的减排协议——《京都议定书》《巴黎协定》。以两项协议为

基础，全球国家在碳减排领域开始了越来越广泛的协调与合作。最初合作减排的最大亮点是通过清洁发展机制（CDM），发达国家和发展中国家实现了优化合作。中国的 CDM 减排项目占全球项目总量的一半以上，为全球合作减排作出了巨大贡献。

虽然美国一直抵制减排，但美国一些地方政府和企业还是支持减排的。从 2012 年开始，美国的加利福尼亚州与加拿大不列颠哥伦比亚省及魁北克省实现了碳市场的链接，共享交易平台与交易系统。作为全球市场化减排的典范，欧盟 EU ETS 从成立之初就得到了欧盟 27 个成员国的一致支持。从 2008 年开始的 EU ETS 第二个交易期（2008 ~ 2012 年），挪威、冰岛和列支敦士登 3 个非欧盟国家加入到 EU ETS 中。第三个交易期（2013 ~ 2020 年）由于克罗地亚在 2013 年加入欧盟，EU ETS 就顺理成章地将克罗地亚纳入减排范围。英国虽然在 2020 年正式脱离欧盟，也就顺势脱离了 EU ETS。但是英国已经明确表示，将建立英国的排放交易系统，且将与 EU ETS 实现互联互通。

八、欧盟碳市场在全球碳交易体系中占据重要地位

欧盟碳市场是当前全球覆盖范围最广、产品种类最丰富、交易规模最大的跨国碳市场。由于温室气体排放量居发达国家第一位的美国拒绝签署《京都议定书》，日本、加拿大、澳大利亚等发达国家虽然都签署了《京都议定书》，但这些国家的排放量相对较小，碳市场的规模也小。例如，日本从 20 世纪中叶到现在，年均经济增长率基本等于 0，很多年份还出现了经济负增长。对于这样的经济体，不需要采取过多的措施就可以完成减排目标。中国、印度等虽然是温室气体排放大国，也签署了《京都议定书》，但因为是发展中国家，并未被强制要求减排。这些国家建立的碳市场基本都是区域性、实验性的，对减排的作用有限。

到 2020 年，欧盟的排放交易系统 EU ETS 覆盖了欧洲 30 个国家（英国于 2020 年脱离欧盟），包括欧盟 27 个成员国和 3 个非欧盟的欧洲国家，覆盖范围是世界上最大的，交易量和交易总额也在全球遥遥领先。欧盟凭借这一排放交易系统，在 2012 年超额完成了《京都议定书》中对于欧盟的减排要求，在 2020 年实现了排放量比 1990 年降低 20% 的目标。欧洲国

家历来有环保的传统与理念，在遵守《京都议定书》，实现强制减排方面基本没有内部分歧。共同的理念和共同的经济市场，使得起步较早的欧盟碳市场在全球范围内处于领先地位。EU ETS 已经成为总量控制与交易机制下最为成功的市场化运作体系，是国际碳市场上的主要驱动力。

第三节　欧盟碳市场的基本情况

由于欧盟排放交易系统 EU ETS 在全球排放交易中的重要性及典型性，对欧盟碳市场的研究可以为中国发展国家排放交易系统提供丰富的参考与借鉴。

一、EU ETS 建立的背景

（一）发达国家的减排义务

1997 年，联合国成员国制定并通过了《京都议定书》。《京都议定书》首次制定了明确的温室气体减排目标，并提出了切实可行的减排路径。为协调发达国家和发展中国家对于减排的责任划分，《京都议定书》确定了发达国家和发展中国家之间“共同但有区别”的减排责任，这一基本原则要求发达国家需要承担主要的减排责任，发展中国家承担次要的减排责任。从温室气体的历史排放量（存量）来看，美国、英国、日本、德国、法国等发达工业国需要为全球气候变化承担主要责任。对此，《京都议定书》明确了到 2012 年发达国家需要承担的减排责任，要求发达国家做出明确的减排承诺。欧盟作为具有较好的环保传统和理念的区域，主动做出了“到 2012 年温室气体排放量比 1990 年降低 8%”的承诺。其他发达国家也都做出了各自的减排承诺。

（二）市场化减排的理论与实践

减排目标的实现并不困难，最大的难点在于如何在实现减排的同时确保经济发展不受明显的负面影响。对此，学术界的专家学者开展了深入的理论研究，认为市场化的减排方式在理论市场是能够实现上述目标的。市场化减排是将亚当·斯密的市场化理论又一次应用到碳减排中。减排最常用的做法是排放管制和征收碳税。排放管制是指政府直接向企业发放排放配额，企业只能在配额范围内排放温室气体。碳税是根据企业的排放量向企业征税，排放量越高，纳税越多。无论是碳税还是排放管制，政府都需要直接介入到减排中。政府处理大量微观信号不利于资源的优化配置，不能实现最优化减排。政府对市场化减排只需设定排放总额，其余事项交给市场即可，市场能够实现资源的最优配置。

美国虽然在国家层面抵制减排，但是一些地方政府和民间环保组织坚定支持减排。有些地方政府在专业人员的支持下，联合支持减排的企业，第一次将市场化减排的理念付诸实践，并且取得了显著的成效，引起了全世界的广泛关注。2003 年芝加哥气候交易所投入运行，这是世界上第一个将市场化减排理念应用到实践中的减排项目。除此之外，美国还有大量地方性、行业性的市场化减排项目投入运行。虽然大部分项目的减排效果不够明显，但是造成减排项目失利的主要原因来自市场化减排之外，市场化减排的理论还是没有问题的，不过需要在实践中对一些具体的做法进行改进。

受美国市场化减排项目的启发，欧盟逐渐开始考虑用“基于市场的工具”来解决环境和能源问题。之后“污染者买单原则”和“基于市场的工具”在欧盟官方文件中得到体现和确认。欧盟相继颁布了一系列的法律规定，如《环境税——执行和环境效益》《环境效益》等。2000 年 3 月，欧盟委员会提交了一份关于“温室效应”的绿皮书——《欧盟温室气体排放交易》，以及排放交易系统的一些初步想法。它是与减排相关的众多利益相关者讨论的基础，这些讨论帮助形成了欧盟排放交易系统的雏形。2003 年欧盟通过了建立欧盟排放交易系统 EU ETS 的决议，并在 2005 年正式建立了欧盟排放交易系统。

二、欧盟排放交易系统

欧盟立法委员会于 2003 年 6 月通过了“排放交易系统”法案，对工业企业温室气体的排放设定总量控制，并且计划创建全球第一个国际性的排放交易市场。2005 年 1 月欧盟排放交易系统正式运行，被纳入减排覆盖范围的相关企业需要在配额范围内排放温室气体。纳入 EU ETS 的排放企业需要定期清缴配额，如果企业的配额低于其实际排放量，企业需要在配额市场购买配额；企业也可以将未使用的排放配额在配额市场出售来获得收益。

EU ETS 是全球最大的排放交易系统。截至 2020 年，该体系覆盖了欧盟 27 个成员国和冰岛、挪威和列支敦士登 3 个非欧盟的欧洲国家。

（一）EU ETS 覆盖的企业标准

EU ET 覆盖的行业、企业的主要标准是：发电厂及其他功率≥20 兆瓦的燃烧装置，涉及炼油厂、焦炉、钢铁厂、水泥熟料、玻璃、石灰、砖、陶瓷、纸浆、纸和纸板、航空、铝、石油化工。

（二）EU ETS 覆盖的温室气体

EU ETS 覆盖的温室气体包括：二氧化碳、硝酸、己二酸、乙醛酸和乙二醛生产过程产生的氧化亚氮，以及铝制品生产过程中产生的全氟化合物。

三、总量管制与交易

EU ETS 通过“总量管制与交易”机制对成员国设置排放限额，并将排放配额分解到企业，通过明确减排上限来实施强制减排。随着时间的推移，排放总量会逐步降低。

在排放上限内，企业可以通过无偿（免费）或有偿（拍卖）的方式获得排放配额。如果排放企业实际排放量超过分配的配额，就需要在碳市场购买超额排放的配额。排放企业还可以从世界各地的减排项目中购买有限数量的国际碳信用（包括 ERU 和 CER）。每过一年，排放企业必须提交事先确定的排放配额，否则将被处以高额罚款。如果一家企业实际排放量比分配的排放配额少，它可以保留多余的排放量以满足未来的需求，或者将其出售给另一家缺少配额的公司。碳交易实现了减排的灵活性，确保在成本最低的地方减排。强劲的碳价格也促进了欧盟各成员国和企业对清洁、低碳技术的投资、研发与应用。

EU ETS 覆盖了包括航空业在内的欧盟温室气体排放总量的 40% 以上。欧盟排放许可（European Union Allowance，EUA）是 EU ETS 交易的基本排放单位，每单位的 EUA 相当于 1 吨二氧化碳当量。除 EUA 之外，在 EU ETS中交易的排放单元还有基于联合履约机制项目的 ERU，以及基于清洁发展机制项目的 CER。欧盟对排放企业利用这两类排放单元的比例有一定限制：2008 ~2012 年，基于这两类项目的减排额度必须小于欧盟地区碳排放额总量的 6%，而且成员国对这两类排放额度的使用必须是补充性的，EUA 才是最重要的交易主体。从 2012 年开始，企业使用 CER 和 ERU 的比例会被进一步降低。

四、排放配额的交易地点

EU ETS 系统下的欧盟排放许可（EUA）最主要的交易地点是交易所，即场内交易市场。全球主要交易 EUA 的是欧洲能源交易所（EEX）和洲际交易所（ICE）。EEX 主要交易的商品包括电力、天然气、排放配额、农产品和其他大宗商品。ICE 在 2010 年收购了欧洲气候交易所（ECX）之后开始涉足排放配额交易。ICE 自 2000 年创建，就建立了一个先进的全电子化交易平台。ICE 目前交易的主要是衍生品，覆盖了大宗商品、外汇、股票、利率等资产的衍生品。除以上两家交易所外，奥地利能源交易所（EXAA）等多家交易所也交易 EUA 及其衍生品。

EEX、EXAA 等交易的 EUA 品种除现货外，还包括 EUA 期货和 EUA 期货期权。ICE 只交易 EUA 期货和 EUA 期货期权。从交易量来看，EUA 现货只占 EUA 交易总量的不到 10%。EUA 主要的交易品种是 EUA 期货，在 EUA 总交易量中所占比重在 80% 以上，其余部分包括 EUA 期权和 EUA 远期等。2004 年，欧洲气候交易所（ECX）作为欧洲首个排放配额市场成立于荷兰阿姆斯特丹。作为全球第二大石油期货交易所，ICE 拥有成熟的期货交易系统，这强有力地支持了 ICE 成为全球最大的 EUA 期货交易市场、全球最大的排放配额交易市场。

除交易所外，还有少量的 EUA 在场外交易，即 OTC 市场。一般来说。OTC 市场更加适合非标准化资产的交易，包括各种为满足客户需求而量身定制的合约，如奇异期权等。OTC 市场的问题包括两个方面：一是流动性比较差，这对于交易者来说是一个重大缺陷；二是 OTC 市场较难采用场内市场的保证金机制，往往存在较大的信用风险。OTC 市场与场内市场相比也有优势，可以根据交易者的需求修改交易条款，而场内市场交易的都是标准化合约。排放配额本身就是一种虚拟的标准化资产，因此在场外交易意义不大，其场外交易量是非常低的。

目前全球主要的碳交易产品包括各市场配额的碳现货及碳衍生品。京都市场的配额产品是 AAU 现货和衍生品，国际碳信用产品是 JI 机制下的 ERU 现货和衍生品，以及 CDM 机制下的 CER 现货和衍生品。EU ETS 的排放配额产品是 EUA 现货和衍生品，EU ETS 交易的国际碳信用主要以 CER 类产品为主（见表 2－3）。

表 2－3　　全球主要碳交易所及其交易的碳产品

区域	交易所	配额产品
欧洲	欧洲气候交易所（ECX）（已经在 2010 年被 ICE 收购）	EUA、ERU 和 CER 类产品的期货和期权产品
	欧洲能源交易所（EEX）	电力现货 EUA
	北欧电力库（NP）	电力 EUA 和 CER 类现货、期货、远期和期权产品
	BlueNext 交易所	EUA、CER、ERU 类现货产品，EUA 和 CER 类期货产品
	Climex 交易所	EUA、CER、VER、ERU 和 AAU
美洲	绿色交易所（Green Exchange）	EUA 类现货、期货和期权产品，CER 类期货和期权产品，RGGI、加州碳排放配额和气候储备行动（CAR）的期货及期权合约
	芝加哥气候交易所（CCX）	北美及巴西的六种温室气体的补偿项目信用交易（已停止交易）
	芝加哥气候期货交易所（CCFE）	CER 类期货和期权，CFI 期货，欧洲 CFI 期货，ECO 指数期货，RGGI 期货和期权
	蒙特利尔气候交易所（MCeX）	加拿大减排单位 MCX 期货合约
	巴西期货交易所（BM&F）	多个 CER 的拍卖

续表

区域	交易所	配额产品
大洋洲	澳大利亚气候交易所（ACX）	CER、VER、REC
	澳大利亚证券交易所（ASX）	REC
	澳大利亚金融与能源交易所（FEX）	环境等交易产品的场外交易（OTC）服务
亚洲	新加坡贸易交易所（SMX）	碳信用期货及期权
	新加坡亚洲碳交易所（ACX-change）	远期合约或已签发的 CER 或 VER 的拍卖
	印度多种商品交易所有限公司（MCX）	两款碳信用产品合约——CER 和 CFI
	印度国家商品及衍生品交易所有限公司（NCDEX）	CER
	中国 7 家交易所：上海、北京、深圳、天津、重庆、湖北和广州	碳排放配额：SHEA、BEA、SZA、TJEA、HBEA、GDEA、CQEA 国家核证自愿减排量（CCER）

资料来源：根据公开资料整理。

五、排放配额的产品

作为全球交易规模最大的排放交易系统，世界上各类交易所交易的各类 EUA 产品，占全球碳市场总交易量的 80% 左右。其他国家的排放交易量与 EU ETS 差距巨大。主要原因是碳市场的交易量与所在国家或区域的总排放量直接相关，排放大国中，美国、印度和俄罗斯没有建立国家排放交易市场，中国虽然排放量居世界第一位，但是开展的排放交易是在全国 7 个省市的试点，远没有做到全国覆盖。欧盟作为世界第三大温室气体排放来源区域，拥有丰富的碳资源。随着 EU ETS 覆盖的行业标准越来越严格，被纳入减排范围的企业越来越多，EUA 的交易量越来越大。

EUA 产品包括 EUA 现货、EUA 期货、EUA 期货期权（一般称为 EUA 期权）。在 EUA 的各类产品中，EUA 期货的交易量最大，其次是 EUA 期权，EUA 现货交易量远小于期货和期权等衍生品的交易量。从 2020 年的数据来看，全球各交易所交易的 EUA 期货在 EUA 总交易量中占比为 92%，EUA 现货占比 5%，EUA 期权占比 3%。EUA 远期由于在场外交易，缺乏统计数据。但是可以估计其交易量要远小于在场内交易的 EUA 产品（见图 2-6）。

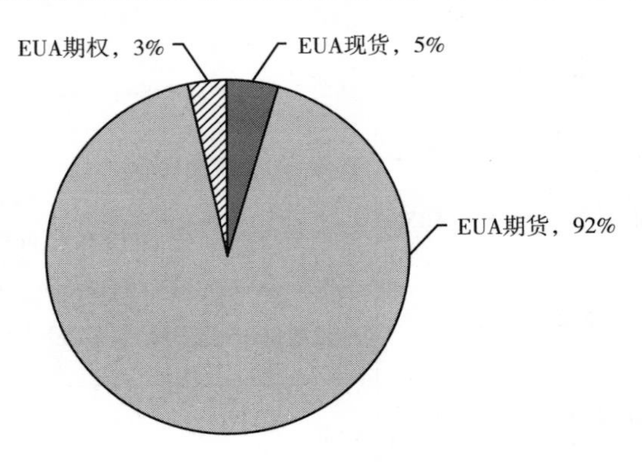

图 2-6　EUA 各类产品的交易比例

资料来源：Wind 金融终端。

EEX 和 ICE 等交易所为交易商提供了 EUA 标准化的期货和期权品种。EEX 和 ICE 的主要交易商中，包括了大型电力企业、大型能源企业等被 EU ETS 纳入减排范围的排放企业。这些企业的排放量或高或低于分配的排放配额，需要在碳市场购买或出售所需或多余的 EUA。不少排放企业并不急于在配额市场上购买或出售 EUA，而是等待更好的机会。但是等待带来的可能是额外的收益，也可能是额外的损失，这就是金融市场中典型的市场风险。对冲此类风险的最佳金融工具是衍生产品，常用的是期货和期权。排放企业通过适时交易 EUA 期货、EUA 期权来提前锁定价格，达到套期保值或对冲风险的目的。还有数量更多的交易者，主要是各类金融机构和个人，通过交易 EUA 衍生品来进行投机或套利，就像交易石油期货、黄金期权一样。与其他大宗商品类似，EUA 期货的交易者中，投机者的交易量要远高于套期保值者，这是导致 EUA 期货交易量远高于现货交易量的主要原因。

六、EU ETS 的实施阶段

到 2020 年，EU ETS 已经实施了三个阶段。

（一）第一个交易期（2005～2007年）

该阶段为探索试验阶段，主要目的是获得排放交易的经验，查找排放交易系统的不足，为第二个交易期做准备。这一阶段覆盖的范围包括欧盟全部27个成员国，减排目标是完成《京都议定书》所承诺目标的45%。这一阶段限排行业主要是能源生产行业和能源密集型行业，包括发电厂及其他≥20兆瓦的燃烧装置、炼油厂、焦炉、钢铁厂、水泥熟料、玻璃、石灰、砖、陶瓷、纸浆、纸和纸板等行业，大约包括11 000家企业。

第一个交易期减的限排气体仅限于二氧化碳，排放上限定为20.58亿吨二氧化碳。排放配额的计算方式采用的是以企业的历史排放水平为参考标准，即历史排放法。虽然不如基准线法准确合理，但是历史排放法要简单得多，在排放交易系统刚开始运行阶段，比基准线法更加适用。配额的分配方式是全部免费分配，无须企业支付任何费用。如果企业的实际排放量低于分配的配额，未使用的配额可以进入市场出售。配额市场上可交易的碳资产仅限于EUA，其他国际碳信用包括ERU和CER是不能在配额市场上交易的。如果企业的实际排放量高于自身拥有的配额，需要承受40欧元/吨二氧化碳的惩罚价格，且企业仍然需要在接下来的年份中继续缴纳超额排放的配额。

由于欧盟担忧减排的实施会对企业的正常经营造成负面影响，同时当时没有可靠的排放数据，因此在第一个交易期有意将排放上限设置较高，结果在运行过程中造成了配额供给过剩的情况，这是欧盟始料未及的。供过于求直接导致了过低的配额价格，而较高的配额价格是激励企业减排的主要动力。对此，欧盟决定在第二个交易期（2008～2012年）降低配额限额，将配额保持在一定的价格。

（二）第二个交易期（2008～2012年）

从第二个交易期开始，EU ETS开始正式运行。根据EU ETS在第一个交易期运行中暴露出来的各类问题与不足，在这一阶段欧盟对EU ETS进行了针对性改进。针对第一个交易期配额供过于求导致配额价格过低的情况，在第二个交易期显著降低了配额总量，相比 2005 年下调了 9.67%，降至 18.59 亿吨二氧化碳当量，相当于第一个交易期配额总量的 88.87%。第二个交易期覆盖的行业与第一个交易期相比没有任何变化，在 2012 年 EU ETS 将航空业纳入减排覆盖范围。

第二个交易期的减排目标是在 2005 年的排放水平上各成员国平均减排 6.5%，顺利实现《京都议定书》中对于欧盟设定的“到 2012 年排放量比 1990 年降低 8%”的目标。在第二个交易期开始时，挪威、冰岛和列支敦士登加入了 EU ETS。减排气体除了二氧化碳，还将因生产硝酸而产生的氧化亚氮包含进来。2012 年航空业被纳入减排管制，体系覆盖范围进一步扩大。在此阶段，绝大部分配额仍然是免费发放。未能完成减排目标的企业，EU ETS 会对其以 100 欧元/吨二氧化碳当量的价格来加以惩罚。此阶段可交易的排放单元除 EUA 外，还包括 CER 和 ERU，不过欧盟为 CER 和 ERU 的使用设定了上限。

在第二个交易期由于 2008 年美国金融危机的冲击，导致欧盟经济陷入衰退。大量企业被迫减产，导致市场配额再次出现了供过于求。对此，欧盟及时进行了调整，设置了市场稳定储备（MSR），及时稳定了配额价格。尽管由于金融危机的冲击导致欧盟的碳排放出现明显下降，与美国和日本相比，欧盟经济衰退幅度与美日基本一致，但欧盟碳减排的幅度要更大。美国和日本并未建立国家排放交易系统，可以肯定地说欧盟超额的碳减排就是 EU ETS 所实现的。

（三）第三个交易期（2013～2020 年）

这一阶段是后《京都议定书》时代的重要过渡阶段，减排目标是在 2020 年前在 1990 年的基础上减排 20%。EU ETS 第三个交易期的减排覆盖范围进一步扩大，2013 年由于克罗地亚加入欧盟，EU ETS 也就顺理成章地将其纳入覆盖范围。该阶段覆盖的行业除第一个交易期的所有行业，如铝制品、石化产品、硝酸、已二酸和乙醛酸的生产，以及二氧化碳的捕捉、输送和封存等被覆盖进来。第三个交易期覆盖的温室气体除二氧化碳和氧化亚氮外，还将铝制品生产过程中产生的全氟化合物包括进来。由于 2012 年将航空业纳入减排覆盖范围产生了很大的争议，在进行了相应调整之后，2014 年 EU ETS 将航空业重新纳入减排覆盖范围。

这一阶段排放上限采用了线性调整的方式，从 2013 年开始到 2020 年每年降低等额的配额。这种方式可以稳定市场预期，还能够逐步提高配额的市场价格，激励企业采取有效措施减排。配额总量从 2013 年的 20.84 亿吨二氧化碳当量每年线性下降 3 800 万吨，到 2020 年排放上限降低为 18.18 亿吨。排放配额的分配由国家层面分配扩展至整个欧盟，以欧盟范围内统一的排放总量控制取代国家分配方案（NAP）配额分配形式。分配方式逐步以拍卖替代免费配额发放，在 2013 年约有 40% 的配额被拍卖，计划于 2027 年实现完全拍卖。

从 2020 年欧盟初步统计的数据来看，EU ETS 第三个交易期的减排目标已经完全实现。事实上这一目标的实现，与 2020 年肆虐全球的新冠肺炎疫情有较大关系。2020 年新冠肺炎在疫情全球肆虐，疫情冲击之下，全球大部分国家不同程度采取了封城、隔离等措施，对经济造成了严重影响。根据各国初步公布的数据来看，2020 年中国 GDP 增长幅度是 2.3%，是全球唯一实现正增长的主要经济体。美国 GDP 下降 3.5%，欧盟下降 6.4%，日本下降 4.8%，脱离了欧盟的英国下降 9.9%。如此惨烈的经济衰退直接导致了生产的大幅下跌，进而引起碳排放的大幅度下降。

（四）第四个交易期（2021～2030 年）

欧盟计划将 2021～2030 年设置为 EU ETS 的第四个阶段。有关立法框架已于 2018 年初进行了修订，以使 EU ETS 能够实现欧盟 2030 年的减排目标，并作为欧盟对《巴黎协定》贡献的一部分。从 2021 年起，EU ETS 将年度排放配额的削减速度提高至 2.2%，这将有助于欧盟设定的“2050 年实现碳中和”目标的实现。

EU ETS 于 2015 年建立了市场稳定储备机制（MSR），旨在减少碳市场的排放配额盈余，提高 EU ETS 对未来碳市场波动的承受力。第四个交易期 EU ETS 将加强这一机制，以此提高 EU ETS 对低碳经济投资的驱动力。排放配额的分配将主要采取拍卖的方式，但为保障面临碳泄漏风险的工业部门的国际竞争力，将继续对此类企业免费分配排放配额。此外，

EUE ETS 还将通过多种低碳融资机制，帮助工业和电力部门应对低碳转型带来的创新和投资挑战。

七、EU ETS 实现的成效

通过 EU ETS 排放交易系统的成功运行，欧盟以较低成本和较高的经济效率实现了每一阶段的减排目标。EU ETS 推动了对欧盟低碳技术的广泛投资，改善了欧盟的能源结构。EU ETS 已经成为全球第一大排放交易系统，是市场化减排的典范。已经有很多国家决定效仿欧盟建立本国的排放交易系统，这对欧盟在国际减排领域的话语权和领导力是极大的推动。

（一）实现了既定的减排目标

通过 EU ETS 排放交易系统的良好运行，欧盟实现了每一阶段的减排目标。特别是在 2012 年完成了《京都议定书》中承诺的“到 2012 年排放量比 1990 年降低 8%”的目标。尽管在 2012 年之后发达国家未就《京都议定书》第二承诺期做出任何实质性的减排承诺，但是欧盟还是凭借 EU ETS 实现了既定的减排目标。

2012 年，欧盟的温室气体排放量排放相当于 1990 年排放量的 86%，比 1990 年降低了 14%。从 1990～2004 年，欧盟的排放量是很稳定的，既没有明显上涨，也没有明显下降。从 2005 年开始，欧盟排放量出现了大幅下降。如果说 2008 年开始的断崖式下降的原因之一是美国金融危机的影响，那么 2005 年开始的下降的主要原因在于 EU ETS 的运行。2019 年欧盟排放量相当于 1990 年的 77%，比 1990 年降低了 23%，提前超额完成了欧盟设定的“到 2020 年排放量比 1990 年降低 21%”的目标。

为了减轻气候变化失控的威胁，《巴黎协定》要求将全球平均温度上升幅度控制在 2℃以内，并为将升温幅度控制在 1.5℃以内而努力奋斗。要实现这一目标，要求全球排放量尽快达到峰值。到 2030 年实现在 2010 年水平的基础上下降 45%，并继续大幅下降，到 2050 年实现净零排放，即碳中和。作为全球市场化减排的典范，欧盟的温室气体下降速度距离《巴黎协定》的目标还有不小的差距。欧盟计划依靠 EU ETS，到 2050 年实现碳中和，不断提高欧盟对《巴黎协定》的自主贡献度。

（二）改善了欧盟的能源结构

能源是人类生存和发展的必要物资。到目前为止，人类主要能源仍然是石油、煤炭、天然气等化石燃料。温室气体的主要来源是各类化石燃料的燃烧，降低化石燃料的使用是解决气候变化问题的根本途径。但是为了维持人类的生存和发展，能源供给是不能大幅减少的。因此使用可再生能源尽快替代化石能源，是降低碳排放的可行路径。可再生能源包括风能、太阳能、地热能、生物质能和生物燃料等。

在欧盟的排放交易系统 EU ETS 的良好运作下，欧盟排放配额的价格不断上涨。高企的排放配额价格激励企业不断提高能源使用效率、降低能源使用量来降低碳排放。欧盟的一次能源消费量从 2005 年的 1 498 百万吨油当量，下降到 2020 年的 1 305 百万吨油当量，消费量下降了 193 百万吨油当量。同期欧盟最终能源消费量从 1 041 百万吨油当量降低到 957 百万吨油当量，下降了 84 百万吨油当量。这主要是因为欧盟的能源使用效率不断提高，最终能源消费与一次能源消费的比重从 2005 年的 69. 49% 增长到 2020 年的 73. 30% （见图 2 －7）。能源消费的总量在降低，但是使用效率在增长，这确保了能源供给的基本稳定。

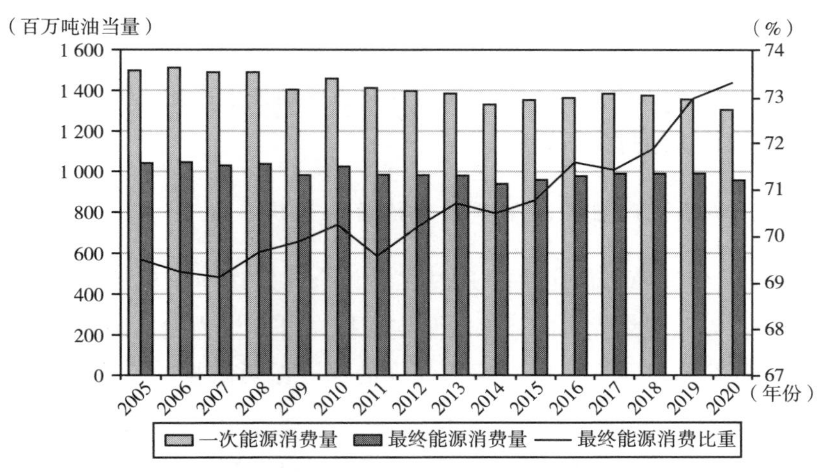

图 2 －7　2005 ~ 2020 年欧盟能源消费情况

资料来源：欧洲环境署（EEA）。

在能源消费的效率不断得到提高的同时，欧盟的可再生能源的消费比例在不断上升，可再生能源份额的增加对于实现欧盟的气候目标至关重要，这是降低温室气体排放的终极之道。在 EU ETS 的激励及欧盟配套政策的推动下，欧盟可再生能源在能源消费中所占比重不断提高，从 2004 年的 8.3% 上升到 2020 年的 20%（见图 2－8），成功实现了欧盟在 2007 年制订的可再生能源消费的目标。欧盟计划到 2030 年，可再生能源消费比重至少达到 32%。

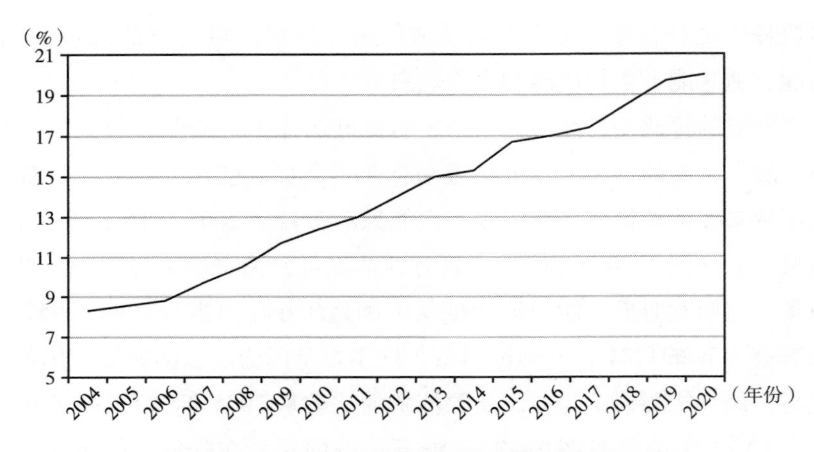

图 2－8　2004～2020 年欧盟可再生能源消费占比

资料来源：欧洲环境署（EEA）。

2020 年，在欧盟电力结构中，来自风能、太阳能和其他可再生能源发电占比 38%，而以煤炭和天然气为首的化石燃料发电占比 37%，可再生能源发电占比首次超过化石燃料。

（三）提高了欧盟在减排领域的话语权和领导力

在 1997 年《京都议定书》通过之后，全球发达国家对于减排的态度迅速分化。以欧盟为代表的环保派坚定支持减排，认为发达国家应该尽快采取措施履行减排承诺。以美国为代表的保守派对减排的态度始终消极，2001 年美国宣布退出《京都议定书》，且不再履行相应的减排承诺。除美欧外，日本、加拿大等发达国家质疑“共同但有区别”的减排原则，认为发展中国家同样需要承担减排责任。

欧盟不仅口头支持减排，而且很快付诸行动。依靠 EU ETS 的良好运行，欧盟成功在 2012 年超额完成了《京都议定书》中的减排承诺。在 2012 年之后，由于发达国家与发展中国家未能就《京都议定书》第二承诺期达成一致，因此发达国家不再设置减排目标。而欧盟则继续支持 EU ETS 的运行，并且在 2013 年做出了到“2020 年温室气体排放量比 1990 年降低 20% 的目标”。从 2020 年的初步统计结果来看，这一目标已经超额实现。欧盟 EU ETS 已经成为全球市场化减排的典范，已经有很多国家在 EU ETS 的启发下开始效仿欧盟，通过建立“总量控制与交易”的市场化减排系统，来实现减排目标。在美国缺席全球减排的情况下，欧盟在全球减排领域的领导力和话语权已经越来越大。

2015 年 12 月 12 日，在巴黎气候变化大会上通过了《巴黎协定》；2016 年 4 月 22 日，各国在纽约签署了《巴黎协定》。《巴黎协定》为 2020 年后全球应对气候变化行动做出安排，长期目标是将全球平均气温较前工业化时期上升幅度控制在 2℃以内，并努力将温度上升幅度限制在 1.5℃以内。根据专家的计算，要实现《巴黎协定》中要求的最高 1.5℃的目标，从 2020 年开始全球温室气体排放量必须每年下降 7.6%。2020 年尽管新冠肺炎疫情导致人类活动急剧减少，由此预计的 2020 年排放量将下降 7%——这仍不足以实现 7.6% 的减排目标。而且随着由于新冠疫情制定的各种限制政策的解除，全球排放量预计还会重新回升。

2020 年美国正式退出《巴黎协定》，再一次遭到全世界强烈批评。不过有了美国第一次退出《京都议定书》的经历，国际社会已经对此做好了充分的准备。与美国完全不同，欧盟极力推动《巴黎协定》的制定与实施。在《巴黎协定》通过之后，欧盟各方强烈敦促欧洲议会尽快批准《巴黎协定》。2016 年 10 月 4 日，欧洲议会以压倒多数的 610：31 投票结果，通过批准《巴黎协定》的决议。尽管 2021 年美国新任总统拜登宣布美国将重返《巴黎协定》，但是世界上多数国家已经对美国政府反复无常的气候政策和美国国内的党派之争感到厌倦。拜登政府还希望由美国来领导全世界的减排事业，这无异于痴人说梦。从美国政府 2001 年退出《京都议定书》开始，美国就彻底丧失了领导全球减排事业的机会。欧盟凭借其积极的减排行动，以及有效的减排尝试，已经开始事实上的领导全世界的减排事业。欧盟计划到 2030 年，EU ETS 覆盖行业的排放量在 2005 年的基础上减少 43% 。如果 EU ETS 的这一目标能够顺利实现，将为全世界树立减排信心，极大推动《巴黎协定》目标的实现。

第三章　中国碳市场现状及存在的问题

第一节　中国温室气体排放现状及政府减排承诺

二氧化碳排放已经公认是造成温室效应的主要原因。从排放增量来看，美国、中国、欧盟、俄罗斯和印度是全球二氧化碳主要排放源，2018年上述国家和地区二氧化碳的排放量占了全球总排放量的65%。长期以来，美国二氧化碳排放量一直处于世界第一位。从存量来看，美国对全球温室气体的排放需要负主要的历史责任。在第二次世界大战结束之后，美国的工业产值一度占到世界工业总产值的一半以上。随着其他国家经济的发展，美国的排放量占全世界的比重一直在下降，但是始终位于世界第一位，其排放量占全球排放量的比重一直在25%以上。

随着中国工业化进程的高速推进，从1997年开始，美国二氧化碳排放量全球占比开始下降，中国开始大幅上升。2004年，中国二氧化碳排放量超过了美国，成为全球第一大排放国，此后一直稳居世界第一位。2019年中国二氧化碳排放量占全球排放量的比重是28.76%，远高于排名第二位的美国的排放量14.53%。另外三个排放大国和地区依次是欧盟、印度和俄罗斯，2019年排放量占全球总排放量的比重分别为9.75%、7.26%和4.49%（见图3-1）。

从1997~2019年排放量的历史发展趋势来看，美国排放量占全球比重从25%逐年下降到不足15%；从2004年开始，美国的排放量被中国超越，成为世界第二大二氧化碳排放国。欧盟排放量占比下降趋势比较平滑，目

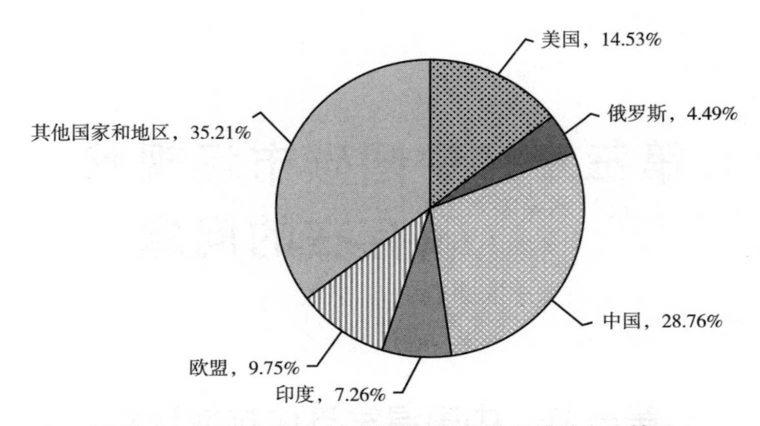

图 3-1　2019 年全球主要排放国家和地区排放占比情况

资料来源：Wind 金融终端。

前以占世界总排放量的 9.75% 位居第三位。俄罗斯占比情况较为稳定，从 6% 左右的比重小幅下降至现在的 4.49%。印度的占比稳步上升，从 4% 上升到 7.26%。中国的上升趋势最为明显，曲线最为陡峭，2003～2011 年占比增长迅速，从 16% 快速上升到 27%，这 8 年正是中国经济高速发展、工业化快速推进的 8 年。2011～2019 中国占比就稳定在了 28% 左右，基本不再大幅增长。从 2004 年开始，中国开始超过美国，成为全球第一排放大国（见图 3-2）。

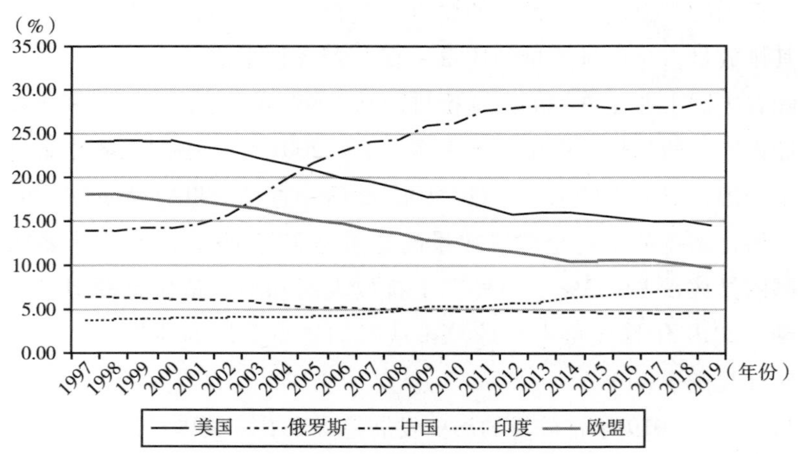

图 3-2　全球主要国家和地区二氧化碳排放占全球排放比重

资料来源：Wind 金融终端。

从二氧化碳排放量增长速度来看，在以上 5 个国家和地区中，中国的增长速度最快，1997 ~2019 年的年均复合增长速度是 5. 28%。印度的增长速度排名第二位，为 4. 97%。俄罗斯的年均增长速度是 2. 10%，排名第三位。美国由于国内制造业不断对外转移等造成的产业结构的变化，近年来排放量呈逐年递减的趋势，年均下降 0. 45%。欧盟的工业化已经非常成熟，同时依靠 EU ETS 实行的强制减排，年均降低 0. 96%。欧盟每年接近 1% 的下降速度也说明了以市场化的方式减排是完全可行的。1997 ~2019 年，全球二氧化碳排放增长速度是 1. 87%（见图 3 -3）。

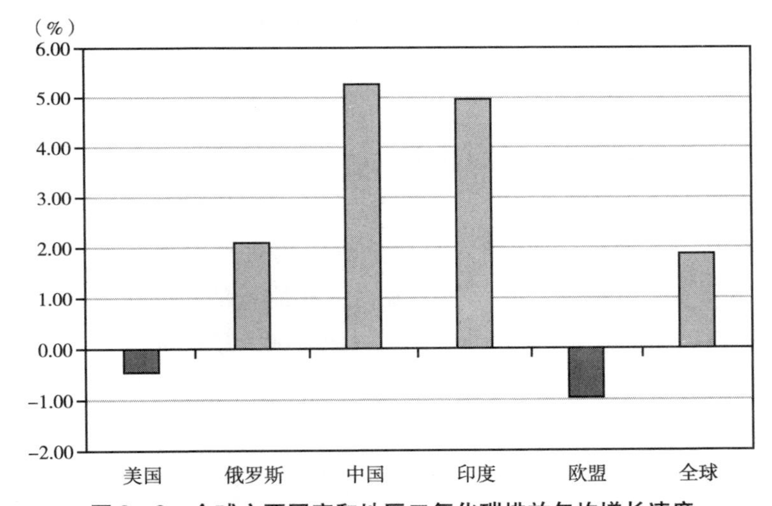

图 3 -3　全球主要国家和地区二氧化碳排放年均增长速度

资料来源：Wind 金融终端。

从以上分析可以得出，中国目前二氧化碳排放量无论是绝对量还是相对量都远高于其他所有国家和地区。作为全球第一排放大国，中国在减排方面承受了巨大压力。一方面，中国作为世界最大的发展中国家，发展经济的任务依然艰巨；另一方面，温室气体减排是世界所有国家的共同义务，这是为了全人类的美好未来而进行的史无前例的人类大协作，所有国家都有减排义务，排放量越高减排责任就越大。虽然在《联合国气候变化框架公约》框架下，发展中国家和发达国家承担“共同但有区别”的减排责任，但中国还是本着负责任大国的原则，主动提出承担减排责任。

1997 年 12 月 11 日，《京都议定书》经全球绝大部分国家协商通过。

中国在 1998 年 5 月 29 日签署了该议定书。时任中国常驻联合国代表王英凡大使于2002 年8 月30 日向联合国秘书长递交了中国政府核准的《〈联合国气候变化框架公约〉京都议定书》的核准书。2002 年9 月3 日，中国国务院总理朱镕基在约翰内斯堡可持续发展世界首脑会议上讲话时宣布，中国已核准《〈联合国气候变化框架公约〉京都议定书》。朱镕基指出，这显示了中国参与国际环境合作，促进世界可持续发展的积极姿态。中国政府认为，《联合国气候变化框架公约》及其《京都议定书》为国际合作应对气候变化确立了基本原则，提供了有效框架和规则，应当得到普遍遵守。

2009 年 11 月 26 日，在哥本哈根气候变化大会前夕，中国向世界做出了负责任的承诺：到 2020 年中国单位国内生产总值二氧化碳排放比 2005 年下降 40% ~45%。

2014 年 9 月 17 日，中国《国家应对气候变化规划（2014 ~2020)》提出积极推动应对气候变化工作、主动参与全球气候治理，彰显负责任大国的实际行动。规划到 2020 年，实现单位国内生产总值二氧化碳排放比 2005 年下降 40% ~45%、非化石能源占一次能源消费的比重达到 15% 左右、森林面积和蓄积量分别比 2005 年增加 4 000 万公顷和 13 亿立方米的目标，低碳试点示范取得显著进展，适应气候变化能力大幅提升，能力建设取得重要成果，国际交流合作广泛开展。

2014 年 11 月 12 日，中美双方在北京发布应对气候变化的联合声明。美国首次提出到 2025 年温室气体排放较 2005 年整体下降 26% ~28%，刷新美国之前承诺的 2020 年碳排放比 2005 年减少 17% 的目标。中方首次正式提出 2030 年中国碳排放有望达到峰值，并计划到 2030 年将非化石能源在一次能源中的比重提高到 20%。

截至 2019 年底，根据环保部的数据，中国单位国内生产总值二氧化碳排放比 2005 年降低 48.1%，超额完成“到 2020 年单位国内生产总值二氧化碳排放比 2005 年下降 45%”的最高目标，基本扭转了温室气体排放快速增长的局面。中国通过切实行动为全球气候环境治理持续作出了积极贡献，是全球发展中国家实施节能减排的典范（见图 3 -4)。

2020 年 9 月 22 日，在第 75 届联合国大会期间，中国主动提出将提高国家自主贡献力度，采取更加有力的政策和措施，二氧化碳排放力争于

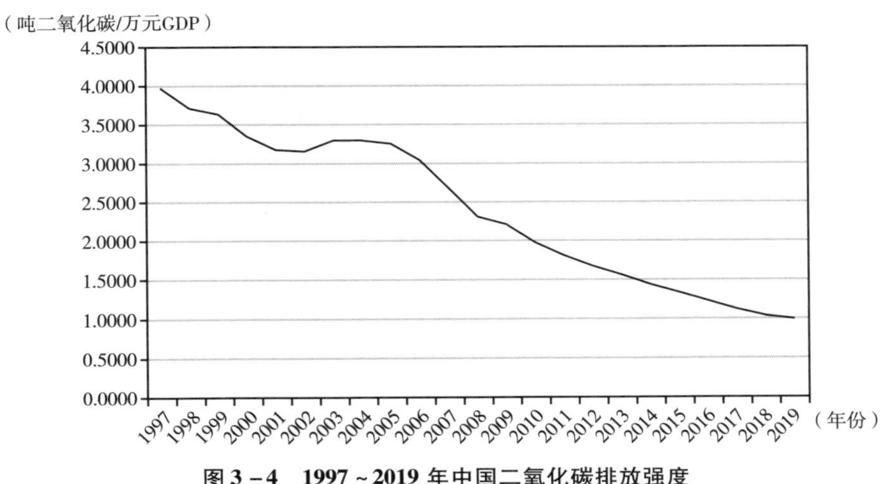

图 3－4　1997～2019 年中国二氧化碳排放强度

资料来源：Wind 金融终端。

2030 年前达到峰值，努力争取 2060 年前实现碳中和。中国的这一减排承诺令全世界环保人士欢欣鼓舞。有气候变化问题专家评价“这是过去 10 年里全世界最大的气候新闻”，认为中国的承诺“甚至能够推进全球提前达到《巴黎协定》目标”。中国的承诺是迄今为止世界各国中，做出的最大减少全球变暖预期的气候承诺。中国 1997～2019 年 GDP 与碳排放世界占比情况见图 3－5。

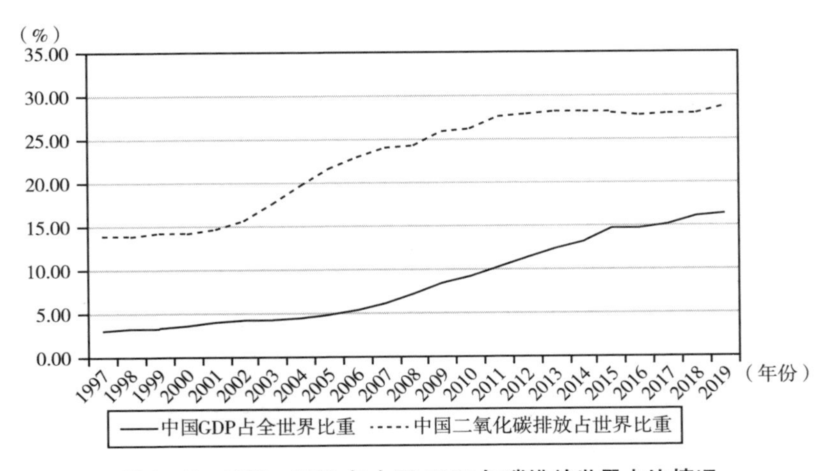

图 3－5　1997～2019 年中国 GDP 与碳排放世界占比情况

资料来源：Wind 金融终端。

第二节 中国碳市场现状

中国于1998年签署了《京都议定书》，2005年正式生效。虽然在议定书第一个承诺期（2005～2012年）不承担温室气体强制减排义务，但中国一直在大力推广低碳环保理念，并积极投身全球碳交易。中国参与《京都议定书》的主要减排形式是清洁发展机制（CDM）和核证自愿减排（CCER）。

一、清洁发展机制（CDM）

2004年6月开始，中国的第一批CDM项目着手开发。从2005年第一批注册的项目开始，中国的CDM项目注册数量开始高速增长。2012年《京都议定书》第一个承诺期的最后一年，中国当年注册数量是1 819个（见图3-6）。截至2020年1月，中国累计注册CDM项目数量3 764个。

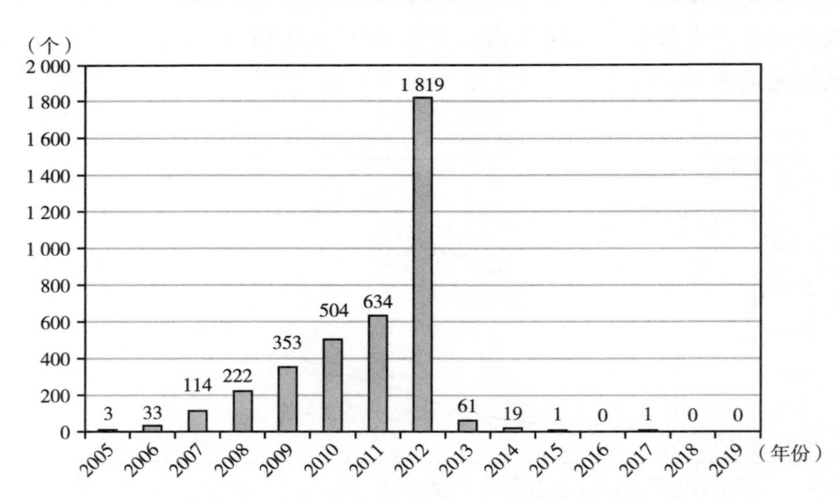

图3-6 2005～2019年中国CDM注册项目数量

资料来源：UNFCCC，国家发改委。

从 2013 年开始，由于世界各国未能及时就《京都议定书》第二个承诺期实达成一致，多数发达国家开始拒绝履行相关义务。中国 CDM 项目注册数量开始出现断崖式下降，2013 年注册项目仅 61 个，2014 年下降到 19 个，2015 年只有 1 个。到 2017 年，中国最后一个 CDM 项目注册，之后再也没有新的项目注册。

从 CDM 项目分布情况来看，中国注册的 3764 个 CDM 项目中风电项目和水电项目最多。其中风电项目 1 512 个、水电项目 1 322 个、光伏项目 160 个、余热回收项目 209 个、生物质项目 139 个、填埋气项目 104 个、煤层气项目 83 个、氧化亚氮项目 47 个、氢氟碳化合物项目 11 个、水泥项目 7 个、风光一体项目 4 个、再造林项目 1 个。

截至 2020 年 2 月底，在清洁发展机制执行理事会（CDM - EB）注册的 CDM 项目累计 8 154 个，已签发的 CER 总计 22. 57 亿吨。中国注册的 CDM 项目共计 3 764 个，签发的 CER 总计 11. 02 亿吨。中国 CDM 项目占全世界总数的比例为 46%，签发的 CER 总数占世界的比例为 49%。中国在 CDM 方面无论是项目数量，还是签发的 CER 吨数，远超世界上其他发展中国家，稳居世界第一位。中国作为一个发展中国家，通过 CDM 项目积极履行了《京都议定书》中的减排义务，为全世界减排事业作出了巨大贡献，是所有发展中国家中通过灵活机制实现有效减排的典范。中国通过 CDM 项目，还为国内的减排项目筹集了大量资金，支持了国内清洁能源项目、碳汇项目的发展，为未来进一步减排奠定了良好的基础。

2012 年之后，《京都议定书》第一承诺期到期。受 2008 年美国金融危机的影响，全球大部分国家，特别是发达国家遭受了重大冲击。危机很快从金融领域蔓延到经济领域，导致全球遭遇了第二次世界大战之后最大的一次经济衰退。虽然绝大部分国家都采取了财政、货币等政策提振经济，但是效果有限。包括美国在内的不少发达国家所遭受的并非短期的冲击，而是结构性的，甚至是不可逆的。发达国家唯一能做的就是实施宽松的货币政策，有些发达国家甚至实行了相当长时间的负利率。在大规模流动性的刺激下，主要发达国家的经济增长很快恢复正常。但是正如很多学者所分析的，此次危机是资本主义国家深层次问题造成的，是结构性的。正如专家所预料，美国等发达国家为了保持经济的增长，迟迟不能推出量化宽松的货币政策。甚至有专家预测发达国家的低利率将成为金融市场的常态，再也不会回到危机之前的正常状态了。

在危机冲击之下，发达国家的第一要务是确保经济发展恢复正常，这与碳减排在某种程度上是矛盾的。在此背景下，发达国家普遍抵制《京都议定书》第二承诺期的谈判，有些发达国家甚至认为在议定书的第一承诺期吃了大亏，要求发展中国家在第二承诺期也要做出减排承诺，承担减排义务。这显然违背了“共同但有区别”的原则，理所当然受到了发展中国家的反对。在无法就减排义务达成一致的情况下，国际社会没能就议定书的第二承诺期的减排义务达成一致。缺少了发达国家资金的支持，全世界 CDM 项目很快陷入了持续萎缩，目前该市场已经完全停滞。

二、区域排放交易试点

2012 年在《京都议定书》第一承诺期即将结束之际，中国开始着手建立中国的排放交易系统。虽然中国作为发展中国家，无须承担减排义务，但是本着为人类减排事业作出更多国家自主贡献的考虑，中国还是积极投入到减排行动中。从其他国家减排的经验来看，“总量管制与交易”框架下的减排效果最佳。但是中国作为发展中国家，发展经济依然是首要任务，进行全国性的强制减排难免会对经济发展造成负面影响。对此，中国在全国选取了 7 个省市进行排放交易的试点工作，分别是深圳市、北京市、上海市、天津市、重庆市五市和广东省、湖北省两省。7 个试点省市总人口约占全国的 18%，GDP 占全国的 29%，能源消费占全国的 25%。进行试点的七个省市的排放交易系统覆盖了电力、钢铁、水泥等 20 多个主要排放行业，近 3 000 家企业。

（一）配额的交易机制

7 个省市在安排排放交易时虽然在一些细节规则上有所不同，但根据国家的统一安排，均采用“总量控制”下的碳排放权交易。对试点所在区域内碳排放达到一定标准的企业，全部纳入碳排放配额管理。纳入碳排放配额管理的企业，需要在分配的配额范围内排放温室气体。如果企业的排放量超过了自身配额，就需要在排放配额市场购买超额排放的配额，否则就需要接受相应的处罚。如果企业排放量低于配额，未使用的配额可以在配额市场出售以获取收益。

从整体上看，中国的试点排放交易与国际上开展排放交易的基本机制是一致的。芝加哥气候交易所（Chicago Climate Exchange，CCX）采用的是会员自愿加入，在加入之后承担强制减排义务的方式。CCX 采用会员自愿加入的方式，是因为缺乏国家层面的支持。EU ETS 覆盖了欧盟的全部会员国，减排效果很好。但是中国的排放交易采取的是先行试点，因此只能覆盖试点区域。

为了推动全国范围内自愿减排交易活动有序开展，调动全社会自觉参与减排的积极性，2012 年国家发改委制定了《温室气体自愿减排交易管理暂行办法》，规定了项目业主向国家主管部门申请并审核通过，经国家发改委备案并在国家注册登记系统中登记的温室气体自愿减排量，简称 CCER（Certified Emission Reduction）。CCER 根据各减排试点主管部门的规定，可以在一定额度内抵消碳排放。

（二）减排试点的主要规则

7 个减排试点省市根据各自具体情况的不同，分别制定了不同的减排标准。主要包括：企业纳入减排范围的标准、能否使用 CCER 抵消排放量以及使用比例、配额的分配采取无偿分配还是有偿分配等（见表 3 -1）。

从试点的减排情况来看，纳入减排范围的企业排放量普遍在 1 万吨以上，这反映了减排试点通过覆盖主要的排放大户，在确保减排效果的前提下尽量降低减排成本。所有的减排试点都允许使用 CCER 抵消排放量，但是都设置了比例限制，普遍在 10% 以下，有些试点还规定只能使用本区域的 CCER 来抵消企业的排放量。配额的分配普遍采用无偿分配的方式，有些试点采用了无偿分配和有偿分配相结合的方式，但是仍然以无偿分配为主。

表3-1　中国7个省市减排试点的主要规则

试点区域	企业纳入减排的标准	是否可以使用CCER	配额的分配方式
深圳	1. 任意一年的碳排放量达到3 000吨二氧化碳当量以上的企业； 2. 大型公共建筑和建筑面积达到1万平方米以上的国家机关办公建筑的业主	1. 可以使用CCER抵消排放量； 2. 最高抵消比例不高于管控单位年度碳排放量的10%； 3. 管控单位在深圳市碳排放量核查边界范围内产生的CCER不得用于配额履约义务	1. 配额分配采取无偿分配和有偿分配两种方式进行； 2. 无偿分配的配额包括预分配配额、新进入者储备配额和调整分配的配额； 3. 有偿分配的配额采用拍卖或者固定价格的方式出售
广东	二氧化碳的年排放量高于1万吨的企业	1. 可以使用CCER抵消排放量； 2. 用于清缴的CCER，不得超过本企业上年度实际碳排放量的10%； 3. CCER中70%以上是广东省温室气体自愿减排项目产生	1. 部分免费发放和部分有偿发放； 2. 逐步降低免费配额比例，提高有偿发放的比例
湖北	年排放量高于6万吨标准煤	1. 可以使用CCER抵消排放量； 2. CCER必须在湖北省行政区域内产生； 3. 在纳入碳排放配额管理的企业组织边界范围外产生； 4. 用于缴还时，抵消比例不超过该企业年度碳排放初始配额的10%	无偿分配
北京	二氧化碳直接排放与间接排放总量1万吨（含）以上	1. 可以使用CCER抵消排放量； 2. 使用比例不得高于当年排放配额数量的5%； 3. 来源于北京市行政区域内重点排放单位固定设施化石燃料燃烧、工业生产过程和制造业协同废弃物处理以及电力消耗所产生的CCER不得用于抵消	免费分配

续表

试点区域	企业纳入减排的标准	是否可以使用 CCER	配额的分配方式
上海	具体指标由上海市发改委会同相关行业主管部门拟订，并定期公布	1. 可以使用 CCER 抵消排放量； 2. CCER 的清缴比例由上海市发改委会同相关行业主管部门拟订，并定期公布	1. 采取免费或者有偿的方式分配配额； 2. 具体的比例及方式由上海市发改委会同相关行业主管部门拟订，并定期公布
天津	天津市生态环境局会同相关部门，按照国家标准和国务院有关部门公布的企业温室气体排放核算要求，根据天津市碳排放总量控制目标和相关行业碳排放等情况，确定纳入配额管理的行业范围及排放单位的碳排放规模，并及时公布	1. 可以使用 CCER 抵消排放量； 2. 抵消量不得超出其当年实际碳排放量的 10%	配额分配以免费发放为主；以拍卖或固定价格出售等有偿发放为辅
重庆	年排放量高于 2 万吨二氧化碳当量	1. 可以使用 CCER 抵消排放量； 2. 国家核证自愿减排量的使用数量不得超过审定排放量的一定比例，使用比例和对减排项目的要求由主管部门另行规定	采取免费分配的方式分配排放配额

（三）排放配额交易市场

控排企业在获得配额之后，只能在配额范围内排放温室气体。如果企业的排放量高于自身配额，只能在配额市场上购买超额排放的配额来合规。如果企业的配额没有完全使用，多余的配额可以在配额市场出售。通过这种市场化的操作，可以实现由减排成本最低的企业减排。这种市场化的减排方式增加了所有企业的福利，也提高了社会福利，是一种典型的帕累托改进。实现这种目标的前提，需要有良好的排放配额的交易市场。

作为 7 省市减排试点的配套基础设施，中国建立了对应的 7 家排放交易所，作为对应的减排试点的排放配额交易市场（见表 3 - 2）。7 家碳排放交易所在2014年全部投入运行，交易的产品除了本区域排放配额外，所有的交易所都交易核证自愿减排量（CCER）。7家排放配额交易所的成立和运行，为排放配额提供了规范的交易平台。排放配额选择在交易所（场内市场）而非场外市场进行交易，有利于配额交易的监管，有利于配额信息的及时发布，对控排企业和投资者都具有重要参考价值。

表3-2　　　　中国7省市排放配额交易所概况

开市时间（年）	交易所名称	交易产品
2013	深圳排放权交易所	深圳碳排放权配额（SZA） 核证自愿减排量（CCER）
2013	上海环境能源交易所	上海碳排放配额（SHEA） 国家核证自愿减排量（CCER）
2013	北京环境交易所	北京市碳排放权配额（BEA） 核证自愿减排量（CCER）
2013	广州碳排放权交易所	广东省碳排放配额（GDEA） 核证自愿减排量（CCER）
2013	天津排放权交易所	碳配额产品（TJEA） 核证自愿减排量（CCER）
2014	湖北碳排放权交易中心	湖北碳排放权交易配额（HBEA） 中国核证减排量（CCER）
2014	重庆碳排放权交易中心	重庆碳排放权（CQEA） 核证自愿减排交易（CCER）

（四）区域减排试点的减排成果

2013年6月18日，中国第一家碳排放交易所——深圳排放权交易所正式开市交易。之后上海市、北京市、广东省、天津市、湖北省和重庆市的碳市场相继启动，标志着中国在通过市场机制实现温室气体减排的道路上迈出了重要一步。截至2014年末，中国七家碳排放权交易所已全部开市运行。从开始试点以来，七省市排放交易系统运行平稳，七个试点碳排放交易所逐步发展壮大，中国试点碳市场初具规模并发挥了初步的减排作用。截至2020年，全国共有2 837家重点排放单位、1 082家非履约机构，以及 11 169 个自然人参与到试点排放配额的交易中。截至 2020 年 8 月末，中国七个试点碳市场排放配额累计成交量为 4.06 亿吨，累计成交额约为 92.8 亿元。中国的碳市场已经成为全世界仅次于欧盟碳市场的全球第二大碳市场，为人类减排事业作出了有效的贡献。

中国在 2019 年底实现了碳强度较 2005 年降低 48.1%，非化石能源占一次能源消费比重达 15.3%，提前完成中国对外承诺的 2020 年目标。中国排放交易系统的试点有效实现了温室气体的减排，对中国完成这一目标作出了积极贡献。排放交易试点的推进，在试点区域内广泛覆盖了主要的排放大户，通过分配排放配额的方式激励排放企业提高化石燃料的转换效率，不断研发新技术、新工艺降低碳排放。排放交易系统的正常运行，各类第三方机构的参与也是确保排放交易系统正常运行的重要条件。除此之外，中国排放交易系统试点碳市场还广泛吸引符合条件的各类投资机构甚至自然人参与排放配额的交易，极大增加了排放配额市场的流动性，增强了配额市场的价格发现功能。各类市场主体广泛参与排放交易的试点，不仅推动了排放交易试点的正常运行，还广泛宣传了低碳理念，促进了低碳经济的不断发展。

各试点碳排放交易不断深化制度体系建设，加强配额登记系统等基础设施建设，逐步扩大纳入配额管理企业的范围。在配额计算与分配方面，坚持政府引导与市场运作相结合，规范配额的发放、清缴和交易等管理活动，改进排放企业配额的计算方法，优化排放配额的分配方式。不断推动配额交易市场基础设施建设，包括碳排放交易所规则、制度等基础设施，广泛吸引各类市场主体参与配额市场的交易。支持国家自愿核证减排（CCER）项目，合理化确定 CCER 碳抵消的使用范围和比例。实行减排试点的各地监管机构，在同等条件下支持已履行减排责任的企业优先申报各类支持低碳发展领域的有关资金支持项目，优先享受财政低碳发展等有关专项资金扶持。同时，鼓励金融机构探索开展碳排放交易产品的融资服务，为纳入配额管理的单位提供与节能减碳项目相关的融资支持。此外，减排试点还不断改进碳排放监测、核算、报告和核查技术规范及数据质量管理，加强履约管理，确保试点减排成效。中国碳减排试点有效推动了试点省市温室气体减排工作，转变经济发展方式和产业结构升级，也为中国正在努力推进的全国排放交易系统的建设积累了宝贵经验。

三、CCER 减排

在全国七省市开展试点碳减排的同时，为促进和保障自愿减排交易活动有序开展，调动全社会自觉参与碳减排活动的积极性，也为逐步建立全国范围内的总量控制下的排放交易积累经验、奠定技术和规则基础，国家发改委在 2012 年制定了《温室气体自愿减排交易管理暂行办法》，该办法的制定与实施，为全国范围内的自愿减排铺平了道路。

（一）中国核证自愿减排（Chinese Certified Emission Reduction，CCER）

1. 基于项目的温室气体自愿减排

CCER 覆盖的温室气体包括：二氧化碳、甲烷、氧化亚氮、氢氟碳化物、全氟化合物和六氟化硫等六种温室气体。与《京都议定书》下的 CDM 机制类似，中国核证自愿减排（CCER）属于自愿减排。在 2012 年《京都议定书》第一承诺期到期后，由于发展中国家和发达国家在减排立场上的巨大分歧，未就第二承诺期的减排达成任何协议。作为全球最大的发展中国家，中国决定自行在国内开展排放交易试点。CCER 实际上需要与排放交易试点进行协调配合，才能有效激励企业积极参与 CCER。

排放机构在决定参与 CCER 后，需要向主管部门国家发改委备案。经备案的减排量称为“核证自愿减排量”。自愿减排项目减排量经备案后，在国家登记簿登记并在七个减排试点的配额交易所进行交易。经备案的自愿减排项目产生减排量后，作为项目业主的企业在向国家主管部门申请减排量备案前，应由经国家主管部门备案的核证机构审核，并出具减排量核证报告。经审核批准后排放机构在国家注册登记系统中登记温室气体自愿减排量，单位为“吨二氧化碳当量”。

2. CCER 的使用

在排放交易试点的七省市内，被列入减排名单的企业需要定期清缴排放配额。控排企业需按照碳排放核查机构核查并经省发改委认定的上一自然年度实际碳排放量，通过注册登记系统上缴足额的配额进行履约。每家控排企业在期初可以通过免费或者拍卖的方式获得排放配额，如果企业的排放量超过自身拥有的配额，就需要在配额市场购买排放配额。在推出CCER后，排放交易市场出现了一种新的抵消机制，允许控排企业购买一定比例的CCER来等同于配额进行履约。用于抵消碳排放的减排量，应于交易完成后在国家登记簿中予以注销。

由于CCER是用以鼓励减排的补充机制，与配额相比使用范围受限。在开展排放交易的试点区域，一般规定了CCER使用比例不得高于当年排放配额数量的10%。有些区域还对产生CCER的区域进行了限制，如湖北省就规定必须在湖北省行政区域内产生的CCER才能用于碳抵消。

（二）CCER的减排成果

将CCER与中国的减排试点进行有机结合，通过奖励而非惩罚的方式推动了全国范围内的自愿减排。

1. 通过市场机制促进碳减排

CCER机制的基本理念是通过奖励而非惩罚的方式促进碳减排。机构的减排量在被审核通过后，可以在试点排放交易市场出售获得收益。这种方式能够有效激励企业广泛投资和采用低碳技术，降低碳排放进而将排放量在配额市场出售以获取收益。通过参与CCER减排企业可以增加收益，推动低碳技术和低碳经济的发展，促进全国范围内的碳减排。被排放交易系统试点覆盖的控排企业被允许在一定比例内购买CCER来抵消碳排放。在市场机制的作用下，控排企业会购买价格最低的CCER来抵消自身排放。因此参与自愿核证减排的企业之间也存在竞争，当企业之间的竞争越来越激烈时，减排成本最低的企业会最终胜出。这是市场经济“看不见的手”机制的典型应用，“当所有市场参与者为了自身福利而努力时，最终会促进社会福利的增加”。

2. 有效衔接了CDM减排机制

在2005年《京都议定书》实施之后，中国积极通过CDM机制进行减排。截至2012年，中国通过CDM机制实现的CER交易量占全球CDM机制CER总交易量的一半。有众多中国企业通过CDM机制获得了资金支持，有效促进了低碳技术的发展和应用。在2012年之后，由于发达国家和发展中国家对于《京都议定书》第二承诺期减排责任的划分存在巨大分歧，因此未能达成任何减排协议。从 2013 年开始，由于缺少了发达国家的资金支持，全世界 CDM 项目陷入停滞状态。这对已经投入大量人力物力、规划通过 CDM 机制获得资金支持的企业是一个重大打击。中国在 2011 年就开始规划中国版的核证自愿减排，并在 2012 年开始实施。这对中国国内不能继续通过 CDM 机制获得支持的企业是一个重大利好消息。这类企业可以在《京都议定书》第一承诺期结束之后，通过国内的 CCER 机制继续获得资金支持。

3. 在全国范围内宣传低碳理念

在中国进行的排放交易试点覆盖范围限于七省市，而 CCER 的开展，将减排范围扩大到了全国。在获取收益的激励下，已经有越来越多的企业加入到核证自愿减排项目中。企业的广泛参与还带动了其他市场主体参与到 CCER 中，包括咨询机构、金融机构、媒体等。各类社会主体的广泛参与，在全国范围内推动了广泛宣传低碳理念。环保低碳理念能否广泛深入人心，是决定一个国家各项减排政策能否取得成功的关键因素之一。EU ETS 之所以能够成为全球市场化减排的典范，与欧盟成员国长期以来的环保传统有很大的关系。在欧盟决定在成员国通过排放交易系统实施减排之后，得到了各个成员国和成员国民众的一致支持。有些成员国的激进环保团体甚至认为欧盟的减排目标太过保守，不断要求调高减排目标。中国未来通过建立排放交易系统来实施减排，需要得到广大企业和民众的普遍支持。企业和民众是否具有良好的环保理念，是决定是否支持国家减排行动的重要因素。

4. 为建设全国性的排放交易系统进行了有效探索

中国已经在 2020 年向全世界承诺，力争于到 2030 前年实现“碳达峰”，努力争取 2060 年前实现“碳中和”。中国作为全世界最大的发展中国家，温室气体排放量远高于其他国家，近年来排放量占全球排放量的比重一直在 28% 左右，减排难度极大。要实现这一宏伟的减排目标，同时还要确保经济发展不受影响，就需要采取一系列配套措施。其中建立全国统一的排放交易系统，是实现减排目标的关键环节。作为世界第二经济大国、第一工业大国，中国建立全国统一的排放交易系统的难度是很大的。要确保排放交易系统能够正常运行，有效实现减排目标，就需要先行进行试点。中国已经在全国七省市安排了排放交易的试点，不过这些试点只是覆盖所在的省市。CCER 的推出，实际上是将排放配额交易推向了全国，这为建立全国性的排放交易系统奠定了良好的基础。

5. 为参与国际碳减排协议奠定了良好的基础

中国开展 CCER 减排，已经得到国际社会的普遍赞誉和认可。2020 年中国温室气体自愿减排项目被批准成为国际民航组织（ICAO）国际航空碳抵消和减排计划（Carbon Offsetting and Reduction Scheme for International Aviation，CORSIA）认可的合格减排项目体系，这对于 CCER 的发展是一重大利好。

随着世界各国减排行动的不断深入，国家间有关碳减排的一些矛盾也逐渐暴露出来，其中一个典型的争议是关于碳排放的管辖权问题。欧盟在 EU ETS 排放交易系统逐步成熟稳定之后，就开始逐步扩大排放交易系统的覆盖范围。当欧盟计划将航空业纳入减排覆盖范围时，立刻遭受全世界几乎其他所有国家的抗议和抵制。欧盟不仅计划将欧盟区域内的航空公司纳入减排范围，还计划将所有从欧盟区域内进出港的航线纳入减排范围，这就涉及对航空业司法管辖权的问题，甚至是主权问题，理所当然遭到其他国家的一致抵制。

为协调国家之间对于航空业减排的管辖权问题，2016 年 10 月国际民航组织（ICAO）第 39 届大会通过了国际航空碳抵消和减排计划（CORSIA），形成了第一个全球性行业减排市场机制。2020 年 3 月 13 日，国际民航组织第 219 届理事会审议通过了其技术咨询小组出具的关于 CORSIA 合格减排项目体系的评估报告。该报告认可了全球六种碳减排机制，在 2021~2023 年的 CORSIA 试点期内为其提供合格碳减排指标。中国的温室气体自愿核证减排机制（CCER）是六种被认可的减排机制中的一种。这对于激励中国的航空业参加 CCER、中国航空业参与 CORSIA 减排，以及增强中国 CCER 的国际影响力等，都是重大利好。

第三节　中国排放交易存在的问题

中国作为发展中国家，通过建立排放交易试点和全国性的核证自愿减排 CCER 机制，有效实现了温室气体的减排，为国际减排事业作出了贡献。但是与其他国家和地区成熟的排放交易系统，如欧盟的 EU ETS 等相比，中国的排放交易试点以及核证自愿减排（CCER）都存在不少问题，包括配额成交量过低、配额价格过低、排放企业减排意愿不高等。

一、中国排放交易试点存在的主要问题

（一）排放市场参与度不高，配额成交量较低

与已经开展碳排放交易的世界其他国家和地区特别是欧盟 EU ETS 排放交易系统相比，中国排放交易规模存在很大差距。以最早开始排放交易且交易最为成熟的深圳排放权交易所为例，从 2013 年 6 月开始运行以来，深圳交易所日均成交量是 28 921 吨二氧化碳当量，日均成交额 73. 25 万元人民币。欧洲能源交易所（EEX）EUA 日均成交量 1 874 万吨二氧化碳当量，日均成交额 2. 30 亿欧元。欧洲能源交易所日成交量是深圳排放权交易所的 648 倍，成交额是 314 倍。深圳排放权交易所甚至出现过连续数日没有成交的情况，这在 EEX 是从来没有出现过的。不得不说，中国的碳交易额与欧盟差距还是很大的。

另外，从参与交易的开户数量来看，深圳排放权交易所与欧洲能源交易所差距更大。深圳排放权交易所的交易者主要是被纳入减排覆盖范围的控排企业，其他种类的交易者，包括机构投资者、个人投资者等数量较少、社会参与度低。成功的交易所需要大量交易者的参与，数量众多的交易者可以扩大排放交易的社会影响力，增强配额市场的流动性。流动性好的配额市场，交易者能够迅速寻找到交易对手方，以当前价格完成交易，这就极大降低了交易者的交易成本。配额市场的另一项重要的功能是价格发现，即形成公平合理的配额价格，这是控排企业规划减排行动的主要依据。配额市场的流动性直接决定了配额市场价格发现的功能，流动性越好，价格发现功能就越强。深圳排放权交易所较低的流动性，导致交易者交易成本高，价格发现功能差。

另外六家交易所，包括北京、上海、天津、重庆、广东和湖北排放交易所，从开始运行交易排放配额，交易量最初几年是逐年增长的。到了 2016 ~ 2017 年，交易量达到峰值，之后交易量逐年递减。

六家交易所中，广东排放交易所日均交易量是10.27万吨，明显高于其他5家交易所。交易量最低的是北京交易所，日均成交量1.33万吨。其余4家交易所，除湖北交易所日均交易量4.42万吨外，其余3家交易所日均交易量均不足2万吨。北京、天津和重庆交易所都出现过连续较长时间没有成交的情况，最长的一次是天津交易所，连续无成交时间最长达209个交易日（见图3-7）。

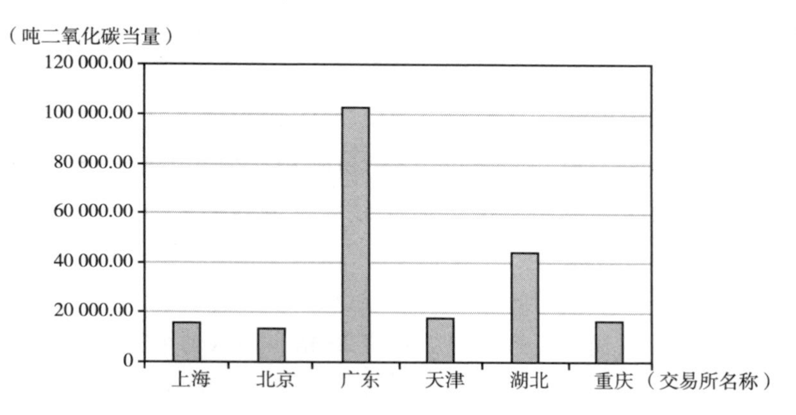

图3-7 6家排放交易所日均交易量

资料来源：Wind金融终端。

中国七家交易所日均成交量之和是17.21万吨二氧化碳当量，欧盟EEX一家交易所的日均成交量是1 874万吨二氧化碳当量，相差108倍（见图3-8）。

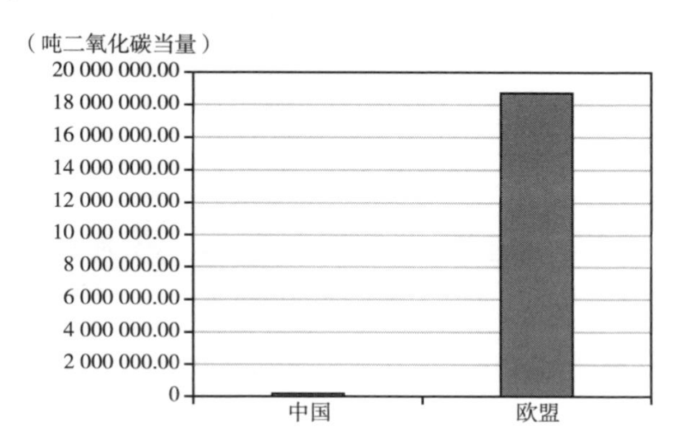

图3-8 中国与欧盟排放配额日均成交量

资料来源：Wind金融终端。

（二）排放市场交易品种少，无法满足交易者需求

目前，中国已经启动的七家碳排放交易所的交易品种，包括试点区域的排放配额及中国核证自愿减排（CCER）。CCER 由于各排放交易试点的限制，如碳抵消的比例限制、CCER 来源地域限制等，其成交量远低于排放配额。因此各试点交易所的主要交易产品仅限于单一的排放配额，如广州碳排放权交易所交易的广东省碳排放配额（GDEA）、重庆碳排放权交易中心交易的重庆碳排放权（CQEA）等。

作为全球排放配额市场的典范，EU ETS 的配额产品非常丰富。除了排放配额现货之外，EU ETS 还广泛交易配额衍生品，包括 EUA 期货和 EUA 期权等。此外，欧盟 OTC 市场上还有配额远期交易。与配额现货相比，配额衍生品具有配额现货所不具备的诸多优势。2019 年 EU ETS 配额现货的成交量约 3.71 亿吨二氧化碳当量，EUA 期货合约的成交规模是 74.5 亿吨二氧化碳当量，是现货交易的 20 倍，EUA 期权的成交量是 2.81 亿吨二氧化碳当量，约为配额现货交易的 76%。总体来说，欧盟 EUA 的交易以配额期货为主（见图 3-9）。

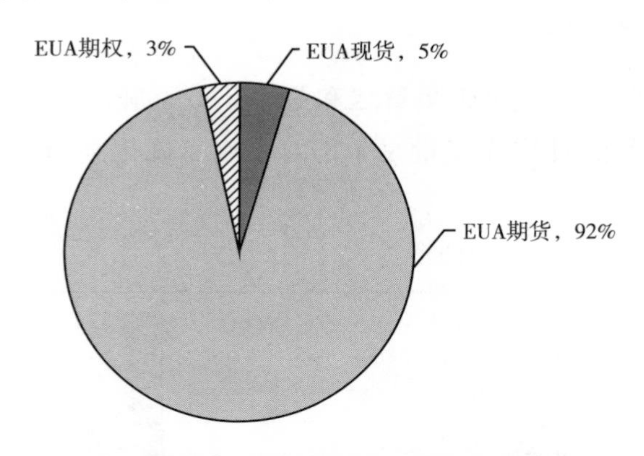

图 3-9 欧盟 EUA 现货与期货、期权交易规模比例

资料来源：Wind 金融终端，EEX，European Commission。

这种交易品种的多样化不仅有利于建立多层次的排放交易系统，满足不同交易者的多样化需求，还能够提高市场的流动性，进一步增强排放市场的吸引力，这对排放市场的运营和持续发展是很重要的。

（三）存在严重的碳泄漏情况

在中国开展排放交易的七省市中，除湖北省外，其余六省市经济发展在全国属于最好的。以2019年统计数据来看，这七家交易所覆盖的总人口约2.8亿人，覆盖面积约48万平方公里，覆盖经济总量29.17万亿元，占全国的比重分别为20%、5%和29.5%。这也是选择这七省市作为排放试点的主要原因之一。但是在试点过程中，出现了明显的碳泄漏情况。

碳泄漏指的是企业由于强制减排的要求，导致控排企业的经营成本增加。与其他没有减排要求的竞争对手相比，控排企业明显处于竞争劣势。为了避免这种竞争劣势，被纳入减排的企业可能会将生产逐步转移到没有减排要求的区域。碳泄漏的情况持续下去，会严重影响减排试点区域的经济发展。EU ETS在运行过程中也遇到了类似的问题，欧盟的做法是通过向有碳泄漏风险的企业免费分配排放配额，同时加征关税的方式来抵消碳泄漏带来的竞争劣势。欧盟的做法取得了较好的效果，基本规避了欧盟境内的控排企业的碳泄漏风险。

但是与欧盟不同，中国开展排放交易试点的七省市并没有征收关税的权力。而且作为减排试点，排放配额基本全部采用免费分配的方式向控排企业发放。因此对碳泄漏的问题，试点省市基本没有有效的应对措施。因此面临碳泄漏风险的企业，只能逐步将生产转移至没有减排要求的其他省市，这对排放交易试点的经济发展是很不利的。尽管试点区域通过排放交易降低了二氧化碳的排放量，但是由于排放企业将生产转移至了其他省市，因此从全国范围看碳排放总量并没有降低。

（四）对CCER的使用限制过多

为了在2012年《京都议定书》第一承诺期结束之后，继续在中国国内鼓励自愿减排，中国规划了中国版本的CDM机制——中国核证自愿减排项目（CCER）。在CDM机制下，发达国家购买核证减排单元CER，需要通过本国的排放交易系统。欧盟在EU ETS第二个交易期（2008~2012年）允许纳入减排范围的企业在一定比例下购买发展中国家的CER来清缴排放配额。中国的 CDM 项目是世界上发展最好的，CER 交易量占全球一半左右。

中国的 CCER 需要通过中国的排放交易试点来进行交易，即通过审核认定的企业的 CCER，理论上可以在七个排放交易试点中的任何一家配额交易所出售。通过这种机制，能够鼓励中国国内的企业在 CDM 机制结束之后，继续通过自愿减排的方式降低碳排放。但是在实践中，各排放交易试点全部都对 CCER 的使用进行了严格甚至苛刻的限制。在使用比例上，七个试点全部都将 CCER 的使用比例限制在 10% 以下，有的甚至规定不能超过 5%。不仅如此，有些试点还明确规定了只有在本区域产生的 CCER 才能用来抵消排放。由于目前 CCER 只能在国内使用，上述规定将试点区域外的 CCER 排除在外，将直接导致 CCER 的价值的丧失。

无论是限制 CCER 的使用比例，还是限制 CCER 的产生区域，最终的结果是在配额市场上 CCER 的价格不断下降，比排放配额的价格低得多。CCER 极低的价格无法激励企业积极参与 CCER 项目中。与 CDM 项目相比，CCER 无论是成交量还是成交金额都差距很大，对于全国范围内的碳减排作用很有限。

二、中国排放交易问题的原因分析

在七省市进行排放交易试点，是国家层面做出的重大决策。但是在规划排放交易试点中，明显缺乏国家层面的顶层设计，导致在排放交易试点的整体框架和结构方面出现了很多基础性的问题。

1. 缺乏明确的减排目标

中国的排放交易也进行了一些顶层设计，包括排放配额采用“总量管制与交易”等基本原则。但是对于排放交易中最重要的一点——减排目标方面，没有制定明确的目标。

明确的减排目标是排放交易系统计量一定阶段内排放配额总量的主要依据，通过将减排目标转换为每一年的排放配额的总量，进一步将排放配额通过免费或有偿的方式分配给控排企业的方式，最终达到减排目标。缺乏明确的减排目标，将导致排放交易试点区域在计算排放配额总量时过于随意。在实践中，各试点地区为了降低碳减排对经济发展的影响，有意将排放配额的上限设置得比较高。较高的配额总量导致配额供过于求，配额价格始终在低位徘徊。有的排放交易试点甚至出现了由于配额上限设置过高，企业基本无须在配额市场购买配额来合规的现象，直接导致配额交易所连续一年以上没有任何成交的现象。

当然，在试点期间，为了给控排企业足够的时间来适应减排的各项要求，可以适当将配额上限设置得高一些。EU ETS 在试运行阶段（2005～2007 年）为了企业充分适应减排的要求，也没有设置具体的减排目标。但是很快在 EU ETS 的第二个交易期（2008～2012 年），欧盟就根据《京都议定书》中对减排的承诺设置了减排目标。以此目标作为计算排放配额的基本依据，欧盟成功完成了 2012 年碳排放比 1990 年下降 8% 的目标。中国的排放交易试点从 2014 年全面启动以来，始终没有从国家层面为排放交易试点区域设定明确的减排目标，这是导致中国减排试点种种问题的根源。

2. 缺乏应对碳泄漏的举措

排放交易试点区域进行减排的试点，本身是对国家减排工作的一种奉献，理应得到国家层面的各项支持。但是在实践中出现了比较严重的碳泄漏，即试点区域内的控排企业为了降低减排成本，将生产转移至没有进行试点的省市。这对于减排及试点省市的经济发展都是不利的，也是很不公平的。欧盟在实施排放交易过程中就出现了碳泄漏的情况，欧盟对此反应极为迅速，很快采取了有效措施来应对碳泄漏的风险。为了应对欧盟航空业的碳泄漏风险，欧盟甚至不惜冒着与世界上其他所有国家对抗的风险，强行将所有从欧盟区域内进出港的航班纳入欧盟的减排范围。

对于中国排放交易试点区域的碳泄漏风险，试点区域是无力采取措施的。从国家层面来看，也没有采取任何有效的措施来积极应对排放交易试点的碳泄漏风险。例如，从国家层面规定不允许在排放交易试点期间，控排企业将生产从试点区域转移至没有减排要求的区域，或者对试点区域有碳泄漏风险的企业给予税收等方面的优惠等。未来建立全国统一的排放交易系统后，国内所有企业将处于同一个减排规则下，国内的碳泄漏风险将不复存在。但是需要注意的是，国际上的碳泄露风险将会很快出现。例如，国内的排放企业为了规避减排要求，将生产转移至东南亚、印度、非洲等没有减排要求的地区。在建设排放交易系统时，应该采取有效措施来应对碳泄露风险。

3. 缺乏 CCER 的应用场景的明确规定

从国家层面推出核证自愿减排计划，是在还未建立全国性的排放交易系统的情况下非常好的减排措施。CCER 可以通过奖励而非惩罚的途径来激励企业参与到碳减排中来，这对《京都议定书》第一承诺期结束后的国内的自愿减排是一项很好的举措。但是从实践来看，CCER 在中国的发展很不尽如人意。无论是成交量还是成交金额，CCER 与 CDM 机制下的 CER 都差距甚远。要知道中国在 CDM 机制下的 CER 交易规模和交易金额都占全世界总量的一半左右。

CCER 发展不好的直接原因是七个排放交易试点对 CCER 近乎苛刻的使用限制，包括使用比例和产生区域等。作为试点区域，有限使用本地排放配额是无可厚非的。但是从国家层面来说，应该对 CCER 的使用场景进行明确规定，包括使用比例和生产区域等。如果任由试点区域自行规定，长期来看，最终的结果必然是 CCER 会被以各种看似合理的理由逐出配额交易市场。在改革开放之后的相当长时间里，中国的地方保护主义盛行。在排放交易试点中出现的这些问题，与地方保护主义不无关系。打破这种限制的唯一途径是从国家层面加以明确 CCER 的具体使用场景，包括使用比例和产生区域等。

4. 排放交易试点之间缺乏有效的联系

中国进行排放交易试点的主要目标之一，是为未来建立全国统一的排放交易系统进行试验与探索。从 2014 年开始，全国七个试点地区全部开始投入运行。在试点期间，各个试点地区只是在各自的区域内开展排放交易，彼此之间没有协调和联系，这就造成了各个碳市场之间的严重割裂，不利于排放配额资源的有效配额制。在还没有建立全国统一的排放交易系统之前，试点地区之间即使不能做到完全的互联互通，也应该建立有效的联系。这一点与欧盟的 EU ETS 排放系统差距很大。EU ETS 在第一个交易期（2005 ~ 2007 年），就覆盖了欧盟所有 27 个成员国；在第二个交易期（2008 ~ 2012 年），挪威、冰岛和列支敦士登加入进来；在第三个交易期

（2013～2020年），克罗地亚加入进来，EU ETS覆盖了欧洲31个国家。

排放交易的一个典型的反面例子是美国。由于美国政府一直对减排持消极甚至反对的态度，先后退出了《京都议定书》《巴黎协定》。虽然美国不少地方坚定支持碳减排，甚至开展了数项地方性的排放交易项目，但由于缺少国家层面的支持，这些试验性质的排放交易项目大部分都失败了。作为世界上第一个排放交易项目，芝加哥气候交易所（CCX）2003年开始建立排放交易项目，但是到了2010年由于交易量过低，同时排放配额的交易价格长期接近于0，CCX不得不关闭交易，美国第一个排放交易项目，也是世界第一个排放交易项目失败了。

与美国不同，中国一直坚定支持温室气体减排。中国目前的七家碳排放交易所都是地区性交易所，但是从国外的排放交易情况来看，建立一个全国统一的排放交易市场是排放交易能够取得成功的首要条件。中国的排放交易还处于试点阶段，尚未建立全国性的排放交易市场，但是已经试点的七家地方性的排放交易所应该加强协调与合作，这是建立全国排放交易市场的必要步骤，这一点需要国家层面的支持与规划。

5. 缺乏排放交易领域的专业人才

排放配额是一种全新的资产，与目前市场上交易的商品、外汇、股票、债券等传统金融工具是不完全相同的。传统金融工具一般都是可以产生现金流的，其定价方式往往采用现金流贴现的方式来进行。排放配额并不能产生现金流，其市场价值基本取决于政府的减排政策。从国际排放交易发展的经验来看，为降低排放交易的运营成本，可以将排放配额作为一种金融工具来交易。这样可以充分利用现有的金融工具交易系统，包括交易平台、交易规则、监管规则等，极大节省建立新的交易系统的成本。

但是需要指出的是，排放配额与其他金融工具并不完全相同，有其自身的特殊性。在排放配额分配，温室气体排放的监测、报告和验证（MRV）等方面都需要培养专业的人才。此类专业人才的培养，除通过专业教育系统，如在大学设置新的相关专业之外，还需要在全国排放交易系统建设和运营过程中培养所需专业人才。大学的专业教育培养的专业人员并不能完全满足排放交易的人才需求，更多专业人才需要在排放市场运行过程中培养，这都需要国家层面的统筹规划。

三、排放试点区域对减排重视不够

作为世界上最大的发展中国家，虽然近年来中国对于环保越来越重视，采取了很多措施来推进环保事业的进步。但是中国目前最主要的任务仍然是发展经济、减少贫困、增强国家经济实力。中国从改革开放到目前为止，一直奉行的政策是以经济建设为中心。经历了改革开放的40多年，中国取得了举世瞩目的成就，尤其是在经济领域。长期以来，国家对地方政府的考核以经济增长速度为主要指标，甚至是唯一指标。近年来随着中国经济的发展，环保开始逐步被重视起来，但是经济增长仍然是地方政府施政的第一目标。

正在中国进行排放交易试点的七省市，除湖北外，其余六省市经济发展情况在全国属于最高水平。即使如此，七省市距离国家设定的中长期经济发展规划确定的目标还是有差距的，因此试点的七省市仍然将经济发展作为社会发展的头号目标。虽然被指定为排放交易的试点，但是显然七省市并不想因为排放交易而影响经济发展。在此背景下，七省市对试点排放交易重视不够，导致一系列问题的出现。

（一）减排覆盖范围小，导致配额需求少

以EU ETS为例，其减排覆盖范围在40%以上，而且还在不断上升。中国排放交易试点区域的覆盖范围相对小很多，一般只是将主要的排放行业和企业纳入排放覆盖范围。广东纳入到排放配额管理的企业标准是二氧化碳年排放量在1万吨以上的企业。湖北实行碳排放配额管理企业的标准是年综合能源消费量6万吨标准煤及以上的工业企业。北京纳入到排放配额管理的企业标准是年二氧化碳直接排放与间接排放总量1万吨（含）以上。此外，中国排放交易试点覆盖的温室气体只有二氧化碳。

EU ETS的标准是将功率在20兆瓦以上的发电及其他装置全部纳入减排覆盖范围，还将所有的炼油厂、焦炉、钢铁厂、水泥熟料、玻璃、石灰、砖、陶瓷、纸浆、纸和纸板、航空、铝、石油化工产品等全部纳入减

排覆盖范围中。EU ETS 覆盖的温室气体除了二氧化碳之外，还将氧化亚氮和铝业生产中产生的全氟化合物纳入减排覆盖范围。即使如此，EU ETS 对欧盟碳排放的覆盖率也只达到了 40%。

排放覆盖率过低，纳入减排覆盖范围的企业数量就比较少，对排放配额有刚性需求的控排企业的总需求量就会很低。在配额供给不变的前提下，较低的需求量将直接导致配额的交易量和交易价格过低，这是造成七个减排试点中某些排放交易所连续很长时间没有成交量的直接原因。任何一个市场，如果长时间没有成交量，则该市场是不可能很好发挥资源配置效果的，配额市场也是如此。

（二）排放配额设置高，导致配额价格低

"总量控制与交易"的基本原理是，精确确定一个区域在一段时间内的总排放量，再将总排放量作为排放配额分配给被纳入减排覆盖范围的企业。控排企业必须在配额范围内排放二氧化碳，如果超过配额，就需要在配额市场购买超额排放的配额。企业购买的配额是其他控排企业没有完全使用的配额，这是配额市场上配额供给的唯一来源。最终的结果是，依靠市场的力量实现了区域内的实际排放量等于预先设定的总排放量。

通过排放交易的基本原理可知，排放总量基本决定了配额的价格。如果排放总量设置过低，市场上就会出现配额供不应求的状况，导致配额价格过高。反之，如果排放总量设置过高，就会出现配额供过于求的情况，导致配额价格过低。由于国家层面并未对试点的七省市设置具体的减排目标，因此试点区域出于降低碳减排会对经济发展造成负面影响的考虑，有意将排放上限设置得比较高。过高的排放上限会直接导致排放企业的排放配额足够充裕，几乎无须投入成本就可以将实际排放量降低到配额以下。在企业不需要购买配额即可合规的时候，配额的成交量和成交价格自然就会很低。

排放交易的核心要素是配额的价格，如果配额价格高，就会激励企业努力减排，这样可以减少配额的购买量，甚至可以在配额市场上出售配额获得收益。当企业在配额高价格的刺激下努力减排时，就会推动整个经济

体减排的不断进步，这是市场机制的作用；但是如果配额价格过低，就不能起到良好的减排作用。七个排放交易试点对此应该是基本明确的，但是在国家没有明确提出减排目标时，试点省市就缺乏足够的动力去主动设置较高的减排目标。

（三）排放交易系统的基础设施建设不完善

排放交易系统的运行，需要建立一套完整的规则、制度和平台，这就是排放交易的基础设施。2014 年全国七个排放试点全部投入运行，但这并不意味着排放交易的基础设施已经成熟完善。事实上排放交易试点的一项重要任务就是在排放交易系统运行过程中不断发现系统存在的问题，及时对系统存在的问题进行改进。欧盟 EU ETS 就是这样在不断改进中发展完善，很快成为全世界交易规模最大、影响力最广、运行最完善的排放交易系统。例如，由于航空业牵涉不同国家管辖权的问题，欧盟在 EU ETS 较为成熟之后才将航空业纳入减排范围。为了给控排企业足够的时间与资源来适应减排的要求，在系统运行初期，EU ETS 配额的分配方式是完全免费。在企业逐步适应排放交易的各项要求后，EU ETS 逐步将配额的分配方式从免费分配向有偿拍卖过渡，贯彻了“谁排放谁付费”的原则。

中国排放交易的七个试点和地区对排放交易重视不够，在排放交易系统运行之后，并没有对运行过程中暴露出来的问题及时改进。这些问题主要包括以下几个方面。

1. 没有建立有效的市场稳定储备机制

造成配额交易量少，价格低的原因有很多。但是作为排放交易系统的试点地区，七省市显然没有对排放交易系统进行及时调整。针对配额的分配，根据 EU ETS 的经验，为了调节配额的市场价格，可以采取市场稳定储备（MSR）措施，即在分配排放配额时，主管部门应该预留一定比例的配额（即储备配额）。当市场配额价格过高，主管部门可以在市场上释放储备配额以降低配额价格；当市场配额价格过低，主管部门可以预留更多的储备配额，减少配额的供给量来提高配额价格。MSR 制度类似于央行的货币政策，央行通过货币政策来调节市场上的货币供求，最终调节经济的发展。

七个排放试点中，只有深圳、湖北和广东建立了明确的 MSR 制度。其中，深圳规定的配额的储备额度不超过配额总量的 2%，湖北规定的配额的储备额度不超过配额总量的 10%，广东规定的储备额度根据市场配额价格的变化来具体决定。从目前配额市场的实际情况来看，深圳规定的 2%的比例显然是不够的。配额储备量应该根据配额市场的变化进行灵活确定，因此广东的做法是最为合理的。另外 4 个排放试点地区，北京、上海、重庆和天津没有明确建立 MSR 制度。

2. 配额分配的方式没有及时改进

在排放交易中，排放配额的分配方式包括无偿分配和有偿拍卖两种方式。从理论上来说，拍卖的方式更加合理，减排效果也更好。配额的无偿分配是指在确定排放总量之后根据企业的历史排放量或者行业平均排放量向企业免费发放排放配额。拍卖是指企业要获得排放配额就需要通过拍卖的方式竞购配额。需要指出的是，无论采用无偿分配还是拍卖的方式获得配额，企业只能在自身拥有的配额范围内排放二氧化碳。免费和拍卖配额的主要区别是，免费分配配额默认每家企业都有一个最基本的排放权，只要在排放权范围内排放温室气体，就可以不支付任何费用，超额部分才需要付费。拍卖显然不这么看，拍卖认为，任何企业都不存在所谓的基本排放权，否则这对不排放的企业是不公平的。拍卖认为只要排放，不管排放量多少，都需要付费。

从国际上排放交易发展的情况来看，近年来越来越多的国家和地区更加倾向采用拍卖的方式来分配配额，拍卖的方式能够体现“污染者付费”的原则。中国的排放交易试点采取的都是免费分配配额的方式，这有利于控排企业尽快适应排放交易的要求，降低合规成本。但是从 2014 年开始试点以来，各试点仍然没有将配额的分配方式从免费过渡到拍卖。其中的主要原因恐怕还是试点区域担心拍卖配额会极大增加企业的排放成本，影响企业的正常经营，进而影响区域的经济发展。这对减排的推进是非常不利的，排放试点的一项重要任务就是对各项制度和机制进行验证。如果出于种种顾虑未能对排放交易的有关规则进行验证，则排放试点的意义将不复存在。

3. 温室气体排放的方法建设不完善

排放交易中一项重要的基础性工作是确定测算企业排放量的方法，由于企业二氧化碳的实际排放量很难直接测算出来，因此一般企业的排放量都是通过某种方法计算出来。不同的计算方法得到的结论是不完全相同的，在排放交易系统中，需要统一测算方法。能否准确测量企业的排放量，是决定排放交易系统能否正常运行的重要前提。七省市排放交易试点的计算方法过程烦琐，且不够精确。企业在确定自身排放量时计算成本较高，且计算结果不是特别精确。

在确定企业配额时，主要的计算方法包括基准线法、历史排放法。历史排放法是在企业历史排放量的基础上，下浮一定比例作为企业的排放配额。历史排放法计算简单、使用方便，一度得到广泛的应用。但是通过这一方式向企业分配排放配额显然是不公平的，温室气体排放量越大、化石燃料使用效率越低的企业，得到的配额越高；而排放量少、化石燃料使用效率高的企业反而得到的配额更少。基准线法是通过计算企业所在行业的平均排放量，以该行业效率较高的企业的排放量为依据向企业发放排放配额。比较而言，基准线法更加公平合理。但是各个排放交易试点出于降低成本等考虑，采用的主要是历史排放法。

（四）排放交易宣传少，市场参与度不高

配额交易市场作为排放交易系统的核心环节，决定着排放交易系统的减排效率和成败。作为一种类金融的资产，与其他金融工具的市场类似，流动性是决定市场成败和效率的关键要素之一。如果流动性不够好，企业就不能在合理的价位上尽快达成交易，出售或购买排放配额。一般来说，标准化的资产流动性要好于非标准化资产，场内市场的流动性要好于场外市场。排放配额作为一种标准化资产在排放交易所交易，因此其流动性应该很好。但是从实践情况来看，七家试点排放交易所的成交量大都很低。主要原因之一是配额市场的参与度很低，参与交易的交易者数量太少。

中国在制定排放交易市场交易规则时，充分参考了其他国家的经验，允许机构和个人参与配额交易。配额市场上的交易者不仅包括对配额交易

有刚性需求的控排企业，还包括纯粹希望通过交易配额获取收益的投资机构和个人。只要能够方便地进行买卖，在投资机构和个人看来，排放配额和股票、债券、大宗商品等金融工具没有任何区别。投资机构和个人的参与，极大增强了配额市场的流动性。这是各国排放交易允许甚至鼓励机构和个人参与交易的主要原因。

中国排放试点的配额市场的社会参与度显然是不高的，金融市场上的机构投资者和个人投资者知道有配额交易的很少，与中国的股市显然不能同日而语。股市的社会参与度也很高，流动性也一直很高，这是推动中国股市不断改进的重要推动力。配额市场的社会参与度过低的根本原因在于试点区域对排放交易不够重视，对配额市场的宣传力度不够，导致众多机构投资者和个人投资者缺乏对配额交易的了解，参与配额交易也就无从谈起了。

（五）中国排放交易试点七省市的情况总结

中国排放交易的试点存在诸多问题，这些问题产生的根本原因在于试点区域对排放交易认识不足，对减排事业重视不够。参与减排的七个试点省市中，广东省、北京市、上海市、深圳市等四省市的经济状况在全国是最好的。广东省的经济总量一直居全国第一位，深圳市、北京市和上海市的人均 GDP 位居全国前三名。天津市、重庆市和湖北省的经济发展水平虽然不如以上的四省市，但是近年来的发展速度很快，2020 年人均 GDP 位列全国第 7 位、第 8 位、第 9 位。可以说试点省市的经济发展状况在全国都是非常好的，排放交易试点工作本应该做得很好，至少应该比目前的情况要好（见图 3－10）。

试点七省市经济发展好，除了本省市的努力之外，国家的大力支持和其他省份的大力协助是主要原因。由于各地的资源不同，先发优势不同，因此造成了区域经济发展不平衡。2010 年中国的经济总量超越日本居世界第二位，中国在全球经济总量中所占比重越来越高，超越美国也只是时间问题。中国经济的飞速发展，带来的还有二氧化碳排放的大幅增长。中国作为全球第二经济大国，二氧化碳排放量是世界第一，且远高于第二位的美国，中国的减排压力很大。

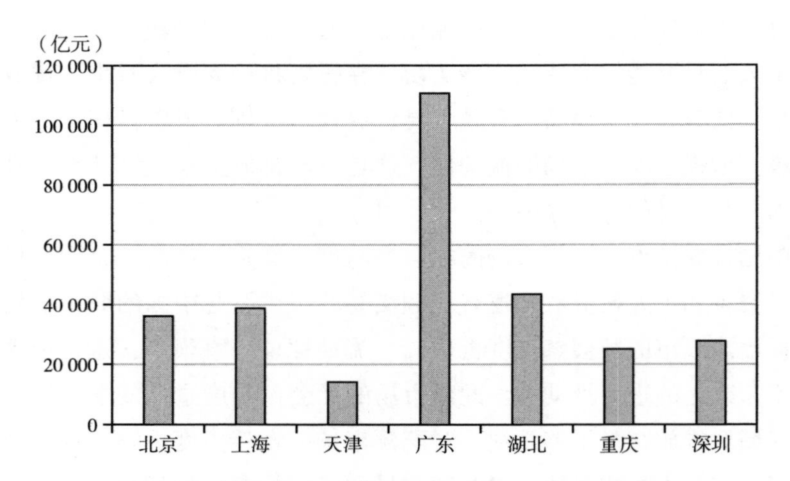

图 3－10　排放交易试点的七省市 2020 年 GDP 情况

资料来源：各地方统计局。

参加试点的七省市，承载了中国通过市场化手段减排的希望与重托。实施减排，必然会对经济发展造成一定的负面影响，特别是在试验期内。减排企业和参与排放交易的各类市场主体对排放交易不熟悉，排放交易系统本身也存在一些缺陷，排放交易必然会存在很多问题，也会对经济发展造成较大的不利影响。但是发现这些并改进这些问题，为未来建立全国统一的排放交易系统铺路，正是排放交易试点存在的最大意义。即使排放交易会在短期之内对经济发展造成一定程度的负面影响，参与排放交易试点的七省市也应义不容辞地承担起这一责任。毕竟在改革开放之后，享受到国家政策倾斜和发展红利最多的就是这些区域。

试点省市中，还是有表现较好的区域，那就是广东省。广东省不但设置了较高的减排目标，而且认真执行了各项减排措施。在七省市中，广东省的排放交易系统建设相对最为完善。在其他六省市还在免费分配排放配额时，广东省已经开始规划并实施配额拍卖计划了。当然，广东省这样做还是有其底气的。其经济总量长期以来一直排在全国第一位，大幅领先其他省市。2016 年广东省的经济总量甚至超过了在全世界排名第 10 位的俄罗斯。此外，广东省的第三产业所占比重较高。这些都是广东省对减排工作更加重视，投入更多资源来实施减排的原因与底气（见图 3－11）。

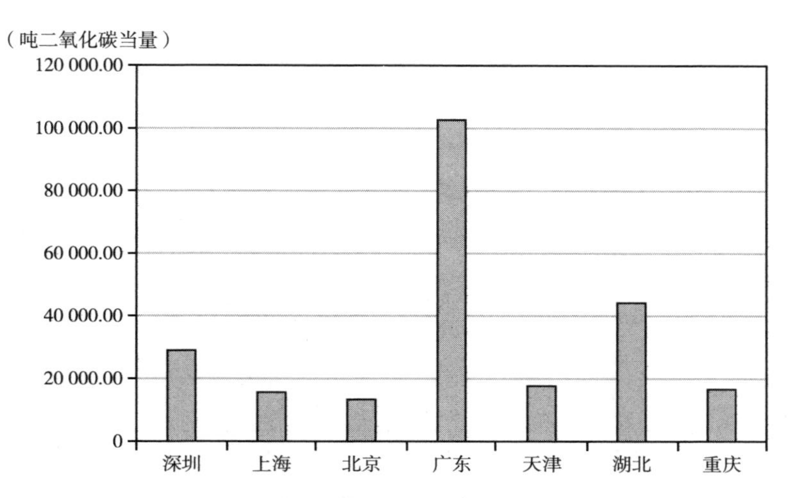

图 3－11　排放交易试点的七省市年均配额成交量

资料来源：Wind 金融终端。

北京市作为中国的首都，获得了其他所有省份都无法企及的各项国家层面的政策倾斜。中国绝大部分央企总部的所在地是北京市，央企缴纳的地方税主要被北京税务部门征收，因此北京才拥有雄厚的财政实力。上海市作为中国的经济中心和金融中心，也获得了国家全方位的支持。全国最大的股票交易所——上海证券交易所，全国最大的商品交易所——上海期货交易所，全国唯一一家金融衍生品交易所——中国金融期货交易所等都位于上海市。北京市和上海市得到国家如此之多的支持，但是在排放交易试点中的表现很难令人满意，不仅无法与广东省和深圳市相比，甚至还不如经济水平远远落后的湖北市。

湖北省在排放交易中的表现堪称惊喜，在七个试点省市中，湖北省的人均 GDP 最低（见图 3－12）。但是湖北省在排放交易制度建设方面投入了很多资源，排放交易系统建设仅次于广东省。深圳市是七省市中最早开展排放交易试点的，一度大幅领先于其他省市。无论是排放交易系统建设，还是排放配额的成交量，都明显领先于其他省市。但是在其他省市也陆续开展排放交易试点之后，深圳市的表现开始平庸起来，其配额成交量甚至明显落后于湖北省。天津市和重庆市作为中国的另外两个直辖市，在排放交易试点中的表现中规中矩。

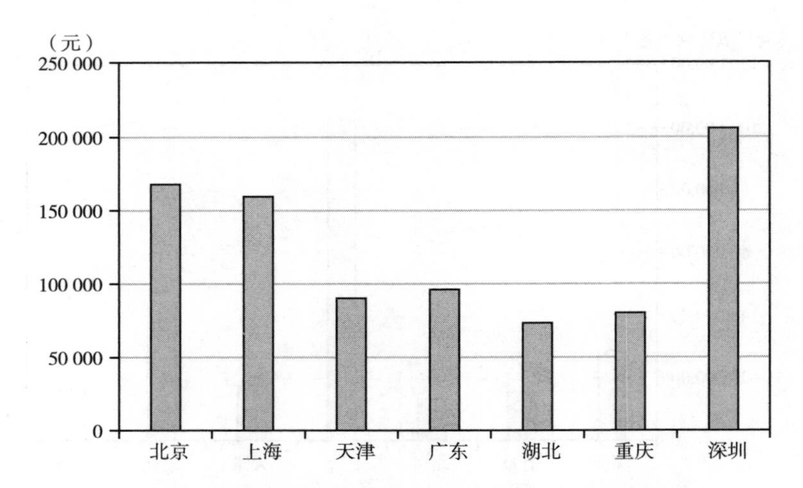

图 3－12　排放交易试点的七省市 2020 年人均 GDP 情况

资料来源：各地方统计局。

第四章　欧盟排放交易系统的运行机制

为顺利实现《京都议定书》中的减排承诺，欧盟建立了一套市场化的减排体系——欧盟排放交易系统（EU ETS）。欧盟希望能够通过这一系统，在实现减排目标的同时，减少对经济社会发展的负面影响。从实践情况来看，欧盟顺利实现了这一目标，在2012年和2020年都超额完成了既定阶段的减排目标，且经济社会的发展基本没有受到影响。在1997年《京都议定书》通过之后，全球建立了数十个排放交易系统，EU ETS是规模最大、机制最合理完善、影响力最大的排放交易系统。

从人们开始研究市场化减排机制，"总量管制与交易"的减排机制就得到了普遍的关注。目前全球大部分市场化减排机制采用的都是"总量管制与交易"。但是EU ETS能够取得成功，而其他排放交易系统减排效果有限，原因之一在于EU ETS的运行机制更加科学完善。与其他开展排放交易系统的国家和区域相比，欧盟与中国的情况最为相似。中国的经济体量与欧盟最为接近，对于环保的态度和理念，中国和欧盟也极为相似。深入研究EU ETS的运行机制，特别是探讨与其他排放交易系统的区别，能够为未来中国建立国家排放交易系统提供有益的借鉴。

第一节　总体框架

在人类社会中，温室气体的排放是非常普遍的，人类在呼吸的时候也会排放出二氧化碳，因此减排要做到全覆盖是不可能、不现实的。世界温室气体的大规模排放是在人类第一次工业革命之后化石燃料的大规模使用造成的。欧盟在建立 EU ETS 时，重点关注的是温室气体排放的重点行业和重点企业，如能源和发电等。欧盟成员国大都是发达国家，经济社会发展已经较为成熟。从 20 世纪 90 年代开始，欧盟温室气体排放量就基本保持稳定，不再增加。

欧盟在建设 EU ETS 时，一开始就确定了采取强制而非自愿减排的基本原则，这为 EU ETS 日后取得巨大成功奠定了基础。在此基础上，欧盟对排放交易系统的基本框架进行了一系列顶层设计。

一、减排的基本方式

在碳税、政府直接管制和排放交易这三种常见减排方式中欧盟选择了排放交易，在此基础上确定了“总量管制与交易”的总原则。它实质上是利用市场化机制，由配额市场的供求关系决定排放配额价格的价格。市场化的配额价格，能够有效配置和引导社会资源，最终实现以最低成本减排。这一总原则赋予了减排企业足够的灵活性，企业可以自行投资低碳技术实现减排，也可以在碳市场上购买排放配额满足合规要求。碳税并不能确保减排目标的实现，因为这需要确定一个合适的碳税。欧盟作为一个由多个国家组成的国家联盟，需要所有成员国就适当的碳税达成一致。而每个成员国的国情是不同的，确定“合适的碳税”是非常困难的。

二、配额的计量与分配机制

确定排放配额总量及配额的分配方式，是排放交易系统运行的第一步。由于 EU ETS 并未做到碳排放的全覆盖，因此首先需要确定的是，要实现减排的具体目标（如《京都议定书》中欧盟做出的到 2012 年排放量比 1990 年下降 8% 的承诺）需要实现的总排放量，以此为前提将减排任务分解，计算排放交易系统每年具体的排放量。

理论排放总量计算出来之后，就可以将排放量作为配额分配给被纳入 EU ETS 覆盖范围的所有企业。配额免费分配的依据主要有两种：历史排放法和基准线法。历史排放法是以企业近期的历史排放量为依据，通过固定的乘数（小于1）计算得出。基准线法是通过计算特定行业，如钢铁、发电、航空等行业优秀企业的排放量，再根据企业的产量计算出配额。由于基准线法比历史排放法更加公平合理，目前欧盟无偿分配的配额主要采用基准线法计算配额。排放配额的分配也有两种方式：无偿分配与有偿分配。有偿分配的方式主要是拍卖，配额如果采取拍卖的方式分配，就无须计算每家企业的排放上限了，拍卖了多少配额，就可以在配额的限度以内排放二氧化碳。配额拍卖的总量等于企业排放的总上限。

EU ETS 运行初期的主要目标除减排之外，还要对排放交易系统的各项制度、规则等技术设施进行测试。为了给纳入减排范围的企业足够的适应时间，以及减轻对排放企业生产经营的冲击，在 EU ETS 的第一个交易期（2005～2007 年）采取了无偿分配的方式向排放企业分配排放配额，配额的计算方式是历史排放法。第二个交易期（2008～2012 年）是 EU ETS 的正式运行阶段，配额的分配方式仍然是无偿分配，配额的分派方式主要是采用基准线法。但是在第二交易期，欧盟逐步将配额的拍卖提上日程。

随着 EU ETS 越来越成熟、完善，排放企业逐步适应各项减排要求，欧盟决定从第三个交易期（2013～2020 年）开始逐步采用拍卖的方式来分配排放配额。配额拍卖的收入是由欧盟成立一个专门基金，用于支持欧盟低碳技术的研发与应用，促进低碳经济的发展。在采用拍卖的方式分配配额之后，就会出现“碳泄漏”的问题。碳泄漏是指 EU ETS 所覆盖的某些产业（如钢铁）由于减排要求，会使这些产业与没有减排要求的发展中国家的钢铁等相比，存在较大劣势。这种劣势的存在是不公平的，如果不采取措施，就会导致产业的竞争力下降。如果企业为了避免这类竞争劣势，而决定将产业转移至没有减排要求的发展中国家，将对欧盟经济发展造成严重的负面影响。为避免这种情况的出现，欧盟决定对于存在碳泄漏的产业，将仍然采取免费分配排放配额的办法，以降低对此类产业的冲击。

三、登记与交易机制

EU ETS 分配与交易的配额被称为欧盟配额（European Union Allowance，EUA）。EUA 的分配与交易需要完整的簿记体系。对此 EU ETS 设立了欧盟登记簿（The Union Registry），由欧盟委员会主办与经营，是 EU ETS 唯一的登记簿。欧盟登记建立了一个完善的电子簿记系统，主要功能包括以下三点。

（1）为参与 EU ETS 的成员国、法人（公司）和自然人设立专用账户，并实时记录账户中 EUA 的额度及额度变化。此外，该电子簿记系统还记录了各账户中 CER、ERU 等国际碳信用的额度及变化。

（2）EU ETS 电子簿记系统负责的排放配额转移的类型主要有：EUA 的拍卖、发放、转让、清缴和删除，还包括从 EU ETS 转入或转出的 CER 和 ERU 国际碳信用配额。

（3）每年末，欧盟将通过电子簿记系统核实每家企业的排放限额，以及经核实的温室气体实际排放量，在此基础上确认企业是否提交了足够的 EUA，来覆盖其上一年的实际排放量。

四、监控、报告、核查与认证机制

碳资产作为一种全新的资产，本身并不具备消费功能，也不能产生现金流，是在政府排放管制之下出现的一种全新资产。这种全新的资产在交易过程中，有些事项需要严格监管与确认，因为这将极大决定碳资产的价格与市场的公平公正。这些事项被总结为监控、报告、核查与认证机制（Monitoring，Reporting，Verification and Accreditation，MRVA）。

只有建立一套完整、一致、准确和透明的 MRVA 系统，市场主体才能对排放交易系统建立信任与信心，这一点对于排放交易系统取得成功至关重要。MRVA 的主要功能包括以下三点。

（1）监测企业的实际排放量。要做到这一点，需要很高的技术水平与严格的执行制度。缺乏科学准确、成本可控的碳排放监测技术，是造成世界上很多排放交易系统不能成功的主要原因。EU ETS 的 MRVA 系统制订了统一且科学的排放监测计划，确保所有排放企业在同一标准下监测排放量，确保 MRVA 系统的公平公正。

（2）欧盟 MRVA 系统将碳排放的核查业务交给了第三方企业，只要第三方企业通过了 EU ETS 的资质审查与认证，就可以开展碳排放监测业务。这一点与债券市场中企业发债前需要进行信用评级非常类似：企业需要向市场提供具备资质的评级机构（标准普尔、穆迪、惠誉等）的信用评级结果，才能在市场上公开发债。

（3）欧盟 MRVA 系统要求排放企业根据批准的监测计划开展监测活动，在要求的截止日期（一般是每年 3 月底）之前向主管部门提交年度经核实的温室气体排放报告。欧盟将排放报告的核查业务同样交给了市场，由经过认证具备资质的第三方企业提供核查报告。这一点与上市企业每年发布财务报告非常相似：企业需要将财务报告市场提交给具备资质的审计机构（会计师事务所）审计后，才能在市场上公开发布。

五、市场调整与稳定机制

在 EU ETS 第二减排阶段（2008 ~ 2012 年），由于受 2008 年美国金融危机的影响，欧盟经济陷入了较大的衰退，工业部门也受到波及，这让 EU ETS 的设计者和运营者措手不及。不少企业的经营业绩出现了大幅度下滑，排放量也随之出现下跌，有些企业的排放量居然比 EU ETS 派发的配额还要低。这一阶段排放量下跌的主要原因并不是减排技术的使用，而是经济衰退。这一点显然不是建立 EU ETS 的初衷。之后随着欧盟经济的恢复，排放量也恢复正常，排放配额价格也随之上涨至正常水平。

之后欧盟充分吸取教训，为 EU ETS 建立了市场稳定储备（Market Stability Reserve，MSR）机制，以维持 EU ETS 排放配额市场的平衡。配额市场的供给全部来自政府发放的配额，是非常稳定的。因此影响配额市场失衡的主要原因是对需求的意外冲击，如经济危机、新冠肺炎疫情等。MSR 允许 EU ETS 在保持排放总目标不变的前提下，根据配额市场的变化及时进行调整，维持配额市场的总体稳定。

MSR 核心机制是通过控制拍卖的配额数量来调节配额市场的供给，稳定配额市场的平衡。该计划准备在 EU ETS 第四个交易期（2021 ~ 2030 年）实施。总体来看，MSR 机制非常类似于央行为调节货币供给量而实施的货币政策。MSR 被设计为一种基于公开透明规则的客观机制，根据配额市场的变化，“自动”调整预定义条件下的排放配额拍卖量。

六、开放与国际合作

EU ETS 本身是一个开放合作的产物。在试行阶段（2005 ~ 2007 年）覆盖了欧盟全部 27 个成员国。第二个交易期（2008 ~ 2012 年）冰岛、挪威、列支敦士登 3 个非欧盟的欧洲国家加入排放系统中来。第三个交易期（2013 ~ 2020 年）克罗地亚加入排放系统中。

EU ETS 作为全球最大的碳市场，是清洁发展机制和联合履约机制下国际碳信用需求的最主要的来源，是国际碳市场和国际碳价格的主要驱动力。EU ETS 允许成员国在一定条件和一定额度内，使用国际碳信用 CER 和 ERU 来冲抵排放配额。国际碳信用机制可以向发展中国家在实现温室气体减排和建立碳市场方面提供资金支持，有效支持发展中国家发展低碳经济。

第二节　总量管制与交易

在建立排放交易系统时，欧盟选择了“总量管制与交易”的结构作为降低温室气体排放的最佳手段。这一结构理论上能够让参与者和整个经济体以最低的总成本实现减排目标。

一、常用的减排机制

为实现温室气体减排目标，各国政府、研究机构、国际组织等研究开发了多种政策和方法来实现减排。总体来看，减排方式大致可以分为三类：排放管制、碳税和排放交易。由于排放管制的效果较差，对于市场机制扭曲较大，采用这一方式减排的国家越来越少。目前，全世界大部分国家的通行做法是碳税和排放交易。EU ETS 制定的“总量管制与交易”排放结构，允许进入排放交易系统的企业自行选择成本最低的方式进行减排：自行减排或购买排放配额，满足排放固定上限。

二、总量管制与交易的优势

总量管制与交易的灵活性与其他机制有机结合，共同实现减排目标。

（一）排放总量的确定性

通过设定一个旨在确保遵守相关承诺的系统上限，直接限制温室气体排放总量。从理论上来说，在减排期内区域内温室气体的最大排放量就是设定的系统排放上限。但由于 EU ETS 的温室气体排放的覆盖率目前只有 50% 多一点，也就是说，减排任务是由被减排体系覆盖的 50% 排放企业承担的。因此在确定排放上限时，需要考虑这一点。

排放上限的设定，取决于根据欧盟承担的国际减排义务所设定的减排目标，以及承担减排企业的排放量占总排放量的比重。例如，《京都议定书》中为欧盟设定的 2012 年排放量比 1990 年降低 8%。以欧盟减排覆盖率 50% 计算，减排体系下的企业需要在 2012 年将排放量比 1990 年至少降低 16%，才能确保目标的实现。2013 年 EU ETS 将温室气体排放量的上限设定为 2 084 301 856 吨二氧化碳当量。这一上限每年以 2008 ~ 2012 年每年发放的平均配额总额的 1.74% 作为线性折减量递减，从而确保 2020 年欧盟温室气体排放量比 2005 年减少 21%。

（二）免费的排放期权

碳市场交易形成的碳价格，有利于减排企业测算要达到预期的减排目标所要支付的最高成本。碳市场的存在为承担减排义务的企业提供了一个成本上限，这实际上相当于赋予企业一个免费的看涨期权。当企业自我减排成本高于在碳市场购买配额时，企业就会去市场购买配额来满足减排要求；当企业自我减排成本低于在碳市场购买配额时，企业就会通过自行发展或购买低碳技术来完成减排目标。事实上这就是一种看涨期权，排放配额的价格是看涨期权的执行价格，只不过与交易所交易的香草期权（vanilla option）不同，这种期权是一种执行价格可变的奇异期权（exotic option）。奇异期权的定价非常复杂，但是基本可知的是，排放配额的价格变化波动越大，政府减排政策越不稳定，排放期权的价格就越高。无论如何，企业通过“总量管制与交易”无偿获得了一份期权，确保企业以最低成本实现减排目标。

（三）配额拍卖的收入

如果温室气体排放配额的分配采用拍卖而非无偿分配的方式，这将为政府创造一个稳定的收入来源。收入的资金可以成立一个减排专项基金，用于支付EU ETS的各项开支，维持EU ETS排放交易系统的正常运转。随着被纳入EU ETS的排放管制企业的数量越来越多，欧盟制定的排放上限越来越低，排放配额的价格从长期来看是会不断走高的。配额的拍卖资金除用于EU ETS的正常开支外，还会有大量的资金剩余。欧盟已经计划将这些资金成立一个专项基金，用于支持欧盟域内低碳技术的开发与应用，这将进一步促进减排目标的实现，达到一种良性循环。

（四）成员国的达标风险降至最低

被纳入EU ETS的企业可以通过自行减排，或者购买配额的方式来完成减排义务。排放期权的存在确保排放企业的减排成本不会超过配额的市场价格，为排放企业（约占欧盟排放企业的50%）的减排提供了极大的确定性，这降低了成员国购买更多国际碳信用（CER、ERU）以履行其在《京都议定书》下的国际承诺的不确定性。

第三节　减排覆盖范围

EU ETS的基本结构是“总量管制与交易”制度，它通过限制系统内成员国温室气体排放总量来实现减排目标。为便于计算与协调，EU ETS通过实验不同温室气体对温室效应的贡献程度，科学确定了主要温室气体与二氧化碳的转换关系。通过这一转换关系，可以将温室气体转换为二氧化碳当量。EU ETS 的排放管制总量在第一个交易期（2005～2007 年）和第二个交易期（2008～2012 年）的期间内保持不变，从第三个交易期（2013～2020 年）开始逐年递减，企业获得的排放配额每年降低 1.74%。这一安排可以确保企业能够逐步适应欧盟不断提高的阶段减排目标，以实现 2050 年“碳中和”的总目标。

EU ETS 会将一定比例的排放配额免费分配给某些特定的企业，如存在碳泄漏风险的企业；其余排放配额则通过有偿的方式进行分配，主要是拍卖。在一年结束时，EU ETS 覆盖的所有企业必须提交与企业的实际排放量相等的排放配额。如果企业的配额不足，要么采取措施减少温室气体排放量，要么在配额市场上购买排放配额。如果参与企业实际排放量低于自身拥有的配额，配额与实际排放量之间的差额，即企业未使用的配额，可以在市场上出售以获取收益。

“总量管制与交易”制度下一个具体的企业履约的例子：如果一家排放企业的温室气体排放量超过了年初给予的免费配额，它们可以从其他通过减少排放量从而持有剩余配额的排放企业那里购买配额。被 EU ETS 覆盖的排放工厂 A 和 B。B 工厂获得的配额不足以覆盖其排放量，它可以通过自行减排或从配额市场购买配额来合规。A 的年排放量低于其获得的配额，A 可以将配额在市场上出售，还可以将剩余配额储存起来以备以后使用（见图 4－1）。

配额之所以有价值，是因为配额的供应有上限，而且那些减排成本高于配额价格的企业对配额有需求。因此，它允许在参与者之间重新分配各自的减排行为，以便在成本较低的企业实现减排。这种方式可以有效降低一个国家（区域）的整体减排成本，对于参加配额交易的企业也是有好处的。EU ETS 通过建立惩罚和执行的机制来确保企业遵守减排规定。如果企业未能及时清缴足够的配额而未能遵守规定，企业将被处以巨额罚款（见图 4－2）。处罚标准为 100 欧元/二氧化碳当量，并随 2013 年欧盟通胀率的上升而进行相应调整。在缴纳罚款之后，企业在来年需要继续清缴未缴足的配额，以此确保排放交易系统的排放上限得到有效维持。

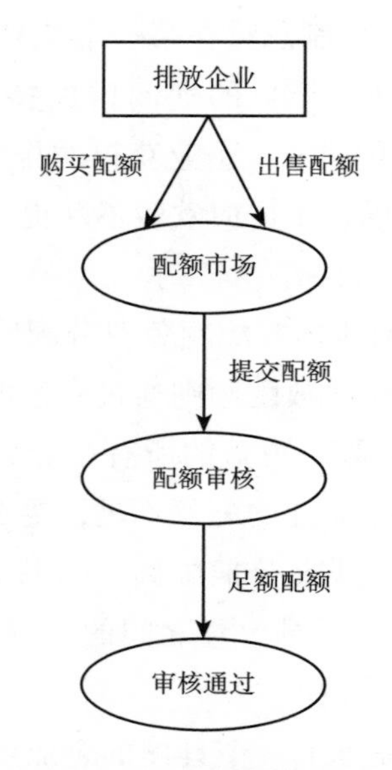

图4-1　排放企业履约流程

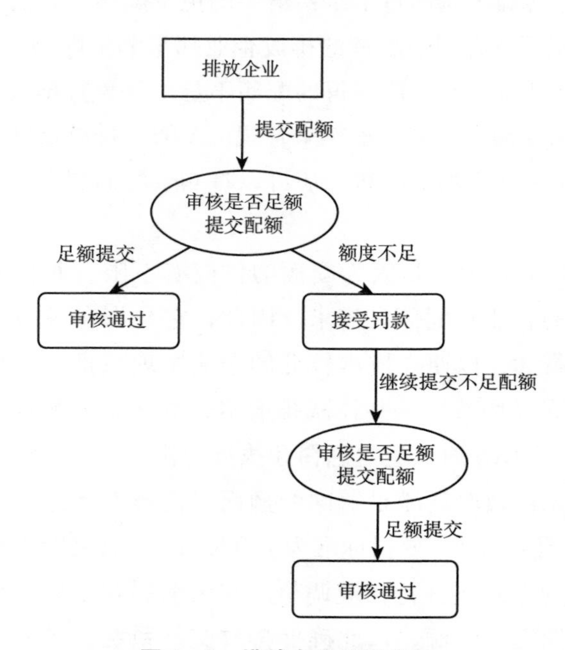

图4-2　排放企业处罚流程

一、覆盖区域

欧洲大部分国家对于温室气体减排一向持积极态度。《京都议定书》通过之后，被分配了减排任务的欧洲国家大都积极表态，将采取有效措施降低温室气体排放，在2012年达到减排目标。在这一背景下，EU ETS的覆盖范围在不断扩大，到2020年，欧洲45个国家中，EU ETS覆盖了30个国家。

（一）第一个交易期（2005～2007年）

这是一个为期3年的试点阶段，主要目的是为第二个交易期（2008～2012年）做准备，以帮助欧盟实现其《京都议定书》的减排目标。这一阶段覆盖的范围是欧盟27个成员国，包括：奥地利、比利时、保加利亚、塞浦路斯、捷克、丹麦、爱沙尼亚、芬兰、法国、德国、希腊、匈牙利、爱尔兰、意大利、拉脱维亚、立陶宛、卢森堡、马耳他、荷兰、波兰、葡萄牙、罗马尼亚、斯洛伐克、斯洛文尼亚、西班牙、瑞典、英国。

（二）第二个交易期（2008～2012年）

覆盖的范围除欧盟27个成员国外，挪威、冰岛、列支敦士登等3个非欧盟国家也加入进来，EU ETS覆盖范围扩大到30个国家。

（三）第三个交易期（2013～2020年）

克罗地亚于2013年1月1日加入EU ETS，而克罗地亚于2013年6月30日才正式加入欧盟。到2013年，EU ETS已经覆盖了31个国家，包括欧盟全部28个成员国及挪威、冰岛、列支敦士登3国。2016年6月，英国经过全民公投决定退出欧盟即“脱欧”，随即开始脱欧程序，在经历长达4年的“拉锯战”之后，2020年1月9日英国议会下院终于通过“脱欧”法案。2020年1月30日，欧盟正式批准了英国“脱欧”。英国“脱欧”之后，也就自然退出了EU ETS。英国作为欧盟的主要成员国之一，退出欧盟和EU ETS对于欧盟的减排事业是一次打击。不过英国已经决定建立自己的排放交易系统，且计划与 EU ETS 互联互通。

二、覆盖行业

EU ETS 的目标是降低温室气体排放。从减排的可行性和成本角度看，排放交易系统不可能做到全覆盖。在覆盖的排放量相同的情况下，EU ETS 覆盖的行业和企业越少，减排的成本越低，减排的效果越好。在无法做到全覆盖的情况下，EU ETS 覆盖了欧盟 50% 以上的温室气体排放量，覆盖的行业主要集中于少数几个能源、发电和制造业中的高排放行业。从目前来看，这种方式在较低运行成本的前提下，较好地实现了减排目标。

第一个交易期（2005 ~ 2007 年）是 EU ETS 的试运行阶段，主要是为排放交易系统的正常运行提供试点和经验。这一阶段 EU ETS 只覆盖了二氧化碳排放最密集的发电和能源密集型行业。这些行业包括：发电及其他≥20 兆瓦的燃烧装置、炼油、焦炉、钢铁、水泥熟料、玻璃、石灰、砖、陶瓷、纸浆、纸和纸板。

第二个交易期（2008 ~ 2012 年）是 EU ETS 的正式运行阶段，欧盟需要通过 EU ETS 在 2012 年实现《京都议定书》中做出的排放量降低 8% 的承诺。这一阶段的覆盖范围包括了第一个交易期覆盖的所有行业。从 2012 年开始，EU ETS 覆盖范围扩大到了航空业。由于第一个交易期的排放数据已经可用，因此第二个交易期根据实际排放量降低了排放限额的上限。

第三个交易期（2013 ~ 2020 年）是《京都议定书》第一承诺期结束之后的阶段。除第二个交易期所有行业外，铝、石油化工、氨、硝酸、己二酸和乙醛酸的生产、二氧化碳捕集、管道输送和二氧化碳地质封存等行业被纳入减排范围。由于 2012 年欧盟将航空业纳入减排范围在全世界引起了强烈的反对，因此欧盟对航空业纳入标准和细节进行修改之后，在 2014 年重新将航空业纳入减排范围。第三个交易期 EU ETS 覆盖企业达到11 000 多家。

第四个交易期（2021 ~ 2030 年），这一阶段目前还在规划中。欧盟决定在这一阶段继续降低标准，将更多排放企业纳入 EU ETS 覆盖范围。欧盟计划到 2030 年实现温室气体排放量比 1990 年降低至少 55%，比此前设定的40%高出15%。欧盟希望通过不断增加自主贡献，能够在2050年之前实现欧盟范围内的碳中和目标。

三、覆盖气体

第一个交易期（2005～2007年）：由于是试运行阶段，EU ETS覆盖的温室气体只有二氧化碳（CO_2）。

第二个交易期（2008～2012年）：除二氧化碳（CO_2）外，还包括了氧化亚氮（N_2O）。

第三个交易期（2013～2020年）：包括二氧化碳（CO_2）、氧化亚氮（N_2O），以及铝制品生产中排放的全氟化合物（PFC）。

四、航空业的减排

与其他行业相比，航空业在温室气体排放方面有其特殊性。欧盟区域内的民航飞机不少是跨境飞行，在飞行中排放的温室气体散布于飞行线路上的所有国家。航空业的减排更加需要国家之间的协调配合。

欧盟于2008年通过了EU ETS修正案，明确了要将航空业纳入减排范围，修正案覆盖了参加EU ETS所有国家的机场。修正案明确提出，进出机场的欧盟和非欧盟航空公司，都必须定期缴纳排放交易系统为航空公司确定的排放配额额度，且配额额度必须使用EUA缴纳。航空业涉及的国家太多，很多都是EU ETS覆盖范围外的国家，协调难度很大。对此欧盟对航空业给出了一个较长时间的适应期，在第二个交易期（2008～2012年）前4年航空业并不纳入EU ETS的减排范围，2012年初航空业才被正式纳入EU ETS；而且航空业的排放配额继续通过无偿分配的方式获得，进一步减轻了航空业的负担。

自2012年起，所有抵达或离开位于EU ETS域内所有国家（欧盟27国+挪威、冰岛、列支敦士登）的任何机场的航班，其排放量均被纳入欧盟减排范围。为解决欧盟与外部国家关于碳减排的协调问题，欧盟决定在2013～2016年，EU ETS对航空业的覆盖范围暂时局限于欧洲经济区（European Economic Area，EEA）内的航班，允许非 EU ETS 国家的航空公司暂时免于纳入减排范围，以支持国际民航组织（ICAO）制定一项全球措施，将国际航空的排放量稳定在 2020 年的水平。

2013 年，在国际民航组织大会上，各方就制定一个全球航空市场减排机制的路线图达成了协议，该机制将在 2016 年之前限制国际航空业的排放，并将于 2020 年实施。在达成这项协议之后，欧盟委员会提出了一项议案，提出 EU ETS 只覆盖不超过其成员国领空的飞机排放物。但这一提议既不受航空业的欢迎，也不受第三国的欢迎。

2017 年，为支持国际民航组织（ICAO）全球措施的制定，欧盟决定对欧洲经济区（EEA）内部航班的减排限制延长至 2023 年。为便于管理，每个航空公司被分配到一个成员国，由该成员国决定其排放配额并监督其合规性。位于欧盟的航空公司被分配给签发其许可证的成员国，欧盟以外的航空公司将被分配到其排放量最大的成员国。

（一）航空业减排覆盖范围

截至 2012 年，抵达或离开位于联盟领土和欧洲经济区—欧洲自由贸易区（EEA - EFTA）国家（挪威、冰岛和列支敦士登 3 国）的任何机场的航班的所有排放，均列入 EU ETS 覆盖的范围。欧盟的这一决议在全世界遭到了极大抵制，因为对国外的航空企业征收配额，涉及经济主权的问题，其他国家一致认为欧盟无权向本国的航空企业征收配额。在遭受了巨大阻力之后，欧盟对此做出了妥协，决定暂缓将进出 EU ETS 成员国机场的其他国家的航空企业纳入 EU ETS 减排范围，以便国际民用航空组织（International Civil Aviation Organization，ICAO）有时间就全球航空排放问题达成协议，ICAO 寻求达成这一项协议已有 15 年了。这项被称为“停止计时”的决定将持续到 2013 年 10 月 ICAO 大会为止。

在 ICAO 大会上，就制定一个全球市场航空业市场化减排机制的路线图达成协议：到 2016 年限制国际航空排放量，到 2020 年开始实施减排协议。在这项协定之后，EU ETS 提出的建议只是覆盖不超出欧盟及其成员国领空的飞机的排放。这一提议比之前欧盟做出的将进出 EU ETS 成员国机场的外国航空企业的全部排放纳入减排范围已经有了很大妥协。但是这一提议遭到了全世界航空企业和其他国家的一致反对。

2014 年初，欧盟通过了一项法规，将 EU ETS 成员国的航空企业全部纳入减排范围，外国航空公司暂不纳入。EU ETS 成员国的航空企业因为减排的要求，与其他国家的航空企业相比出于竞争劣势，即出现了碳泄漏的情况。对此，欧盟决定在 EU ETS 第三交易期（2013～2020 年）对航空企业仍然采取无偿分配配额的方式，来消除成员国航空企业的碳泄漏问题。欧盟委员会将在下一届民航组织大会的结果之后，审议并酌情就欧盟 EU ETS 的适当范围提出建议。

（二）航空企业管理员

在对航空企业的减排管理方面，每一个航空业操作员被分配给一个成员国，该成员国决定其配额的无偿分配方案，并监督航空企业对减排规则遵守的情况。向会员国派遣航空业操作员的工作如下：

（1）将设在欧盟的航空企业操作员分配给 EU ETS 的成员国；

（2）欧盟以外的一个航空公司被分配给该航空企业最大排放量所在的成员国，航空企业操作员名单列出了所有操作员及其管理成员国。

（三）航空配额上限

航空配额的上限是根据历史航空排放量确定的。历史航空排放量以 2004～2006 年为基础，来源于欧洲航空安全组织（Organization for Air Navigation）的数据和航空公司提供的实际燃油消耗数据。此外，还计算了与辅助动力装置的使用相关的燃料消耗，辅助动力装置用于在机场静止时为飞机提供动力。

基准年的计算值为 221 420 279 吨二氧化碳当量。分配给航空部门的总可用航空配额，即上限，为整个欧洲经济区历史航空排放量的 95%：

221 420 279 ×0. 95 =210 349 265 吨二氧化碳当量

这一排放上限将在 2020 年之前一直保持在这一水平。该上限适用于 EU ETS 指令中规定的航空范围，即从欧洲经济区某个机场出发或飞往该机场的所有排放物，包括国际航班。随着 2013～2016 年航空业修正案的实施，该上限实际上与范围的减少成正比。

（四）航空配额的分配

每家航空公司的免费配额数额是根据经核实的吨公里数据确定的。“吨公里”是衡量航空活动的常用单位，是指运营商运载的乘客和货物重量乘以总行驶距离。

在整个第三交易期（2013～2020年），82%的航空配额将免费分配给报告了2010年经核实的吨公里数据的航空公司。免费配额以欧盟在2011年制定的基准为基础，基准的计算方法是每年可获得的免费配额总额，即航空上限除以航空公司申请的吨公里数据之和。根据这一基准，在EU ETS第三个交易期，每行驶1 000吨公里，航空公司可获得0.6422 EUA。如上所述，配额的免费分配是EU ETS成员国的责任。

剩余的18%的航空配额中，15%将被拍卖，剩下的3%将被保留在一个特别储备中，以便以后分配给新的市场进入者和快速增长的运营商。快速增长的运营商是指在2010～2014年期间，其活动水平（以吨公里为单位）平均每年增长18%以上的航空公司。

（五）合规义务

航空公司的合规规则与EU ETS中固定装置的合规规则是相似的。主要区别在于，航空公司可以使用航空配额，也可以使用欧盟一般配额来合规；而固定排放装置的运营商则只能使用一般配额来合规，而不能使用航空配额用于合规目的。

第四节　排放上限的确定

为实现减排目标，EU ETS使用了强制减排机制，设置了单一的欧盟范围内温室气体的排放上限。欧盟委员会将这一上限转化为欧盟层面上每个交易阶段的二氧化碳排放的上限。排放上限决定了发放的排配额总量，一般来说上限大于等于发放的配额总量。通过拍卖和免费分配的配额总量决定了排放配额的供应。排放配额的价格是由配额供应与配额需求决定的，稀缺性是价格激励的必要条件，更为稀缺的配额将导致更高的配额价格。因此，排放上限的严格性以及随后通过该排放交易系统发放的配额数量是碳价格的原始驱动力。如果允许国际信用单元 CER、ERU 用于冲抵配额，则会增加配额的供应量。而大量低成本的国际信用的供应，将极大降低碳价格。

一、第一个交易期（2005～2007 年）

这一阶段是 EU ETS 的试行阶段，主要目标并非减排，而是检验排放交易系统的各项机制与功能。为减轻企业的负担与顾虑，这一阶段的上限被设置的较高。在缺乏可靠的排放数据的情况下，这一阶段的上限是根据估计值设定的——2 260 532 899 个 EUA，每个 EUA 等于 1 吨二氧化碳当量。由于设定的排放上限高于实际排放量，所发放的排放配额超过了实际排放量的 4%。由于排放配额的供应量超过了需求量，且第一个交易期的配额不能储存到第二个交易期使用，导致在 2007 年排放配额 EUA 的价格降到了零。

二、第二个交易期（2008～2012 年）

1. 配额的发放

这一阶段是《京都议定书》的第一个承诺期，EU ETS 开始正式运行。欧盟需要依靠 EU ETS 来实现“到 2012 年温室气体排放量比 1990 年下降 8%”的目标。由于试点阶段的验证年度排放数据已经可用，因此第二个交易期改进了第一个交易期排放上限设置过高的问题，根据第一个交易期企业的实际排放量降低了限额上限。第二个交易期将年排放上限设置为 2 113 598 260 个 EUA，比第一个交易期降低约 6.5%。这一阶段约 90% 的配额采用无偿的方式进行分配，10% 的配额采用了拍卖的方式出售。

每年末所有被 EU ETS 覆盖的排放企业，必须清缴与本排放年度实际排放量相等的配额。如果企业的实际排放量比分配的配额少，则多余的配额可以在配额市场出售。如果企业的实际排放量高于分配的配额，则企业需要在市场购买不足的配额。未能及时上缴足额配额的企业，将被处以罚款，罚款额度为每 EUA 100 欧元。即使缴纳了罚款，也不意味着企业就免除了当年的合规义务，不足的配额需要在下一年度继续清缴。在这一阶段企业被允许使用国际减排信用 CER、ERU 来冲抵配额，不过欧盟对此设置了 14 亿吨二氧化碳当量的上限。

2. 配额的过剩

在第二个交易期，突发的 2008 年金融危机造成了经济衰退，导致欧盟区域内实际排放量比预期排放出现了大幅度下降，这直接导致了大量的配额过剩。2008 年配额供给与需求基本持平，2009 年随着欧盟经济大幅下行，配额供给出现大量过剩。一直到 2011 年，欧盟配额过剩的情况越来越严重（见表 4 – 1）。

表 4 – 1　　欧盟第二个交易期配额发放及余额情况

单位：百万吨二氧化碳当量

项目	2008 年	2009 年	2010 年	2011 年	总计
发放以及使用的国际配额	2 076	2 105	2 204	2 336	8 720
需求（实际排放量）	2 100	1 860	1 919	1 886	7 765
累积过剩配额	–24	244	285	450	955

资料来源：欧盟委员会，https：//ec. europa. eu/info/index_en.

配额供给过剩的情况，对第二个交易期的碳价格构成了沉重的压力。EUA 价格从 2008 年 30 欧元的最高价，一路下跌至 2012 年的 5 欧元（见图 4 – 3）。不断下跌的碳价格，伴随着不断下跌的交易量，对依靠碳市场实现减排是非常不利的。这就类似于股票的二级市场：当股票二级市场不断下跌时，会直接作用于一级市场，导致一级市场的衰退。这是因为准备 IPO 的企业，总是希望企业的估值尽可能更高一些；但是如果股市不断下行，IPO 企业的市值也会遭受重大不利影响。因此一般企业总是选择在股市繁荣时上市，这样可以获得更高的估值。

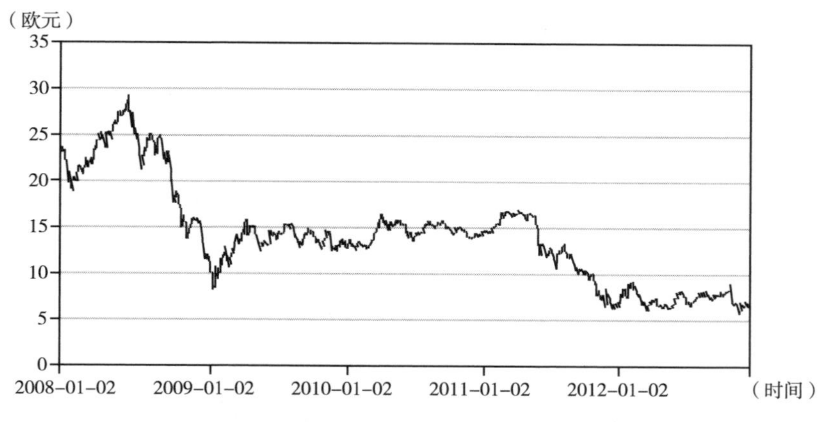

图 4-3　EU ETS 第二个交易期 EUA 价格变化

资料来源：欧盟委员会，https：//ec. europa. eu/info/index_en.

碳市场的情况是一样的，当二级市场碳价格不断下降，会形成对碳价格不断下跌的市场预期，导致市场逐步衰退。二级市场的衰退会直接影响碳配额的一级市场，最终不利于减排目标的实现。

三、配额供求的改革

解决配额过剩的问题，不仅对第二个交易期的减排很重要，对第三个交易期甚至 EU ETS 系统整体的稳定运行都至关重要。EU ETS 成员国的经济在发展过程中不可能不出现波动。一旦经济社会出现大的波动，如经济危机、新冠肺炎疫情等，势必会对配额的供给和需求特别是需求造成较大的影响。如果没有及时采取措施，就会导致配额的价格出现过低或过高的情况。从长期来看，经济发展是总体向上的，配额的供求能够维持平衡。但是短期之内，由于经济周期的存在，供求失衡很可能会长期存在，是一种结构性问题。当然，对于配额供求的失衡也可以不采取任何措施，静待配额供求自我恢复平衡，毕竟从长期来看供求是平衡的。但是正如凯恩斯所说的，“长远是对当前事务错误的指导。从长远看，我们都已经死了。如果在暴风雨季，经济学家们只能在暴风雨已经过去、大海恢复平静时，才能告诉我们会有暴风雨，他们给自己定的任务也太简单、太没用了”。

经历了第二个交易期配额供给过剩的情况后，欧盟计划尽快采取措施来应对配额供求失衡的情况。从短期来看，首先需要解决的是配额供给过剩的问题。解决这一问题最直接有效的方式是直接减少配额的供给，但是配额的供给不宜减少过多，以免造成配额价格上涨过快，导致企业减排的难度加大，不利于经济社会的正常运行。同时配额供给的减少，应该尽量降低随意性，否则不利于配额市场形成稳定的预期。为了解决日益严重的排放配额结构性供需失衡问题，在征求了利益相关者的意见之后，欧盟提供了六种方式对配额供给进行改革。

1. 提高减排目标

配额的分配直接决定于减排目标，减排目标越高，分配的配额就越少。欧盟 2012 年的减排目标是根据《京都议定书》制订的。减排目标确定之后，排放上限就确定了，2008 年发生的金融危机是所有国家始料未及的。如果欧盟依据既定的目标在第三个交易期（2013 ~ 2020 年）分配排放配额，极有可能再次造成配额的超额供给。如果欧盟决定计划在 2020 年将原有的减排目标提高至一定比例，如 30%，就可以对 EU ETS 中的配额数量进行相应修正。

提高减排目标也可以采取两种方式：取消一部分配额，或者降低年度线性折减系数。提高第三个交易期（2013 ~ 2020 年）的减排上限也将对 2020 年以后的欧盟碳市场产生影响。欧盟委员会此前已经分析了配额数量的取消所带来的影响，这将使 EU ETS 的排放上限在 2020 年之前与 1990 年相比达到降低 30% 的总体目标。不仅如此，这还将有助于欧盟加快实现到 2050 年与 1990 年相比排放量降低 80% ~ 95%，以及到 2050 年实现“碳中和”的长期目标。

2. 取消若干配额

通过永久性地取消一部分第三个交易期的配额，也可以减少配额交易中的剩余。这项措施需要 EU ETS 通过立法来决定，并由欧洲议会和欧洲理事会另行决定是否实施。这一措施的结果是通过从拍卖配额中永久性收回一部分配额，减少第三个交易期发放的配额数量，这将减少第三个交易期的配额剩余，进而提高配额价格。

这项措施可以有效地解决第三个交易期的总体供需失衡问题，还可以隐含地增加2020年的减排目标，从而部分恢复2008年气候能源一揽子雄心计划的水平，但不会直接影响到2020年后欧盟减排的框架。这不仅可以实现更多的减排，还有助于欧盟实现可再生能源和能源效率的目标。永久取消的配额数量需要采取科学合理的方法来确定，同时还需要确定取消配额的合适时间。取消配额的数量需要经过精确的计算，同时应尽量减少随意性，否则将不利于配额市场的预期，从而扰乱排放企业的规划。

3. 设置年度线性折减系数

在EU ETS的第一个和第二个交易期，每年分配的配额总量基本相同。为了逐步降低配额的供应量，提高配额价格，同时稳定市场对配额供给的预期，降低配额价格的波动，可以考虑在第三个交易期（2013～2020年）设置年度线性折减系数。从2013年开始，每年以固定比例降低配额的拍卖量，这一固定比例就是线性折减系数，这一系数是对市场公开发布的，可以稳定市场预期。

年度线性折减系数还可以在2020年之后继续使用，根据欧盟减排目标的变化，以及对经济形势变动的预期及时修订。线性折减系数在每一阶段初期确定，一旦确定就不能频繁修改，否则会扰乱市场预期，增加配额价格的波动。折减系数的高低主要取决于欧盟对未来经济发展的判断。如果欧盟认为未来经济将以扩张为主，可以在实现减排目标的前提下将折减系数设置低一些，降低减排对经济发展的不利影响。如果欧盟认为未来经济将陷入衰退，可以将折减系数设置高一些，确保配额价格保持在一定高度。折减系数设置得越高，配额总量就越少，可实现的减排目标就越高。这一结构性措施不仅可以解决第三个交易期配额供求不平衡的问题，也会影响EU ETS第三个交易期之后的时期。

4. 扩大EU ETS的覆盖范围

解决配额供给过剩的问题，除了降低配额供给之外，还可以提高配额的需求。EU ETS的覆盖范围基本在50%左右，可以通过扩大覆盖率，将更多的排放行业和企业纳入减排覆盖范围。这样可以增加配额的需求，提高配额的市场价格，还可以实现更高的减排目标。受2008年金融危机的影响，欧盟企业的排放量普遍出现了下降。2009年未被纳入EU ETS覆盖范围的企业平均下降4%左右，EU ETS覆盖的企业平均下降了11%以上。从数据来看，7%的差异基本就是企业在 EU ETS 的覆盖下实现的减排。

EU ETS 可以通过扩大覆盖范围来增加配额的需求量，尽快将还未被纳入覆盖范围的行业和企业纳入覆盖范围，这应该作为 EU ETS 下一步发展的方向。对所有与化石能源有关的排放进行更全面扩展将大大增加排放覆盖范围，且可以提高总体减排水平。这不仅可以解决配额短期内的供求失衡，从长期来看还将有助于欧盟实现 2050 年碳中和的减排目标。从 2005 年 EU ETS 建成运行以来，欧盟减排目标的实现完全依靠的是被纳入减排覆盖范围的 50%的排放企业，未被纳入减排的剩余 50%的企业没有承担减排义务。将更多行业更多企业纳入减排范围中，能够促进 EU ETS 成员国的减排更加公平合理，还可以有效降低纳入覆盖范围的排放企业的减排负担。

5. 限制国际碳信用的使用

在第一个交易期和第二个交易期 EU ETS 允许企业使用国际碳信用来冲抵配额，主要是为了帮助企业控制合规成本。随着国际减排事业的快速发展，不少发展中国家的排放量已经大大降低。2008 ~ 2020 年国际碳信用的数量变得相当宽裕，是 EU ETS 盈余积累的重要驱动力。如果不使用国际碳信用，到 2020 年，EU ETS 的盈余可能只有预期盈余的 25%左右。

要降低配额的盈余，可以降低使用国际信用冲抵配额的比例，甚至取消国际碳信用的使用。这将为在欧盟开展的各项减排努力创造更多的确定性，从而刺激欧盟对本土低碳技术的投资，而不是通过购买国际碳信用或者投资国外的低碳技术获得碳信用。当然，这必然会导致流向发展中国家的低碳资金减少，不利于发展中国家的低碳投资。因此，这需要欧盟与其他国家特别是发展中国家进行有效协调。

6. 自由裁量的价格管理机制

为了通过以成本效益的方式促进减排目标的实现，以及逐步实现可预测的减排，EU ETS 被设计为一种基于数量的工具。在该工具中，发放了数量预先确定的排放配额。在短期内，排放配额的稀缺性，加上配额交易所提供的灵活性，决定了碳价格的中长期走势。为了减少碳价格的波动性，并防止由于配额供需暂时不匹配而导致的价格下跌，可以通过两种机制作为支持碳价格的临时方法。

一是建立配额的价格下限。在第三个交易期（2012～2020年），配额的分配方式开始由无偿分配向拍卖过渡。碳价格下限已被提议尽快应用于配额的一级市场，即拍卖市场。碳价格下限将为配额交易带来更多的确定性，为投资者提供更好的价格信号。

二是建立配额的价格储备。在碳价格遭受大规模暂时性的供需失衡时，及时调整配额的供应。如果由于需求的减少导致价格过度下跌，低于某个被视为影响市场有序运作的价格水平，则要将拍卖的配额中的一部分存入该储备。如果由于需求的增加导致价格过度上涨，配额可以从储备中逐步释放出来。

基于配额价格的自由裁量机制，如碳价格下限和配额储备，具有明确的碳价格目标，将改变目前EU ETS作为基于数量的市场工具的本质，这需要改变一系列制度安排。自由裁量机制也带来了一个不利因素，即碳价格可能主要是行政和政治决策的产物，而不是市场供求作用的结果。这种决策容易影响配额市场的预期，对配额的价格造成影响。

四、配额供求改革的结论

EU ETS建立了一套运转良好的市场基础设施和一个完善的配额交易市场，产生了欧盟范围内的碳价格信号，这有助于欧盟实现制订的减排目标。然而，各类危机的影响造成了配额在短期内供需之间的严重失衡，可能出现长期负面影响。如果不加以解决，这些不平衡将深刻影响EU ETS在未来阶段以成本效益的方式实现减排目标。作为欧盟气候政策的核心支柱，排放交易系统被设计成内部市场，尤其是内部能源市场的技术中立、成本效益高且协调一致的组成部分。

在充分考虑各种方法和途径之后，欧盟委员会建议在以下两个方面采取行动。

首先，为了解决配额供应量供给过剩的问题，建议EU ETS改变拍卖时间表，并要求气候变化委员会尽快就拍卖条例的修正案草案提出意见，以便尽快为市场参与者提供确定性。

其次，应毫不拖延地与利益攸关方讨论和探讨结构性改革措施。改变拍卖模式只是一个短期和临时性的措施，不是一个解决结构性过剩的方案。要实现这一点，就需要采取结构性措施，从根本上解决配额供求失衡的问题。

表4－2总结了上述方案的一些主要特点。虽然每个方案都会影响供应或需求，但有些方案需要更多的时间来深入分析，并在此基础上实施。

表4－2　欧盟配额供给改革方案及影响

选项	影响供给还是需求	部署速度	是否改变2020年后的减排目标	是否影响免费分配
1. 提高减排目标	供给	取决于机制	取决于机制	取决于机制
2. 取消若干配额	供给	相对较快	不改变	不改变
3. 修改年度线性折减系数	供给	慢	改变	影响
4. 扩大EU ETS的覆盖范围	需求	慢	取决于机制	不影响
5. 限制国际碳信用的使用	供给	慢	不改变	不影响
6. 自由裁量价格管理机制	供给	慢	不改变	不影响

2013年，欧盟委员会决定采用年度线性折减系数的方式来确定第三个交易期（2013～2020年）每年的配额上限。使用这一方式，可以让企业有一个逐渐适应的时间和过程。不断降低的排放上限必然会逐步降低碳市场配额的供给，进而提高配额的价格。这样能够激励企业不断研发和使用低碳技术，促使温室气体减排幅度不断增加。线性折减系数可以稳定交易者对配额供给的预期，有利于碳价格的稳定性。一个稳定的碳市场有利于扩大碳资产的交易量，增强碳市场的价格发现功能。

五、第三个交易期（2013～2020年）

在依靠EU ETS在第二个交易期超额完成《京都议定书》的减排目标后，欧盟对于继续减排的信心大增，EU ETS也成为全球标杆性排放交易系统。对于第三个交易期，欧盟设置了雄心勃勃的计划：到2020年，欧盟温室气体排放量比1990年降低20%以上。在第三个交易期，EU ETS对于排放上限进行了一系列调整。

1. 将覆盖行业分为固定排放行业与航空业

从2012年开始，欧盟决定将航空业纳入EU ETS的减排覆盖范围。与其他行业不同，航空业存在其自身的特殊性。将航空业纳入排放交易系统，必然会要求航空企业像其他行业一样清缴排放配额。纳入EU ETS的航空企业，不仅包括了欧盟境内的航空企业，还包括从欧盟境内进出港的其他国家的航空企业。这对其他国家经济管理的主权是一种严竣的挑战，必然会导致其他国家的激烈反对。但是如果只是将欧盟的航空企业纳入减排范围，就会有失公允，也会对欧盟航空业产生碳泄漏风险。但是作为碳排放大户，将航空企业纳入减排范围是排放交易系统发展的必然趋势，也是实现更高减排目标的必然要求。

要降低将航空业纳入减排范围的阻力，提高航空业减排效果，就需要根据航空业的特殊性单独为其设置有关的减排规则。将航空业单列出来，是确保航空业顺利实施减排的一项重要决策。由于航空业自身的特殊性，欧盟必须在一些减排规则方面进行适当妥协。例如，从第三个交易期（2013～2020年）开始，欧盟决定将配额的分配逐步使用拍卖的方式来替代无偿分配。但是考虑航空业的特殊性，欧盟决定对航空业在短期之内仍然采取无偿分配的方式来发放配额。

2. 固定排放行业的排放上限

从第三个交易期开始，固定排放行业上限的设置方式发生了变化。与第一个交易期和第二个交易期每年的固定排放上限相比，第三个交易期采取线性下降的方式每年降低固定额度的配额。与第二个交易期（2008～2012年）相比，该上限将以每年1.74%的线性折减系数下降，相当于每年减少38 264 246个EUA。在这一年度折减系数下，2020年的排放量可以实现比2005年排放量降低21%的目标。

2013年的排放上限确定为2 084 301 856个EUA，每个EUA相当于1吨二氧化碳当量。在第一个交易期和第二个交易期，排放上限是通过EU ETS的27个成员国制订的国家分配方案（NAP）自下而上制订的。从第三个交易期开始，单一的欧盟范围内的方案将替代国家分配方案，排放上限被集中设定（见图4－4）。

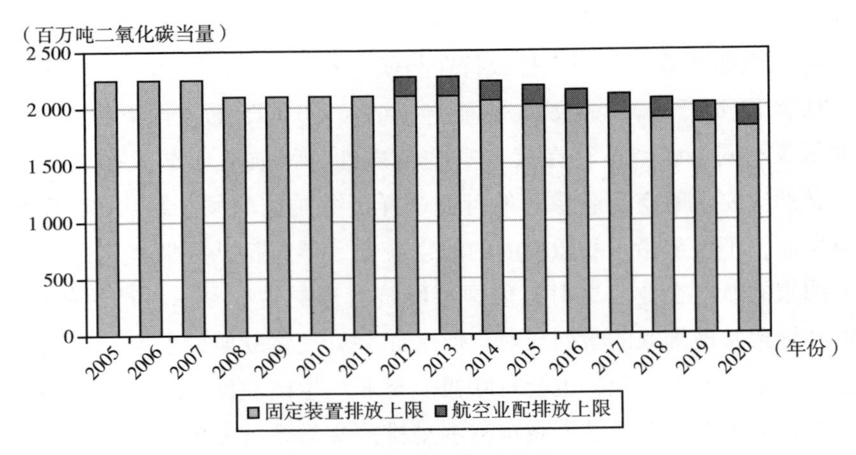

图 4－4　EU ETS 三个阶段的排放配额情况

资料来源：欧盟委员会，https：//ec. europa. eu/info/index_en.

3. 航空业的排放上限

2012 年，EU ETS 覆盖了航空业。在第三个交易期，航空业排放的临时上限被定为每年 210 349 264 个 EUA，这相当于航空业历史排放量的 95%，未来这一上限将不断降低。需要说明的是，航空企业可以使用航空业配额或固定排放配额来满足其配额要求。但是从 2021 年开始固定排放配额不允许使用航空排放限额。

从目前的数据来看，欧盟 2020 年完成排放量比 1990 年降低 20% 的目标已成定局。2015 年制定、2016 年通过的《巴黎协定》，为 2020 年后全球应对气候变化行动做出了安排。《巴黎协定》是继《京都议定书》之后人类就温室气体减排所达成的最重要的协议，对未来很长一段时间的减排行动提供指导。《巴黎协定》的长期目标是将全球平均气温较前工业化时期上升幅度控制在 2℃以内，并为温度上升幅度控制在 1. 5℃以内而努力奋斗。

六、第四个交易期（2021～2030 年）

作为全球减排的标杆，欧盟已经计划在 2050 年实现“碳中和”，EU ETS是实现这一目标的重要支撑。为实现这一目标，第四个交易期的立法框架于 2018 年初进行了修订，以使其能够实现欧盟 2030 年的减排目标，并作为欧盟对《巴黎协定》贡献的一部分。从2021年起，欧盟将排放配额的年度削减速度提高至2.2%，并加强市场稳定储备。碳市场稳定储备机制是欧盟于2015年建立，旨在减少碳市场的排放配额盈余，提高欧盟排放交易机制对未来冲击承受力的机制，目标是加强EU ETS作为减排投资的驱动力。从2021年起，适用于固定排放行业的相同线性折减系数（每年-2.2%）也将用于航空业排放上限的计算。

第四个交易期配额分配方式将主要采用拍卖的方式。对于特定行业和特定企业，如面临碳泄漏的企业为避免国际竞争中的劣势，EU ETS将对此类企业继续免费分配排放配额。

第五节　排放配额的分配

配额的分配既可以通过无偿分配的方式，也可以通过有偿拍卖的方式。无偿分配是向所有被纳入EU ETS的排放企业，根据欧盟为每家企业根据历史排放法或基准线法确定的配额额度，向企业免费分配配额。有偿分配一般采取拍卖的方式进行分配，在每年初，EU ETS会组织配额的拍卖会，所有被纳入减排范围的企业都可以参与拍卖，每家企业参与拍卖购买的额度没有任何限制。配额的拍卖总额等于所有企业的排放上限总额。配额的分配市场类似于股市的一级市场，即发行市场。

无论采用哪一种分配方式，企业在获得配额之后，就可以将配额在二级市场上进行交易了。企业在每年的年末需要向监管机构缴纳等同于其实际排放量的配额，即配额的清缴。企业未使用的配额可以留存至下一个年度继续使用。但是根据EU ETS的规则，每一个交易期的排放额度，一般是不允许储存至下一个交易期使用的。

根据“污染者付费”的基本理念，拍卖的方式更加公平合理，是排放交易系统发展的方向。在配额拍卖的制度下，企业需要就其排放的每一单位的温室气体支付费用。但是在无偿分配的制度下，每一家企业都有基本的排放权，只要没有超额排放，就无须付费。如果排放交易系统覆盖的区域中，所有的企业都排放温室气体，采用无偿分配配额的方式是合理的。

但是在实践中，有大量的企业没有排放温室气体。因此排放企业免费获得基本排放配额对于没有排放温室气体的企业是不公平的。从这个角度来说，排放企业是不存在所谓的“基本排放权”的，排放企业需要为其排放的每一单位的温室气体付费。

EU ETS 在第一个交易期（2005～2007 年）和第二个交易期（2008～2012 年）配额的分配方式是无偿分配。这一安排主要是给企业提供充足的适应时间，做好拍卖配额的准备。从第三个交易期（2013～2020 年）开始，配额的分配方式逐步过渡到以拍卖为主。不过欧盟还是给一些特殊的行业和企业预留了部分免费和全部免费的配额。配额总量的 5% 被预留给新进入 EU ETS 的企业，分配方式是无偿分配。欧盟在推动将航空业纳入减排的过程中，遭遇了极大的阻力，国外航空公司和政府认为欧盟的做法侵犯了经济主权，对此进行了激烈的反对。为了降低阻力，欧盟决定对航空业继续采取无偿分配配额的方式。

一、配额分配的基本安排

在 EU ETS 的第一个交易期和第二个交易期，配额都是免费发放给参与者的。在第三个交易期（2013～2020 年），欧盟主要采取拍卖的方式来分配配额。不过部分配额仍然在继续通过无偿的方式向特定行业和企业发放。除新进企业和航空业外，一些工业部门也获得了部分无偿分配的配额。为推动配额的分配方式尽快由无偿分配向拍卖转变，欧盟对第三个交易期的无偿分配的配额进行了限制，要求无偿分配的配额总量不超过第三个交易期排放总上限的 43%。

（一）发电行业的配额分配

发电行业是温室气体第一排放大户，也是最早被纳入减排范围的行业。在配额的分配方式由无偿分配逐步向拍卖过渡时，发电行业需要首先采取拍卖的方式。依据欧盟的规定，从 2013 年起，发电行业将全部采取拍卖的方式分配配额。

（二）工业和供热部门

工业（非电力）和供热部门将在过渡期内根据欧盟温室气体绩效基准获得部分免费配额。2013 年，工业部门 80% 的配额将免费分配，2020 年将降至 30%，2027 年为 0。在第三个交易期的整个过程中，如果企业由于在和非欧盟企业竞争中存在碳泄漏风险而处于不利状况时，将在整个第三个交易期继续获得最高 100% 的免费分配的配额。

（三）第三个交易期配额分配的过渡情况

为了给企业充足的适应时间，欧盟决定配额的分配方式将逐步从无偿分配向免费分配过渡。从第三个交易期（2013 ~2020 年）开始，免费分配的配额将逐步减少，拍卖的配额将逐步增加。发电企业在第三个交易期免费分配的比例是 0，全部采取拍卖的方式获得配额。没有碳泄漏风险的工业部门的免费分配比例，从 2013 年的 80% 逐步过渡到 2020 年的 30%，每年降低的比例约为 7.1%。有碳泄漏风险的企业，将继续在第三个交易期获得 100% 的免费分配发配额（见表 4 -3）。如果一家企业的业务既有碳泄漏风险的业务，也有不存在碳泄漏风险的业务，还有发电部门，则企业获免费分配的配额是根据其业务来计算出来的。发电部门不能获得免费配额，碳泄漏部门获得 100% 的免费配额，其他工业部门根据规定获得部分免费配额。

表 4 -3　EU ETS 第三阶段（2013 ~2020 年）设施免费分配份额

单位:%

企业	2013 年	2014 年	2015 年	2016 年	2017 年	2018 年	2019 年	2020 年
发电企业	0	0	0	0	0	0	0	0
工业部门	80	72.9	65.7	58.6	51.4	44.2	37.1	30
碳泄漏企业	100	100	100	100	100	100	100	100

资料来源：欧盟委员会，https://ec.europa.eu/info/index_en.

二、EU ETS 配额分配的历史

（一）第一个交易期和第二个交易期（2005~2012 年）

在 EU ETS 的前两个交易期（分别是 2005~2007 年和 2008~2012 年），配额全部采用无偿的方式分配给参与者。每个参与者获得的配额数额由国家分配计划（National Allocation Plan，NAP）决定。EU ETS 的每个成员国会制订一份“国家行动方案”，在方案中确定第一个和第二个交易期为被纳入 EU ETS 的本国企业免费分配的配额额度。

（二）第三个交易期（2013~2020 年）

第三个交易期的大部分配额将通过拍卖的方式提供。在第三个交易期，电力部门将需要全额拍卖配额，而对于工业部门，根据欧盟温室气体绩效基准免费分配部分配额，其余配额也将采用拍卖的方式发放。2013 年，配额的 20% 会被拍卖。在整个第三个交易期，这一比例会不断上升。

1. 配额的发放机构

在第一个和第二个交易期，配额由 EU ETS 的成员国发放。在第三个交易期（2013~2020 年），欧盟改变了分配方式，配额的分配和发放将由欧盟统一管理。通过制定欧盟范围内全新的、完全协调的分配规则，EU ETS 的配额分配更加公平合理。会员国仍需编制“分配计划”，即“国家执行措施”文件。同时，EU ETS 成员国仍然需要负责基础数据的收集和配额的最终发放。欧盟委员会有权批准或拒绝 EU ETS 国家标准化管理体系或其部分内容，并在必要时进行修订。

2. 配额的拍卖量

EU ETS 将配额的发放分为普通配额和航空业配额两种。EU ETS 将航空业单列出来，独立计算其配额，是因为航空业有其自身的特殊性。航空业涉及经济主权问题，欧盟决定在采取拍卖方式向企业提供配额之后，仍然坚持向航空业无偿分配配额。从配额发放额度来看，从 2012 年开始，EU ETS 就开始进行配额年度拍卖了，不过拍卖的额度非常少，完全是一种试点。从 2013 年开始，EU ETS 正式开始配额的拍卖，且拍卖的额度逐年增加（见表4－4）。

表4－4　　2012～2019年EU ETS配额拍卖额度

年份	普通配额（EUA）	航空业配额（EUA）
2012	89 701 500	2500 000
2013	808 146 500	0
2014	528 399 500	9 278 00
2015	632 725 500	16 390 500
2016	715 289 500	5 997 500
2017	951 195 500	4 730 500
2018	915 750 000	5 601 500
（截至2019年6月30日）	292 975 500	2 032 500

资料来源：欧洲能源交易所（European Energy Exchange，EEX）。

在实际执行过程中，航空公司获得的配额并非全部免费，有一小部分配额是采用拍卖的方式向航空公司发放，这一比例约为15%。航空企业通过其向主管部门上报的基础数据，包括飞行里程和耗油量等，通过每吨公里排放的二氧化碳计算其总排放量，在此基础上免费获得大部分配额。对于航空业来说，EU ETS拍卖的配额额度占比很小，主要是为了在未来将航空业的配额分配方式逐步向拍卖过渡进行试点。

3. 配额的计算规则

为了明确对每类企业分配配额，以及确定企业的排放上限，EU ETS制定了统一的计算规则。在配额的分配由成员国执行修改为由欧盟统一执行之后，制定这样的规则就很有必要了。确定每类企业，甚至每家企业的配额，计算的方法已经由历史排放法过渡为基准线法，更加科学合理。每个排放装置在确定配额之后，在每个阶段就不会再变化。

4. 配额的价格走势

在将配额的分配方式从无偿分配向拍卖方式转变之后，配额的拍卖价格就成为配额市场重要的价格指标。在无偿分配配额时，配额的价格只有在二级市场形成的交易价格，一级市场（配额的分配市场）由于是无偿分配，因此没有形成有效的价格。在使用拍卖的方式分配配额之后，一级市场上形成的拍卖价格对二级市场交易价格具有重要影响，二级市场的配额价格又是一级市场拍卖价格的重要参考。配额的价格体系与股票的价格体系比较类似，股票的市场也分为以一级市场和二级市场。一级市场是股票的发行市场，二级市场是股票的交易市场。股票的一级市场和二级市场是互相影响的。

在第三个交易期，配额的拍卖比例是逐步上涨的。2013 年的拍卖比例是 20%，到 2020 年约为 70%（见图 4－5）。在第三个交易期初期，由于拍卖的比例较低，大部分配额仍然是无偿分配的，因此配额的拍卖价格比较低，波动也很小，对二级市场的参考意义不大。在配额的拍卖比例超过无偿分配的比例后，配额的拍卖价格被释放出来，价格出现大幅度上涨，价格波动性也随之出现大幅波动。配额的拍卖价格对二级市场初步具备了重要的参考作用。

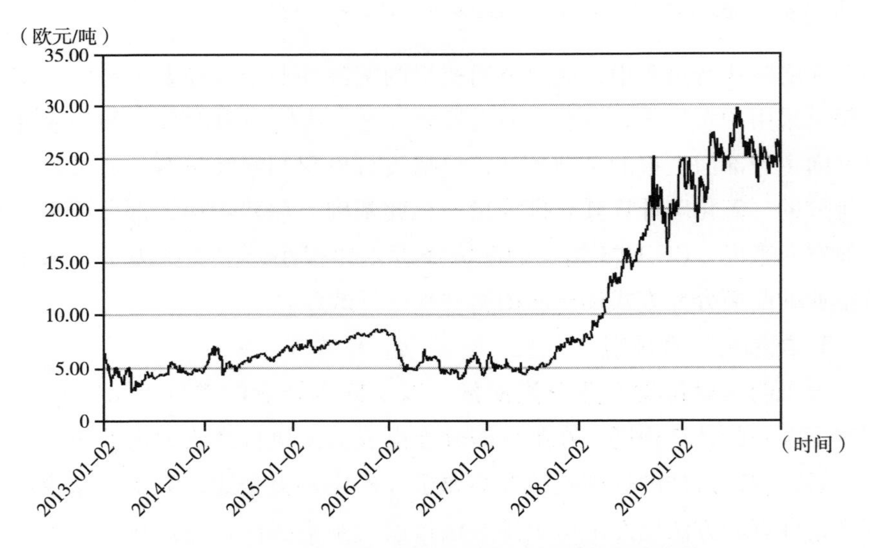

图 4－5　2013～2019 年 EU ETS 配额拍卖价格走势

资料来源：欧洲能源交易所（European Energy Exchange，EEX）。

三、拍卖的具体实施方式

拍卖是出售资产的一种透明的方式，通过拍卖的方式，能够充分发挥市场的价格发现功能，实现资产的优化配置。在 EU ETS 的配额一级市场上，配额也逐步开始采取拍卖的方式来发放，市场参与者能够以拍卖价格获得排放配额。

实际上 EU ETS 的配额拍卖很早就开始了，只是比例很低，带有试点的性质。在 EU ETS 第一个交易期（2005～2007 年），成员国被允许拍卖最高 5% 的排放配额。在第二个交易期（2008～2012 年）成员国被允许拍卖的比例最高不超过 10%。在实际分配中，EU ETS 成员国只是少量行使了这一权利。在第二个交易期，实际拍卖的配额只有 4%，96% 的配额是免费发放的。从 2013 年，从第三个交易期（2013～2020 年）开始，所有未免费分配的配额都将被拍卖。这意味着，预计大约一半的配额将被拍卖，且这一比例在整个交易期间会不断上升。

（一）拍卖的管理

欧盟制定了《拍卖条例》来管理配额的拍卖，从第三个交易期（2013～2020 年）起（航空业从 2012 年起），配额的拍卖受《拍卖条例》管辖。该条例规定了拍卖的时间、管理和其他方面，确保配额拍卖过程的公开、透明、协调和无歧视。任何拍卖，包括配额拍卖，都必须尊重拍卖的基本规则，拍卖需要在无歧视的条件下对符合条件的所有潜在买家开放。

表 4－5　　2011～2018 年欧盟 28 国实际排放量

项目	2011 年	2012 年	2013 年	2014 年	2015 年	2016 年	2017 年	2018 年
当年排放量（百万吨二氧化碳当量）	1 904	1 867	1 908	1 814	1 803	1 750	1 755	1 682
比上年降低（%）	－1.8	－2	2.2	－4.9	－0.6	－2.9	0.2	－4.1
电力与供热部门排放量（百万吨二氧化碳当量）	1 190	1 184	1 125	1 037	1 032	992	985	913
比上年降低（%）		－0.5	－5.0	－7.8	－0.5	－3.8	－0.7	－7.3
工业部门排放量（百万吨二氧化碳当量）	715	683	783	777	771	758	769	769
比上年降低（%）		－4.5	14.7	－0.9	－0.7	－1.7	1.4	－0.1
欧盟 28 国 GDP 增长率（%）	1.8	－0.4	0.3	1.8	2.3	2.0	2.5	2.0

资料来源：欧盟委员会，https：//ec.europa.eu/info/index_en.

（二）配额拍卖的基本安排

1. 拍卖设计

配额的拍卖形式为单轮、密封竞价和统一价格拍卖。这种简单的拍卖形式有助于包括中小企业在内的所有授权投标人参与。在一个单独的投标窗口内，竞拍者可以提交、修改和撤回任何数量的出价，批量大小为500或1 000 EUA，具体数量取决于拍卖平台。投标人在每一份投标书中，都必须说明希望以给定价格购买的配额数量。

投标窗口必须至少开放两小时，竞价窗口关闭后，拍卖平台将确定并公布拍卖结算价格。结算价格是指投标数量之和等于或超过拍卖限额的价格。所有高于结算价格的出价都是成功的。这些投标按价格和投标数量的降序排列，从最高出价开始分配。如果投标出现平局的情况，将通过计算机的随机选择算法排序。

对于每次拍卖，如果配额未全部拍卖，则取消拍卖。当投标量小于可供拍卖的数量，或者结算价格低于拍卖底价，就会发生这种情况。拍卖底价是拍卖平台与拍卖管理部门在协商后，根据投标窗口关闭之前和投标窗口期间排放配额的现行市场价格制定的秘密最低结算价格。允许一个明显低于市场价格的拍卖结算价格会扭曲碳价格信号，扰乱碳市场，并且不能确保投标人为配额支付公允价值。因此，在这种情况下拍卖会被取消。拍卖量随后将平均分配到同一拍卖平台安排的下一次拍卖中。

2. 拍卖流程

EU ETS 成员国负责确保分配给本国的配额被拍卖。从 EU ETS 第三个交易期（2013～2020 年）起，配额的拍卖可以在通过联合采购程序指定的共同拍卖平台上进行，也可以在根据这些成员国执行的采购程序指定的拍卖平台上进行。联合采购方式被欧盟委员会和25 个成员国采用。德国、波兰和英国选择退出联合采购程序，建立自己的拍卖平台。拍卖平台每次预约的最长期限为5 年。

欧洲能源交易所（EEX）是25 个成员国的过渡性共同拍卖平台，也是德国选择的独立拍卖平台。另一个拍卖平台是 ICE 欧洲期货交易所（ICE Futures Europe），它是英国选择的独立拍卖平台。波兰到目前为止还没有一个独立的拍卖平台，因此暂时使用通用拍卖平台 EEX。挪威、列支敦士登和冰岛也使用共同拍卖平台 EEX。每个投标人可在欧盟和欧洲经济区（EEA)—欧洲自由贸易区（EFTA）的任何地方申请进入拍卖平台进行投标。拍卖平台必须检查每份申请，以确保竞拍人有资格根据 EU ETS 制定的《拍卖条例》规则参与，并防止拍卖被用于犯罪活动。

3. 拍卖品

EU ETS《拍卖条例》规定，拍卖的对象为配额“现货”产品，拍卖后的最长交付日期为5天。拍卖平台 EEX 和 ICE 在拍卖结束后一天就可以发放这些配额。这些拍卖品根据欧盟金融市场立法，产品虽然不符合“金融工具”的资格，但《拍卖条例》确保现有的配额的有关规则，与欧盟金融立法覆盖的任何金融工具的规则相似，尤其是在市场滥用、洗钱和客户保护方面。

4. 拍卖日程

普通配额和航空配额的拍卖日程规定了在一个日历年内举行的每次拍卖的日期、投标窗口、规模和其他细节。拍卖平台在咨询了欧盟委员会，并考虑了欧盟委员会的意见后，提前确定拍卖日程，为市场提供了确定性。在拍卖日程被固定之后，只能在规定范围内执行有限调整，而且应该确保每一次调整对可预测性的影响是最小的。

表 4－6　　　　EU ETS 配额拍卖平台及拍卖日程安排

拍卖平台	国家	拍卖日程
EEX	25 个成员国	每周的周一、周二和周四进行拍卖
	EEA 和 EFTA 成员国	
ICE	德国	每周五拍卖
EEX	英国	每两周在周三拍卖一次
EEX	波兰	每月在周三拍卖一次

资料来源：EEX，ICE。

拍卖日程可每年修订，但应及时公布修订的内容。在 2013 年 EU ETS 宣布“停止计时”决定后，航空配额拍卖被搁置。2014 年，拍卖日程因“后备”决定而进一步修订。

5. 投标人

所有符合 EU ETS 资质要求的交易者都可以参与配额的拍卖。具备以下资质的竞买者都可以参与配额拍卖：

（1）任何被 EU ETS 覆盖的企业及其母公司、子公司或附属企业。企业可以组成企业集团，作为代理人代为投标。

（2）根据欧盟有关金融法规授权和监管的投资公司以及碳信用机构。

（3）被欧盟金融法规排除的实体，但已根据拍卖条例的规定获得授权的实体。

《拍卖条例》要求 EU ETS 所覆盖的中小企业和排放量小的企业能够充分、公正和公平地参与拍卖。他们可以在经过尽职调查后直接参与拍卖，也可以通过中介或代理参与拍卖。通过中介或代理参与拍卖，可以降低中小企业的交易成本。竞拍人能够通过互联网参与拍卖，拍卖平台也应提供专用的链接。

6. 成员国的参与

EU ETS 各成员国必须指定一名拍卖师，负责代表指定成员国向拍卖平台提供拍卖配额。拍卖人可以是公共或私人机构，必须在客户尽职调查后得到拍卖平台的认可才能代表成员国参与拍卖。根据成员国的拍卖权，拍卖所得收入归指定拍卖人所有，该拍卖人负责向指定成员国支付拍卖配额的所有收益。

7. 拍卖收入的使用

EU ETS 指令规定，“成员国应确定拍卖配额所得收入的用途”。成员国有义务通知欧盟委员会，它们将如何使用这些拍卖收入。在 2008 年欧洲理事会的国家元首宣言中，EU ETS 成员国承诺将至少一半的拍卖收入用于减少温室气体的排放。2012～2018 年 EU ETS 成员国配额拍卖收入情况见表 4－7。

配额拍卖收入中的至少一半应该用于减缓和适应气候变化。这反映在 EU ETS 对此有具体规定：“拍卖配额产生的收入中至少 50% 应用于资助和支持气候变换的技术与项目，以此应对欧盟和第三国的气候变化。”该规定还列出了可以资助的行动类型。EU ETS 对于航空业的拍卖收入也做出了类似的规定。

德国的“能源和气候基金”就是一个由配额拍卖的收入用于资助气候变化项目的例子。能源和气候基金的目标是为有关减缓气候变化和环境保

表 4-7　　2012~2018 年 EU ETS 成员国配额拍卖收入　　单位：百万欧元

成员国	2012 年		2013 年		2014 年		2015 年		2016 年		2017 年		2018 年	
	工业	航空	工业	航空	工业	航空	工业	航空	工业	航空	工业	航空	工业	航空
奥地利	11.05	0.00	55.75	0.00	52.17	1.18	76.24	2.36	58.81	0.65	78.74	0.69	208.20	2.16
比利时	0.00	0.00	114.99	0.00	95.03	2.05	138.96	2.69	107.14	0.74	143.52	0.79	379.00	2.47
保加利亚	22.14	0.00	52.63	0.00	36.19	0.22	120.91	0.91	85.05	0.25	130.15	0.27	367.34	0.83
塞浦路斯	1.58	0.00	0.35	0.00	0.43	0.30	0.00	1.42	0.00	0.39	6.15	0.41	24.66	1.30
克罗地亚	0.00	0.00	0.00	0.00	0.00	0.00	86.40	0.49	20.09	0.16	26.97	0.18	70.96	0.55
捷克	0.00	0.00	0.00	0.00	55.24	0.47	110.30	1.20	117.63	0.33	199.43	0.35	583.33	1.10
德国	166.18	17.52	791.25	0.00	749.97	0.00	1 093.31	16.87	845.74	4.65	1 141.74	5.07	2 565.34	16.31
丹麦	1.07	0.00	56.06	0.00	46.93	1.16	68.64	2.71	52.93	0.74	70.93	0.79	187.32	2.48
爱沙尼亚	0.00	0.00	18.07	0.00	7.41	0.04	21.13	0.15	23.57	0.04	39.31	0.05	139.89	0.14
希腊	14.84	0.00	147.64	0.00	129.97	1.10	190.17	4.99	146.68	1.37	196.57	1.46	518.96	4.57
西班牙	68.53	0.00	346.11	0.00	323.53	6.56	473.20	16.32	364.97	4.48	488.78	4.77	1 291.07	14.97
芬兰	13.28	0.00	66.97	0.00	62.68	0.81	91.64	2.13	70.63	0.58	96.64	0.62	249.84	1.96
法国	43.46	0.00	219.25	0.00	205.29	10.05	299.94	12.18	231.34	3.35	309.85	3.55	818.40	11.16
匈牙利	3.99	0.00	34.59	0.00	56.21	0.29	82.28	0.99	63.43	0.27	84.94	0.29	224.48	0.91
爱尔兰	0.00	0.00	41.68	0.00	35.11	0.87	51.32	2.15	39.54	0.59	57.93	0.63	140.10	1.97
意大利	76.50	0.00	385.98	0.00	161.25	5.24	528.00	14.41	407.23	1.96	545.44	4.21	1 440.10	13.22

续表

成员国	2012年		2013年		2014年		2015年		2016年		2017年		2018年	
	工业	航空	工业	航空	工业	航空	工业	航空	工业	航空	工业	航空	工业	航空
立陶宛	3.29	0.00	19.98	0.00	17.28	0.06	28.13	0.29	20.76	0.08	31.43	0.09	80.11	0.25
卢森堡	0.74	0.00	4.97	0.00	4.52	0.63	6.62	0.22	5.08	0.06	6.81	0.07	18.09	0.20
拉脱维亚	2.13	0.00	10.79	0.00	10.08	0.14	14.76	0.53	11.36	0.15	15.24	0.15	40.20	0.49
马耳他	0.27	0.00	4.47	0.00	3.81	0.10	5.62	0.57	4.30	0.16	5.78	0.17	15.19	0.52
荷兰	25.61	0.00	134.24	0.00	125.63	5.47	183.57	3.68	141.59	1.01	189.63	1.07	500.84	3.37
波兰	0.00	0.00	244.02	0.00	78.01	0.00	129.84	2.98	135.57	0.58	505.31	0.69	1 209.98	1.59
葡萄牙	10.65	0.00	72.78	0.00	65.82	1.27	96.32	2.89	74.29	0.79	99.50	0.85	262.96	2.65
罗马尼亚	39.71	0.00	122.74	0.00	97.57	0.32	193.62	1.60	193.56	0.44	260.29	0.47	717.64	1.45
瑞典	7.07	0.00	35.67	0.00	33.34	1.02	48.79	3.63	37.61	1.00	50.45	1.06	132.98	3.34
斯洛文尼亚	3.51	0.00	17.74	0.00	16.59	0.05	24.28	0.14	18.70	0.04	25.05	0.04	66.19	0.12
斯洛伐克	12.19	0.00	61.70	0.00	57.59	0.04	84.31	0.20	64.99	0.06	87.01	0.06	229.74	0.18
英国	75.74	0.00	409.63	0.00	387.42	14.08	567.72	18.54	418.96	5.37	604.02	5.30	1 607.32	0.00
总计	603.52	17.52	3 550.73	0.00	3 115.11	53.53	4 815.97	117.26	3 761.57	32.28	5 490.60	34.14	14 090.23	90.27

资料来源：欧盟委员会，https：//ec. europa. eu/info/index_en.

护的国家及国际方案提供财政资助。从 2012 年起，德国拍卖排放配额的所有收入全部投入到能源与气候基金中。

应当指出，并非所有拍卖收入都归会员国所有。欧洲投资银行（European Investment Bank）从新进入者储备（new entrant reserve，NER）中获得了多达 3 亿欧元的配额拍卖收入，即所谓的 NER 300。这些资金将用于建立一个示范方案，包括尽可能多的碳捕获和碳储存以及可再生能源供应项目，所有成员国都会参与其中。

四、配额的分配

EU ETS 从第三个交易期（2013 ~ 2020 年）开始，改用基准线法进行免费配额的分配。配额的免费分配的计算方法有两种，一种是历史排放法，另一种是基准线法。历史排放法是在企业部门近期的排放量的基础上，确定为企业发放配额的数额。基准线法则是根据企业排放部门所在行业的平均排放量，确定为企业发放配额的数据。历史排放法显然是不公平的——企业的排放效率越低，得到的配额反而越高；反之，企业的排放效率越高，得到的配额反而越少，这显然有失公允。相比之下，基准线法更加公平合理。但是基准线法需要更加全面的排放数据，在排放交易系统交易初期，这一点显然不够现实。在系统成熟运行之后，就应该尽快将历史排放法替换为基准线法。

（一）基准线法

在可行的范围内，每个排放部门应获得的免费分配配额的总量由与产品相关的温室气体排放基准确定。这些基准设定在每个行业 10% 的最高效率部门的平均排放水平。通过这种方式，高效率的部门应获得所需的全部或几乎所有配额。效率低下的部门必须做出更大的努力，通过减少排放量或购买更多的配额来覆盖其排放量。同样的原则也适用于航空业的免费分配，但基准是以不同的方式确定的。

在 EU ETS 第一个和第二个交易期，所有成员国的大部分配额都是根据历史温室气体排放量免费发放的，这种方法被称为历史排放法，也称为

“祖父法”。这种方法被批评奖励了排放量较高的国家，而惩罚了排放量低的国家。与历史排放法相比，基准线法并没有为排放量最高的国家提供更多的免费分配。基准线法根据企业部门的生产绩效而不是历史排放量来分配排放量。与高效装置相比，温室气体密集型装置相对于其生产而言将获得较少的免费配额，从而促使低效装置采取行动来覆盖其过量排放量。因此，EU ETS 选择在第三个交易期为基准来确定免费分配。

（二）配额拍卖收入的分配

EU ETS 明确提出，在确定要拍卖的配额之前，新进入者储备（NER）中需要留出总数量 5% 的配额，用于免费分配给新进入者。新进者由于不熟悉 EU ETS 的各项规章制度，对于遵守排放交易系统的规则存在一个适应期。在免费获得一定比例的配额之后，新进者可以有效降低自身合规成本。如果 NER 中的配额未分配给新进入者或者 EU ETS 规定的其他合规者，则剩余的配额将分配给成员国进行拍卖。分配的比例将参考成员国的减排设施从 NER 中受益的程度——受益程度越高的成员国，获得配额的比例就越高。

EU ETS 配额拍卖的收入主要由各成员国支配。配额拍卖收入中的 88%，根据 EU ETS 第一交易期各成员国温室气体排放的比例进行分配，另外 10% 的拍卖收入分配给人均收入较低的成员国。与人均收入高的成员国相比，人均收入低的成员国所得的份额更大。配额拍卖收入的重新分配，使人均收入低的成员国能够有额外的资金用于投资低碳技术与减排项目。配额拍卖收入中的剩余 2% 是为了考虑早期的减排行动，将配额拍卖收入分配给在 2005 年之前，与《京都议定书》规定的基准年相比温室气体排放量至少减少 20% 的成员国。EU ETS 中的 9 个会员国（保加利亚、捷克、爱沙尼亚、匈牙利、拉脱维亚、立陶宛、波兰、罗马尼亚和斯洛伐克）由于达到了 20% 的减排比例，共同分配剩余的配额收入。

电力部门是碳排放的第一大户。从第三个交易期开始，EU ETS 就规定，电力部门的配额在第三个交易期内全部采用拍卖的方式分配配额。通过这种方式，一方面是表明欧盟的态度——火力发电需要尽快转型为清洁发电；另一方面通过支付高昂的排放成本，激励发电企业尽快降低碳排放，通过提高化石燃料的燃烧效率，或者逐步降低化石燃料的使用比例来降低碳排放。有些成员国由于各种原因，仍然向电力生产商提供部分免费配额。对于这样的成员国，EU ETS 明确规定，从该成员国的配额拍卖收入中，扣除免费分配配额同等数量的配额拍卖收入。

（三）国家分配计划（NAP）与国家执行措施（NIM）

在 EU ETS 的第一个交易期（2005 ~ 2007 年）和第二个交易期（2008 ~ 2012 年），根据成员国具体的国家分配计划（NAP）分配免费配额。NAP 作为一种“自下而上”的分配方式相对简单，在基础数据不足的情况下是比较合适的。但是由于各国制定的 NAP 差异较大，会导致配额市场的扭曲，不利于欧盟统一碳市场的形成。因此在第三个交易期，欧盟果断使用国家执行措施（NIM）替代了 NAP，由欧盟统一制定和执行配额的分配方案。

1. NAP

在 EU ETS 的第一个和第二个交易期，国家分配方案是 EU ETS 向纳入减排的企业分配配额的方式。

EU ETS 各成员国依据排放配额分配的标准和原则，自行确定本国分配碳排放配额，以及向本国减排企业分配配额的具体方法。成员国制定的分配方案就是国家分配方案（NAP）。在 NAP 制定好以后，成员国需要向 EU ETS 管理委员会上报。NAP 是一种“自下而上”的分配方式，这种分配方式考虑了 EU ETS 运行初期各成员国经济状况和相关法制环境差异较大的现实。由于缺乏基础数据，同时各成员国的情况也不尽相同，如果在排放交易系统运行初期就强行要求各成员国统一配额分配方法，不仅难度大，也会引发部分成员国的抵制，延缓整个排放交易的顺利实施。NAP“自下而上”的分配方案在一定程度上降低了 EU ETS 的阻力，加快了排放交易系统的建设与运行。

在 EU ETS 的第一个交易期，编制 NAP 的过程被发现是耗时、复杂、不够透明或不协调的。NAP 的复杂性使排放企业和其他市场参与者很难理解，并对 NAP 在实践中如何应用产生了不确定性。此外，缺乏透明度使得排放交易系统的各参与者很难理解和形成对分配方案的意见。NAP 最大的缺点是各会员国的配额分配方法不同，这些差异会导致不同成员国产业之间的竞争扭曲。鉴于 NAP 的缺陷，欧盟委员会强调有必要使第二个交易期 NAP 更简单、透明、协调。为了确保更大的透明度，欧盟委员会起草了标准化表格，确保 NAP 中的关键信息标准化，形成了一个更加透明和协调的体系，但还远远不够。为简化 NAP，欧盟委员会鼓励成员国认真审查第一轮国家行动方案制定的行政规则。

2. 国家执行措施（NIM）

针对 NAP 的固有缺陷，欧盟决定尽快进行改革。对此，欧盟委员会在 EU ETS 第三个交易期（2013～2020 年）进行了改革，用国家执行措施（national implementation measure，NIM）取代了 NAP，NAP 不再被允许使用。NIM 的主要变化在于将排放配额的分配方案的制订和执行权收归欧盟委员会，由欧盟制定统一的方案，直接通过在欧盟层面达成的共同规则来决定配额的分配规则，并要求各成员国遵照执行。与 NAP 相比，NIM 是一种典型的“自上而下”的分配方式。这种分配方式有利于欧盟内部配额分配方式的统一和协调，有利于促进欧盟市场内部的良性竞争。

会员国被要求编制一份分配计划，现在被称为国家执行措施文件。目前，在整个欧盟范围内，这样做的程序和方法已得到统一。此外，NIM 对各成员国国内的分配方式也做出了规定，要求各国逐步增加拍卖分配的配额占比。NIM 对各成员国免费发放的配额，也要求采用基准线法替代历史排放法，计算并分配配额。为了促进各国执行 NIM 的效率，欧盟委员会要求各成员国根据欧盟的统一规则制定国家信息管理系统，委员会检查并批准国家信息管理系统，必要时要求进行修改。

使用 NIM 替代 NAP，将确保所有成员国的分配方法完全协调一致，极大增加了市场的透明度，确保分配方式更加简单、透明、协调。各成员国的排放企业能够在同一规则下参与配额的分配，有利于形成协调完善的配额一级市场，稳定 EU ETS 各类参与者的市场预期。EU ETS 选择在第三个交易期使用 NIM 替代 NAP，一方面是因为 NAP 的固有缺陷；另一方面是 EU ETS 经过两个交易期的运行，已经比较成熟完善，各类推动 NIM 所需要的基础数据已经比较齐全。

（四）历史排放法与基准线法

在 EU ETS 中，配额的免费分配是在事前进行的。这意味着温室气体绩效基准的制定和配额的总体分配是在配额交易期开始之前，而不是在交易期结束之前完成的。一般来说，交易期间的配额的分配水平保持不变，除非产能发生重大变化或生产活动过度减少。这为排放交易系统的参与者提供了更大的确定性，即配额的免费分配不会受到其他外部因素的操纵，使企业能够更好地跟踪其业绩和潜在责任。

1. 免费分配配额的影响

需要指出的是，通过 EU ETS 第一个和第二个交易期的情况可以看到，配额的免费分配改变了法规遵从性成本。配额的免费分配降低了各行业的减排合规成本，并保障了企业可用于投资减排与能效的资本。如果其他发达国家和其他主要温室气体排放国不采取同等的行动来减少温室气体排放，那么降低欧盟排放交易标准对减排企业的成本就显得尤为重要。在这种情况下，欧盟的某些能源密集型部门受到国际竞争的影响，可能会在经济上处于不利地位，免费分配可以减少这种潜在的劣势。

从理论上讲，配额的无偿分配并不能减少温室气体排放的边际收益，因为这种边际收益直接来自碳价格。然而，在实践中，由于遵守 EU ETS 所需的成本较少，配额的无偿分配仍会影响激励。购买配额或投资减排措施的现金成本不再存在，这限制了减排的紧迫性。因此，即使边际收益仍然存在，过分慷慨的无偿分配，甚至是过度分配，都可能降低减排的动力。

免费分配可以为那些能够将部分或全部补贴成本转嫁给消费者的行业带来暴利。这些部门将减排成本转嫁给消费者，因为他们不得不使用无偿分配的合规配额，而不是将配额出售给其他企业。第一个交易期和第二个交易期的经验教训表明，电力部门能够转嫁机会成本，获得暴利。因此，在 EU ETS 的第三个交易期电力行业将得不到无偿分配的配额，除了某些成员国现代化的电力部门例外。

2. 免费配额的计算方法

在基准线法下，该基准是一个产品基准，它包含制造特定产品所需的所有生产过程。但是，如果不是基于热产量或燃油消耗量，就没有可用的产品基准。这是因为热量不可测量，且排放量不是由燃料燃烧直接引起的。在这种情况下，基准线法将很难使用，而是使用基于历史排放量的历史排放法。对于航空公司的免费分配，第三个交易期将使用一个固定基准。

（1）历史排放法的应用。使用历史排放法，必须分别首先为企业每个排放子装置确定历史活动水平（Historical Activities Level，HAL）。EU ETS 确定企业 HAL 的默认方法是取 2005～2008 年或 2009～2010 年某个基准期内子装置年度活动水平的中位数（即中间值）：

$$\text{HAL} = \text{中位数}_{2005\sim2008}(\text{年排放水平})$$

或者：

$$\text{HAL} = \text{中位数}_{2009\sim2010}(\text{年排放水平})$$

基准期的选择必须是同一装置内所有子装置的同一周期，在装置正常运行的开始日期早于或在所选基准期内的条件下，由运营商决定。原则上应该选择导致最高 HAL 的时期。在默认方法中，HAL 通过取至少正常运行 1 天的装置运行年份的中间值来确定。如果在选定的基准期内，装置的运行时间不到 2 个日历年，就将 HAL 确定为初始装机容量乘以相关的容量利用系数。如果仅偶尔（季节性）安装使用设施，HAL 等于所选基准期内所有年度活动水平的中间值。

（2）基准线法的应用。对于非航空业的普通工业部门，在基准线法下配额的分配采用以下公式计算：

$$\text{配额} = \text{基准历史活动水平} \times \text{碳泄漏暴露系数} \times \text{跨部门修正系数或线性折减系数}$$

对于普通工业部门，适用的基准取决于生产的产品。如果产品、热量或燃料都无法取得有关数据，则将使用基于历史排放量的历史排放法。

①基准历史活动水平（HAL）。表示与适用基准相对应的每年历史产量。HAL 计算为 2005～2008 年或 2009～2010 年活动水平的中值（中间值）。

②碳泄漏暴露系数。恒定为 100% 或递减系数，具体取决于碳泄漏状态。2013 年，所有行业部门将免费获得其相关基准的 80% 的配额。然而，

那些能够证明自己面临碳泄漏的行业在2020年之前，将继续获得相关基准的100%的无偿分配的分配。

③跨部门修正系数（CSCF）或线性折减系数（LRF）。确保总无偿分配的配额保持在某个限度内的因素。跨部门修正系数（CSCF）是根据EU ETS规则，确保总分配量保持在最大限额以下的因素，适用于非发电机组。线性折减系数（LRF）适用于发电机组的热生产。

配额的免费分配在第三交易期开始时或新装置投入运行时计算。除非装置发生显著的容量变化或活动水平大幅下降，否则免费分配在第三个交易期保持不变。许多企业不止生产一种产品，在这种情况下，一个装置可分为若干“子装置”。子装置的边界由应用的基准确定。例如，安装可能是分为三个子装置。子装置1将使用产品基准，子装置2将使用热基准，子装置3将使用燃料基准。每个子装置的分配需要单独计算。虽然基准HAL和碳泄漏暴露系数是特定于子装置的，但CSCF或LRF对于整个装置是相同的。

（3）能力变化/任务变化。如果自2005年1月1日至2011年6月30日子装置的容量发生重大变化，则应更正子装置的历史活动水平（HAL）。如果出现以下情况，就应确认子装置的容量发生了重大变化：

①与技术配置和功能相关的一个或多个可识别的物理变化，而不仅仅是更换现有生产线；

②子装置的运行容量与变化前子装置的初始容量至少相差10%，或者子装置的物理变化产生的活动水平变化导致委员会最初以每年50 000个配额计算的配额分配发生变化。这50 000个配额至少占容量变化前该子装置初步年度配额分配的5%及以上。

通过将容量变化乘以历史利用率水平来计算子装置的HAL变化。如果子装置的活动水平导致用于确定自由分配的活动水平降低到某个阈值以下，则适用部分停止规则，并降低无偿分配水平。如果装置整体关闭，并且在6个月内无法重新开始运行，则装置将不再获得任何免费配额。

（4）总无偿分配的限制：修正系数。为确保年度无偿分配保持在为无偿分配预留的额度范围内，在整个EU ETS的上限内，对计算的装置无偿分配采用下列两个修正系数之一：

①对于发电机组的任何配额分配，线性折减系数（LRF）适用于总分配。与2013年相比，LRF每年将总配额减少1.74%。LRF也适用于所有第三交易期新进入者的配额无偿分配。

②对于非发电机组，跨部门修正系数（CSCF）适用于总分配。2013年9月，欧盟委员会通过了必要的CSCF，以确保免费分配的配额保持在非发电机组的排放上限以下。原则上，CSCF将在第三个交易期保持不变。

从实际情况来看，线性折减系数（LRF）和跨部门修正系数（CSCF）在第三个交易期内呈现逐步下降的趋势，不过降幅不大（见表4－8）。

表4－8　　2013～2020年线性折减系数和跨部门修正系数

项目	2013年	2014年	2015年	2016年	2017年	2018年	2019年	2020年
线性折减系数（LRF）	1	0.9826	0.9625	0.9478	0.9304	0.9130	0.8956	0.8782
跨部门修正系数（CSCF）	0.9427	0.9263	0.9098	0.8930	0.8761	0.8590	0.8417	0.8244

资料来源：欧盟委员会，https：//ec.europa.eu/info/index_en.

（5）配额分配中的基准。基准是相对于生产活动的温室气体排放量的参考值。基准用于确定每个行业内每个装置将获得的免费配额的水平。基准不代表对企业的排放限制，甚至不代表减排目标。一个行业内的所有装置将获得相同的单位活动配额分配，这对于那些温室气体排放量低于基准的表现最好的装置，将获得比它们需要的还要多的配额。

在设定基准时，在可能的情况下以产出为基础设定基准，整个生产过程中的所有温室气体排放都将被考虑在内。在EU ETS中，产品基准是以欧盟生产该产品中的前10%最佳装置的平均温室气体性能为基础的。为了设定基准，大多数行业部门根据欧盟排放交易制度，在自愿的基础上收集了该行业内排放装置的温室气体排放数据，通过递增的顺序绘制该行业所有装置的排放量，准确地描绘出该行业的温室气体排放效率，即所谓的“基准曲线”。然后根据该曲线确定10%最佳装置的平均效率，作为无偿分配配额的基准。对于数据不足的产品基准，将可用的最佳技术作为制定基准的起点。

以铝制品行业为例，如果该行业的装置数量是30个，每个装置的效率不尽相同。将30个装置的排放效率按照从高到低的顺序进行排列，前3名

（30×10% =3）的排放量的平均值就是铝制品行业的基准（见图4－6）。

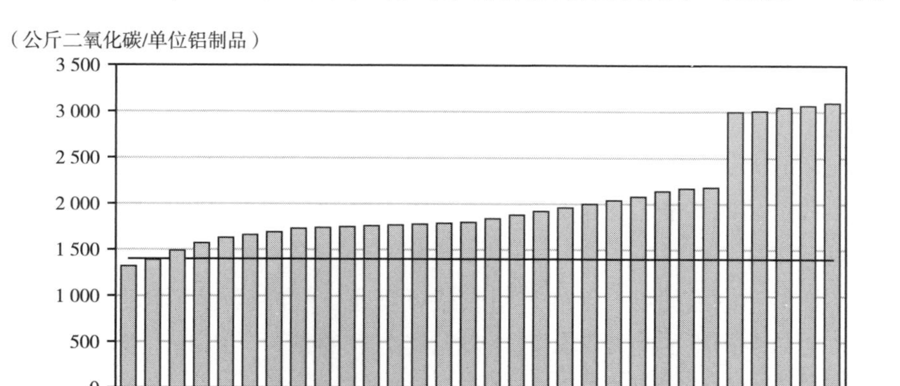

图4－6　铝制品行业基准曲线（一个例子）

EU ETS第三个交易期共制定了52项产品基准，其中主要的工业品包括炼油、矿物棉、铝、水泥、石灰、石膏、玻璃、陶瓷、钢铁、纸浆和纸张、化学制品等共11种。这11种工业品的排放量占欧盟总排放量的75%。其余排放物将由三种备用方法（热量、燃料和工艺排放基准）来确定无偿分配的配额（见图4－7）。

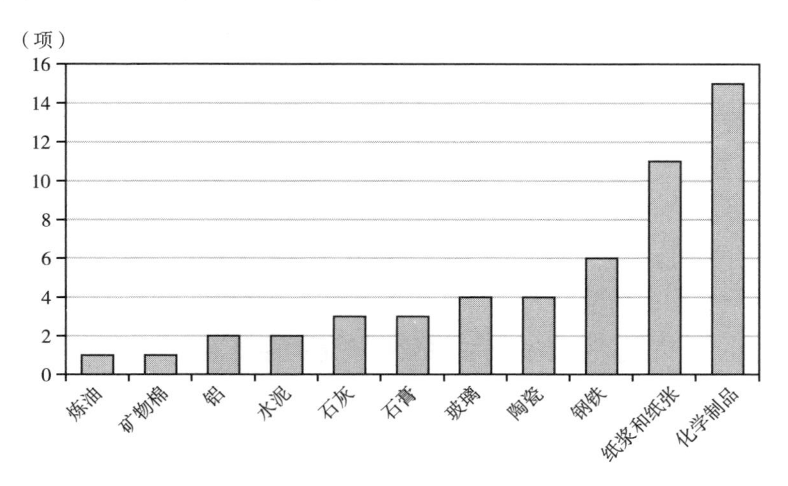

图4－7　EU ETS主要工业产品基准

资料来源：欧盟委员会，https://ec.europa.eu/info/index_en.

（6）免费分配的产品基准。原则上，产品基准覆盖了一个完整的生产过程。如果中间产品在装置之间进行交易，那么这种生产过程链可以被一个以上的基准覆盖。在这种情况下，装置需要按照类别被分为若干个子装置。对于每个子装置，需要单独计算免费分配的配额。

配额的无偿分配根据产品基准值、历史活动水平和修正系数等确定。对于某些产品的基准，无偿分配的计算更为复杂。产品基准的特殊情况主要有以下 2 种：

①燃料和电力的可交换性。即产品可以通过燃料或电力驱动的过程生产。电力消费产生的间接排放不符合无偿分配的条件，因此需要从计算的无偿分配中减去间接电力排放的份额。

②炼油厂生产过程复杂。炼油厂在比较排放强度时会出现各种困难，炼油厂生产不同的产品需要不同的工艺装置，这些装置的温室气体性能相互依赖。对于炼油厂来说一般采用吨 CWT 法。如果热量来自 EU ETS 装置，则适用特殊规则。

（7）免费分配的后备方法。如果产品基准不可行，则必须使用后备法按以下顺序进行配额的无偿分配。

①热量基准。第一个后备选项是蒸汽、热水和其他“可测量”热量生产的热量基准方法，“可测热量”一词不包括无传热介质的直接加热。热基准由天然气排放系数（相对于净热值）的假设和锅炉 90% 的转换效率确定。

②燃料基准。如果热量基准也不能应用，则应采用基于燃料消耗的基准。燃料基准是天然气相对于其净现值的排放系数，使用燃油基准值、历史燃油消耗量和修正系数计算免费分配。

③工艺排放。如果既不能应用产品基准，也不能应用热量或燃料基准（如非二氧化碳温室气体排放、非燃料相关二氧化碳排放，或不完全氧化燃烧排放）的情况下，根据历史排放量确定产品分装置未覆盖的所有温室气体排放量的 97% 乘以修正系数，来确定无偿分配的配额数量。

第六节　配额市场

排放配额通过一级市场的拍卖或者无偿分配进行配给，并在二级市场进行交易。排放配额的拍卖和无偿分配是在一级市场，因为这是排放配额第一次投放市场。二级市场由所有后续交易组成，这些交易可以在交易场所进行（场内交易），也可以在交易场所之外进行（场外交易）。二级市场的规模比一级市场大得多。

排放配额可以以“现货”的形式出售，这意味着交割立即进行。然而，排放配额交易中最大的份额是衍生品（包括期货、远期、期权等）的形式。排放配额现货是这类金融衍生工具的基础资产，它们为管理碳价格的风险提供了灵活性。

一、EU ETS 配额市场的概况

EU ETS 配额市场是 EU ETS 排放交易系统的核心环节，通过配额市场的交易，形成配额的价格，对于市场参与者具有重要的参考价值。排放企业需要通过配额价格来决定是自我减排还是购买配额来合规，抑或是出售配额来获取收益；金融机构和个人等投资者，需要通过配额价格来决定做多或做空配额来获取收益；监管机构需要通过配额价格来确定是否存在市场操纵等违法违规行为，以及配额价格是否存在过高或过低的情况，来决定是否采取措施来稳定配额价格。

配额市场各项功能的发挥，需要广泛吸引各类符合要求的投资者参与配额交易，提高市场的流动性。配额市场功能的实现，还需要建设各项基础设施，大部分配额交易的基础设施可以利用现有的金融市场基础设施。但是配额有其自身的特殊性，配额的交易和监管规则还是需要全新的建设。

1. 配额市场的类型

配额市场体系与证券市场体系极为相似，包括一级市场、二级市场和衍生品市场。

（1）一级市场。一级市场是配额的发行市场。配额的发行或者发放采取的方式是无偿分配或者拍卖。无论采取哪一种分配方式，排放企业只有在获得原始配额之后，才能在配额市场交易。配额二级市场上交易的配额全部来源于一级市场，只有建立一级市场才能发展二级市场。在使用拍卖的方式发放配额后，一级市场形成的配额价格对于二级市场的价格具有重要的影响和参考价值。交易者通过拍卖的方式获得原始配额之后，就可以在二级市场上交易了。

一级市场是排放交易系统实现减排目标的主要基础设施之一。在欧盟确定减排目标之后，就可以将排放上限转化为排放总配额。通过将排放总配额分配或者拍卖给被纳入减排范围的企业，就能够确保所有企业在配额范围内排放温室气体。无论最终配额的市场价格如何，企业排放总量精确等于发放的配额总量，如此可以实现精准减排。从原理来看，如果排放上限设置较低，可能会导致配额价格过高。即使如此，企业也会努力去完成减排任务，最终也是可以实现减排的。不过这种现象对企业的正常经营有很大的负面影响，一般应当及时进行调整，适当增加配额的供给来降低配额价格。当排放上限设置较高，导致企业无须努力即可完成减排任务，配额的市场价格会很低。如果配额的价格长期走低，就无法有效发挥配额价格对减排的激励作用，这对于排放交易系统的运行也是不利的。一般应及时减少配额的供给，来维持配额的市场价格。

（2）二级市场。配额的二级市场类似于股票的二级市场，即通常所说的股市。二级市场对于减排目标的实现没有直接影响，就像股市最重要的作用是融资，企业在一级市场完成 IPO 之后，融资的目标已经实现了，二级市场上股票价格的涨跌对于融资已经没有任何影响了。尽管如此，二级市场的存在对于一级市场能否很好地发挥融资的作用是非常重要的，配额二级市场也是如此。

配额的二级市场最主要的作用，是通过配额的交易实现温室气体在成本最低处减排。企业实现减排目标有两个路径：一是自我减排，通过投资或购买低碳技术等；二是通过购买配额来覆盖其排放量。选择哪一种减排方式，取决于企业的成本，企业总是选择成本最低的方式实现减排。减排成本低的企业通过投资低碳技术，实现超额减排，未使用的配额可以在二级市场出售。如果说一级市场的主要作用是在宏观上实现了减排目标，那么二级市场就是在微观上实现了最低成本减排。

二级市场上的参与者并非只有排放企业，还有大量的金融机构和个人。金融机构和个人参与配额市场的目标是通过买卖配额获取收益，与投资股票、债券、外汇、大宗商品等是类似的。此类投资者虽然对配额没有刚性需求，但是通过投资者的大量交易，极大提升了配额市场的流动性，提高了市场的活力，增强了市场的价格发现功能。这是二级市场获得成功的必要条件。有不少配额市场就是由于缺乏流动性而导致最终失败，芝加哥气候交易所（CCX）就是典型的例子。

（3）衍生品市场。在 EU ETS 的二级市场发展起来之后，配额的价格开始出现较大幅度的波动。大量的交易者包括排放企业和投资机构，开始产生配额价格风险管理的需求。很快，就出现了配额衍生品包括配额期货、配额期货期权（简称配额期权）、配额远期等。市场参与者交易配额衍生品的目的主要有两种：对冲配额风险和投机。例如，配额二级市场上的排放企业持有大量的配额盈余，如果企业预期配额价格会上涨，就可以继续持有；但是如果配额价格下跌，企业的收益就会下降，企业可以通过购买配额看跌期权来对冲配额价格下跌风险。当配额价格下跌之后，企业能够以期权的行权价格出售配额；当配额价格上涨，企业可以不执行期权，将配额价格以市场价格出售。通过购买看跌期权，企业获得了最低价格保护。

投资机构可以在二级市场买卖配额现货，也可以在衍生品市场上买卖衍生品。一般来说，衍生品的流动性要远好于现货，非常有利于投资机构的投机交易。另外，与现货相比，衍生品存在比较高的杠杆，能够放大投资的收益。另外，有些衍生品，如期权，其最大损失是期权费，但是潜在收益是没有上限的。衍生品的这些特征吸引了大量的投资者参与，EU ETS 衍生品市场的交易规模已经远高于现货市场。

2. 市场的基础设施

配额市场的建设和运行，需要建设必要的基础设施，这些基础设施包括硬件和软件。配额市场的运行，需要建立的主要基础设施包括以下三种。

(1) 交易平台。配额的交易平台即配额的交易地点，可以在交易所，也可以在场外市场进行。鉴于配额是一种典型的标准化资产，在场内交易更加合适。为了降低成本、尽快将排放交易推向市场，欧盟选择了将配额交易置于现有的金融交易所，这就极大节省了成本，加快了排放交易系统的建设时间。欧盟选择的主要交易平台是欧洲能源交易所（EEX）和洲际交易所（ICE）。一级市场的拍卖和二级市场主要在 EEX 进行，配额衍生品的交易主要在 EEX 和 ICE 进行。

(2) 登记结算系统。无论是配额的一级市场、二级市场还是衍生品市场，目前全部采取电子化交易。需要对配额的交易建立一套完整的登记结算系统。从所有参与者参与配额的分配或者拍卖开始，登记结算系统就开始实时记录所有参与者账户中配额和资金的变化。登记结算系统是否及时、准确、完整地记录了所有交易信息，直接决定配额交易的成败。EU ETS 建立了一套全新的等级结算系统——欧盟登记簿（EU register）来记录所有的交易信息。

(3) 交易日志。鉴于登记结算系统的重要性，为了确保系统的准确和完整，还需要建立一套核查系统，能够实时核实登记结算系统中的数据是否被完整准确记录。EU ETS 建立了欧盟交易日志（EUTL）来确保登记结算系统的正常运行。欧盟登记簿和欧盟交易日志两套独立的电子系统，可以增加系统的冗余，相当于建立了一套灾备系统。

3. 市场的交易者

由于 EU ETS 是一个以市场为基础的温室气体减排机制，欧洲配额市场上的主要交易商是在 EU ETS 下负有减排义务的能源公司和工业公司。为了确保市场的流动性，银行和投资公司等金融中介机构也会进行交易，通常是代表较小的公司和排放者。配额市场的成功，离不开各类交易者。如果市场上的交易者的数量过少，市场的流动性就会不足，市场的各种功能如价格发现等就不能有效实现。EU ETS 广泛吸引各类市场主体参与到配额交易中，对于配额市场的成功发挥了很大的推动作用。拍卖平台、二级市场交易场所以及清算所和登记结算系统提供必要的服务和基础设施，以确保排放配额交易得到妥善执行。

(1) 排放企业。排放企业是配额市场的基石，尽管随着配额市场的发展，排放企业在交易者中所占的比例及交易规模中所占比例都在不断下降，但是排放企业对配额的刚性需求是支撑配额市场的基石，是配额市场所有功能的基础。如果市场缺少了排放企业的参与，将很快陷于失败。与其他金融工具不同，配额本身并不产生现金流，配额的价值是由于政府的排放管制才具备的，只有在排放企业手中配额的价值才能体现，排放企业是配额的最后需求人。在欧盟碳市场中，被 EU ETS 覆盖的各类企业和装置是配额的刚性需求者。

（2）投资者。配额市场上的投资者主要是各类金融机构和个人。金融机构和个人参与配额交易的唯一目的是获取收益，与投资股票、债券、外汇、大宗商品等是一样的。投资者的大量交易，极大提高了配额市场的流动性，这是配额市场获得成功的必要条件。投资者在配额市场上可以充当排放企业的交易对手方，无论是在二级市场还是衍生品市场。缺乏足够多的投资者，排放企业就无法及时寻找到交易对手方来完成交易，增加了交易成本。EU ETS 允许具备资质的所有机构和个人参与配额市场的交易，无论是现货市场还是衍生品市场。各类市场主体的广泛参与，提高了欧盟碳市场的影响力，增加了配额的交易量，有效实现了现货市场和配额市场的价格发现功能。

4. 市场的基本作用

配额市场的最基本的作用，是推动排放交易系统实现温室气体的减排目标。为了实现这一根本目标，配额市场需要具备一些基本功能。

（1）资源配置。这是配额市场的基本功能之一。在配额一级市场中，如果采用的是拍卖的方式分配配额，就会实现价高者得。企业通过拍卖的方式获得配额之后，或者用于覆盖自身的排放量，或者用于在二级市场出售。无论出于怎样的目的，配额在一级市场都实现了最优化配置。在配额的二级市场，减排成本高的企业从减排成本低的企业手中购买配额来合规，实现了配额资源的最优配置。对于配额购买者来说，通过购买配额来履约，成本比自身减排要低。对于配额出售者来说，通过出售配额获得了收益，而且收益比自身减排的成本要高。买卖双方通过配额交易，自身福利都得到了改善，配额资源通过二级市场现了最优配置。

（2）价格发现。价格发现是指形成公平合理的配额价格。在配额的一级拍卖市场，通过拍卖的方式实现了价高者得，配额的价格实现了以最高价格出清。在配额的二级市场，通过大量交易者的买卖，形成的配额价格是最透明、最合理的。实现这一目标的前提条件是二级市场需要接近完全竞争市场。如果某些排放企业控制了大部分配额，就造成了卖方垄断，最终形成的配额价格会比公平价格更高。如果某些金融机构控制了大部分资金，就造成了买方垄断，最终形成的价格会比公平价格更低。无论是卖方垄断还是买方垄断，配额市场的价格发现功能都会被削弱。EU ETS 通过吸引大量的交易者参与到配额市场中来，极大降低了垄断的风险。

（3）风险对冲。在配额开始采用拍卖的方式发放后，在一级市场上拍卖配额的企业就会面临较大的价格风险。如果拍卖过多，就会面临价格下跌的风险；如果拍卖过少，就会面临价格上涨的风险。在二级市场上排放企业会面临同样的风险。除了排放企业，二级市场上的其他投资者也会面临同样的价格风险。配额衍生品市场可以很好地解决配额价格风险管理的问题。如果投资者需要对冲配额价格上涨的风险，可以在配额衍生品市场上购买配额期货或者配额远期，或是购买配额看涨期权，都可以有效对冲配额价格上涨的风险。在具有了良好的配额价格风险管理工具之后，交易者就可以没有后顾之忧地参与配额一级市场和二级市场的交易了，能够促进配额市场的繁荣。

5. 市场的监管

随着 EU ETS 的快速发展，欧盟碳市场的规模和复杂程度都有了显著增长，年总成交额达数百亿欧元。因此，碳市场需要一个强有力的监督水平，以确保市场的公平、公正和公开交易，没有任何市场的滥用。

欧洲碳市场是欧盟减少温室气体排放的核心环节，在未来几十年向气候中性经济转型的过程中，将发挥至关重要的作用。正如欧盟委员会对 2030 年气候和能源框架的分析和欧洲绿色交易通讯所示，这种转变需要在未来几十年进行大量投资。为了确保这些投资，需要一个强有力的碳价格，而碳价格直接来自碳市场。

《金融工具市场规则指令》（MiFID 2）和《监管条例》（MiFIR）提高了碳市场的整体透明度，包括向所有参与者公开的数据和提交给监管机构的信息。这些规则的使用也确保了监管机构能够迅速果断地对不当行为、不公平对待客户和威胁市场有序运作的案件采取行动。所有这些都将有利于其他市场参与者和专业交易商及中介机构。此外，关于市场滥用的规则——更具体地说是《市场滥用条例》（MAR）和《市场滥用刑事制裁指令》（CSMAD）——同时适用于配额的拍卖市场、二级市场和衍生品市场的交易监管。

《市场滥用条例》包含防止、发现和制裁市场滥用行为的规则，包括内幕交易和市场操纵行为，而不论这些行为是在交易场所发生还是在纯粹的双边、场外环境中发生，也不论这些行为发生在欧盟还是第三国。另外，碳市场的专业中介机构必须按照《反洗钱指令》的规定，对客户进行有效的尽职调查。

（1）监管框架对配额市场的适用性。欧盟金融市场立法严格管制拍卖平台和二级市场交易及配额衍生品市场的活动。拍卖平台和交易所都需要得到成员国监管部门的授权，为了获得和维持这种授权，他们必须遵守一些运营和监管要求。

例如，这些要求包括监测平台/场所发生的市场滥用和反洗钱交易的责任、在可疑交易情况下通知监管机构的义务，以及某些透明度和报告义务。成员国监管机构应当持续监测拍卖平台和交易场所是否符合这些要求，如果他们不再遵守授权的条件，可以实施制裁并暂停/撤销他们的授权。

1）对专业交易商的监管。除了被纳入排放交易系统的企业，投资公司也活跃在一级和二级的配额市场。金融市场立法严格管制代表客户（金融中介机构）参与欧洲碳市场的投资公司的活动。

这些机构中的大多数都需要成员国监管机构的授权。为了获得和维持这一授权，他们必须遵守一些企业组织和运营方面的要求。例如，这些要求包括对其客户进行适当尽职调查的义务，避免和报告涉嫌洗钱、资助恐怖主义或滥用市场的案件，履行各种报告和透明度义务等。

EU ETS 成员国监管机构应持续监控投资公司是否遵守金融市场规则，管理其组织和活动，并可在出现问题时实施制裁或暂停/撤销其授权。

2）欧盟登记簿的监管职责。EU ETS 负责登记结算的机构是欧盟登记簿，负责向市场参与者提供有关市场场所的现货排放配额交易和排放配额衍生产品交易的登记结算服务。

欧盟登记簿负责记录配额的实际交付，但不记录市场交易的财务信息。此外，它还负责记录配额的创建、分配、发放、转移、放弃、清缴、删除等配额生命周期的全过程。

3）配额市场的投机风险。EU ETS 下碳价格的波动反映了市场基本面推动下的供需平衡。没有证据表明投资者的涌入与碳价格的波动之间存在任何模式。

此外，金融中介是市场的必要组成部分。通常是在满足市场需求的基础上，由买方或中介机构进行配额的持续供给或需求。这些参与者还可以通过收集和向市场提供信息来增强市场的价格发现功能。

如今，碳市场上份额最大的是配额期货和其他衍生品交易。金融部门的主导地位并未对碳市场或 EU ETS 合规买家的合规性造成任何特别的干扰。此外，金融监管规则还延伸到了配额的现货市场，为更安全、更可靠的交易环境提供了保障。

（2）配额市场的主要违规行为。配额市场的良好运转，离不开监管机构的有效监管。现代金融业中，一般监管机构都是本着“无打扰”的监管原则。在市场上所有交易者都遵守市场规则时，监管机构不应该介入市场，无论哪一家企业获利、哪一家企业亏损，这也是现代市场经济的基本监管规则。监管机构对于下列行为要依法采取措施加以惩处。

1）垄断。无论是买方垄断还是卖方垄断，都会造成配额价格的扭曲。一旦形成垄断，配额市场的价格发现功能就无法实现。垄断方会凭借垄断地位获取超额收益，无论是有意还是无意的。为了防范配额市场上可能出现的垄断行为，一般最有效的措施包括以下两点。

一是对交易者实施持仓限额。限仓是指限制每一位交易者持有的多头或者空头的数额，不能超过市场现有数额的一定比例，这种规则一般在衍生品市场用得最多。如果目前 7 月份到期的配额期货未平仓量是 100 万张，可以规定单一交易者持有不能超过比如 10% 的比例，这是 10 万张合约。随着到期日的临近，期货合约开始被提前平仓，未平仓量下降到 70 万张。如果此时交易者持有的合约数量低于 7 万张，就可以继续交易。如果持有的合约数高于 7 万张，高于 7 万张的部分会被监管机构要求在规定的时间内平仓。

二是对交易者行权的限制。这种规则主要是在配额衍生品市场使用。如果交易者持有大量配额多头或空头，一次性执行会对配额现货价格造成大的影响。例如，交易者持有大量的配额看涨期权，如果交易者一次性执行全部看涨期权，会对配额现货的市场价格造成很大冲击，看跌期权和期货同样如此。对交易者在连续若干交易日中，可以执行衍生品数额的最大规模进行限制，可以有效防范滥用支配地位影响配额的市场价格。

2）内幕交易。根据欧盟制定的《市场滥用条例》（Market Abuse Directive，MAD）第 8 条，内幕交易是指拥有内幕信息的人员通过为其本人或第三方账户直接或间接获取或处置该内幕消息。内幕信息的使用，违反了市场的公开、公平、公正的原则，严重影响市场功能的发挥。同时，内幕交易使证券价格和指数的形成过程失去了时效性及客观性，它使证券价格和指数成为少数人利用内幕消息炒作的结果，最终会使证券市场丧失优化资源配置及作为国民经济“晴雨表”的作用。内幕交易行为必然会损害证券市场的秩序。

MAD 第 7 条中“内部信息”的定义由四部分组成：一是具有确切性质的信息；二是尚未公开的；三是直接或间接与一个或多个发行人相关；四是如果它被公开，可能会产生重大影响。

MAD 将内幕交易行为划分为三种类型：内幕交易、泄露内幕信息和建议内幕交易。除了内幕信息之外，内幕交易通常涉及内幕人员。内幕人员包括主要内幕人员和次要内幕人员。主要内幕人员是指直接接触、掌握、管理内幕信息的行为主体，主要包括证券发行主体的管理、监督机构成员，持有一定数量证券发行主体股份者，基于雇佣关系、执业领域等而获取内幕信息者。次要内幕人员是指通过主要内幕人员知悉内幕信息的人员，实际上就是通过内幕信息来源主体传递信息而获取内幕信息的主体。

根据 MAD 的定义，内幕交易的具体行为包括以下几个方面。

①在有关人员拥有内幕消息之前，通过取消或修改与该信息有关的金融工具的指令来使用内幕消息。

②提交、修改或撤回某人为其自己的账户或为第三方的账户投标。

③掌握内幕信息人员建议另一人从事内幕交易或诱使他人从事内幕交易。

④使用建议或诱导等同于内幕交易的信息，其中使用该建议或诱导的人知道或应该知道它是基于内幕信息的。

⑤根据内幕信息建议另一人获取或处置与该信息有关的金融工具，或诱使该人进行此类收购或处置。

⑥根据内幕信息建议另一人取消或修改与该信息相关的金融工具的订单，或者诱使该人做出这种取消或修改。

⑦主要内幕人员或内幕信息持有人员基于内幕信息意图或者实际从事金融工具交易的，构成内幕交易。

⑧主要内幕人员向第三方泄露内幕信息的，构成泄露内幕信息，除非该信息的传递系基于职务要求。

⑨主要或者次要内幕人员基于内幕信息向他人建议从事相关金融工具交易，构成建议内幕交易。

3）市场操纵。2014 年 4 月 16 日，欧洲议会和理事会通过了《市场滥用行为监管规定》（Market Abuse Regulation，MAR），明确定义并禁止市场操纵。根据规定，这项罪行已扩大到企图操纵和某些情况下的现货商品合约。欧盟已经明确规定，MAR 适用于配额市场的监管。对配额的监管，等同于 MAR 中对证券的监管。

市场操纵该行为是指操纵人利用掌握的资金、信息等优势，采用不正当手段，人为制造证券行情，操纵或影响证券市场价格，以诱导投资者盲目进行证券买卖，从而为自己谋取利益或者转嫁风险的行为。这种行为会扭曲证券的供求关系，导致市场机制失灵，并会形成垄断、妨碍竞争，同时还会诱发过度投机，最终损害投资者的利益。根据 MAR 的规定，市场操纵行为主要包括以下几种。

①给出或可能给出关于金融工具、相关现货商品合约或基于排放配额的拍卖产品的供给、需求或价格的虚假或误导性信号。

②将一种或多种金融工具、相关现货商品合约或基于排放配额的拍卖产品的价格固定在异常或人为水平上。

③除非进行交易，下达交易指令或进行其他任何行为的行为人确定此

类交易、指令或行为是出于正当理由并符合根据 MAR 第 13 条确定的公认市场惯例。

④使用虚假手段或其他任何欺骗或捏造的方式进行交易、下达交易指令或进行其他任何行为将影响或可能影响一种或多种金融工具、相关现货商品合约或基于排放配额的拍卖产品的价格。

⑤通过媒介（包括互联网或其他任何方式）散布信息，这些信息给出或可能给出关于金融工具、相关现货商品合约或基于排放配额的拍卖产品的供给、需求或价格的虚假或误导信号，或者将一种或多种金融工具、相关现货商品合约或基于排放配额的拍卖产品的价格固定在异常或人为水平，包括散布谣言，且行为人知道或应该知道该信息是虚假或误导性的。

⑥传送虚假或误导性信息、提供与基准相关的虚假或误导性的输入数据，传播信息或提供输入数据的行为人知道或应该知道该信息和输入数据是虚假或误导性的，或其他任何操纵该基准计算的行为。

除此之外，以下行为及有关的其他行为也应被视为市场操纵。

①行为人单独或合谋实施控制金融工具、相关现货商品合约或基于排放配额的拍卖产品的供给或需求的行为，该行为具有或者可能具有直接或间接地固定买卖价格、产生或可能产生其他不公平交易条件的影响。

②在市场开盘或收盘时买卖金融工具的行为，该行为具有或可能具有误导投资者根据所显示的价格（包括开盘价或收盘价）行事的影响。

③通过包括电子方式（如算法和高频交易策略）在内的任何可行的交易方式向交易场所下达指令，包括取消或修改指令，试图对交易价格形成有利于自身的影响。

④扰乱或迟延交易场所交易系统的运行，或可能会扰乱或迟延交易场所交易系统的运行。

⑤使其他人在交易场所交易系统上难以识别真实订单或可能使其他人在交易场所交易系统上难以识别真实指令，包括输入导致订单簿超载或破坏订单簿稳定性的指令。

⑥产生或可能产生关于金融工具的供给、需求或价格的虚假或误导性信号，特别是通过输入指令诱发或加剧产生或可能产生虚假或误导性信号

的走向。

⑦事先在某金融工具、相关的现货商品合约或基于排放配额的拍卖产品上持有头寸，在未以合理且有效的方式向公众披露利益冲突的情况下，利用偶然或定期接触传统或电子媒介的机会发表关于该金融工具、相关现货商品合约或基于排放配额的拍卖产品（或间接关于其发行人）的意见，随后利用发表的意见对该工具、相关现货商品合约或基于拍卖产品的价格产生的影响而获利。

⑧在进行拍卖之前，在排放配额或相关衍生品的二级市场上进行买卖，产生将拍卖产品的拍卖结算价格固定为异常，或者在拍卖中误导出价人出价的影响。

4）洗钱。洗钱是一种将非法所得合法化的行为。主要指将违法所得及其产生的收益，通过各种手段掩饰、隐瞒其来源和性质，使其在形式上合法化。

EU ETS 在交易规则中已经明确，不允许利用配额交易从事洗钱等违法活动。对此，明确规定了配额市场的从业机构不得为身份不明或者拒绝身份查验的客户提供服务或者与其进行交易，不得为客户开立匿名账户或者假名账户，不得与明显具有非法目的的客户建立业务关系。从事配额交易的机构应当按照法律规定和行业规则，对通过配额交易监测标准筛选出的交易进行分析判断，记录分析过程。确认为可疑交易的，应当在可疑交易报告中完整记录对客户身份特征、交易特征或者行为特征的分析过程。

反洗钱和反恐怖融资互评估是指金融行动特别工作组（FATF）按照其发布的国际标准，由成员国之间定期开展的相互评估，以促进各国提升反洗钱工作水平，健全全球反洗钱网络。FATF 成立于 1989 年，是目前国际上最具影响力的政府间反洗钱和反恐怖融资组织，其发布的标准已得到联合国、二十国集团、国际货币基金组织、世界银行等国际组织认可，并在全球 190 多个国家（地区）执行。接受 FATF 互评估是各个成员的义务，也是检验各成员反洗钱和反恐怖融资法律法规是否完善并得以有效执行的重要手段。

5）其他违反市场规则的行为。配额衍生品交易已经受到欧盟金融市场规则的约束，包括当前的金融工具市场指令（Markets in Financial Instrument Directive II，MiFID 2）。然而，配额现货交易之前不受欧盟层面的同等规则约束，也不受监管。因此，过去一些碳交易所将排放配额“打包”为金融工具（如每日期货）。这为市场参与者提供了金融工具交易的保护和好处。与在其他场内交易的配额现货相比，以这种形式提供的配额更受市场参与者的青睐。为了弥补这一差距，经过审查的MiFID将现货交易也置于欧盟金融市场监管之下。

经审查的MiFID 2扩展了原有的MiFID规则，以适应即时交付排放配额交易（配额现货）的背景。MiFID 2和金融工具市场监管法规（Markets in Financial Instrument Regulations，MiFIR）的规则适用于专业交易商、交易场所和典型的大型EU ETS合规买家交易的排放配额。配额特定要素包括对内幕信息的具体定义、量身定制的内幕信息披露义务及对一级市场（拍卖）的全面覆盖。规则还确保反洗钱检查到位，所有市场参与者都能获得简单透明的信息。这些经过审查的金融法规旨在提供一个安全和高效的交易环境，以增强市场信心。

根据MiFID 2的规定，金融工具的定义本身也更广泛。例如，MiFID 2规定的排放配额和新的有组织的交易设施（Organised Trading Facilities，OTF）上进行交易也将纳入《市场滥用条例》的范围。因此，《市场滥用条例》覆盖的金融工具包括了以下几点。

①承认在受监管市场上进行交易或为此进行交易已申请入场买卖；

②在多边交易设施（Multilateral Trading Facility，MTF）上进行交易或为此进行交易已申请入场买卖；

③在OTF上交易；

④要么以上任何一项均未覆盖，但其价格或价值取决于影响这种金融工具的价格或价值。

随着现代理论和技术特别是信息技术与金融投资的结合越来越紧密，利用先进的信息技术操纵市场的行为屡见不鲜，已经严重损害了市场的交易秩序和交易者的合法权益。

与其他金融工具相比，排放配额属于一种全新的资产。配额本身并不产生现金流，配额具有价值是因为政府的减排规定，配额只有在排放企业手中才具备真正的价值。相比于其他资产，包括股票、债券、商品、外汇等，配额的市场规模要小得多，集中度却高得多。这些特征导致配额的抗操纵性很差，如果交易者使用先进的信息技术进行配额的价格操纵，与其他金融工具相比，是更加容易实现的。

以近年新出现的市场操纵手法“幌骗”（spoofing）为例，“幌骗”指的是在金融市场交易中虚假报价再撤单的一种行为：即先下单，随后再取消订单，借此影响资产价格。“幌骗者”（spoofer）通过假装有意在特定价格买进或卖出，制造需求假象，企图引诱其他交易者进行交易来影响市场。通过这种“幌骗”行为，“幌骗者”可以用新的价格买进或卖出，从而获利。

对配额市场进行监管，要求监管机构为确保欧盟碳市场的安全性和完整性而采取措施，这需要建立一个安全有效的交易环境和防止市场滥用的安全机制。层出不穷的市场操纵手段要求监管机构必须时刻关注配额的市场交易，及时识别新的市场操纵行为并加以制止和处罚，维护市场纪律和交易秩序。

二、EU ETS 市场交易情况

EU ETS 的交易哲学是将配额作为一种新型的金融工具，而非一种全新的独特资产。将配额作为一种金融工具进行交易，是 EU ETS 做出的最正确决策。传统的金融工具主要包括股票、债券、外汇、商品等。金融市场发展百年来，已经日益完善。包括金融市场中的各类基础设施、交易规则、监管规则等，都已经非常成熟。配额作为一种新型资产，如果需要 EU ETS 建立新的市场、交易规则、监管规则、登记结算系统等基础设施，需要经历漫长的时间，投入大量的资金。即使建成以后，也必然会存在各类问题和缺陷，需要通过长时间的交易发现各类问题，进一步去改进，这需要耗费很长的时间和成本。而气候变暖问题的解决已经刻不容缓，长久拖下去必然会把各类市场主体的耐心和热情完全耗光。

EU ETS 决定将配额作为一种新型的金融工具来处理，很多问题就迎刃而解了。排放交易系统的大部分基础设施，都可以利用现有的金融市场基础设施，包括交易市场、登记结算系统、交易规则等。将配额作为一种金融工具交易，对欧盟法律框架下排放配额的会计处理没有任何直接影响。EU ETS 会员国有义务每年报告本国配额的会计和财政处理制度。尽管在这方面缺乏协调，但目前的排放交易监管框架为一个成熟、透明的碳市场提供了必要的法律基础，同时确保了市场的稳定性和完整性。由于配额的交易方式与金融工具相同，配额交易受欧盟同一金融市场的约束与监管。这种处理方式能够极大降低配额市场的建设时间和建设成本，以最快的速度将配额交易推向市场。欧盟选择 EEX 和 ICE 作为配额一级市场（拍卖市场）、二级市场，以及配额衍生品的交易市场。

需要注意的是，配额毕竟是一种新型的资产，与传统金融工具相比有其自身的特殊性。对此，EU ETS 对配额交易的相关规则进行了深入修正，使配额市场的各项规则能够更加适合配额的特点。经过一个试行的交易期（2005 ~ 2007 年），以及两个正式的交易期（2008 ~ 2012 年；2013 ~ 2020 年），EU ETS 的各项设施和规则基本成熟完善，对欧盟实现温室气体减排目标发挥了决定性作用。

为了活跃配额市场的交易，提高市场的流动性，EU ETS 允许任何符合资质要求的机构和个人参与配额市场的交易。参与交易的机构和个人需要在欧盟登记簿建立账户，参与 EU ETS 配额交易。在实践中，交易主要是由承担了减排任务的能源和工业公司及金融中介机构完成的，个人交易者在配额交易中所占的比重很低。

（一）配额的交易量

EU ETS 从 2005 年开始运行，经历了三个交易期。配额的现货交易量从 2005 年的 9 400 万吨，迅速增加到 2012 年的 79.03 亿吨，年均增长率为 88.34%。在配额现货交易中，交易所和 OTC 市场占主要比重，拍卖所占比重极低。这是因为 2005 ~ 2012 年的第一个和第二个交易期中，配额的分配方式主要是无偿分配，拍卖的额度所占比重极低。从 2013 年第三个交易期（2013 ~ 2020）开始，EU ETS 开始采用拍卖逐步取代无偿发放的配额分配方式（见图 4 – 8）。

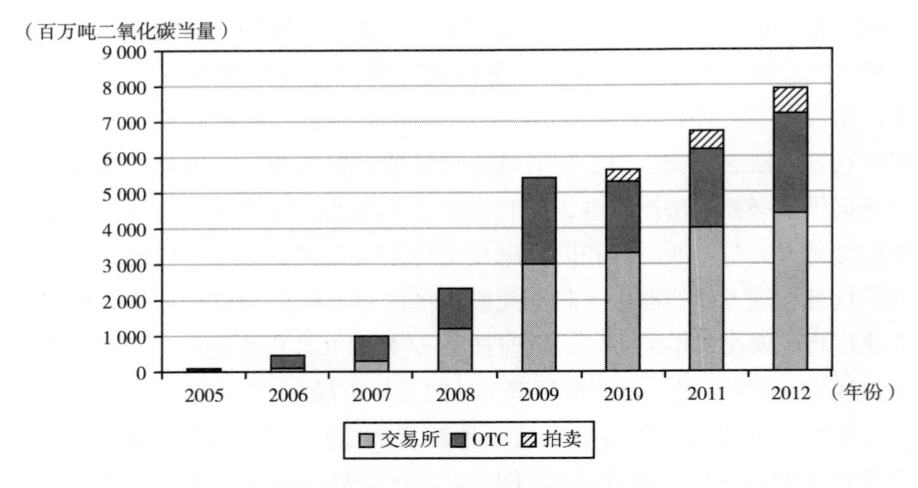

图 4－8　EU ETS 三种市场的配额交易量

资料来源：欧盟委员会，https：//ec. europa. eu/info/index_en.

（二）配额的交易类型

EU ETS 市场配额交易的配额类型包括配额现货和配额衍生品。现货是指即时交付准备金和配额的交易，即所谓的“现货”交易。配额衍生品包括配额期货、配额远期及配额期货期权等。配额现货的交易量与衍生品相比所占比重较小，配额衍生品的成交量所占比重要远高于配额现货。EU ETS交易的现货是 EUA，衍生品的基础资产也是 EUA。

从具体的交易量来看，EU ETS 三个交易期累积的 EUA 交易量中，EUA 期货占总交易量的约 92%，EUA 现货占比为 5%，EUA 期货占比为 3%。由于 EUA 是一种标准化的资产，场外交易没有任何优势，导致 EUA 远期交易量非常低。EUA 衍生品的总交易量占比约 95%，约为配额现货的 19 倍。

配额衍生品的交易量大大高于配额现货，主要原因在于以下几个方面。

1. 衍生品具有较高的杠杆

统计的交易量是名义成交量，并非实际的保证金成交量。例如，如果一张配额期货的额度是 1 000 吨二氧化碳当量，每吨配额的价格是 30 欧元。如果交易的是 1 000 吨配额现货，买方需要向卖方支付 30 × 1 000 =

30 000（欧元）。在配额现货成交量被统计为 1 000 吨、30 000 欧元。如果交易的是 1 000 吨配额期货，如果保证金率是 10%，则只需要 1 000 ×30 × 10% =3 000（欧元），因此配额期货存在 10 倍的杠杆。但是配额期货的成交量也被统计为 1 000 吨、30 000 欧元，与配额现货是完全一样的。如果投资者有 30 万欧元的资金，可以购买 1 万吨配额现货，也可以购买 10 万吨配额期货。在统计数据时，现货的成交量是 1 万吨、30 万欧元，期货的成交量是 10 万吨、300 万欧元。也就是说，衍生品本身存在杠杆，同样的资金投资进去，衍生品的交易量会被放大。放大的具体倍数等于衍生品本身的杠杆率，上例中杠杆率是 10 倍。

2. 衍生品具备良好的风险管理功能

在 EU ETS 配额一级市场和二级市场发展起来之后，配额价格开始出现大幅波动。配额价格的大幅波动就意味着风险的增加。为了对冲配额现货的价格风险，无论是购买配额来实现合规的排放企业，还是购买配额来投机的投资机构，都需要有效的金融工具来管理配额现货的价格风险。配额衍生品最基本的功能是风险对冲。如果交易者判断配额价格要下跌，可以通过做空配额期货或购买配额看跌期权来对冲配额价格下跌的风险。影响配额价格变化的因素变动越频繁，配额价格波动就越大，配额价格风险对冲就需要进行频繁调整，这就是所谓的“动态对冲”。频繁调整的动态对冲会极大增加配额衍生品的成交量。

3. 配额衍生品的投机功能更强

在配额现货市场中，排放企业的交易量所占比重是很低的，大量的交易是由投资机构完成的。投资机构买卖配额的目的是获取收益，与其他金融工具完全相同。与配额现货相比，配额衍生品的高杠杆显然能够吸引更多的投资者参与。同样的资金，配额衍生品可以获得数倍甚至数十倍于配额现货的收益。如果投资者拥有 10 000 欧元的资金，在配额价格为 10 欧元/吨的情况下，投资者可以购买 1 000 吨现货。如果配额期货的保证金率是 10%，会形成 10 倍的杠杆，投资者 10 000 欧元的资金可以购买 10 000 吨的配额期货。当配额价格从 10 欧元上涨到 12 欧元时，配额现货收益为 2 000 欧元，收益率是 20%。配额期货收益是 20 000 欧元，收益率是 200%，刚好是 10 倍的杠杆。衍生品的这一特点吸引着大量自信的投资者参与其中，配额衍生品也不例外。当然，在配额价格向不利方向变动时，衍生品的亏损也会更大，甚至存在将本金全部亏损的风险。配额现货就不存在这种风险，除非配额价格下跌到0，但这显然是不可能发生的。

4. 衍生品可以方便地做空

做空是指在预计资产下跌时的一种投资方式。当资产价格下跌后，就会有收益，跌幅越大，收益越高。配额现货只能做多，是很难做空的。配额衍生品的做空与做多都是标准化操作，很容易实现。一般来说，市场的做空机制比较完善的时候，就可以进行双向投资，交易者的选择范围就更大。如果由于某种原因，如过度炒作等，导致配额的价格虚高，配额现货是很难进行做空交易的。配额衍生品就很方便进行做空，如果配额价格下跌，就会获取收益。假如配额的价格上涨到100欧元/吨，如果投资者认为配额的价格虚高，可以直接做空配额期货，或者购买配额看跌期权。当配额价格下跌至80欧元时，每吨配额投资者可以获取20欧元的收益。配额现货显然不具备这样的功能。

（三）配额的分配、转移、清缴及删除

1. 配额的分配和发放

在EU ETS第一个交易期（2005～2007年）和第二个交易期（2008～2012年），成员国向每个设施发放的配额在国家分配计划表（NAP）中规定，并在国家配额持有账户中持有。在第三个交易期（2013～2020年），NAP被根据国家执行措施（NIM）所取代。欧盟负责通过欧盟登记簿的欧盟总量账户创建所有配额，并负责将拍卖和免费分配的配额转入适当的账户。EU ETS会员国负责无偿分配本国设施的配额。

在第四个交易期（2013～2020年），配额开始采用无偿分配和拍卖相结合的方式，且拍卖的比重逐年增加。在配额采用拍卖的方式分配时，需要指定拍卖平台。欧盟25国和挪威、冰岛、列支敦士登等3国采用的联合拍卖平台是欧洲能源交易所（EEX）；德国和波兰各自独立拍卖，选择的拍卖平台都是EEX；英国独立拍卖的平台是洲际交易所（ICE）。

2. 配额的转移

各类排放主体获得配额之后，就可以在二级市场进行交易。除此之

外，还有配额衍生品市场的交易。不仅是排放企业，所有符合要求的机构和个人都可以参与配额的二级市场和衍生品市场的交易。参与 EU ETS 配额交易的机构和个人，需要在欧盟登记簿中设立交易账户。在交易完成后，配额需要从出售者在欧盟登记簿的注册账户中转移至购买者在欧盟登记簿的账户。在实践中，欧盟登记簿电子系统中出售者的账户会实时减少相应的配额，购买者的账户中会实时增加相应的配额，配额的转移至此完成。

EU ETS 配额的转移，完全是一套完整的电子化自动过程。转让指示由卖方账户以电子指令方式发出，该指令说明了要转让的配额数量和收款人账户的详细信息。一般来说，一旦交易被确认，无论是在柜台交易还是在交易所交易，指令都会被发送到欧盟登记簿进行实际转移，即配额的交付。在配额衍生品市场中，无论是配额期货还是配额期权，会有极少数的合约会到期执行。在配额衍生品合约被执行时，会发生配额的实际转移。配额的转移过程与配额现货交易是一致的，只不过配额的交易价格是事先确定的，而并非是市价。

3. 配额的清缴

EU ETS 排放交易系统中的配额是欧盟配额（EUA），在任何一个完整的交易期内，配额都是有效的。在每年的 4 月 30 日之前，被 EU ETS 覆盖的排放企业必须在欧盟登记簿中提交 EUA，数量相当于其上一年经核实的温室气体排放量。在 EU ETS 第一个和第二个交易期中，京都配额 CER 和 ERU 也可在 EU ETS 允许的最大限度内使用。与第一个和第二个交易期不同的是，在第三个交易期国际碳信用不能直接交出，只有 EUA 才能用于合规。所有符合条件的国际碳信用都需要首先换成 EUA 才能使用。

如果减排主体未能及时提交足额的 EUA，则会被欧盟处以每吨二氧化碳当量 100 欧元的罚款。且罚款额度会从 2013 年起，随着欧盟通胀率的增加而增加。如果企业由于没有及时清缴配额遭受了罚款，这一处罚并不免除交出所需清缴配额的义务，企业需要在下一年度继续清缴未能清缴的配额数量。这种严厉的处罚措施，会激励企业或者通过自身减排合规，或者通过购买配额合规，而不会出现由于未能及时提交配额不能合规的情况，确保了 EU ETS 排放交易系统的正常运行和各项基本功能的实现。

4. 配额的删除

配额除了分配、转移和清缴之外，还可以进行删除。删除配额是一种完全自愿的行为。参与者可以选择自愿“取消”配额，将其永久性地从流通中撤回，并从欧盟登记簿中删除，而不能将其用于合规或者出售。

这主要是作为一种“自愿抵消”措施或出于环境原因，即删除配额将增加计划内进行的减排活动的数量。这是基于这样一种推理：如果排放交易系统中的配额数量减少，那么剩余配额的价格就会上升，这反过来又为内部减排措施创造了更大的激励。

三、配额市场基础设施建设

EU ETS 的成熟运行，除了多层次的配额市场以外，完善的市场基础设施也是必不可少的。其中最重要的是欧盟登记簿和欧盟交易日志，这两项基础设施负责实时记录和确认配额交易的有关信息。这是 EU ETS 配额市场乃至整个排放交易系统正常运行的基础。

（一）欧盟登记簿（Union Register）

排放交易系统和配额市场的运行，需要一套完善的登记结算系统，实时记录 EU ETS 所有账户中排放配额持有量的变化。欧盟登记簿（Union Register）确保对欧盟发放的排放限额进行细致地登记和结算。欧盟登记簿实时记录配额的所有权，这些配额只能在欧盟登记簿的电子账户中持有。每个欧盟成员国负责管理自己的欧盟登记簿的独立部分。

欧盟登记簿的主要功能之一是对 EU ETS 覆盖的排放企业和航空公司进行记录。欧盟登记簿由欧盟委员会操作，该委员会将欧盟登记簿交由成员国使用。

1. 在欧盟登记簿设立账户

一般来说，任何个人或公司都可以在欧盟登记簿设立配额账户。EU ETS 覆盖的所有排放企业和航空公司必须在欧盟登记簿拥有企业账户或航空公司账户。该账户用于登记排放企业和航空公司排放的温室气体排放量，排放企业和航空公司必须每年向欧盟提交一次与其上一年温室气体排放量相对应的排放限额。

EU ETS 排放配额 EUA 可以自由交易。因此，EU ETS 允许希望购买或出售排放配额的其他企业或个人在欧盟登记簿创建交易账户或个人持有账户。这两种账户的区别主要在于交易延迟。

欧盟登记簿通过记录账户中拥有的金额和账户之间的配额交易，追踪通用和航空配额的所有权。它们由欧盟委员会运作和维持，而成员国的国家登记管理员仍然负责联络欧盟和账户代表（公司或自然人）。欧盟交易日志（EUTL）会自动检查、记录和授权账户之间的所有交易，从而确保所有配额交易符合 EU ETS 规则。

2. 欧盟登记簿记录的信息

欧盟登记簿是一个电子登记结算系统，确保根据 EU ETS 发放的 EUA 和国际碳信用的准确核算。欧盟登记簿设立账户记录的数据是各类排放交易报告的重要信息来源，如市场稳定储备（MSR）盈余指标的计算和欧洲环境署（EEA）的报告。2009 年修订的 EU ETS 指令规定，将 EU ETS 业务集中到一个由欧盟委员会运营的欧盟登记簿。2012 年，欧盟登记簿取代了以前在成员国托管的所有 EU ETS 国家登记簿。欧盟登记簿负责记录以下内容。

（1）持有配额 EUA 和合格国际碳信用，特别是 CER 和 ERU 的成员国、法人（企业）或自然人的账户信息。

（2）成员国、企业或自然人在欧盟登记簿开立的账户之间与配额有关的所有交易。EU ETS 主要交易类型包括配额的发放、分配、拍卖、转让和删除，还包括国际碳信用的交易，如转入或转出 EU ETS 的国际碳信用。

（3）国家分配计划表（NAP），显示 EU ETS 第二个交易期（2008 ~ 2012 年）向每个设施和成员国免费分配的配额，第三个交易期（2013 ~ 2020 年）的 NAP，显示根据国家实施计划为每个设施提供的免费分配的配额，还包括向航空企业免费分配的配额。

（4）EU ETS 覆盖的所有设施和航空企业的已经核实的排放量，以及设施和航空企业为覆盖其排放量而放弃的配额。

（5）配额和经核实的温室气体排放量的年度核对及合规状态。其中每个公司必须提交足够的配额，以覆盖其上一年的排放量。

尽管成员国的登记簿业务已合并为一个单一的欧盟登记簿，但许多行政事务如管理 EU ETS 参与者及其账户或执行配额的分配，仍由 EU ETS 各成员国处理。

自 2014 年 11 月起，欧盟登记簿还实施了与共同努力决策相关的规则，为成员国制定了 2013 ~2020 年具有约束力的年度温室气体排放目标。减排的决定涉及第一个和第二个交易期中未纳入 EU ETS 的部门排放，如运输业（航空和国际海运除外）、建筑、农业和废物。

3. 欧盟登记簿的运作方式

欧盟登记簿可以通过类似于网上银行系统的方式在线访问。需要注意的是，欧盟登记簿只记录配额和《京都议定书》国际碳信用（CER 和 ERU）。法人或自然人必须在欧盟登记簿开立一个账户，才能参与 EU ETS 的各项交易，并使用配额和京都信用进行交易。根据账户持有人的性质及其角色或活动，可提供以下账户类型：运营商持有账户、航空运营商持有账户、验证账户、个人持有账户、贸易账户和国民账户。

开户时，账户持有人必须提供账户持有人和授权使用账户的代表（自然人）的具体证明。在激活账户之前，收到开户申请的相关国家会检查这些文件。除欧盟登记簿外，欧盟交易日志（EUTL）自动检查、记录和授权在欧盟登记簿的账户之间发生的所有交易。该验证确保从一个账户到另一个账户的任何配额转移都符合 EU ETS 规则（见图 4 –9）。

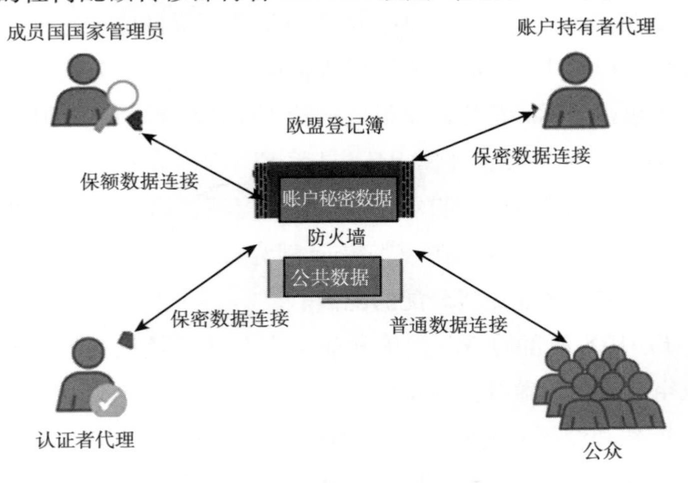

图 4 –9　欧盟登记簿运作方式

（1）设施运营商和具有合规义务的航空企业必须在设施所在成员国的国家登记簿或指定给航空公司的管理成员国开立一个运营商账户。

（2）拥有账户的运营商的授权代表可以访问和更改其机密账户数据，如报告的排放量，或通过安全链接执行交易。运营商指定的核查员的授权代表只能有限地访问该运营商设施的数据，以验证报告的排放量。成员国国民管理员可以检查所有数据以确保不发生欺诈活动。

（3）在运营商履行了其年度合规义务后，已核实的排放量和已放弃的排放量将通过欧盟交易日志（EUTL）公共网站公布。

（4）除了操作员账户外，欧盟登记簿还包括持有账户和交易账户，任何个人或组织都可以申请开立此类账户，所有账目申请必须附有一套全面的佐证。

（5）为了转移配额，转账账户持有人的授权代表必须登录欧盟登记簿。与网上银行系统类似，转账人可以为要转账的配额及收款人的详细信息进行提示。转账指示在提交给系统之前要由另一位授权代表批准。一旦这些指令被提交并且所有的自动技术检查都成功了，转移就会自动执行，并且接收者账户中的配额数量也会相应地更新。

（二）欧盟交易日志（EUTL）

欧盟交易日志（EU Transaction Log，EUTL）负责监护欧盟登记簿的完整性，记录所有配额账户的转账过程。EUTL 检查所有的配额交易，以确保它们符合 EU ETS 的规则，并可以拒绝不符合 EU ETS 指令和注册规则的交易。此外，EUTL 检查并记录所有进入、流通或离开欧盟登记簿的非 EU ETS温室气体排放交易单位的详细信息。这些可能是京都信用，如 CDM 或 JI 信用（CER 和 ERU）。

EUTL 的账户记录 EU ETS 配额 EUA 和京都信用配额持有量，每天都要与欧盟登记簿的持有量记录进行核对，以确保系统的一致性和完整性。任何不一致的地方都会被直接报告，相关账户、配额和京都单位可能会被冻结，直到不一致问题得到解决。EUTL 自动检查、记录并授权在欧盟登记簿账户之间发生的所有交易。2012 年，当欧盟登记簿取代成员国登记簿时，一些被应用于欧盟金融市场的登记结算规则被引入进来，使欧盟配额交易的登记结算系统与最安全、最先进的金融部门采用的措施保持一致。

EUTL 还负责确保 EU ETS 的透明度，发布关于固定装置和航空公司遵守排放交易规定的信息。欧盟登记簿超过 3 年的所有配额的交易和转让都会在 EUTL 公共网站上公开。EUTL 公共网站还发布关于企业无偿分配的配额、经过核实的排放量、合规状态等的公共信息，以及相关报告的最新信息。

第七节　配额市场的产品

依据配额的交易方式进行划分，可将配额市场分为一级市场和二级市场。一级市场是指配额和京都信用产生的市场，其交易产品包括配额及京都信用的拍卖和出售。二级市场是对已产生的配额和京都信用进行买卖和转让的流通市场。二级市场包括现货市场和衍生品市场，衍生品交易是在现货交易的基础上产生的，相比于现货交易，衍生品交易的流动性更好、成本更低。

一、欧盟配额市场的产品类型

配额现货为配额衍生品提供基本框架，以配额现货为基础形成了配额远期、期货、期权等衍生品。配额衍生品市场分为场内市场（交易所）和场外市场（OTC 市场）。交易所交易的是标准化的配额期货合约和配额期货期权合约；OTC 市场交易的是非标准化的配额衍生品，主要是配额远期。配额远期、期货、期权等衍生品形态各异，但都具备风险对冲、价格发现和投机等功能（见表 4 -9）。

表 4 -9　　　　欧盟配额市场主要交易的产品

产品	特　　点
配额现货 (EUA Spot)	在配额一级市场和二级市场交易，被 EU ETS 覆盖的排放企业每年需要提交足够的配额现货覆盖其排放量来合规。配额现货还是配额期货和配额远期的标的资产。排放企业对配额现货的刚性需求，是配额现货市场和配额衍生品市场存在的基础

续表

产品	特　点
配额期货 （EUA Future）	在交易所内交易的标准化合约，其标的资产为配额现货。交易双方约定了在未来特定时间以特定价格交割一定量的配额现货。配额期货的交易标的是标准化的合约，在期货合约未到期时，可以提前平仓
配额期货期权 （EUA Option）	配额期货期权一般简称为配额期权。但是需要注意的是，配额期权的标的资产是配额期货而非配额现货。配额期权是交易所内交易的标准化合约。期权买方有权在约定时间以特定价格向期权卖方买卖一定数量的配额期货合约
配额远期 （EUA Forward）	场外市场交易的非标准化合约，合约内容由交易双方商定。交易双方约定在未来特定时间以特定价格交割一定量的配额现货。由于配额远期是非标准化合约，流动性差，在远期合约未到期时，一般不能提前平仓

1. 配额现货

配额现货是指实时交易的配额。配额现货全部来源于配额一级市场。EU ETS 第一个交易期（2005 ~ 2007 年）和第二个交易期（2008 ~ 2012 年）的配额，基本全部采用无偿分配的方式发放。在第三个交易期，配额开始逐步使用拍卖的方式分配。无论使用哪一种分配方式，二级市场上交易的配额全部来自一级市场。被 EU ETS 覆盖的排放企业，每年需要提交足够的配额现货覆盖其排放量来履约。只有配额现货才能被排放企业用来履约，配额衍生品不能用来履约。

配额现货全部在一级市场和二级市场交易。尽管配额现货的交易规模远低于配额衍生品的交易规模，但是排放企业对配额现货的刚性需求，是配额现货市场和配额衍生品市场存在的基础。配额现货最终只有在排放企业手中才具备价值，这一点与其他资产如股票、债券、商品、外汇等是完全不同的。这也决定了配额市场存在较大的脆弱性，如果排放企业出现破产等意外情况，配额的价格将会受到很大影响。传统金融工具的价值要稳定的多，因为这些资产可以产生现金流，其价值是很健壮的。配额现货作为配额期货的标的资产，决定了配额期货市场的存在。

2. 配额远期

配额远期是由交易双方签署合约，约定未来配额的交易价格、交易数量和交易时间。配额远期的交易价格有固定价格和浮动价格两种定价方式，固定价格是在远期合约签订时就确定了交易价格，到期时以此价格来交割配额；浮动价格是由基准价格和参照价格组成，以最低保底价格为基础，加上与配额价格挂钩的浮动价格。

配额远期与配额期货最大的区别是，配额远期在场外交易，交易对象是非标准化合约，合约内容由交易双方共同确定。这就决定了配额远期比配额期货更加灵活，能够满足交易者多样化的需求。但是因为不是标准化合约，配额远期是不能提前平仓的，只能到期平仓，流动性很差。另外，由于配额远期交易一般没有交易中介，导致其信用风险比配额期货要高。

3. 配额期货

配额期货与配额远期类似，区别主要是配额远期在场外交易，配额期货是在交易所交易。配额期货交易对象是标准化合约，因此其流动性更好。由于配额期货在交易所内交易，具备完善的保证金制度，因此交易中的信用风险被基本消除。

与配额远期相比，配额期货交易的是标准化合约，缺乏灵活性，不能根据交易者的需求修改合约的内容。但是作为一种标准化合约，配额期货比配额远期的流动性好，比配额现货的资金需求更低，因此很受投资者欢迎。配额期货是欧盟配额市场上交易量最大的一个品种，约占所有配额交易品种交易总量的90%左右。

4. 配额期权

与配额远期和配额期货不同，配额期权更加类似于一种保险。配额期货和配额远期只是将配额价格锁定，而配额期权可以为期权的买方提供一个价格保险，即在价格向不利方向变动时，期权可以确保买方的最大损失不会超过一个定值，而在价格向有利方向变动时，期权作废，期权买方可以在最有利的价位上出售或购买标的资产。

与配额期货相比，配额期权最大的劣势是配额期权的成本较高。交易配额期货理论上来说是不需要支付成本的，门槛较低。配额期权的买方需要向卖方支付权利金（期权费），且配额价格的波动性越大，配额期权的有效期越长，配额期权的价格就越高。

二、主要交易所及产品合约

现在在欧盟碳市场上，交易规模最大的产品是以EUA为标的资产的期货和期权，其中最具代表性的包括芝加哥商品交易所集团（CME）的EUA衍生品、洲际交易所（ICE）的EUA衍生品及欧洲能源交易所（EEX）的EUA产品。

1. 芝加哥商品交易所集团（CME）

纽约商业交易交易所（NYMEX）自2008年开始通过绿色交易所（GreenX）投入碳市场，而GreenX已于2012年4月被CME集团全面收购。自2012年8月27日，GreenX的全部业务并入CME旗下的纽约商品交易所（NYMEX）中。纽约商品交易所的EUA产品为欧洲碳市场提供了更为全面的产品构成。其主要优势有：

①全面的产品构成，包括EUA、CER、ERU期货和期权；

②交易费用低廉；

③可以针对场外交易市场（OTC market），借助CME的电子交易平台全球电子交易系统（Globex）上的场外交易系统芝加哥商品交易所清算所（CME Clearport）进行交易执行；

④可以借由CME Direct——一个自由的网络交易系统交易配额产品；

⑤拥有将近70家的结算会员。

那些最初在GreenX交易的欧洲和北美的排放配额产品，现在作为CME集团的一部分在NYMEX上市交易。这些排放产品补充了现有的NY-MEX能源期货和期权合约。它们可以在全球电子交易系统（CME Globex）电子平台交易，可以借助CME直接提交到CME Globex，也可通过CME Clearport集中清算服务进行结算。

（1）欧盟排放配额（EUA）期货（见表4-10）。

表4-10 欧盟排放配额（EUA）期货

<table>
<tr><td>商品代码</td><td colspan="2">CME Globex：EAF
CME ClearPort：6T</td></tr>
<tr><td>交易时间（所有时间均为纽约时间/东部时区）</td><td>CME Globex
CME ClearPort</td><td>周日至周五：纽约时间/东部时区6：00 p. m. ~5：15 p. m.（5：00 p. m. ~4：15 p. m. 芝加哥时间/中部时区）。每天自纽约时间/东部时区5：15 p. m.（芝加哥时间/中部时区4：15 p. m.）开始休息45分钟。在最后一个交易日，交割月的欧盟排放配额（EUA）期货交易在英国时间5 p. m.（中部时间11：00 a. m.）停止交易</td></tr>
<tr><td>合同规格和单位</td><td colspan="2">1 000EUA，每个EUA相当于一吨二氧化碳当量</td></tr>
</table>

续表

报价	欧元/EUA
最小价位波动值	€0.01/EUA
上市合约	在滚动的基础上，前三个连续的期货合约月加上八个季度合约，从最临近的季度开始；之后几年直至2020年的12月合约月
交易终止	交割月份的最后一个周一。如果这个周一恰好为英国的假日，或者如果英国的假日发生在这个周一之后的四天中的某天，交易应在交割月份的倒数第二个周一停止。如果交割月份的倒数第二个星期一为英国的假日，或者如果英国的假日发生在交割月份的倒数第二个星期一之后的四天中，交易应在交割月份的倒数第三个星期一停止
结算类型	实物交割
交割	实物交割在最后一个交易日之后的两个营业日，于英国排放交易登记簿（英国注册）进行
规则手册章节	1 250
交易规则	该合约在 NYMEX 上市，受制于 NYMEX 规范和规则

（2）EUA 期货期权（见表4－11）。

表4－11　　EUA 期货期权

商品代码	CME Globex：EAX CME ClearPort：6U	
交易时间（所有时间均为纽约时间/东部时区）交易时间（所有时间均为纽约时间/东部时区）	CME Globex CME ClearPort	周日至周五：纽约时间/东部时区6：00 p. m.～5：15 p. m.（芝加哥时间/中部时区5：00 p. m.～4：15 p. m.）。每天自纽约时间/东部时区5：15 p. m.（芝加哥时间/中部时区4：15 p. m.）开始休息45分钟。在最后一个交易日，交割月的欧盟配额（EUA）期权交易在英国时间5 p. m.（中部时间11：00 a. m.）停止交易
合同规格	1 000个 EUA，每个 EUA 相当于一吨二氧化碳当量	
报价	欧元/EUA	
最小价位波动值	€0.01/EUA	
交易终止	期权合约会在交割月标的资产——EUA 期货合约期满之前的三个工作日失效	
上市合约	在滚动的基础上，前三个连续的期货合约月加上八个季度合约，从最临近的季度开始；之后几年直至2020年的12月合约月	
交割方式	在交割月 EUA 期权合约在通过 EUA 期货合约以指定的执行价格执行。由于期权是欧式的，因此期满时实值期权将被执行，虚值期权和平价期权将失效	
规则手册章节	1 251	
交易规则	该合约在 NYMEX 上市，受制于 NYMEX 规范和规则	

（3）EUA 系列期权（见表 4－12）。

表 4－12　**EUA 系列期权**

商品代码	CME Globex：9G CME ClearPort：9G	
交易时间	CME Globex CME ClearPort	周日至周五：纽约时间/东部时区 6：00 p. m. ~5：15 p. m.（芝加哥时间/中部时区 5：00 p. m. ~4：15 p. m.）。每天自纽约时间/东部时区 5：15 p. m.（芝加哥时间/中部时区 4：15 p. m.）开始休息 45 分钟。在最后一个交易日，交割月的欧盟配额（EUA）系列期权交易在英国时间 5 p. m.（中部时间 11：00 a. m.）停止交易
合同规格	1 000 个 EUA，每个 EUA 相当于一吨二氧化碳当量	
报价	欧元/EUA	
最小价位波动值	€0. 01/EUA	
交易终止	期权合约会在交割月其标的资产——EUA 期货合约到期之前的三个交易日失效	
上市合约	在滚动的基础上，前三个连续的期货合约月加上八个季度合约，从最临近的季度开始；之后几年直至 2020 年的 12 月合约月	
结算方式	结算月 EUA 系列期权，到期日为 12 月的合约标的资产——EUA 期货合约。在结算月以行权价格执行。期权是欧式期权，因此，期满时实值期权将被执行，平价期权和虚值期权将失效	
规则手册章节	1 252	
交易规则	该合约在 NYMEX 上市，受制于 NYMEX 规范和规则	

（4）核证减排量（CER plus^{SM}）期货（见表 4－13）。

表 4－13　**核证减排量（CER plus^{SM}）期货**

产品代码	Globex：CPL ClearPort：CPL	
地点与时间（所有时间均为纽约时间/美国东部时间）	CME Globex CME ClearPort	周日至周五：18：00 ~ 17：15（纽约时间/美东时间），17：00 ~ 16：15（芝加哥时间/美中时间）。每天 17：15（纽约时间/美东时间）/16：15（芝加哥时间/美中时间）开始休市 45 分钟。在最后交易日，核证减排量（CER）期货于英国时间 17：00 终止交易（美中时间 11：00）
合约股数 & 单位	1 000 个 CER，每个 CER 相当于一吨二氧化碳当量	

续表

报价	欧元/CER
最小价格波动值	€0.01/CER
上市合约	从最近一个季度开始，前三个连续到期交割月加上八个季度性合约，依此滚动计算；之后几年直至2020年的12月合约月
交易终止	交易终止于交割月的最后一个周一。如果该周一恰逢英国休假日，又或休假日与该周一其后四天的任意一天重合，那么该交割月交易终止于本月的倒数第二个周一。如果交割月的倒数第二个周一恰逢英国休假日，又或休假日与该周一其后四天的任意一天重合，那么该交割月交易终止于本月的倒数第三个周一
结算方式	实物交割
交割	实物交割应于最后交易日2天后在英国排放权交易登记簿进行。对于欧盟碳排放交易计划（EU ETS）第二个交易期的交割，该阶段有效期截止于2013年3月，一个可交付CER应在EU ETS指令下经由管理人交付（不考虑EU ETS指令第11a项条款加诸的对管理人能力的定量限制，或以其他方式交付此类CER）。此外，该单位CER不可来自核设施、土地利用、土地利用变化及林业（LULUCF）活动、氢氟碳化物（HFCs）项目以及己二酸生产中产生的氧化亚氮（N_2O）。对于EU ETS第三个交易期的交割，该阶段有效期始于2013年3月，一个可交付CER应在EU ETS指令下经由管理人交付（不考虑EU ETS指令第11a项条款加诸的对管理人能力的定量限制，或以其他方式交付此类CER）。对于存在定性限制的CER，在EU ETS中定性限制应：（a）可以经由交易所通过对受定性限制支配的CER的序列编号来进行鉴别；（b）不应以在EU ETS指令下交付为目的使该限制无法适用
规则手册章节	1 256
交易规则	该合约在NYMEX上市，受制于NYMEX规范和规则
产品类别	排放权
产品子类别	CDM

（5）CER⁺期权（见表4-14）。

表4-14　　CER⁺期权

基础期货	核证减排量（CER plus）期权
商品代码	CME Globex：PCL CME ClearPort：PCL
地点	CME Globex，CME ClearPort

续表

<table>
<tr><td rowspan="2">时间
（所有时间均为纽约时间/美国东部时间）</td><td>CME Globex</td><td>周日至周五：18：00～17：15（纽约时间/美东时间），17：00～16：15（芝加哥时间/美中时间）。每天 17：15（纽约时间/美东时间）/16：15（芝加哥时间/美中时间）开始休市 45 分钟。在最后交易日，CER 期权于英国时间 17：00 终止交易（美中时间 11：00）</td></tr>
<tr><td>CME ClearPort</td><td>周日至周五：18：00～17：15（纽约时间/美东时间），17：00～16：15（芝加哥时间/美中时间）。每天 17：15（纽约时间/美东时间）/16：15（芝加哥时间/美中时间）开始休市 45 分钟。在最后交易日，CER 期权于英国时间 17：00 终止交易（美中时间 11：00）</td></tr>
<tr><td>合约规模</td><td colspan="2">1 000 CER 信用额度。每个单位的 CER 代表一吨二氧化碳当量的减排。对于欧盟碳排放交易计划（EU ETS）第二个交易期的交割，该阶段有效期截止于 2013 年 3 月，一个可接受 CER 应在 EU ETS 指令下经由管理人交付（不考虑 EU ETS 指令第 11a 项条款加诸的对管理人能力的定量限制，或以其他方式交付此类 CER）。此外，该单位 CER 不可来自核设施、土地利用、土地利用变化及林业（LULUCF）活动、氢氟碳化物（HFC）项目以及己二酸生产中产生的氧化亚氮（N_2O）。对于 EU ETS 第三个交易期的交割，该阶段有效期始于 2013 年 3 月，一个可交付 CER 应在 EU ETS 指令下经由管理人交付（不考虑 EU ETS 指令第 11a 项条款加诸的对管理人能力的定量限制，或以其他方式交付此类 CER）。对于存在定性限制的 CER，在 EU ETS 中定性限制应：（a）可以经由交易所通过对受定性限制支配的 CER 的序列编号来进行鉴别；（b）不应以在 EU ETS 指令下交付为目的使该限制无法适用</td></tr>
<tr><td>报价</td><td colspan="2">欧元/CER</td></tr>
<tr><td>最小价格波动值</td><td colspan="2">€0.01/CER</td></tr>
<tr><td>上市合约</td><td colspan="2">从最近一个季度开始，前三个连续到期交割月加上八个季度性合约，依此滚动计算</td></tr>
<tr><td>交易终止</td><td colspan="2">先于 CER 基础期货合约终止之前 3 个营业日结束前期满</td></tr>
<tr><td>结算方式</td><td colspan="2">在规定的敲定价格下，CER⁺ 期权合约依照 CER⁺ 期货合约行权。由于该期权为欧式期权，因此实值期权在到期时将自动执行，虚值期权和平价期权将失效</td></tr>
<tr><td>头寸限额</td><td colspan="2">NYMEX 头寸限额</td></tr>
<tr><td>规则手册章节</td><td colspan="2">1 265</td></tr>
<tr><td>交易规则</td><td colspan="2">该合约在 NYMEX 上市，受制于 NYMEX 规范和规则</td></tr>
<tr><td>产品类别</td><td colspan="2">排放权</td></tr>
<tr><td>产品子类别</td><td colspan="2">CDM</td></tr>
</table>

（6）ERU 期货（见表4－15）。

表4－15 ERU 期货

<table>
<tr><td>产品代码</td><td colspan="2">CME Globex：REU 芝加哥商业交易所电子交易平台
CME ClearPort：REU 芝加哥商业交易所清算平台</td></tr>
<tr><td>地点/时间
所有时间均为纽约时间（东部时间）</td><td>CME Globex
CME ClearPort</td><td>周日至周五：纽约时间/东部时区6：00 p. m. ~5：15 p. m.（芝加哥时间/中部时区5：00 p. m. ~4：15 p. m.）。每天自纽约时间/东部时区5：15 p. m.（芝加哥时间/中部时区4：15 p. m.）开始休息45分钟。在最后一个交易日，ERU 期货交易在英国时间5 p. m.（中部时间11：00 a. m.）停止交易</td></tr>
<tr><td>合同规模和单位</td><td colspan="2">1 000 排放单位的 ERU，每个 ERU 相当于一吨二氧化碳当量</td></tr>
<tr><td>报价</td><td colspan="2">欧元/ERU</td></tr>
<tr><td>最小价位波动值</td><td colspan="2">€0. 01/ERU</td></tr>
<tr><td>Listed Contracts
合同列表</td><td colspan="2">在滚动的基础上，前三个连续的期货合约月加上八个季度合约，之后几年直至2015年的3月</td></tr>
<tr><td>交易终止</td><td colspan="2">交付月份的最后一个周一。如果交易月份的最后一个星期一是英国假日，或者英国假日是交易月最后一个周一之后四天中的一天，交易应该在交易月的倒数第二个周一结束。如果交易月的倒数第二个周一是英国假日，或者是英国假日正好在倒数第二个周一之后的四天中的一天，那么交易应该在交易月份的倒数第三个周一进行</td></tr>
<tr><td>结算类型</td><td colspan="2">实物</td></tr>
<tr><td>交付</td><td colspan="2">实物交付在最后一个交易日两个工作日之后进行</td></tr>
<tr><td>规则手册章节</td><td colspan="2">1 258</td></tr>
<tr><td>交易规则</td><td colspan="2">该合约在 NYMEX 上市，受制于 NYMEX 规范和规则</td></tr>
</table>

（7）ERU 期权（见表4－16）。

表4－16 ERU 期权

<table>
<tr><td>产品特征</td><td colspan="2">CME Globex：ERO
CME ClearPort：ERO</td></tr>
<tr><td>地点/时间
所有时间均为纽约时间（东部时间）</td><td>CME Globex
CME ClearPort</td><td>周日至周五：纽约时间/东部时区6：00 p. m. ~5：15 p. m.（芝加哥时间/中部时区5：00 p. m. ~4：15 p. m.）。每天自纽约时间/东部时区5：15 p. m.（芝加哥时间/中部时区4：15 p. m.）开始休息45分钟。在最后一个交易日，ERU 期权交易在英国时间5 p. m.（中部时间11：00 a. m.）停止交易。</td></tr>
<tr><td>合约规模</td><td colspan="2">1 000ERU，每个 ERU 相当于一吨二氧化碳当量</td></tr>
</table>

续表

报价单位	欧元/ERU
最小变动价格	€0.01/ERU
Listed 合约	在标的资产 ERU 期货合约到期前 3 个交易日到期
交易终止	在滚动的基础上，前三个连续的期货合约月加上八个季度合约，之后几年直至 2015 年的 3 月
结算类别	ERU 期权合约通过 ERU 期货合约以指定价格来行权。期权类别为欧式期权。因此到期时，实值期权将会被执行，平价期权和虚值期权将会失效
交割	实物交割在最后一个交易日后的 2 个工作日内在英国排放权登记簿进行
规则手册章节	1 259
交易规则	该合约在 NYMEX 上市，遵循 NYMEX 交易规范和规则

2. 欧洲气候交易所（ICE）

2004 年，欧洲气候交易所（European Climate Exchange，ECX）在荷兰阿姆斯特丹成立。ECX 率先开始了 EUA 衍生品交易，包括 EUA 期货和 EUA 期权。之后世界上有多家交易所开始交易 EUA 产品，包括一级市场上的拍卖、二级市场上的现货和衍生品，但 ECX 的交易规模是最大的。

由于期货具有价格发现功能，且 ECX 最早开展相关交易，ECX 迅速成为全球最大的碳期货交易所。2001 年洲际交易所集团（Intercontinental Exchange，ICE）通过收购伦敦石油交易所而进入期货领域。2010 年 ICE 全面收购 ECX 及其他两家碳交易所，全面进入碳衍生品领域。ICE 是目前全球交易规模最大的碳衍生品交易所。

目前 ICE 交易的配额产品全部都是配额衍生品，主要包括 EUA 期货、EUA 期货期权和 CER 期货、CER 期货期权。

（1）EUA 期货（见表 4－17）。

表 4－17　　EUA 期货

合约说明	EUA 期货合约是一种可交割合约，每个结算会员在交割月未能平仓的，都需要根据 ICE 欧洲期货交易所条例通过欧盟登记簿进行 EUA 的实物交割
交易名称	EUA 期货
交易单位	1 张合约，包含 1 000 个碳排放配额（EUA）。每一个 EUA 都有权排放一吨二氧化碳当量的温室气体，这在 ICE 期货欧洲交易所条款中有进一步的定义

续表

最小交易规模	1 张 EUA 期货合约
报价单位	每吨欧元（€）和欧元分（c）
最小价格变动单位	每吨 0.01 欧元（即每张合约 10 欧元）
最低价格波动	每吨 0.01 欧元
最高价格波动	没有限制
合同系列	在任意时间点，交易所都有六个季度合约和两个月度合约。此外，交易所会根据市场交易情况临时加挂交易新的合约
到期日	合同月份的最后一个周一。如果最后一个周一是非交易日，或者在最后一个周一之后的 4 天内没有一个交易日，则到期日将为交割月份的倒数第二个周一
交易系统	交易将在 ICE 期货（欧洲）电子平台上进行，该平台是 ICE 交易平台，可通过 ICE 网页（WebICE）或合格的独立软件供应商访问
交易模式	在整个交易时间内连续交易
结算价格	如果流动性过低，报出的结算价格是每日结算期间（英国当地时间 16：50：00～16：59：59）成交价格的加权平均值
交割安排	合约最终的交割方式是实物交割，空头方将 EUA 配额通过欧盟登记簿账户交割给多头方。所有交割总是通过结算会员账户和 ICE 清算所（欧洲）来进行，交割在最后一个交易日后 3 天后进行
清算	ICE 清算所（欧洲）作为所有交易的中央交易对手方，对其所有成员的 ICE 期货交易提供财务担保
增值税和税收	英国税务海关总署证实，根据终端市场指令的条款，EUA 期货合约在会员机构和 ICE 清算所进行的交易已获得临时批准，增值税被确定为零税率
保证金	初始保证金和变动保证金由 ICE 清算所（欧洲）按通常方式收取

（2）EUA 期货期权（见表 4－18）。

表 4－18　　EUA 期货期权

合约说明	EUA 期货期权合约的标的资产是 EUA 期货合约。到期时，一张 EUA 期货期权的行权将对应一张 EUA 期货合约的交割。EUA 期货期权是欧式期权，到期时如果期权处于实值状态，则期权被自动行权
交易名称	EUA 期货期权
交易单位	一份 EUA 期货期权合约
最小交易规模	每张期权合约对应一张 EUA 期货合约。一张 EUA 期货合约包括 1 000 个 EUA，每一个 EUA 都有权排放一吨二氧化碳当量的温室气体，这在 ICE 期货交易所（欧洲）法规中有进一步的定义

续表

报价单位	每吨欧元（€）和欧元分（c）
行权价格间隔	每个合同月自动列出 109 个履约价格，覆盖 0.50 ~ 100.00 欧元的价格范围。交易所可根据实际需要加挂一个或多个最接近最后成交价格的执行价。执行价格增量为 0.01 欧元
最低价格波动	0.005 欧元
最高价格波动	没有限制
合同系列	合同月份包括四个季月（3 月、6 月、9 月和 12 月）
标的合约	期权的标的期货合约是同年 12 月份的 EUA 期货合约，如 2010 年 3 月期权的标的资产是 2010 年 12 月的 EUA 期货合约
期权种类	欧式
期权费	期权费在交易时支付
持仓限额	没有持仓限额
最后交易日	在 EUA 期货合约 3 月、6 月、9 月和 12 月合约月到期前三个交易日到期
结算	结算所对于其所有结算会员在 ICE 中的所有期货结算提供财务担保。所有 ICE 期货会员公司要么是结算所的会员，要么与作为结算所会员的会员签订结算协议

（3）CER 期货（见表 4 – 19）。

表 4 – 19　　　　CER 期货

合约说明	CER 期货合约是一种可交割合约，每个结算会员在交割月未能平仓的，都需要根据 ICE 欧洲期货交易所规定，通过欧盟登记簿进行 EUA 的实物交割
交易名称	EUA 期货
交易单位	1 张合约包含 1 000 个核证减排单元（CER）。根据《京都议定书》第十二条发行的 1 000 个核证的排减量单元 CER，同时完全遵守了《京都议定书》中规定的排放限制承诺。 不合格的 CER 包括以下方面： ①截至 2013 年 4 月合同，发电量超过 20 兆瓦的水电生产项目活动（“大型水电项目”）； ②根据并包括 2013 年 5 月的合同，未列入交易所第三期大型水电项目清单的大型水电项目； ③受欧盟、联合国或美国外国资产管制局制裁和/或贸易管制的任何国家主办的所有项目，或与任何个人或实体直接或间接有关的所有公共或私营项目，由欧盟、联合国或美国外国资产管制办公室为制裁和贸易管制制度的目的或依据该制度列出或确定的。 为免生争议，根据交易所公布的方法，将大型水电项目列入交易所第三期大型水电项目名单，并不构成交易所或结算所是否就此发行任何 CER 做出任何陈述，或保证大型水电项目可用于根据方案确定是否遵守了排放限制承诺

续表

相关的期限	《京都议定书》第三期
最小交易规模	1 张 CER 期货合约
报价单位	每吨欧元（€）和欧元分（c）
最小价格变动单位	0.01 欧元/吨（即每张合约 10 欧元）
最低价格波动	每吨 0.01 欧元
最高价格波动	没有限制
合同系列	12 月合同列示至 2020 年，季度合同列示至 2021 年 3 月。此外，交易中最近的两个月合约也会列出来，以便有三个即时合约可供交易，包括季度合约
到期日期	合同月份的最后一个周一。如果最后一个周一是非交易日，或者在最后一个周一之后的 4 天内没有一个交易日，则到期日将是交割月份的倒数第二个周一
交易系统	交易将在 ICE 期货（欧洲）电子平台上进行，该平台是 ICE 交易平台，可通过 ICE 网页（WebICE）或合格的独立软件供应商访问
结算价格	如果流动性过低，报出的结算价格是每日结算期间（英国当地时间 16：50：00～16：59：59）成交价格的加权平均值。结算价格将成为汇兑交割结算价格
增值税和税收	英国税务海关总署证实，根据终端市场指令的条款，EUA 期货合约在会员机构和 ICE 清算所进行的交易已获得临时批准，增值税被确定为零税率
交割办法	合约最终的交割方式是实物交割，空头方将 CER 减排单元通过特定的登记簿账户，交割给多头方。所有交割都是通过结算会员账户和 ICE 清算所（欧洲）来进行，交割在最后一个交易日后三天后进行。 交割在清算会员和 ICE Clear Europe 之间进行。会员交割期时间为最后交易日 17 时起，到最后交易日之后第二个交易日 15 时止。ICE Clear Europe 将在最后一个交易日后的第三个营业日的 15：00 之前向买方结算会员交付货物
清算	ICE 清算所（欧洲）作为所有交易的中央交易对手方参与清算
合约交易安全	ICE 清算所（欧洲）对所有参与交易的会员提供财务担保
附则	合约可以进行大宗交易，最低每笔交易 50 张 CER 期货合约

（4）CER 期货期权（见表 4－20）。

表 4－20　CER 期货期权

合约说明	CER 期货期权合约的标的资产是 CER 期货合约。到期时，一张 CER 期货期权的行权将对应一张 CER 期货合约的交割。CER 期货期权是欧式期权，到期时如果期权处于实值状态，则期权被自动行权
交易商品名称	CER 期货期权

续表

交易单位	一份 CER 期货期权合约
最小交易规模	一张 CER 期货期权
报价单位	每吨欧元（€）和欧元分（c）
执行价格间隔	每个合同月自动列出 109 个履约价格，覆盖 1～65 欧元的价格范围。交易所可根据实际需要加挂一个或多个最接近最后成交价格的执行价。执行价格增量为 0.01 欧元
最低价格波动	0.005 欧元
最高价格波动	没有限制
合同系列	每季度到期时（3 月、6 月、9 月和 12 月）列出最多 12 个合同月，12 月合同到期时列出 3 个新合同月
标的合约	期权的标的期货合约是同年的 12 月份的 CER 期货合约，如 2010 年 3 月期权的标的资产是 2010 年 12 月的 CER 期货合约
期权种类	欧式
期权费	期权费在交易时支付
持仓限额	没有持仓限额
最后交易日	在 CER 期货合约 3 月、6 月、9 月和 12 月合约月到期前的三个交易日
合约交易安全	ICE 清算所（欧洲）对所有参与交易的会员提供财务担保
保证金	石油未平仓合约都通过盯市操作确定最新的保证金
交易系统	交易将在 ICE 期货电子平台上进行，该平台是 ICE 交易平台，可通过 ICE 网页（WebICE）或合格的独立软件供应商访问
交易模式	在整个交易时间内连续交易
结算价格	以每日指定结算期间（英国当地时间 16：50：00～16：59：59）的交易加权平均值
增值税和税收	英国税务海关总署证实，根据终端市场指令的条款，EUA 期货合约在会员机构和 ICE 清算所进行的交易已获得临时批准，增值税被确定为零税率
行权	实值的期权将在到期日被自动行权，转换为对应的 CER 期货合约，所有虚值期权和平值期权将自动过期
结算	ICE 清算所（欧洲）作为所有交易的中央交易对手方参与清算

3. 欧洲能源交易所（EEX）

欧洲能源交易所（European Energy Exchange，EEX）是欧洲领先的能源交易所，为能源和相关产品提供安全、流动和透明的市场。作为 EEX 集团的一部分，EEX 提供电力、排放配额及货运和农产品合约。EEX 集团是德意志证券交易所集团的一部分。

EEX 主要交易 EU ETS 体系下的 EUA 配额，产品非常齐全，既包括一级市场的拍卖配额，也包括二级市场交易的现货和衍生品。拍卖市场是形成 EUA 的一级市场，二级市场上所有交易的 EUA 都来自一级市场。在 EU ETS 运营初期，为降低企业减排负担，欧盟主要采用免费的方式分配排放配额。随着排放交易系统日臻成熟，企业对于减排规则也越来越熟悉，欧盟开始逐步采用有偿拍卖的方式分配排放配额。

目前欧盟最主要的拍卖平台是 EEX，一级市场约 90% 的配额拍卖量是通过 EEX 分配的。此外，EEX 为 EUA、欧盟航空企业配额（EU Aviation Allocation，EUAA）和 CER 运营着一个不断增长的现货和衍生品市场。迄今为止，共拍卖了 43 亿欧元的 EUA 和 EUAA（见图 4－10）。

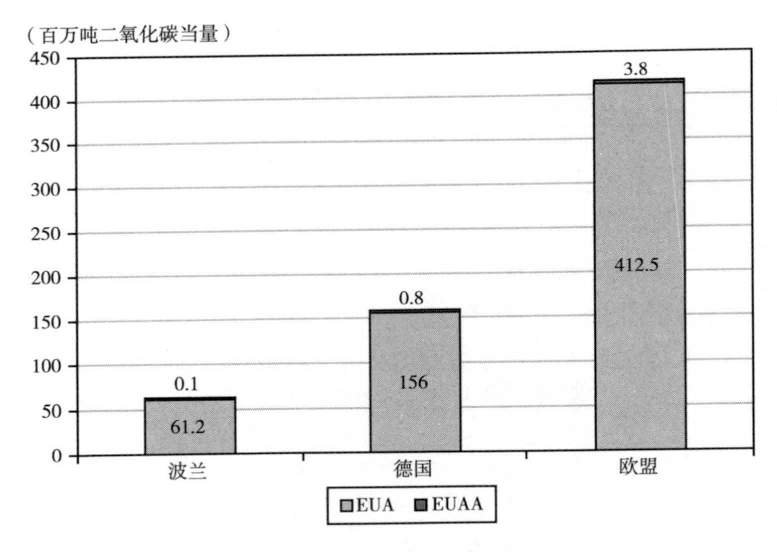

图 4－10　2019 年 EEX 配额拍卖量

资料来源：EEX。

（1）一级市场。EEX 作为 EU ETS 最主要的配额拍卖平台，拍卖了 EU ETS 一级市场 90% 的配额，已经成功完成 1 900 多场次配额拍卖。EEX 自建了 M7 全电子化拍卖系统，该电子系统安全可靠，具有良好的业绩记录。EEX 简化了配额现货的发放流程，与排放企业进行了有效的直接对接，拍卖当天可通过欧盟登记簿电子登记结算系统进行配额的实际交付。EEX 将拍卖市场（一级市场）的配额产品和二级市场配额产品进行了无缝连接，极大便利了排放企业等参与者的交易，降低了交易成本。

（2）二级市场。EEX 交易着全球最为齐全的欧盟配额产品，包括 EUA 现货、期货和期权合约在内的所有产品。通过 EUAs-direct 与 ECC 系统高效免费的交付，当天即可进行登记转移。EEX 做市商的做市差价是目前世界上最小的，有效降低了交易者的成本。EEX 采用全数字化的交易方式，提供多种连接解决方案。在交易者参与 EEX 集团其他商品交易时，通过交叉保证金降低了对交易者的资金要求，提高了资金使用效率，降低了交易成本。近年来，EEX 的交易量和市场份额增长迅速，到 2018 年 EEX 在 EUA 配额二级市场上的份额达到了 16%左右（见图 4－11）。

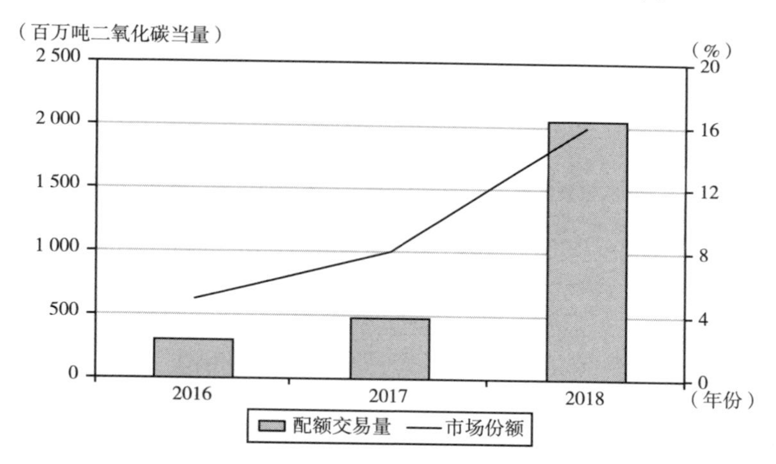

图 4－11　EEX 配额交易量及市场份额

资料来源：EEX。

（3）EEX 的产品。随着 EU ETS 覆盖范围的不断扩大，航空业也被纳入减排范围中。由于航空业跨越多个国家的特殊性，EU ETS 对航空业单独设置了排放配额的交易规则，航空业排放配额被称为 EUAA（EU Aviation Allocation）。除了欧盟排放配额外，EEX 还交易 CER 的有关产品。EEX 二级市场主要交易 EUA 现货、期货和期权，EUAA 的现货与期货，CER 的现货与期货。从交易情况来看，配额衍生品的交易量要远远高于配额现货的交易量。

①EUA 拍卖。拍卖是 EU ETS 内分配排放配额的基本方式，这意味着

企业必须通过拍卖来购买所需的排放配额。EEX 被授予作为 25 个欧盟成员国和挪威、冰岛、列支敦士登 3 个非欧盟成员国拍卖配额 EUA 的共同拍卖平台。除此之外，EEX 还在过渡时期为波兰进行拍卖。此外，EEX 还被选为德国独立拍卖平台。

在现货拍卖市场中，EEX 定期在其现货平台上拍卖 EUA 和 EUAA（见表 4－21）。

表 4－21　　EUA 拍卖

合约资产	EUA
交易方式	T+1
合约规模	1EUA
最低交易规模	500EUA（相当于 500 吨二氧化碳当量）
最小报价单位	0.01
交易履行	一手交钱，一手交货
拍卖方式	代表参与通用拍卖平台的欧盟成员国和欧洲经济区—欧洲自由贸易区成员国：25 个欧盟成员国（不含德国和波兰）及 3 个欧洲经济区—欧洲自由贸易区国家：挪威、冰岛和列支敦士登。 每周周一、周二、周四上午 11 点拍卖
	德国的拍卖方式：周五上午 11 点拍卖
	波兰的拍卖方式：每周三上午 11 点拍卖，每两周拍卖一次
一级市场收费	综合交易与结算费用，单位：欧元/1 000EUA。 欧盟（包括欧洲经济区—欧洲自由贸易区国家）拍卖费用：3.36 欧元； 德国拍卖费用：3.35 欧元； 波兰拍卖费用：3.00 欧元

②EUA 现货（见表 4－22）。

表 4－22　　EUA 现货

合约	当日交割的 EUA 现货
交易资产	欧盟排放配额 EUA，每一单位的 EUA 允许排放 1 吨二氧化碳当量的温室气体
合约规模	1 000EUA/张
最低交易规模	1 张合约

续表

最低报价单位	0.01 欧元/EUA
价格变动最小单位	10 欧元/张（0.01 欧元/EUA）
交易方式	连续交易
交割时间	欧洲中部时间下午 4：00 前签订的交易合同签订后的第一个交易日；下午 4：00 以后签订的交易在第一个交易日的次日结算
EUA 的转移	交易者有权将 EUA 从托管账户中转移到他们指定的登记账户。转让最迟在交易后的第一个工作日执行
EUA 的出售	交易前账户中必须有足够的 EUA 份额

③EUA 期货（见表 4－23）。

表 4－23　EUA 期货

合约	每月、每季度、每年到期的 EUA 期货
标的资产	EUA，每一单位的 EUA 允许排放 1 吨二氧化碳当量的温室气体
交割时间	月度期货：当前和未来 2 个月，除非 12 月或季度期货在各自到期日到期； 季度期货：当前和未来 11 个季度，除非 12 月期货在相应的到期日到期； 年度期货：当前和未来 8 年是合约在 12 月到期
合约规模	1 000EUA/张
最低报价单位	0.01 欧元/EUA
价格变动最小单位	10 欧元/张（0.01 欧元/EUA）
最后交易日	最后一个交易日是满足以下条件的到期月份的最后一个周一： 在英国，周一和以下四个日历日中的任何一天都不是法定假期。如果该特定周一不是 EEX 的交易所交易日，则最后一个交易日是该周一之后的交易所交易日
EUA 的转移	交易者有权将 EUA 从托管账户中转移到他们指定的登记账户。转让最迟在交易后的第一个工作日执行

④EUA 期权（见表 4－24）。

表 4－24　EUA 期权

标的资产	标的资产是期权对应年份 12 月到期的 EUA 期货合约
合约系列	期权系列是指在市场中可以交易的具有相同标的、相同的行权价格和相同期限的看涨期权及看跌期权的总量。 每个到期日至少有三种不同的行权价格的期权；在这种情况下，在期权开始上市交易时，一种期权是平值期权，一种是虚值期权，一种是实值期权。 交易所可以随时根据市场情况加挂期权系列的数量

续表

可交易期权的到期时间	最多有以下期权可以在交易所交易： 如果没有对应的12月份期权或者季度期权在相应的到期日到期，市场有当前月份与随后两个月份期权可以交易； 如果没有对应的12月份期权到期，当前与随后11个季度期权； 当前与随后8个12月到期的期权
交割时间	月度期货：当前和未来2个月，除非12月或季度期货在各自到期日到期； 季度期货：当前和未来11个季度，除非12月期货在相应的到期日到期； 年度期货：当前和未来8年是合约在12月到期
期权行权方式	欧式
期权费	期权合同的多头方需要在购买期权后的第一个交易日支付期权费。期权费在同一天被记入期权空头方名下。期权报价精确到小数点后三位
价格变动最小单位	0.01欧元/EUA
期权的交割	期权执行时，需要交割EUA期货合约
最后交易日	是期权标的EUA期货合约最后一个交易日前的三个交易日
期权的执行	到期时，如果期权处于实值状态，则期权被自动执行，不允许手动行权。 行权时以各期权到期日最后一个交易日的标的EUA期货合约的结算价或日内固定价为准。EUA期货的日内固定价格为当日标的EUA期货合约的市场价，由交易所在期权最后一个交易日下午2点确定，并在行权前适时向交易所参与者公布。在这种情况下，自动行权将在下午3点进行

⑤CER现货（见表4-25）。

表4-25　CER现货

合约	CER现货
标的资产	核证减排量（CER）是指根据《京都议定书》第十二条和《联合国气候变化框架公约》（UNFCCC）的《京都议定书》决定，经合适有效的双边项目的核证减排量，每一单位CER相当于一吨二氧化碳当量。根据EU ETS制度，排放企业可以购买CER用于抵充减排任务，也可以在配额市场上自由交易。购买的CER可用于所有项目，除从己二酸生产中消除三氟甲烷（HFC-23）和氧化亚氮（N_2O），以及超过20兆瓦的大型水电项目。 外国资产管制部门列出的国家项目产生的CER不包括在内。 双边项目：根据《京都议定书》附件一，持有项目东道国的批准书（LoA）以及合同国指定国家主管部门（DNA）的LoA，作为联合国提交和发布的项目文件的一部分
合约规模	1 000CER/张

续表

最低交易规模	1 张合约
最低报价单位	0. 01 欧元/CER
价格变动最小单位	10 欧元/张（0. 01 欧元/CER）
交易方式	连续交易
履约时间	合约到期后 ECC 第一个交易日
EUA 的出售	交易者在出售 CER 时，其 ECC 账户中必须有足够的 CER 份额，不允许做空交易

⑥CER 期货（见表 4－26）。

表 4－26　　CER 期货

合约	CER 期货
标的资产	核证减排量 CER 是指根据《京都议定书》第十二条和《联合国气候变化框架公约》（UNFCCC）的《京都议定书》决定，经合适有效的双边项目的核证减排量，每一单位 CER 相当于一吨二氧化碳当量。根据 EU ETS 制度，排放企业可以购买 CER 用于抵充减排任务，也可以在碳市场上自由交易。购买的 CER 可用于所有项目，除从已二酸生产中消除三氟甲烷（HFC－23）和氧化亚氮（N_2O），以及超过 20 兆瓦的大型水电项目。 外国资产管制部门列出的国家项目产生的 CER 不包括在内。 双边项目：根据《京都议定书》附件一，持有项目东道国的批准书（LoA）以及合同国指定国家主管部门（DNA）的 LoA，作为联合国提交和发布的项目文件的一部分
交割时间	12 月份
合约规模	1 000CER/张
最低报价单位	0. 01 欧元/EUA
价格变动最小单位	10 欧元/张（0. 01 欧元/EUA）
最后交易日	最后一个交易日是满足以下条件的到期月份的最后一个周一； 在英国，周一和以下四个日历日中的任何一天都不是法定假期。如果该特定周一不是 EEX 的交易所交易日，则最后一个交易日是该周一之后的交易所交易日
CER 的转移	交易后的第二个工作日

⑦EUAA 现货（见表4－27）。

表4－27　EUAA 现货

合约	EEX EUAA 现货
标的资产	用于欧盟航空业减排的欧盟航空业配额（EU Aviation Allowances，EUAA）
合约规模	1 000 EUAA/张
最低交易规模	1 张或其整数倍合约
报价	小数点后两位小数，相当于每个 EUAA 0.01 欧元
价格变动最小单位	10 欧元/张（0.01 欧元/EUAA）
交易方式	连续交易
履约时间	合约到期后 ECC 第一个交易日
EUAA 的出售	交易者在出售 EUAA 时，其 ECC 账户中必须有足够的 EUAA 份额，不允许做空交易

⑧EUAA 期货（见表4－28）。

表4－28　EUAA 期货

合约	EEX EUAA 期货
标的资产	用于欧盟航空业减排的欧盟航空业配额（EU Aviation Allowances，EUAA）
交割时间	12 月份
合约规模	1 000EUAA/张
报价	小数点后两位小数，相当于每个 EUAA 0.01 欧元
价格变动最小单位	10 欧元/张（0.01 欧元/EUAA）
最后交易日	合同月的最后一个周一。如果最后一个周一不是 ECC 工作日（包括英国银行假日）或在最后一个周一之后的4天内有一个非 ECC 工作日，则最后一个交易日将是合同月最后一个周一之前的周一（倒数第二个周一）
EUAA 的转移	交易后的第二个工作日

第五章　欧盟排放交易系统辅助机制

欧盟排放交易体系（EU ETS）的运行，除了要有配额市场和市场基础设施外，还需要建立辅助机制。这些辅助机制实际上可能发挥着比市场还重要的作用，特别是与其他类型的金融工具相比，辅助机制正是基于配额的特点设立的，是配额市场和排放交易系统独有的。离开这些辅助机制，排放交易系统可能会很快陷入瘫痪。排放交易系统辅助机制的主要作用在于，使辅助排放交易系统和配额市场更好实现各项功能。

辅助机制主要包括监测、报告、核查与认证（MRVA）系统，碳泄漏处理机制，配额市场稳定机制，以及配额市场的监管机制。与常见的金融工具股票、债券、外汇和商品不同，配额本身不产生任何现金流，其价值完全来源于政府对排放的管制。因此对企业的排放数据真实性的确认是排放交易系统正常运行的关键基础，也是建立参与者对交易系统信心的主要来源，需要建立专门的系统来完成这一关键事项。

欧盟建立了全世界领先的排放交易系统 EU ETS，依靠该系统，欧盟实现了每一阶段的减排目标，已经是全世界市场化减排的典范。但是与欧盟相比，其他发达国家如美国、日本、加拿大、澳大利亚等都没有建立国家排放交易系统，也没有做出具体的减排承诺。在减排的要求下，被 EU ETS 覆盖的欧洲企业的生产成本势必要比其他国家更高，在竞争中处于不利地位，这是由于减排导致的碳泄漏。妥善处理碳泄漏问题，是维护欧盟企业和其他国家企业公平竞争的必然要求。

在 EU ETS 运行期间，先后遭遇了 2008 年的美国金融危机，以及随后的全球经济大衰退。在世界经济开始好转之后，又出现了 2020 年开始蔓延全球的新冠肺炎疫情，对世界经济发展的冲击比金融危机还要大。危机必然导致经济的衰退，企业的生产也会降低，排放量也随之下降。持续下降的配额需求，造成了配额价格的大跌，对于配额市场、对于排放交易系统的正常运行是非常不利的。对此，欧盟建立了市场稳定储备机制（MSR），类似于中央银行的货币政策。通过存储一部分配额在 MSR 中，可以很好地调节市场上的配额供给量，来稳定配额的市场价格。

欧盟将配额作为一种金融工具进行监管，这一点促进了排放交易系统的大发展。将配额作为金融工具，可以充分利用已有的成熟金融系统基础设施，避免重复建设，最快速度将排放交易系统运行起来。但是配额毕竟有其自身的特殊性，它不产生现金流，价值完全来源于政府对排放的管制。因此有必要对配额的交易在金融工具监管的规则下进行修订，建立一套完整的、适合配额交易的监管体系。欧盟在多年的实践中，先后对配额交易的监管进行了数次修订，已经建立起比较完善的监管系统。这对维护 EU ETS 的运行、实现减排的目标至关重要。

第一节　监测、报告、核查与认证（MRVA）系统

建立一个完整、透明的排放监测、报告、核查和认证系统，是建立一个完整、透明、权威、可预期的排放交易系统的前提。没有这一辅助系统，EU ETS 的合规性将缺乏透明度，企业的实际排放量将很难追踪，执行力也会受到影响。

碳市场参与者和主管部门希望确保排放的 1 吨二氧化碳当量相当于报告的 1 吨二氧化碳，这被称为“一吨必须是一吨!”的原则，只有这样，才能确保经营者不折不扣地履行其减排义务，根据排放量提供足够的配额。

一、MRVA 系统

EU ETS 自 2013 年第三个交易期（2013 ~ 2020 年）开始以来，温室气体排放的监测和报告需要符合欧盟监测和报告条例（Monitor and Report Regulation，MRR）。在每一排放年度，排放装置和航空业的运营商需要向

主管机构提交一份符合 MRR 的年度排放报告（Annual Emission Report，AER），AER 是提供运营商在给定年份内温室气体排放量的关键文件。AER 需要由独立认证机构进行验证，排放报告的验证和核查人员的认证也需要符合 EU ETS 第三阶段的欧盟认证和验证法规。这两项法规都力求在欧盟建立一个更加协调的 MRV（Monitoring，Reporting and Verification）系统。随着排放交易系统的发展，MRV 系统也逐步发展成为 MRVA 系统。与 MRV 相比，MRVA 多了一个最后认证（Accreditation）的过程，在检查运营商的排放量时确保系统完整无遗漏。

二、MRV 系统的基本机制

《监测和报告条例》（MRR）建立在以下指导原则的基础上，运营商在履行其义务时必须遵循这些指导原则。

1. 完整性

温室气体排放源的完整性是 EU ETS 监测的核心。每个操作员需要提供一个完整的和特定于现场的温室气体排放的监控方法。

2. 一致性和可比性

监测计划是一份实时文件，需要在监测方法发生变化时定期更新。为了在一段时间内保持一致，禁止任意改变监测方法，监测计划的任何重大变化必须得到主管机构的批准。

3. 透明度

所有数据的收集、汇编和计算必须通过透明的方式。这意味着数据及获取和使用这些数据的方法必须被透明地记录下来，所有相关信息必须安全地存储和保留，以允许授权的第三方进行充分访问。

4. 准确性

运营商必须确保数据的准确性。运营商需要尽职调查，力求达到最高的准确度。这里的“最高可实现”意味着监测必须在技术上可行，并避免产生不合理的费用。《监测和报告条例》（MRR）采用“分级”方法，根据装置的年排放量设定不同的准确度水平，高排放的运营商需要达到比低排放的运营商更高的准确性。

5. 方法的完整性

运营商应在年度排放报告（AER）中报告排放量，需要采用监管机构批准的监测方法，以确保报告数据的完整性。年度排放报告需要由独立的认证机构进行验证，必须确保数据没有重大错报。

6. 持续改进

操作员必须为其监控过程建立适当的程序。如果存在改进的可能性，如达到更高的层级，运营商应定期提交关于改进潜力的报告。此外，运营商必须对验证者的建议做出回应。

《认可与核查条例》（Accreditation and Verification Regulation，AVR）的出台，是为了进一步协调不同成员国的核查程序。在 EU ETS 前两个交易期（2005～2007 年、2008～2012 年），核查机构的认证主要遵循成员国的具体立法。随着新法规的出台，核查机构的认证在欧盟得到了更好地协调，因为该法规规定了明确的认证要求和认证机构要求。它通过指定认证过程的不同步骤为认证者提供详细指导。AVR 的出台，将 MRV 系统发展成为目前的 MRVA 系统。

三、MRVA 的程序

被纳入 EU ETS 的企业，在每一个排放年度中，都需要在规定的时间到期前提交覆盖其上一年的排放量的配额，即合规。一个完整的年度合规周期包括许多步骤。

（1）运营商应连同温室气体许可证申请，向主管机构提交一份监测计划。航空公司首次执行 EU ETS 覆盖的航空活动时，向主管机构提交监测计划。

（2）主管机构核准监测计划。

（3）运营商和航空公司根据批准的监测计划在日历年内进行监测；如果监测方法发生重大变化，运营商应提交更新的监测计划以供批准。

（4）运营商和航空公司在监测日历年下一年的 3 月 31 日前向主管机构提交经核实的年度温室气体排放报告。

（5）运营商和航空公司在 4 月 30 日前提交能够覆盖其上一年排放量的足额的配额。

（6）必要时，运营商应在6月30日前提交一份关于改进监测方法的报告。

（7）核查人员于6月开始年度核查程序。

（8）遵循第（3）步开始的年度合规周期。

完整的MRVA程序的执行，可以确保每家排放运营商排放数据的真实性，在此基础上要求运营商提交能足够覆盖其排放量的配额。如果企业及时清缴了配额，则该排放年度合规周期结束，进入下一年的合规周期。如果企业没能及时提交配额，会被处以罚款。罚款的金额是100欧元/二氧化碳当量，且会在2013年欧盟通货膨胀的基础上进行上调。运营商在缴纳了罚款之后，本合规周期还没有结束，运营商需要在下一个年度继续提交本周期未能缴足的配额。

四、监测方法

《监测和报告条例》（MRR）允许运营商从EU ETS批准的方法中选择合适的监测方法。运营商可以自由选择监测方法，前提是运营商可以证明不会出现重复计算或排放数据与真实数据的差距。方法的选择需要得到主管机构的批准，这通常是作为批准监测计划的一部分。

运营商的温室气体排放检测可采用以下方法：

（1）基于计算的方法：①标准方法（区分燃烧和工艺排放）；②质量平衡方法。

（2）基于测量的方法。

（3）不基于层级的方法（“回退法”）。

（4）前三种方法的组合。

基于计算的方法也可能需要测量。然而，这里的测量通常适用于燃料或原材料消耗或产品产量等参数，而基于测量的方法通常包括对温室气体本身的测量。

五、《监测和报告条例》（MRR）的“层级”制度

MRR使用不同的层次来定义不同规模的装置需要报告其排放量的准确

度水平。一般来说，排放量越大，需要达到的层次越高。层级方法与《气候公约》报告指南中使用的方法类似成员国的年度排放清单。

EU ETS 将装置分为三种不同的监测层级：

A 类：年平均排放量等于或小于 50 000 吨二氧化碳当量；

B 类：年平均排放量等于或小于 500 000 吨二氧化碳当量；

C 类：年平均排放量超过 500 000 吨二氧化碳当量。

MRVA 系统的特殊简化适用于年平均排放量低于 25 000 吨二氧化碳当量的装置，以降低管理成本，它们被归类为低排放装置。

排放装置的二氧化碳排放量由 5 个参数决定：燃料量、净热值、排放系数、生物量分数和氧化系数。排放量等于以上 5 个参数的简单乘积，排放量是 5 个参数中任意参数的增函数：

二氧化碳排放 = 燃料量 × 净热值 × 排放系数 × 生物量分数 × 氧化系数

作为一般原则，B 类和 C 类装置的运营商需要为 5 个参数中的每个参数应用最高层。EU ETS 燃烧活动产生的二氧化碳排放的层级系统共分为 4 个层级，层级越高，报告其排放量的准确度水平越高，计算二氧化碳排放量适用参数的随意性就越小（见表 5 - 1）。

表 5 - 1　　《监测和报告条例》（MRR）企业的排放检测层级

<table>
<tr><th rowspan="2">层级</th><th colspan="2">活动数据</th><th rowspan="2">排放系数</th><th rowspan="2">生物量分数</th><th rowspan="2">氧化系数</th></tr>
<tr><th>燃料量的最大不确定性</th><th>净热值</th></tr>
<tr><td>4 级</td><td>±1.5%</td><td rowspan="2">基于估算的系数</td><td rowspan="2">基于估算的系数</td><td rowspan="3">基于估算的系数</td><td rowspan="2">基于估算的系数</td></tr>
<tr><td>3 级</td><td>±2.5%</td></tr>
<tr><td>2 级</td><td>±5%</td><td>国别系数/燃料费用价值</td><td>国别系数/基于估算的代理值</td><td>国别系数</td></tr>
<tr><td>1 级</td><td>±7.5%</td><td>MRR 附件六中的标准系数</td><td>MRR 附件六中的标准系数</td><td>标准系数</td><td>1</td></tr>
</table>

资料来源：欧盟委员会，https：//ec. europa. eu/info/index_en.

只有当最高层次的方法在技术上不可行，或者会导致不合理的监测成本时，运营商才可以使用下一个较低的层次。低排放装置的运营商应申请能够至少确定所有源流的活动数据和计算因子的层级，除非无须额外的努力就能达到更高的精度。根据安装活动的不同，每层的要求可能有所不同。

只有在“最低限度”来源（低于1 000吨二氧化碳当量/年的源流）的情况下，运营商才可使用无层级方法估算排放量。但是，运营商必须证明“不付出额外的努力”就无法实现更高的层级，这被定义为重大或不合理的成本，可以此为理由被允许使用无层级方法估算排放量。

第二节　碳泄漏的处理

碳泄漏是一个司法管辖区（如欧盟）因气候政策而增加成本的风险，可能导致本区域的企业将生产转移到其他排放标准或措施较宽松的国家，以降低减排合规的成本，这可能会导致全球温室气体排放量增加。与没有面临类似成本的竞争对手相比，更加雄心勃勃的气候政策下的减排成本可能使欧盟企业处于竞争劣势。这些企业通常是能源密集型行业，可能会将生产转移到欧盟以外的地方，或在欧盟以外的地方进行新的投资。因此，碳泄漏可能损害环境完整性和欧盟采取的减排行动的益处。

EU ETS可以根据排放的二氧化碳当量吨数，将直接排放成本和间接排放成本加到排放装置的总生产成本中。在EU ETS中，直接排放成本是指与参与方直接排放相关的排放成本，以及由热供应商转嫁的排放成本。从广义上讲，间接成本是供应商转嫁的排放成本，但在欧盟排放交易制度和相关国家援助的背景下，间接排放成本是指在电价中转嫁的排放成本。从其他来源购买和使用电力的装置，其间接温室气体排放成本将上升，电力供应商将配额的成本转嫁给其客户，以覆盖发电产生的排放。

为了应对碳泄漏的挑战，EU ETS制定了有关指令，该指令包括若干条款，以限制直接排放成本和保护欧盟企业的竞争地位。其他与碳泄漏相关的关键因素包括投资条件的稳定性、材料的可获得性、市场需求、差旅和物流成本、劳动力成本和技能可用性及总体运营成本。迄今为止，作为对 EU ETS 的回应，碳泄漏实际发生的程度或可能发生的程度，已经在一系列研究中进行了调查。

这些研究还没有发现任何确凿的证据表明碳泄漏已经发生，随着碳价格的不断上涨，这种情况在未来可能会发生变化。如果非欧盟国家不做出相应的努力来减少温室气体排放，碳泄漏的风险可能会增加。因此，欧盟正在研究在欧盟排放交易机制下改进碳泄漏规定的备选方案。

一、应对碳泄漏风险：补偿直接排放成本

根据 EU ETS 指令中的规定，被视为面临重大碳泄漏风险的行业，基本上不受免费分配的限制。暴露于碳泄漏的行业将获得 100% 的配额（最高不超过特定基准），而未受碳泄漏影响的行业在 2013 年将其免费分配减少到 80%，到 2020 年减少到 30%。修正系数随后应用于其计算的免费配额，以确保年度无偿分配保持在为无偿分配预留的额度内。

热供应商转嫁的排放成本也通过无偿分配进行补偿，因为一个被 EU ETS覆盖的装置产生的热量被另一个 EU ETS 覆盖的装置消费，该装置才能可获得免费分配。只有符合 EU ETS 指令标准的行业，才有资格通过无偿分配获得碳泄漏补偿。这些符合碳泄漏标准的行业被列入碳泄漏清单，每 5 年更新一次。当一个部门被列入碳泄漏名单时，它将一直保留在名单上，直到更新。第一份碳泄漏清单的有效期为 2013 ~2014 年。第二份碳泄漏清单适用于 2015 ~2019 年。最初未列入名单的行业，如果能提供证据证明其符合碳泄漏标准，仍可将其列入名单。

二、碳泄漏风险评估：定量方法

欧盟委员会设计了一个定量评估的方法，以确定哪些部门面临着严重的碳泄漏风险，将获得 100% 的无偿配额。满足下列两项条件的 EU ETS 中的一个部门或子部门，将被视为面临重大碳泄漏风险。

（1）执行 EU ETS 指令所产生的直接和间接额外成本之和，将导致生产成本大幅增加，按总增加值（gross added value，GVA）的比例计算，至

少为 5%；

（2）非欧盟贸易强度：定义为出口总值与非欧盟＋从非欧盟进口的价值与共同体总市场规模之间的比率（每年营业额加上进口总额），超过 10%。

或者，在同时具有下列情况下，某个部门或子部门也被视为面临重大碳泄漏风险。

（1）执行 EU ETS 指令所产生的直接和间接额外成本之和将导致生产成本的大幅增加（按 GVA 的比例计算），至少为 30%；

（2）非欧盟贸易强度，定义为出口总值与非欧盟＋从非欧盟进口的价值与共同体总市场规模（年营业额加总进口额）之比超过 30%。

欧盟委员会使用以下计算方法来评估增加的生产成本：

（直接排放量×拍卖系数＋间接排放量）×二氧化碳价格/GVA（按要素成本）

欧盟委员会使用以下计算方法计算非欧盟贸易强度：

（EU ETS 额外出口＋EU ETS 额外进口）/（EU ETS 生产＋EU ETS 额外进口）

三、碳泄漏风险评估：定性方法

通过定量评估不符合碳泄漏标准的行业，通过定性评估仍然可以发现其存在碳泄漏风险。定性评估是针对接近临界值但根据定量评估不符合碳泄漏要求的行业和装置设计的。作为定性分析的一部分，各部门可以向欧盟委员会提交关于定量评估中未包括的因素的论证，以表明该部门面临碳泄漏的风险。EU ETS 指令规定了以下三点定性标准：

（1）该部门的装置通过额外投资减少温室气体排放或电力消耗的可能性；

（2）该部门当前和预计的市场特征，如市场集中度、产品的同质性、相对于非欧盟生产商的竞争地位及该部门在价值链中的议价能力；

（3）该部门的利润率作为吸收成本和长期投资或搬迁决策能力的指标。

如果该部门能够通过额外投资减少温室气体排放，生产的产品市场集中度较低、产品的同质性强、相对于非欧盟生产商的竞争地位较差，以及该部门在价值链中的议价能力也较差，同时搬迁和长期投资能够大幅提高利润率，如果企业符合以上情况，则企业的碳泄漏风险就较高。符合的情况越多，碳泄漏风险就越高。

四、应对碳泄漏风险：间接排放成本补偿

EU ETS 指令允许成员国以国家援助的形式，就 EU ETS 减排导致的电价上涨，即所谓的“间接排放成本”，向用电密集型装置提供财政补偿。补偿由各成员国自行决定，最高不超过 EU ETS 中国家援助措施指南中规定的最高援助金额。只有符合 EU ETS 环境下国家援助指南中的标准的行业，才有资格获得来自电力消费的间接碳成本的经济补偿。补偿资格可以基于定量或定性评估，类似于确定碳泄漏部门有资格获得直接排放成本补偿。

根据定量评估，如果：

间接诱发碳成本比率(碳成本与总增加值的比率)>5%

以及

与第三国的贸易密集度比率>10%

如果不符合定量标准，各部门仍有资格根据委员会进行的定性评估获得补偿。

为了有资格根据定性评估获得补偿，各部门必须满足三个标准阈值：

（1）第一个标准：间接二氧化碳成本至少为 GVA 的 2.5%；

（2）第二个标准：假设一个部门或子部门的贸易强度至少为 25%，有足够的证据表明该部门或子部门不太可能转嫁间接二氧化碳成本；

（3）第三个标准：2010 年基准决定确定的燃料和电力可替代性。

欧盟委员会于 2012 年 5 月制定并通过了一份符合条件的经济补偿部门名单，该名单在 EU ETS 范围内的国家援助指南中有所规定。该名单将在第三个交易期通过，但委员会可在准则通过后每两年对其进行一次审查。

五、2020 年后的碳泄漏

随着 EU ETS 2020 年后（第四个交易期）规则的讨论，碳泄漏的潜在风险和对某些欧盟部门竞争力的影响继续被引起关注。2030 年气候和能源政策框架中的无偿分配已经考虑到了这些问题。现有措施将在 2020 年后继续实施，以防止气候政策造成的碳泄漏风险，只要其他主要经济体不采取类似措施，其目标是为有可能失去国际竞争力的部门提供适当水平的支持竞争力。

目前欧盟正在研究各种方案，以改善 EU ETS 的碳泄漏规定。为此，需要对 2020 年后应对碳泄漏风险所需的限额进行评估。这包括通过无偿分配或通过支持大规模低碳示范项目等方式来鼓励产业创新来分配配额。

改进碳泄漏规定和保障欧盟工业竞争力的可能性分三步进行调查。

（1）为工业分配和工业竞争力提供免费分配的经验教训；

（2）2020 年后能源和气候政策的主要战略选择，以及纳入低碳技术和创新支持的选择；

（3）与其他碳泄漏标准的差异化，以及与其他标准的偏差。

第三节 配额市场稳定储备机制

为确保减排目标的实现，同时又不给企业增加太大的减排负担，EU ETS在第一个交易期（2005 ~ 2007 年）将排放上限设置得较高，这就出现了配额供给过多的问题。配额过多就会造成供给过剩，直接压低碳价格，而稀缺性是价格激励的必要条件。在第二个交易期（2008 ~ 2012 年），受美国金融危机的影响，欧盟经济也出现萎缩，EU ETS 的排放配额又出现了盈余。欧盟委员会正在通过短期和长期措施来解决这一问题。

一、配额盈余的影响

第二个交易期配额的盈余主要是由于2008年美国的经济危机造成了实际减排量显著低于预期减排量。另外一个重要原因，是由于京都信用CER、ERU价格大幅低于EUA价格，欧盟企业大量购买京都信用来合规。这导致了不断下降的碳价格，从而削弱了企业的减排动力。在短期内，配额过剩有可能破坏欧盟碳市场的有序运行，减弱欧盟碳市场的价格发现功能。从长远来看，这可能会影响EU ETS以低成本实现减排目标的能力。

在第三个交易期（2013~2020年）开始时，配额盈余约为20亿个EUA，2013年进一步增加到21亿个EUA。2015年，由于后备（back-loading）的运用，配额盈余减少到17.8亿左右。如果没有后备的应用，到2015年底欧盟配额盈余将增加近40%。

二、后备的作用

作为一种临时性的解决措施，EU ETS采用了将部分配额推迟拍卖或无偿分配的方式来解决配额过剩的问题，这种措施被称为"后备"（back-loading）。在第三个交易期（2013~2020年），欧盟委员会将9亿个配额的拍卖推迟到了2019~2020年。

配额拍卖量的这种后备并不会减少第三个交易期拍卖的总限额，只会减少该期间拍卖的分配。通过后备的方式，配额拍卖量在2014年减少了4亿，2015年减少了3亿，2016年减少了2亿。评估研究显示，后备可以在短期内重新平衡供需，减少价格波动，而不会对形成碳价格的竞争性产生任何重大影响。

三、碳市场稳定储备

作为一项解决配额过剩的长期措施，2019年1月碳市场稳定储备机制（Market Stable Reserve，MSR）开始运行。通过这一机制可以调整待拍卖的配额供应，解决配额过剩的问题，并提高减排系统抵御重大冲击的能力。2014～2016 年积压的 9 亿配额将转移到储备当中，而不是在 2019～2020 年进行拍卖。未分配的配额也将转入储备中，具体估计 2020 年可能仍有 5.5 亿～7 亿个配额未分配。

碳市场稳定储备机制完全按照预先规定的规则运作，这使欧盟委员会和成员国在执行该决议时没有任何酌情处理权。欧盟委员会在每年 5 月 15 日前公布一个有关配额的信息，包括：流通中的配额总额，以及是否将配额存入储备（如果是，有多少），或者是否从配额储备中发放配额。

在欧盟大幅度修订 EU ETS 运行规则的背景下，碳市场规则的功能也发生了重大变化。在 2019～2023 年，如果流通中的配额超过 8.33 亿，投入稳定储备的配额数量的百分比将暂时从 12% 提高到 24%。此外，从 2023 年起，MSR 中超过上一年拍卖量的配额将不再有效。此外，逐年减少的排放上限在解决碳市场不平衡方面也发挥了重要作用。从 2021 年起，排放配额总数将以每年 2.2% 的速度下降，而 2013～2020 年下降速度为 1.74%。在 2.2% 降速的技术上，完全可以实现欧盟 2030 年温室气体减排至少 40% 的目标。

第四节 MiFID 2 与配额市场的监管

在经过深入研究与实践之后，欧盟决定将配额作为一种金融工具来交易，配额市场就成为欧盟金融市场的一部分。欧盟对配额市场的监管规则全部适用于 EU ETS 配额市场。将配额作为金融工具进行交易和监管，是 EU ETS 获得成功的原因之一。

为了对欧盟境内的金融市场进行监管，从 2007 年开始，欧盟开始实施金融工具市场指令（Markets in Financial Instruments Directive，MiFID）监管规则，对于促进欧盟金融市场统一监管标准、促进金融市场的发展发挥了基础性的作用。2008 年美国金融危机的爆发对欧盟金融市场产生了严重的冲击，MiFID 的不足和缺陷暴露无遗。MiFID 过度专注于对证券市场的监管，忽视了外汇、衍生品及其他创新金融产品和创新投资方式，如高频交易等的监管。2008 年之后，欧盟开始启动对 MiFID 的修订，直到 2018 年 1 月，全新修订的 MiFID 2 开始正式实施。MiFID 2 对欧盟金融业的监管是全方位的，各类金融业务、各类金融市场，以及各类金融工具都在监管范围内。

EU ETS 排放交易系统下出现的配额市场和配额工具，已经被欧盟明确纳入 MiFID 2 监管范围内。配额被纳入监管，推动了配额市场和配额交易的规范化。尽管 MiFID 2 正式实施的时间还不长，但是被纳入监管，已经明确了配额的金融工具的身份。在被正式纳入金融市场中以后，可以预期未来欧盟配额市场将在 MiFID 2 的规范和推动下得到更好的发展，推动欧盟市场化减排目标的不断实现。

一、MiFID 2

金融工具市场指令（Markets in Financial Instruments Directive Ⅱ，MiFID 2）是欧盟制定的一个立法框架，旨在监管欧盟的金融市场，改善对投资者的保护，其目的是规范整个欧盟对金融业监管的做法，恢复市场对金融行业的信心，特别是在 2008 年金融危机之后。MiFID 2 是欧盟实施的第一套关于投资服务和活动的全面规则，有助于提高欧盟金融市场的竞争力。MiFID 2 这一新的立法框架加强了对股票、债券或衍生品等金融工具投资者的高度保护，改善了金融市场的运作，促进了金融市场更公平、更有效率、更有弹性和透明度。

MiFID 2 的第一版是 MiFID，MiFID 自 2007 年 1 月 31 日生效，并于 2018 年 1 月 2 日进行修订，是欧盟监管金融市场的基石。它管理着欧盟的银行和投资公司提供金融工具投资服务、传统证券交易所和其他交易渠道的运行。MiFID 创造了金融服务之间的竞争，为投资者带来了更多的选择和更低的价格，但在金融危机之后，MiFID 的缺点暴露了出来。显然，在 2008 年金融危机之后，显然需要一个更强有力的监管框架，以进一步加强投资者保护，解决新交易平台和活动的发展问题。

2014 年 6 月，欧盟委员会制定了修改 MiFID 框架的新规则，包括金融工具市场指令（MiFID 2）和金融工具市场法规（Markets in Financial Instruments Regulation，MiFIR）。从技术上讲，MiFID Ⅱ适用于立法框架，其概述的规则实际上是金融工具市场监管（MiFIR）。但通俗地说，MiFID 2一词包括 MiFID 2 和 MiFIR 两者。

2018 年 1 月 3 日，欧盟金融业改革法案 MiFID 2/MiFIR 生效。MiFID 2/MiFIR 几乎覆盖了欧盟金融服务业的所有资产和业务，规范了场外交易，努力将其场外交易向官方交易所转移，提高交易的透明度和改进交易的记录保存。

（一）MiFID

MiFID 自 2007 年 11 月生效以来，一直适用于整个欧盟。它是欧盟监管金融市场的基石，旨在通过建立单一的投资服务和活动市场来提高其竞争力，并确保对金融工具投资者的高度保护。MiFID 规定了投资公司的业务行为和组织要求，以及监管市场的授权要求。通过要求机构提交监管报告，避免了市场的滥用。此外，MiFID 还提高了股票交易透明度，明确了金融工具交易的规则。

MiFID 规范了所有在欧盟从事证券投资的公司（包括证券公司、基金管理公司等）的设立条件、业务规则、信息披露要求、市场交易规则及监管部门职责等内容，为欧盟境内投资公司和证券市场确立了一个综合监管架构，其目标是为金融服务业提供一个单一的规则手册，设定监管者最低监管权力，并建立监管合作，以促进竞争和提高市场透明度，增强投资者保护力度。

2011 年 10 月 20 日，欧盟委员会通过了一项修订 MiFID 的立法提案，该提案采取了修订指令和新法规的形式。经过两年多的辩论，欧洲议会和欧盟理事会通过了新的《金融工具市场指令》和《金融工具市场条例》（通常称为 MiFID 2 和 MiFIR），它们于 2014 年 6 月 12 日发表在欧盟官方公报上。

（二）MIFID 2 的改进

相比于 MiFID，MiFID 2 和 MiFIR 将确保更公平、更安全和更有效的金融市场，并为所有参与者提供更大的透明度。新的指令要求增加可用信息量，减少暗池和场外交易的使用。同时高频交易规则将对投资公司和交易场所提出一系列严格的组织要求。

MiFID 2 通过对产品治理和独立投资咨询提出新的要求，将 MiFID 现有规则进行扩展，并在管理机构责任、诱因、信息和报告等多个领域改进要求，加强了对投资者的保护。

（三）MiFID 修订过程

自 2007 年 11 月实施以来，MiFID 已成为欧洲资本市场监管规定的基石，对于欧盟金融市场的规范和发展发挥了重大作用。但是随着金融创新业务的高速发展，MiFID 对于欧盟金融市场和金融机构、金融业务的监管已经明显力不从心。2008 年美国的金融危机彻底放大了 MiFID 的缺陷，它过于狭隘地关注股票，而忽略了衍生品、货币和其他资产，没有涉及与欧盟以外的公司或产品的交易，有关这些交易的规则由个别成员国决定。此外，MiFID 对于创新金融业务监管力度的不足也彻底暴露出来。

MiFID 2 旨在解决原 MiFID 的不足，扩大 MiFID 的监管范围，吸取 2008 年金融危机过程中的教训，迎合了金融市场和信息技术的发展，具体过程如下：

2011 年 10 月，欧盟委员会提出修改 MiFID 的建议。

2014 年 1 月 14 日，欧洲议会及委员会达成修订 MiFID 2 的共识。

2014 年 4 月 15 日，欧洲议会批准 MiFID 2 和 MiFIR。

2014 年 5 月 13 日，欧盟理事会通过 MiFID 2 和 MiFIR。

2014 年 7 月 2 日，MiFID 2 和 MiFIR 开始生效。

2016 年 2 月 10 日，由于监管机构和市场参与者面临的特殊技术实施挑战，欧盟委员会提出了 MiFID 2 的实施日期延长一年，从 2017 年 1 月延期至 2018 年 1 月 3 日。

2018 年 1 月 3 日，受 MiFID 2/ MiFIR 监管下的公司必须从开始遵守 MiFID 2/MiFIR。

（四）MiFID 2 的监管手段

MiFID 2 旨在通过以下方式加强金融市场规则的建设：MiFID 2 确保有

组织的交易在受监管的平台上进行，引入算法和高频交易的规则，提高金融市场包括衍生品市场的透明度和监管，解决大宗商品衍生品市场的一些缺陷，加强对投资者的保护，改善金融工具交易行为和交易清算的业务规则，以及金融市场的竞争环境。经修订的 MiFID 2 规则还对金融市场参与者的组织和行为提出了要求，加强了对投资者的保护。

MiFIR 还规定了金融机构和组织需要向公众披露交易活动数据，向监管机构和监管者披露交易数据。规则还要求衍生品交易需要逐步纳入在有组织的场所进行，消除交易场所和结算服务提供商之间的障碍，以确保在金融工具和头寸方面采取更具竞争针对性的监管行动。

（五）MiFID 2 的工作原理

MiFID 2 协调了成员国之间的监督，将 MiFID 条例的范围扩大，特别是规定了更多的报告要求和测试，以提高透明度，减少暗池（允许投资者在不透露身份的情况下进行交易的私人金融平台）和场外交易的使用。根据新规定，一只股票在暗池中的交易量在 12 个月内限制在 8% 以内。新规定还针对高频交易制定了监管规则，用于自动交易的算法必须进行注册、测试，并且高频交易必须包括断路器。

MiFID 2 将 MiFID 的要求范围扩展到更多的金融工具。股票、大宗商品、债务工具、期货和期权、交易所交易基金、货币，以及新生的欧盟排放配额 EUA，都属于其管辖范围。如果一个外国企业的产品在欧盟国家有售，那么它就属于 MiFID 2 的管辖范围，即使希望购买它的机构位于欧盟以外。

（六）MiFID 2 的影响

MiFID 2 不仅覆盖了金融投资和交易的几乎所有方面，而且还覆盖了欧盟内几乎所有的金融专业人员。银行家、交易员、基金经理、交易所官员、经纪商及其公司都必须遵守其规定，机构投资者和散户投资者也是如此。

MiFID 2 对任何第三方的投资公司或财务顾问就向客户提供的服务收取的费用行了限制。银行和券商将不能够再对研究和交易进行捆绑收费，这将迫使它们更清楚地了解各子业务的成本，并可能提高投资者可获得的研究和服务质量。经纪商将不得不提供更详细的交易报告，主要覆盖价格和成交量信息。他们必须存储所有通信，包括通话记录。MiFID 2 鼓励电子化交易，因为它更容易被记录和跟踪。

（七）ESMA 的角色

欧洲证券和市场管理局（European Securities and Markets Authority，ESMA）已经完成了技术标准和技术建议，为 MiFID 2/MIFIR 的顺利实施作出了贡献，并将在必要时进行更新。

在持续的基础上，ESMA 将承担多项职责，包括：

（1）在其网站上持续发布的信息。

（2）与欧盟委员会合作编写报告。

（3）交易场所、数据报告服务提供商、投资公司和系统内部人的登记。

（4）监督和公布关于某些条款如何实施的意见。

（5）特定的产品干预权力。ESMA 和国家监管机构能够在满足特定条件的情况下暂时禁止、限制金融工具和金融活动或实践的营销、分销及销售。

二、MiFID 2 对欧盟配额市场的监管

随着 EU ETS 的快速发展，欧盟碳市场的规模和复杂程度都有了显著增长，年总成交额达数百亿欧元。因此，碳市场需要一个强有力的监督水平，以确保它仍然是可信的，没有任何市场滥用。

欧洲碳市场是欧盟减少温室气体排放的核心环节，在未来几十年向气候中性经济转型的过程中，将发挥至关重要的作用。正如欧盟委员会对 2030 年气候和能源框架的分析和欧洲绿色交易通信所示，这种转变需要在未来几十年进行大量投资。为了确保这些投资，需要一个强有力的碳价格，而碳价格直接来自碳市场。

MiFID 2（金融工具市场规则指令）和 MiFIR（金融工具市场监管条

例）提高了碳市场的整体透明度，包括向所有参与者公开的数据和提交给监管机构的信息。这些规则的适用也确保了监管机构能够迅速果断地对不当行为、不公平对待客户和威胁市场有序运作的案件采取行动。所有这些都有利于其他市场参与者和专业交易商及中介机构的客户。此外，关于市场滥用的规则——更具体地说是《市场滥用条例》（MAR）和《市场滥用刑事制裁指令》（CSMAD）——同时适用于排放配额和衍生品的拍卖和二级市场交易。

《市场滥用条例》包含防止、发现和制裁滥用行为的规则，包括内幕交易和市场操纵行为，而不论这些行为是在交易场所发生还是在纯粹的双边、场外环境中发生，也不论这些行为发生在欧盟还是第三国。另外，碳市场的专业中介机构必须按照《反洗钱指令》的规定采取客户尽职调查措施。

配额衍生品交易已经受到欧盟金融市场规则的约束，包括当前的 MiFID 2。然而，配额现货交易之前不受欧盟层面的同等规则约束，也不受监管。因此，过去一些碳交易所将排放配额“打包”为金融工具（如每日期货），这为市场参与者提供了金融工具交易的保护和好处。与在其他场内交易的配额现货相比，以这种形式提供的配额更受市场参与者的青睐。为了弥补这一差距，MiFID 2 将现货交易也置于欧盟金融市场监管之下。

MiFID 2 扩展了原有的 MiFID 规则，以适应即时交付排放配额交易（配额现货）的背景。MiFID 2 和 MiFIR 的规则适用于专业交易商、交易场所和典型的大型 EU ETS 合规买家交易的排放配额。配额特定要素包括对内幕信息的具体定义、量身定制的内幕信息披露义务以及对一级市场（拍卖）的全面覆盖。规则还确保反洗钱检查到位，所有市场参与者都能获得简单透明的信息。这些经过审查的金融法规旨在提供一个安全和高效的交易环境，以增强市场信心。

根据 MiFID 2 的规定，金融工具的定义本身也更广泛。例如，MiFID 2 规定的排放配额和新的有组织的交易设施（Organised Trading Facilities，OTF）进行交易也将纳入《市场滥用条例》的范围。因此，《市场滥用条例》覆盖的金融工具就包括了以下这些：

（1）承认在受监管市场上进行交易或为此进行交易已申请入场买卖；

（2）在多边交易设施（Multilateral Trading Facility，MTF）上进行交易或为此进行交易已申请入场买卖；

（3）在 OTF 上交易；

（4）要么以上任何一项均未覆盖，但其价格或价值取决于影响这种金融工具的价格或价值。

第五节　国际合作

欧盟在推动国际减排合作方面，始终发挥了积极的作用。《京都议定书》和《巴黎协定》的制定与实施，欧盟起到了很好的推动作用。在2005年《京都议定书》正式实施之后，欧盟就允许国际碳信用在 EU ETS 的使用，虽然限制了使用比例，但是还是推动了发达国家和发展中国家之间减排的合作。在美国先后退出《京都议定书》和《巴黎协定》之后，欧盟还是坚定履行自身的减排承诺。通过 EU ETS 排放交易系统的运行，欧盟成功实现了在每一个交易期做出的减排承诺，已经成为全世界市场化减排的典范。

一、登记簿互联

欧盟登记簿是一个单一的欧洲联盟登记簿，由欧盟委员会经营、维持和主办。每个欧盟成员国和欧洲经济区—欧洲自由贸易区国家（EEA - EFTA）在欧盟登记簿都有管理账户；每一组账户（按国家分组）可以在欧盟注册中心中单独注册。

在全球主要的排放登记簿实现互联之后，《京都议定书》下国际碳信用就可以在各国之间自由流通了。例如，《京都议定书》与国际交易日志（International Transaction Log，ITL）之间的流动情况，ITL 是联合国管理的交易日志，记录了《京都议定书》下产生的所有碳信用额的转移。碳信用的这些流动来源于《京都议定书》成员国的登记簿，这些登记簿与欧盟登记簿合并为合并登记簿系统（Consolidated System of European Registries，CSEUR），并与 ITL 有着独特的联系（见图 5－1）。当国际碳信用在 CSEUR 和非欧盟登记簿之间流动时，由 ITL 进行检查。

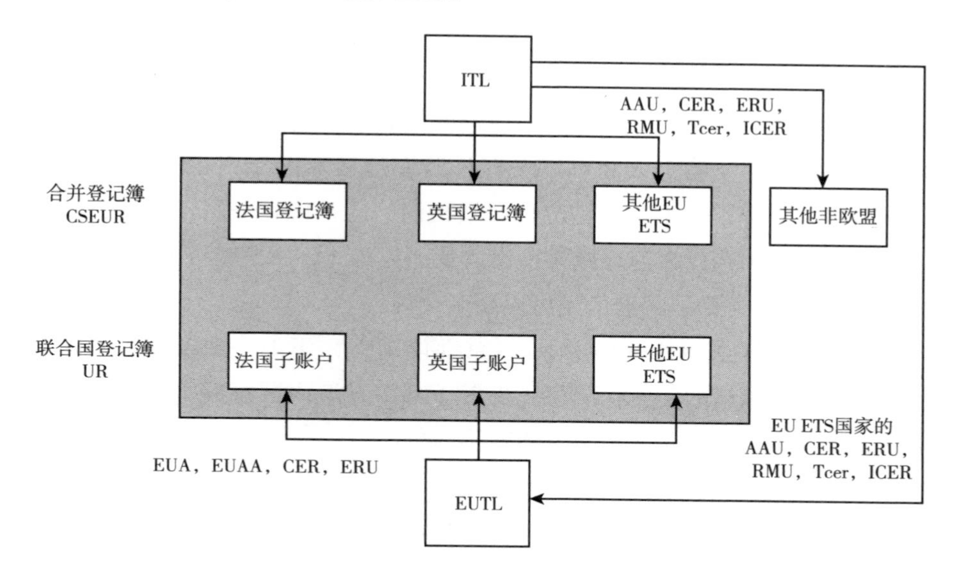

图 5－1　全球各排放登记簿的互联

欧盟交易日志（EUTL）和 ITL 之间的流动显示了 EUTL 对京都碳信用的检查和记录。ITL 记录了所有京都碳信用的流动情况，EUTL 记录了所有进入、流通或离开欧盟登记簿的京都碳信用的流动情况。因此，在 EU ETS 中使用的京都碳信用都要经过 ITL 和 EUTL 的双重检查。而欧盟账户之间的配额转移发生在欧盟登记簿中，EUTL 和联合国账户之间的关联显示 EUTL 对 EUA 的检查和记录，每次传输都会发生这种情况。

二、国际碳信用的使用

EU ETS 作为全球最大的碳市场，是清洁发展机制（CDM）和联合履约（JI）下国际碳信用需求的主要来源，是国际碳市场和国际碳价格的重要驱动力。EU ETS 的参与者可以使用《京都议定书》CDM 和 JI 的国际碳信用（CER 和 ERU）额度，以履行其在 2020 年之前的部分承诺，但受到质量和数量的限制。每一单位国际碳信用代表着减排项目从大气中清除或减少的一吨二氧化碳。根据修订后的 EU ETS 指令的规定，在 EU ETS 第三个交易期（2013～2020 年），国际碳信用不再用于 EU ETS 合规。

（一）国际碳信用的使用规则

国际碳信用机制在支持发展中国家的低碳发展、实现真实的温室气体减排和建设碳市场能力方面可以发挥过渡性且宝贵的作用。EU ETS 通过允许使用《京都议定书》下建立的灵活机制中的某些碳信用，也通过允许通过较低成本的选择来遵守减排承诺，从而提高 EU ETS 减排的成本效益。根据 EU ETS，下列国际碳信用可以用来合规：

（1）清洁发展机制（CDM）：《京都议定书》下的一项安排，允许有温室气体减排承诺的工业化国家，投资于减少发展中国家温室气体排放的项目，作为本国更昂贵的温室气体减排的替代；

（2）联合履约（JI）：根据《京都议定书》制订的一项方案，允许工业化国家通过为其他工业化国家减少排放的项目支付费用，实现部分温室气体减排。

（二）对于碳信用质量和数量的使用限制

CDM 和 JI 机制产生的京都碳信用：分别是核证排减（CER）和减排单位（ERU），每一个减排单位都相当于 1 吨二氧化碳。欧盟立法允许 EU ETS的参与者使用 CER 和 ERU 排减单位，但以下情况例外：

（1）土地利用、土地利用的变化和林业项目；

（2）核电项目；

（3）装机容量超过 20 兆瓦的大型水电项目；

（4）HFC－23 销毁项目（截至 2013 年 5 月 1 日）；

（5）己二酸生产产生的 N_2O 销毁项目（截至 2013 年 5 月 1 日）。

（三）对国际碳信用使用时间的限制

CER 和 ERU 必须是于 2012 年 12 月 31 日之前实现的排减量。尚未批准《京都议定书》第二承诺期的国家在该日期之后所产生的排减量不能保存在欧盟登记簿中，因此不能用于履约。自 2013 年 1 月 1 日起登记的

CDM 项目的 CER 只有在联合国确定的最不发达国家内主办的情况下，才符合 EU ETS 的资格。

国际碳信用的使用限制在 EU ETS 第二交易期（2008～2012 年），允许运营商使用 CER 和 ERU 碳信用额度，但不得超过 NAP（国家分配计划）中确定的比例。航空运营商可以使用最高不超过其减排义务 15% 的碳信用额度，未使用的权利转移到下一个交易期（2013～2020 年）。对于第三交易期（2013～2020 年），EU ETS 规定了每个装置可使用的最大的国际碳信用额度：

（1）在 2008～2012 年，已经属于 EU ETS 范围内的装置可在 2008～2020 年国际碳信用额度，最高额度为其 2008～2012 年分配额度的 11%；

（2）从 2013 年开始的新进入者，以及在 2012 年之前不属于 EU ETS 的装置，可使用不超过其 2013～2020 年验证排放量的 4.5%；

（3）在 2013～2020 年，航空运营商可使用项目信用额度，但不得超过其核定排放量的 1.5%。

在任何情况下，2008～2020 年整个期间内的国际碳信用使用总额不得超过 EU ETS 下各部门低于 2005 年水平总削减额的 50%。在第三个交易期，国际碳信用不能直接用来和合规，需要首先转换为 EUA。在 2030 年框架下，除非达成一项雄心勃勃的气候变化国际协议，证明将在 2030 年设定的国内减排目标再提高 40%，否则将无法再使用国际碳信用额度来实现合规。2015 年《巴黎协定》缔约方会议之后将进行一次审查。

（四）国际碳信用的使用情况

从《京都议定书》实施以来，国际碳信用得到了广泛的使用。EU ETS 成员国通过使用国际碳信用，显著降低了减排成本。发展中国家通过出售国际碳信用获得了大量的资金支持，发展了本国的低碳技术，有效降低了本国的碳排放。截至 2019 年 6 月，通过 EU ETS 排放交易系统，国际碳信用 CER 交易总量是 261 亿，ERU 总交易量是 192 亿。在 CER 交易中，中国占全球总交易量的 74.67%。在 ERU 交易中，乌克兰占全球总交易量的 76.89%（见表 5－2）。

表 5－2　　截至 2019 年 6 月底的 EU ETS 交易的国际碳信用

2019 年 6 月底前交易的国际碳信用	国际碳信用（百万）	百分比（%）	2019 年 6 月底前交易的国际碳信用	国际碳信用（百万）	百分比（%）
CER	26 142	57.65	ERU	19 207	42.35
中国	19 520	74.67	乌克兰	14 769	76.89
印度	1 727	6.61	俄罗斯	3 206	16.69
乌兹别克斯坦	989	3.79	波兰	282	1.46
巴西	543	2.08	德国	165	0.85
智利	316	1.21	法国	124	0.64
韩国	293	1.12	比利时	50	0.26
墨西哥	289	1.10			
其他国家或地区	2 465	9.43			
CER 和 ERU 总额	45 349	100			

资料来源：欧盟交易日志（EUTL）。

从使用国际碳信用的装置类型来看，无论是 CER 还是 ERU，固定装置都是主要的使用者。固定装置使用了 98.10% 的 CER 和 99.57% 的 ERU，远高于航空企业（见表 5－3）。

表 5－3　截至 2019 年 6 月底的国际碳信用交易汇总表（按安装类型）

2019 年 6 月底前交易的国际碳信用	CER（百万）	ERU（百万）
固定装置	25 646	19 125
航空企业	496	82
总额	26 142	19 207

资料来源：欧盟交易日志（EUTL）。

三、国际碳信用的其他潜在来源

CDM 和 JI 是现有的基于项目的抵消机制。在《联合国气候变化框架公约》下讨论了新市场抵消机制（New Market-based Mechanism，NMM），以进一步促进发展中国家具备成本效益的温室气体减排能力。NMM 于 2011 年在南非德班举行的第 17 次缔约方会议上提出，其模式和程序目前正由公约下的技术工作组制定。来自 NMM 的信用可能会被 EU ETS 覆盖的运营商用于将来的合规。

四、与其他机制的外部联系

欧盟委员会设想通过国内总量管制和交易制度的联系来发展一个国际碳市场，排放交易系统的连接将使温室气体减排更具成本效益。将欧盟排放交易机制与其他总量管制和交易制度联系起来，可以带来一些潜在的好处，包括通过增加减排机会、增加市场流动性、使碳价格更稳定、使国际竞争环境更加公平，以及降低各相关系统的减排成本。

五、气候变化合作

欧盟设想通过立法实现 EU ETS 指令第 25 条中所述的 EU ETS 与任何第三国排放交易系统之间的配额相互承认，以及 EU ETS 中的航空业与第三国航空减排之间的互动，推动不同国家之间减排的完全双向连接，已经在全球范围内开发和推广。许多机构参与了诸如国际碳行动伙伴关系（International Carbon Action Partnership，ICAP）等组织，这些组织鼓励分享良好做法，以期鼓励发展能够相互关联的系统。

六、EU ETS 与其他排放交易系统的联系

EU ETS 首先从欧盟成员国扩大到包括欧洲经济区国家（冰岛、列支敦士登和挪威）。所有加入欧盟的新成员国通过并实施适用于所有成员国的欧盟立法，即成为 EU ETS 的成员国。例如，克罗地亚在 2013 年加入欧盟之前就被纳入 EU ETS。然而，这些发展并不需要具体的关联协议，因为它们属于其他更广泛的协议或条约，因此更多地被视为 EU ETS 的扩展，而不是“连接”。

（一）EU ETS 与瑞士排放交易系统的联系

预计第一个与 EU ETS“真正”联系起来的将是瑞士的排放交易系统，

欧盟委员会目前正在与瑞士谈判这一联系。尽管瑞士排放交易系统拥有约50家公司和约600万吨二氧化碳当量，但它比EU ETS小得多，将瑞士排放交易系统与EU ETS联系起来将是一项重要的突破。

（二）EU ETS与其他系统的联系

目前发展不同排放交易制度之间联系的经验表明，系统的连接需要制度的兼容。系统兼容性的关键特征包括气候雄心的水平、碳信用抵消的使用规则及价格干预的复杂性。

欧盟委员会正与其他国家分享在总量管制和交易制度方面的经验，并且作为ICAP的创始成员，欧盟委员会将通过实施强制性的限额和交易制度积极寻求将发展碳市场的国家和地区聚集在一起。欧盟委员会也是世界银行市场准备伙伴关系（Partnership for Market Readiness，PMR）的一个捐助参与者，该伙伴关系为温室气体的能力建设和基于市场的工具的试验，提供赠款融资和减排技术援助，这种合作有助于支持国际碳市场长期的发展和联系。

第六节　欧盟其他减排措施

EU ETS是欧盟减排的核心，通过这一排放交易系统，欧盟成功地在每一交易期都实现了减排目标。除了EU ETS外，欧盟还将其他减排措施作为排放交易系统的补充，辅助EU ETS更好发挥各项功能，更好实现减排目标。

一、NER 300项目

NER 300计划的名字来源于为EU ETS第三个交易期（2013～2020年）设立的新进入者储备（New Entrant Reserve，NER）的3亿EUA。这些资金被授予2012年12月和2014年7月通过两轮招标选定的项目，分别给予2亿元和1亿元的EUA。NER 300是一项资助计划，汇集了约20亿欧元用于支持创新低碳技术，重点是在欧盟范围内示范的碳捕获和储存（Carbon capture and storage，CCS）及可再生能源技术的创新。

创新基金是修订后的 EU ETS 在第四交易期（2021～2030 年）创建的两个低碳机制之一。它将在竞争的基础上，支持 EU ETS 所覆盖行业的创新技术和突破性创新的首次市场开发和商业规模示范，包括创新性可再生能源、能源密集型产业、碳捕获和利用等。

（一）创新基金支持的项目

1. 支持创新 CCS 和可再生能源技术

NER 300 计划涉及所有欧盟成员国，旨在支持广泛的 CCS 技术示范，即燃烧前、燃烧后、氧燃料和工业应用，以及可再生能源技术，即生物能源，集中太阳能、地热、风能、海洋、水电和智能电网。

2. 第一次提案征集

在 2012 年的第一次提案征集中，欧盟委员会向 20 个可再生能源项目提供了总计 11 亿欧元的赠款。从 NER 300 方案获得资金的项目现在正在走向实施阶段。它们在 2016 年 12 月前达成最终投资决定，最迟将于 2019 年 12 月投入运营。

3. 第二次招标

根据 2014 年第二次招标，欧盟委员会向 18 个可再生能源项目和一个 CCS 项目提供了总计 10 亿欧元的资金。从 NER 300 项目获得资金的项目在 2018 年 6 月前达成最终投资决定，最迟将于 2021 年 6 月投入运营。

4. 方案现状

欧盟没有进一步征集 NER 300 提案的计划，委员会现在的重点是已经选定的项目供资，并准备在新的创新基金下的第一次征集。

5. 第一次征集资助项目的未用资金

由于具有挑战性的全球和欧盟经济环境，20 个项目中的一些项目发现难以筹集足够的股本或吸引更多的资金支持，因此不得不撤销。欧盟委员会已决定将第一次 NER 300 的未用资金进行再投资，以最大限度地发挥该计划的效益，并在低碳创新方面利用额外的私人投资。未动用资金目前约为6.23亿欧元，通过欧洲投资银行管理的欧盟金融工具进行再投资：InnovFin能源示范项目（EDP）和连接欧洲贷款（CEF）债务工具。选定的项目能够以贷款的形式得到支持，作为额外债务融资的保证。

（二）项目的支持工具

1. InnovFin能源示范项目

InnovFin能源示范项目可以为创新可再生能源、CCS、智能能源系统和存储领域的项目提供资金。InnovFin能源示范项目是一种金融工具，因此完全由市场驱动，为符合条件的项目提供先到先得的支持。InnovFin咨询下的项目开发援助（PDA）也可用于项目发起人，以提高其项目的成熟度。

2. CEF债务工具

CEF债务工具可以为运输部门使用可再生能源的创新项目提供资金，如清洁车辆、燃料、充电基础设施或运输网络。根据CEF条例，CEF赠款和CEF债务工具融资（即混合）的组合是可能的。项目发起人还可以考虑通过2019年11月启动的CEF运输混合设施申请CEF赠款，以支持欧洲的可持续交通。

二、项目的执行

由于NER 300的两次招标，20个欧盟成员国总共授予了38个RES项目和1个CCS项目，金额达21亿欧元。其中，以下7个项目已投入运营：意大利的BEST生物能源项目、德国的Verbiostraw项目、瑞典的Windpark Blaiken项目、奥地利的Windpark Handalm海上风电项目、德国的Veja Mate和Nordsee One的海上风电项目及意大利的Puglia Active Network智能电网项目。

预计第一次征集的5个项目将于2019年底投入运营，第二次征集准备在2021年6月30日前投入运营。鉴于自NER 300计划建立以来，经济和政策环境更具挑战性，有19个项目未能筹集到足够的额外资金支持，已被撤回，共释放了13.58亿欧元。还有4个项目正处于不同的发展阶段。

修订后的 NER 300 第 25 号决定允许将第一次催缴取消的项目（目前为 6.23 亿欧元）已释放资金重新投资于现有金融工具 InnovFin 能源示范项目，以及连接欧洲贷款工具债务工具，两者均由欧洲投资银行管理。这将使 NER 300 计划的效益最大化，并在低碳创新中利用额外的私人投资。从第二次征集取消的项目中释放的资金将被添加到创新基金的可用资源中。

在 EU ETS 第四个交易期（2021～2030 年），创新基金下用于展示创新技术和突破性创新的资源总值可能会大大超过 NER 300 支持的 27 个项目的 21 亿欧元。2019 年 2 月，欧盟通过了《创新基金运作授权条例》，所有会员国的项目，包括小规模项目，都有资格获得基金的支助。

为提高对创新基金的认识，在 2019 年和 2020 年上半年，欧盟委员会积极与行业和成员国开展外联活动，讨论与项目选择实施相关的每个部门的关键问题。创新基金下的第一次征集计划于 2020 年进行，随后将在 2030 年之前定期征集。

第六章　欧盟排放交易系统对中国的启示

由于中国是发展中国家，《京都议定书》中并未对中国设置减排的具体目标。虽然如此，作为负责任大国，中国已向国际社会公开承诺：二氧化碳排放力争于2030年前达到峰值，努力争取2060年前实现碳中和。要实现这一承诺，需要多项减排政策互相协调配合，共同实现减排目标。作为全球第一大温室气体排放国，建立国家层面的排放交易系统将是必然选择。

中国的排放交易系统发展相对较晚。目前全世界公认最先进、最完善的排放交易系统是欧盟的EU ETS。欧盟凭借EU ETS超额完成了《京都议定书》中对欧盟确定的“2012年温室气体排放比1990年降低8%”的目标。欧盟依托EU ETS，做出了“2020年温室气体排放比2005年降低20%”的减排目标，目前来看实现目标已成定局。这些减排目标的实现，为全世界通过排放交易系统实现温室气体减排树立了信心，EU ETS已经成为全世界市场化减排的典范。目前欧盟已经确定EU ETS第四个交易期（2021~2030年），在2030年前实现温室气体排放比2005年降低43%的目标，并且为2050年欧盟实现碳中和及《巴黎协定》确定的“气温较前工业化时期上升幅度控制在2℃以内，并努力将温度上升幅度限制在1.5℃以内”目标奠定良好的基础。

参加EU ETS排放交易系统的30个国家（欧盟27个成员国及挪威、冰岛和列支敦士登）全部属于发达国家，这些发达国家的经济社会已经非常稳定和成熟，基础设施建设等耗能大户已经基本停滞，服务业在经济总量中所占比重很高。与美国不同，欧盟民间一直拥有环保的传统和情怀。在欧盟实施的温室气体减排的阻力较小，也不会对经济发展造成过大的负面影响。

建立中国的排放交易系统，可以充分参考欧盟 EU ETS 的成功经验，同时需要结合中国自身特点，如基础设施建设尚未完全成熟、民间环保的意识仍待加强等不利因素，尽快建设全国统一的排放交易系统，为实现中国对全世界的减排承诺，为实现《巴黎协定》中的长远目标做出中国的贡献。

第一节　国家层面的减排决心与意志

一个国家能否实现温室气体减排目标，减排的方式、技术、资金、政策等都不是关键；从国家到企业，再到民众，是否具备从上到下的减排意志与决心，才是实现减排目标的关键。

一、欧盟在减排硬件方面没有优势

（一）欧盟在经济实力上没有优势

在完成工业化之后，美国的经济总量开始超越英国。在第二次世界大战之后，美国的经济总量一直稳居世界第一位。欧盟 27 国在完成工业化之后，经济总量居于美国之后，排名世界第二位。长期以来，欧盟经济增长低迷，不仅经济总量与美国有差距，欧盟人均 GDP 更是显著低于美国。2019 年美国的经济总量已经达到 21.43 万亿美元，而欧盟 27 国的 GDP 约为 18.41 万亿美元，是美国的 86%。从人均 GDP 来看，2019 年欧盟 27 国的人均 GDP 接近 3.2 万美元，美国的人均 GDP 超过了 6.5 万美元，已经是欧盟 27 国人均的 2 倍多了。

欧盟的经济总量与美国的差距越拉越大，对中国的优势也越来越小。2020 年中国的 GDP 是 99 万亿元人民币，约合 14.36 万亿美元，人均 GDP 约为 1 万美元。中国的 GDP 为欧盟 27 国的 78%，人均 GDP 为欧盟 27 国的 31%。按照目前经济增长速度，中国经济总量在 2025 年之前超过欧盟已成定局。

减排在短期之内必然对经济产生或多或少的冲击，一个国家或地区的经济实力越强，对于减排造成的经济冲击的承受力就越好。从这一点看，美国的硬实力是最强的。与美国相比，欧盟处于明显的劣势。

（二）欧盟在减排技术上没有明显优势

实现温室气体减排的主要技术路径包括提高化石燃料的能量转化效率和提高非化石能源占一次能源消费比重。

1. 提高化石燃料的能量转化效率

提高能源转化效率，是通过燃烧同样的化石燃料，提供更多的热能。不断提高化石燃料的能源转化效率，可以在提供相同的热能的前提下，燃烧更少的化石燃料，进而减少二氧化碳的排放。随着全球工业化的加速发展，化石能源的消耗越来越多，在储备越来越少的情况下，化石燃料的价格不断上涨。在价格的刺激下，工业领域已经开发了很多技术和工艺提高化石燃料的热量转化效率。目前来看这一技术已经达到了“瓶颈”，很难继续大幅提高。

2. 提高非化石能源占一次能源消费比重

这是目前全世界大部分国家实现实质性减排的主要方式。非化石能源主要包括太阳能、风能、核能等清洁能源。在不影响能源供应的前提下，非化石能源所占能源消费比重越高，二氧化碳的排放量就越低。美国在新能源领域有深厚的技术积累，无论是核能、风能还是太阳能，都不逊于欧盟。近年来，中国在新能源领域中的技术得到了长足的发展，无论是核能还是太阳能和风能，与世界先进水平基本持平。不仅如此，凭借独一无二的全产业链优势，在保持高技术水准的前提下，中国新能源的价格比国际上其他国家往往要低不少。这是中国未来实现温室气体减排的独特优势。欧盟在非化石能源领域中也有比较深厚的积累，但是与美国和中国相比，并不具备明显的优势。

二、欧盟的优势

欧盟在全世界发达国家中首先建立了排放交易系统，依靠这一体系超额完成了《京都议定书》对欧盟设定的8%的减排目标。

（一）英美对世界温室气体的排放负主要责任

2018年，全世界温室气体排放量最大的三个经济体分别是中国、美国和欧盟。中国的排放量占全球排放总量的28%，美国占15%，欧盟占10%。但需要说明的是，中国的排放量在2000年后才开始居世界前列。中国的温室气体排放量在2003年超过欧盟居世界第二位，2005年超过美国居世界第一位。

世界第一次工业革命后，化石燃料的消耗，主要是煤炭和石油开始暴增，全球温室气体的大规模排放就此开始。英国是世界上第一次工业革命的发源国，也是全世界首先完成工业化的发达国家。在美国被“发现”后，英国的工业体系开始向美国转移，英国则保留了利润率非常高的金融业。美国在接收英国的工业体系之后，开始迅速发展。在第一次世界大战之前，美国的工业产值就超过了英国，成为世界头号工业强国。之后到2000年，在这一百年的时间里，美国一直是世界头号工业强国和工业大国，温室气体排放也一直稳居世界第一位。从温室气体排放的存量和历史责任来看，美国才是世界第一责任国。

作为发达国家，欧盟需要承担比发展中国家更高的减排责任，这是基于温室气体的历史排放责任确定的。但是在一众需要承担主要减排责任的发达国家中，欧盟在减排方面的态度，比日本、澳大利亚等发达国家更加积极，更不用说退出《京都议定书》的美国和加拿大了。

（二）良好的环保传统

欧盟之所以成为全球发达国家中温室气体减排的典范，最关键的原因是欧盟27个成员国，再加上之后加入EU ETS的三个欧洲经济区（EEA）国家，都具有良好的环保理念和传统。从官方到民间，从企业到个人，欧盟的环保观念早已深入人心，成为某种意义上的“政治正确”。

欧盟的环保不仅仅只是停留在口头上，而是实实在在采取了卓有成效的措施。在保护生物多样性、海洋和空气污染治理等方面，一直走在全世界的前列。在温室气体减排方面，欧盟也走在了世界前列。温室气体减排的主要阻力来自能源成本的上涨。温室气体减排的途径是减少化石燃料的消耗，甚至可以说这是在目前人类技术水平上唯一的减排途径。虽然已经有国家和企业开始研发碳捕捉和碳存储的技术，但还不是非常成熟，这一技术何时能够真正投入使用还遥遥无期。

减少化石燃料的消耗，要么提高化石能源的转化效率，如通过提高炼钢时热转换效率；要么使用非化石能源替代化石能源，如用核电替代火力发电、用电动汽车替代燃油车等。无论采用哪一种方式，都需要支出额外的成本。这种成本或者由企业承担，或者由企业转嫁给消费者承担。总之，减排是需要付出实实在在的经济成本的，这绝不是喊几句环保口号可以解决的。正是基于成本的原因，美国和加拿大先后退出《京都议定书》。尽管如此，欧盟对于减排的态度还是非常积极的。通过深入研究与论证，欧盟决定通过市场化的途径，即建立排放交易系统实现减排。2005 年欧盟建立了排放交易系统 EU ETS，这是世界上第一个跨国排放交易系统。EU ETS 的建立得到了欧盟 27 个成员国的一致支持，被 EU ETS 纳入减排范围的企业，也都积极参与了 EU ETS 的试运行与改进，共同促进排放交易系统 EU ETS 减排目标的实现。EU ETS 从建立到运行，其过程是很顺利的，能够实现这一点主要依赖的是欧盟从上到下的环保理念。

（三）官方的坚定意志与决心

一个国家能否实现温室气体的减排目标，非常关键的一个因素是这个国家的中央（联邦）政府是否具有减排的坚定意志与决心。美国和欧盟正是这一点的正反两个典型。

三、美国减排的努力与实践

从近年来世界各国减排的实践来看，美国对待减排一直态度消极。1997 年通过的《京都议定书》被全世界公认为是人类共同协作、共同应对气候变化的最大成果。在还未履行《京都议定书》对发达国家设置的任何减排义务时，美国便很快于 2001 年 3 月公开宣布退出《京都议定书》。美国是 39 个承担减排义务的工业化国家中唯一一个退出的。美国在应对气候变化方面的不作为被推上了风口浪尖，国际社会各界就美国此种行径纷纷进行批评。

值得注意的是，尽管美国应对气候变化表现消极，但其却是最早尝试通过碳交易实现温室气体减排的国家。美国能源企业拥有强大的政治影响力，美国退出《京都议定书》的主要原因之一是受到了这些能源巨头强有力的政治游说。但是美国作为联邦制国家，国内各州的“州情”并不一样。但是各州的重大决策基本被利益集团左右，这一点与联邦政府是一样的。有些州的化石能源集团势力强大，这些州就对减排非常排斥；有些州的新能源集团势力强大，就力推节能减排。在这一背景下，有些新能源势力强大的州就联合起来，绕开美国联邦政府，自行建立了减排项目。这些减排项目主要包括区域温室气体减排行动、西部气候倡议和芝加哥气候交易所等。

1. 区域温室气体减排行动

2005 年 12 月，美国的康涅狄格州、特拉华州和缅因州等 7 个州签订了《区域温室气体减排行动框架协议》，成为全美第一个市场化的减排体系。该协议主要将发电行业作为减排对象：只要在减排覆盖区域，2005 年后装机容量大于或等于 25 兆瓦，且化石燃料占 50% 以上的发电企业，都在减排覆盖范围。《区域温室气体减排行动框架协议》规定了签约各州温室气体排放的上限：到 2018 年温室气体排放量比 2009 年减少 10% 。为了让各州有足够的适应时间，区域温室气体减排行动提供了一个缓冲期，2014 年前各州的排放上限固定不变，但从 2015 年开始至 2018 年将每年减少 21. 5% ，最终达到减排目标。签约州试图通过《区域温室气体减排行动框架协议》实现以下目标：

第一，以最低的成本实现区域温室气体减排行动成员州内二氧化碳的减排；

第二，通过美国温室气体最主要的排放大户火力发电企业的减排实现总体减排目标；

第三，为美国其他地区和其他国家带来示范效应。

区域温室气体减排行动通过法律规范和具体规则的相互补充，实现区域合作性减排机制的协调一致性和灵活可操作性。区域温室气体减排行动在具体规则上赋予各州自主裁量权，制定符合各州具体实践的政策和规则。

2. 西部气候倡议

2007 年 2 月，美国加州等西部 7 个州和加拿大 4 个省签订了西部气候倡议。西部气候倡议建立了包括多个行业的综合性碳市场，计划到 2015 年开始全面运行并覆盖成员州（省）90% 以上的温室气体排放。西部气候倡议的目标是到 2020 年温室气体排放比 2005 年降低 15%。西部气候倡议与区域温室气体减排行动互补，主要覆盖了美国的电力行业和工业部门。区域温室气体减排行动从一个单一的电力行业作为减排的切入点，能够以最低的减排成本，实现最佳的减排效果。

电力行业是温室气体排放的主要来源，而且电力行业实现减排的成本较其他行业更低。电力行业的排放监管已经比较规范和完善，排放的基础数据齐全。另外，电力行业不参与国际竞争，国内竞争也不激烈。电力作为经济社会运行和发展的必需品，可以将大部分减排成本转移给电力的最终消费者，可以极大减轻电力企业的减排成本。而西部气候倡议在电力行业的基础上，扩大了排放交易系统的覆盖范围，从电力行业扩大至所有温室气体排放行业，只要企业的排放量高于某一确定的标准，就会被纳入减排范围。减排覆盖的温室气体也从单纯的二氧化碳，扩大至 6 种主要的温室气体。区域温室气体减排行动的顺利实施，给了西部气候倡议极大的信心。与区域温室气体减排行动相比，西部气候倡议的减排目标显然更加雄心勃勃。

3. 芝加哥气候交易所

2000 年创建、2003 年正式以会员制运营的芝加哥气候交易所是世界第一个碳排放交易平台。芝加哥气候交易所建立了全世界首个基于市场机制的温室气体排放交易系统。芝加哥气候交易所的创始会员包括美国电力公司、杜邦、福特、摩托罗拉等在内的 13 家企业巨头，会员总数达 450 多家，涉及航空、电力、环境、汽车、交通等数十个不同行业。经过 3 年的运行和探索，芝加哥气候交易所于 2006 年制定了《芝加哥协议》，详细规定了芝加哥气候交易所碳资产的交易方式、企业的排放量监测等细则。以此协议为基础，芝加哥气候交易所的碳交易更加规范。

芝加哥气候交易所的减排方式并非自愿减排，而是强制减排。会员参加交易所是完全自愿的，但在加入项目之后，会员必须做出具有法律约束力的减排承诺。芝加哥气候交易所的减排分为两个承诺期：第一个承诺期（2003～2006年），要求所有会员以1998～2001年平均排放量为基准线，每年排放量降低1%，到2006年比基准线降低4%。第二个承诺期（2007～2010年），要求所有会员排放量比基准线排放水平（新会员为2000年的排放量）降低6%以上。芝加哥气候交易所交易的碳资产为碳金融工具合约（Carbon Financial Instrument，CFI），每一单位CFI代表100吨二氧化碳当量。交易所根据会员的排放基准线和减排时间表签发排放配额，如果会员排放量低于自身的排放配额，则可以将剩余配额在芝加哥气候交易所交易或储存；如果排放量高于自身的排放配额，则需要在配额市场上购买CFI。芝加哥气候交易所还接受其他项目的排放配额进行交易，是美国唯一认可CDM项目的交易体系。当然，由于CFI的价格远远低于EU ETS的EUA价格，实际上很难发生跨区域的交易。

芝加哥气候交易所探索的排放交易机制为国际碳排放市场尤其是欧盟的EU ETS提供了技术方面的范例。美国在早期的气候变化谈判中扮演了重要的角色，最早实践了碳排放权交易的相关机制与制度，温室气体排放的减排量极大地超过了预期的减排效果，同时在治理气候变化及大气污染等经费上节约了30亿美元，有效地降低了治理成本和管理成本，其通过实践证明气候交易所的构建是环境保护与经济发展的双赢策略。

四、美国减排的失败

（一）配额价格长期低迷

区域温室气体减排行动、西部气候倡议和芝加哥气候交易所三个减排项目在实施之后，取得了较好的减排效果，但是问题也很快显现出来，这三个减排项目从总体上看都属于“总量管制与交易”的结构，采用这一减排结构需要有配套的排放配额市场。超额排放的企业，需要在配额市场上购买超过排放上限的配额来合规。排放量低于配额的企业可以将未使用的配额在市场上出售。这样一套基于市场化原理建立的排放交易系统，在理想状态下可以实现以最低成本减排。但是要做到这一点，足够高的配额价格是必需的。只有当配额的价格足够高，足以弥补企业实施减排的成本，才能激励企业采取措施去减排。

1. 美国减排项目的减排目标设置过低

由于美国联邦层面没有建立任何减排项目，美国三大减排项目都是区域性的。为了防止由于排放指标设置过高，导致纳入减排项目的企业与美国未实施减排区域的企业在竞争中处于不利地位，即为了防止“碳泄漏”情况的发生，减排项目制定的减排目标相对较低。过低的减排目标导致企业对配额的需求较少，配额的价格一直徘徊在较低水平，导致配额的成交量过低。低价格的配额反过来也不利于激励有潜力的企业去减排。

2. 美国金融危机的影响

2008 年开始席卷全球的美国金融危机，对全世界的经济发展造成了巨大冲击。作为金融危机的发源地，美国经济所受冲击最大。金融危机迅速演变为经济危机，对美国各行业产生了全面的影响。在危机的冲击下，美国全社会的需求开始迅速放缓，能源需求也出现大幅萎缩。美国三大减排项目中的企业，基本无须采取减排措施就可以完成减排任务。配额的价格在需求暴跌的背景下开始出现大幅下滑，这是减排项目的设计者事先无法预料的。

（二）缺乏国家层面的支持

尽管美国的地方政府建立了数项区域性减排项目并很快付诸实践，但是由于缺乏国家层面的规划与支持，美国的减排项目要么减排效果有限，象征意义大于实际意义，要么交易清淡，最后不得不彻底关闭。

通过法律手段进行全国性的强制性减排，来限制温室气体排放总量是必不可缺的。由于美国缺乏欧盟的环保传统和意识，再加上美国国内的大企业特别是能源企业极强的游说能力，美国在节能减排方面始终态度消极。美国先后加入过《京都议定书》和《巴黎协定》，但都很快退出，并拒绝做出任何减排额度承诺，始终未能以国家立法的形式进行全国范围内的温室气体减排。缺少了法律手段对温室气体排放总量的强有力控制，就无法制定全国范围内的温室气体总量控制对策，导致美国缺乏建立全国排放交易系统的法律基础。即使美国的一些州建立了地方性的排放交易系统，甚至在建立初期还发挥了很好的减排作用，但是很快就出现了碳泄漏的问题，导致大量企业将生产迁移至没有实行减排的州，最终排放交易系统失去了存在的基础。

由于排放交易本质上是通过市场化的方式进行减排，需要建立流动性强、交易量高的配额市场，否则配额交易市场会很快失去活力，导致配额的价格与交易量将双双大幅度下降，甚至可能会出现连续很长时间没有成交量的情况。这标志着配额市场已经走向失败，无法发挥排放配额的交易功能，最终导致排放交易系统无法完成温室气体的减排功能。

芝加哥气候交易所在建立初期无论是配额的交易量还是交易价格都相当可观。随着时间的流逝，大量会员由于减排导致成本增加，与其他未实施减排的美国区域相比处于竞争劣势，最终不得不退出减排项目，交易量不足和参与度低的问题逐渐暴露出来。芝加哥气候交易所作为以市场机制解决气候变化的典范，在 2008 年之后很快出现连续数月没有成交的情况，配额交易已经名存实亡。到了 2010 年，由于交易量过低以及交易价格长期接近于 0，芝加哥气候交易所最终不得不关闭了配额交易，美国首次进行的以市场化手段减排的尝试以失败告终。芝加哥气候交易所的兴起与衰败说明，排放交易系统必须以国家层面的强制减排立法与规划为基础，否则很快会出现碳泄漏等问题，最终归于失败。

五、欧盟减排成功的主因

欧盟的排放交易系统 EU ETS 作为全世界通过市场化方式实现减排的典范，总体设计与美国的芝加哥气候交易所大同小异。最终的结果是 EU ETS成功了，芝加哥气候交易所失败了。因此，不能认为市场化手段减排是无效的。相反，即使是失败了的芝加哥气候交易所在建立初期也发挥了很好的作用，最终的失败是因为缺乏国家层面的支持。EU ETS 的成功，除了市场化减排机制本身的可行性外，最主要的原因是 EU ETS 得到了 31 个成员国的鼎力支持。

（一）EU ETS 的成功运作

在欧盟各国签署《京都议定书》之后，就开始着手制定实现减排目标的总体规划。在初期欧盟对两种减排方式进行了充分论证，一种方式是征收碳税，另一种方式是建立排放交易系统。最终研究和论证的结果是建立排放交易系统，以市场化的方式实现减排，这一决策得到了欧盟 27 个成员国的一致支持，2005 年 EU ETS 开始试运行。2005 ~ 2007 年是 EU ETS 减排的第一个交易期，也是试运行阶段。针对试运行阶段暴露出的问题，在成员国的支持下，欧盟迅速对 EU ETS 进行了调整。2008 ~ 2012 年是 EU ETS 正式运行的阶段，依靠这一排放交易系统的良好运行，欧盟在 2012 年成功完成了《京都议定书》中对欧盟设定的“到 2012 年温室气体排放量比 1990 年下降 8%”的目标。

（二）欧盟的减排雄心

在 2012 年之后的“后《京都议定书》”时代，不少已经完成了减排任务的发达国家，如日本、澳大利亚等纷纷表示将不再继续设定自我减排目标。欧盟则宣布到 2020 年温室气体排放比 1990 年降低 20% 的减排目标。依靠 EU ETS 第三个交易期（2013 ~ 2020 年）更加成熟稳定的表现，欧盟在 2020 年实现 20% 的减排目标已成定局。欧盟甚至已经做好了 EU ETS 第四个交易期（2021 ~ 2030 年）的总体规划：到 2030 年实现温室气体排放比 2005 年降低 43%。这一次，没有人再怀疑欧盟减排目标能够按时实现了。

（三）欧盟减排的决心与意志

在 2012 年《京都议定书》到期之后，全世界就进入了一个没有全球性强制减排协议的时代。在世界上有识国家的共同努力下，2015 年《联合国气候变化框架公约》第 21 次缔约方大会（COP 21）暨《京都议定书》第 11 次缔约方大会在法国巴黎召开，大会通过了具有里程碑意义的《巴黎协定》。该协定于 2016 年 4 月 22 日在美国纽约联合国总部签署。《巴黎协定》为 2020 年后全球应对气候变化行动做出了安排：长期目标是将全球平均气温较前工业化时期上升幅度控制在2℃以内，并为将温度上升幅度限制在1.5℃以内而努力。

在各国签署《巴黎协定》之后，还需要经过各国立法机构的批准才能正式生效。当法国对冗长的成员国批准程序提出疑虑后，各国都同意欧盟“不能只是空谈，必须履行承诺”。如果欧盟实现快速批准，《巴黎协定》将在达成一年之际生效。奥地利环境部长安德烈·鲁普雷希特说：“这事关欧盟在应对气候变化上的全球领导地位，我们不能在这个协定上落后。”法国环境部长赛格琳·罗雅尔将快速批准程序称为“机制创新”，但这一“创新”能否取得成功有赖于欧盟各个成员国在这之后全部完成国内批准程序。如果有成员国没有批准，将使欧盟整体完成承诺的减排任务遇阻。

由于欧盟担心无法赶在《巴黎协定》生效前完成批准程序，从而显得“落后”，2016年9月，欧盟领导人在斯洛伐克首都布拉迪斯拉发举行的欧盟非正式首脑会议上同意采取非常措施。2016年9月30日，欧盟各国的环境部长在布鲁塞尔召开会议，就尽快批准《巴黎协定》达成一致。这一程序使欧盟作为一个整体，在所有成员国完成各自国内批准程序前批准《巴黎协定》。欧洲理事会主席唐纳德·图斯克当天在社交媒体上说：“所有成员国都同意欧盟提前批准《巴黎协定》。有些人认为不可能实现的事，现在成了现实。”

欧盟轮值主席国、斯洛伐克主管欧盟事务的国务秘书科尔乔克在随后举行的新闻发布会上说：“这是又一个重要的里程碑。我相信，欧盟理事会今天可以完成相关程序，从而使我们可以在本周末前向联合国纽约总部交存欧盟批准《巴黎协定》的文书。我想说，有很多人认为欧盟是一个非常复杂的组织，但是当各国领导人在布拉迪斯拉发同意加快批准《巴黎协定》的程序后，我们在欧盟机构和各成员国的支持下，创纪录地在两周之内就完成了，于上周五和今天达成一致。这对欧盟来说是美好的一天，对地球来说也是。”

2016年10月4日，欧洲议会在法国斯特拉斯堡的总部举行了全体会议。在联合国时任秘书长潘基文、欧盟委员会时任主席容克等的见证下，欧洲议会以610票赞成、38票反对和31票弃权的结果，以压倒性多数通过了欧盟批准《巴黎协定》的议案。容克在会上表示，欧洲议会同意批准

《巴黎协定》，表明欧盟将应对气候变化的雄心付诸行动，这也证明欧盟有能力团结力量办大事。潘基文对欧洲议会批准《巴黎协定》表示欢迎，并称对目睹这历史性的时刻感到荣幸，“随着欧洲议会采取这一行动，我相信我们将很快，也就是在几天之内就可以跨过55%的门槛。我们已经看到，来自全球各个角落非同寻常的行动，将使这一协定在今年生效。”

通过比对美国和欧盟的减排事实可以清晰地发现，实现温室气体减排确实需要一系列客观条件，但是国家层面坚强的减排意志与决心才是实现温室气体减排的唯一关键因素。国家可以因为全人类的福祉，或者国际声誉，或者政治原因，或者其他任何原因来实施温室气体减排。无论出于哪一种考虑，国家层面毫不动摇的减排意志与决心，是实现减排的基础与关键。

第二节　采用排放交易机制实现减排目标

根据世界银行的统计数据，截至2019年全世界国家层面的减排项目一共61个，包括31个排放交易系统（ETS）和30个碳税（carbon taxes）。这些减排项目覆盖了世界22%的温室气体排放。2019年碳资产交易金额450亿美元，创下历史新高。不断增长的碳价格向投资者发出了一个金融信号，即低碳投资在今天是有价值的，未来将更加有价值。

一、减排方式的选择

从目前全世界减排方式来看，主要是征收碳税和建立排放交易系统两种方式。征收碳税的优点是普适性和公平性，无论是何种行业，只要超额排放了温室气体，就需要按规定缴税。通过之前的论证可以得知，通过征收碳税的方式进行减排，在某些行业效果欠佳，主要是垄断性的供电、供热等行业，最终的碳税基本上都转嫁给了消费者，温室气体排放量不能实现有效减少。在非垄断行业，碳税可以实现减排，但是减排效果并不能事先确定，这对实现精准的减排目标是非常不利的。

排放交易系统可以有效克服碳税的这些缺点，以最低的经济总成本实现精确减排。当然，ETS 本身并非完美，也存在缺点。

（一）减排系统的建设成本很高

征收碳税的方式简单，成本很低，只是新增了一种新的税种，利用现有的税收系统征收即可，无须新建碳税征收体系。排放交易系统需要一系列基础设施的建设，需要花费极高的成本。虽然碳交易市场可以直接利用现有的一些基础设施，但其他配套设施还是需要重新建立：登记结算系统、交易系统、配额分配系统、拍卖系统，监督、报告、核查与认证系统，市场稳定储备系统，碳泄漏（carbon leakage）应对机制等。

（二）对技术层面的要求较高

通过建立排放交易系统实现减排，有诸多技术层面的细节问题需要解决，这些问题解决不好，排放交易系统的公平性和公正性就会受到质疑，减排效果就会打折扣。这些技术问题主要包括：总排放上限的计算、企业二氧化碳排放量的精确测定、排放企业的配额分配计算方法、碳泄漏行业和企业的补偿额度等。核心问题是企业温室气体排放量的精确测定问题，这是 ETS 能够正常运转的关键。这些技术性问题需要投入大量资源加以解决。

（三）对于排放量有较高的要求

排放交易系统的关键环节之一是配额市场，特别是配额二级市场。根据各国开展排放交易实践的经验，配额二级市场的正常运行，需要足够高的配额交易量。这就要求排放交易系统覆盖区域的排放量足够高，才能形成大规模的配额交易量。能够满足这种排放量要求的，一般需要是排放大国或区域。很多区域性的排放交易系统，由于配额的交易量不够高，最终导致减排项目失败。欧盟 EU ETS 覆盖了 30 个欧洲国家，排放量足够高，同时成员国之间彼此协调配合，有力支撑了排放交易系统的正常运行。

（四）需要进行国际协调

航空业是温室气体排放的主要来源之一，占全球总排放量的 2.5%、整个运输业的13%，是全球十大排放源之一。早在2008年欧盟就开始规划将航空业纳入减排管制范围，但直到2012年EU ETS第二个交易期（2008～2012年）末期才开始实施。航空业减排的难度较大，原因是将跨国航班纳入减排需要进行国际协调。直到目前，世界上大部分国家还是没有完全遵守欧盟对于航空业的减排规定，有些国家还试图通过法律途径挑战欧盟对航空业的减排管制。对此，欧盟目前只能采取暂时的豁免政策，但毕竟不是长久之计。除航空业之外，还有跨国企业也面临类似问题。

尽管如此，对于中国来说，使用ETS进行减排仍是最优途径。碳税更加适合像瑞典、瑞士、挪威等国家，欧盟、美国的一些地方（如加利福尼亚州）都选择了使用ETS进行减排。在中国碳税可以作为ETS的补充方式，但主要减排途径仍然需要采取ETS系统。

二、自愿减排和强制减排的选择

采用ETS进行减排，具体有两种方式：强制减排和自愿减排。

（一）强制减排

这是政府有关部门将温室气体排放的重点领域和重点企业纳入减排范围，之后根据企业历史排放量或者行业基准，为企业分配排放配额，或者采取拍卖的方式发放配额。如果企业配额没有用完，多余的部分可以在碳市场出售，或者存入账户；如果企业实际排放量超过了自己的配额，就需要到碳市场购买超额排放的配额。

（二）自愿减排

排放交易系统下的自愿减排是指所有参加排放交易系统的企业自愿加入排放交易系统，但在加入排放交易系统后的期限内，就需要接受与强制减排一样的减排要求了。

基于“总量控制与交易”原则建立的欧盟EU ETS体系，是典型的强制减排系统。在强制减排体系下，被ETS覆盖的重点行业和重点企业别无选择，只能参加。排放企业可以通过采用新的低碳技术和工艺，来满足排放配额的要求，或者到碳市场购买所需的排放配额。无论采取哪一种方式，都可以实现欧盟范围内的总体减排目标。美国芝加哥气候交易所采用的是自愿减排。参加美国芝加哥气候交易所减排项目的企业，在不同阶段内接受不同的减排要求。在项目初期，有不少企业完全出于社会责任感自愿参加。但是随着美国政府宣布退出《京都议定书》，从国家层面建设排放交易系统的设想就完全破灭了。没有了国家层面的法律支持，美国芝加哥气候交易所完全依靠企业社会责任感自愿参加减排是一种理想主义的做法，很快在现实面前败下阵来。美国芝加哥气候交易所在2003年开始减排项目的交易，到2010年由于交易量长期低迷，碳价格长期接近于0，最终不得不关闭交易。

排放交易在本质上和其他商品交易没有本质的区别，价格都是由资产的供给和需求决定。如果没有从国家层面通过立法的方式强制企业参加减排项目，为所有参与减排的企业设置强制减排目标，最终必然导致市场上碳资产的供给过多，而在需求端由于国家并未对企业设置强制减排要求，需求量会迅速下降至接近于0。未来中国建立排放交易系统，应该充分考虑国外的经验和教训，在国家层面上进行强制减排。

第三节　采用循序渐进的方式进行减排

目前，中国的主要能源仍然是化石能源。2018年中国煤炭、石油和天然气在能源消费中占比分别为59.0%、18.9%和7.8%，总计占比85.7%，非化石能源占比14.3%。2018年欧盟非石化能源消费占比18%，处于世界领先地位。碳排放的根本来源是各种化石燃料的燃烧，因此降低碳排放最有效的方式是减少化石能源的消耗，增加非化石能源的比重。

降低化石能源的消费比重不能一蹴而就，需要一个过程。能源是维持经济社会正常运转的重要物资，减排也需要在不影响社会正常运行的前提下实行。因此排放交易系统应该给企业充足的适应时间，本着先易后难，先试点后推广，以点带面，循序渐进的原则逐步开展排放交易。

一、排放上限的设定

欧盟在设定排放上限时，主要是通过计算要实现欧盟设定的减排目标，需要降低多少二氧化碳的排放量，在此基础上确定年度排放配额的上限。由于排放交易系统并未做到全覆盖，2019 年 EU ETS 的覆盖率是45%，即减排任务需要被排放交易系统覆盖的45%减排单位承担。在计算排放上限时，需要考虑这一点。

（一）排放上限的确定方式

在 EU ETS 运行的第一个交易期（2005～2007 年），欧盟主要是通过 EU ETS 的试运行发现问题，及时改进，进而在第二个交易期（2008～2012 年）能够正常运行，实现减排目标。在试运行阶段，为降低企业减排负担，EU ETS 有意放宽了排放上限，给企业以充足的适应时间。

在 EU ETS 正式运行的第二个交易期（2008～2012 年），根据《京都议定书》中对欧盟设置的“2012 年温室气体排放量比 1990 年下降 8%”的目标，以及 EU ETS 45%的减排覆盖率，精确计算出要实现减排目标每年的排放量上限是多少。在设置上限时，EU ETS 在计算出的精确值的基础上下浮了一定比例，以确保当排放交易系统出现意外情况时，有较为充足的余量确保减排目标的实现。在第一和第二个交易期限内设定的排放上限均为常量，这也是为了降低碳市场的不确定性，有利于企业尽快适应 EU ETS 的各项减排政策。

2008 年美国金融危机席卷世界，受此影响欧盟经济出现了大幅下挫。在这种情况下，大量的企业收入下降，企业不得不缩减开支，对于能源的需求也明显减少。很多企业在不采取任何减排措施的情况下，就能够满足减排的要求，甚至有些企业实际排放量大幅低于排放配额。这就出现了一个很尴尬的情况：碳市场的配额供给远高于需求，导致配额供过于求，价格不断下跌。到 2012 年，EUA 的价格不足 5 欧元。尽管如此，并不能因此认定 EU ETS 的上限确定方式有误。金融危机毕竟属于意外情况，而且当金融危机的影响消退以后，企业的经营恢复正常，排放量也会随之恢复到原状态。

（二）排放上限的变革

由于第二个交易期欧盟排放配额 EUA 价格过低，导致市场出现了对排放交易系统的质疑。欧盟通过 EU ETS 第二个交易期的实际运行情况吸取了教训，在第三个交易期（2013～2020 年）实行了“适度从紧”的方式确定排放上限。在确定的 2020 年减排目标下下浮较大幅度，以此为基础计算排放上限。这样可以有效降低配额供给，增加配额需求，提高配额价格。稀缺性是资产具备价值的前提，只有排放配额具备较高价格，碳市场才能发挥资产配置和价格发现的功能。配额供给下降的幅度不宜过大，否则会造成配额价格的大幅上升，企业减排的成本会大幅提高。

在经过第一个和第二个两个交易期减排适应期后，欧盟认定企业基本适应了减排的各项政策。在第三个交易期，采用了线性折减的方式确定排放上限，每年比上一年降低相同的规模。这种安排可以实现更高的减排，参与者对配额供给能够具有稳定的预期，有利于碳市场的健康发展。

二、减排范围的覆盖

排放交易系统不可能做到全覆盖，人类每时每刻的呼吸也会释放出二氧化碳。在确定排放交易系统的覆盖范围时，基本原则是先易后难、先大后小。

（一）先易后难

随着经济发展的全球化，跨国企业、跨国业务越来越多。在确定减排覆盖范围时，尽管航空业是温室气体排放大户，但 EU ETS 在第一个交易期和第二个交易期还是排除了航空业。原因是航空业涉及国际协调问题，从 EU ETS 成员国进出港的其他国家航企执飞的航班，是否需要遵守欧盟的减排政策，就涉及国际司法管辖权的问题，这是非常敏感和复杂的。欧盟在 2008 年就计划将航空业纳入减排范围，但直到 2012 年才开始实施。在实施初期为避免复杂的司法管辖权的问题，对上述航班实施了暂时性的豁免，只对 EU ETS 成员国的航班征收配额。如果过早将一些敏感复杂的行业纳入减排范围，一旦出现企业不遵守减排制度的情况，而欧盟又不能依律惩罚，排放交易系统的权威性将大打折扣。

（二）先大后小

不同行业温室气体排放规模也不相同。为确保减排效果，EU ETS 首先将温室气体排放大户纳入减排覆盖范围内。对于发电行业，只有功率≥20MW 的发电装置才被纳入减排范围。通过首先将重点行业和重点企业纳入减排范围的方式，可以在确保减排效果的前提下，最大限度降低排放交易系统的运行成本。这些成本主要包括对排放企业的监督、报告、核查与认证等，与排放企业的数量直接相关。待排放交易系统成熟之后，可以逐步将排放量较低的企业逐步纳入减排覆盖范围。

三、排放配额的分配

排放配额是排放交易系统分配给企业的排放权利，在配额范围内，企业排放温室气体不受任何约束。如果企业年终实际排放量小于得到的配额，多余的配额可以在排放交易市场出售。如果企业实际排放量高于配额，则其要求需要在年终前购买超额排放的配额。如果超额排放企业没有及时提交足够的配额，则企业会被处以高额的罚款，超额排放的配额还需要在下一年继续缴足。因此对于企业来说，配额就是最宝贵的资产。

（一）配额的免费发放

EU ETS 运行初期，为企业提供了足够的时间和资源以适应和遵守减排的各项规定。排放配额的分配采取了免费分配的方式，以降低企业减排成本。由于在 EU ETS 试运行的第一个交易期（2005～2007 年），欧盟缺乏企业排放的精确数据，因此使用了历史排放法为企业免费发放配额。历史排放法使用简单，通过大致估算企业近年排放的温室气体量，简单计算平均值，再下浮一定比例（下浮比例与欧盟要实现的减排目标和排放覆盖范围有关），即为企业排放配额。历史排放法的计算方式是很粗放的，也有失公允，在同一行业，排放效率低的企业反而可以得到更多的配额，效率高的企业得到的配额反而更少。为改变这一不公平局面，EU ETS 很快将历史排放法修改为基准线法。基准线法的计算更加精细复杂，但是更加公平合理。通过确定某一行业平均碳排放强度，以此为基础根据该行业某企业的生产规模计算其配额。

（二）配额的拍卖

EU ETS 第一个和第二个交易期（2005～2007 年和 2008～2012 年）的配额是免费分配的。从第三个交易期（2013～2020 年）开始，配额中的一定比例开始采用拍卖的方式分配。拍卖比例起初会比较低，之后逐步提高，直到全部配额都采用拍卖的方式发放。配额的拍卖体现了“谁污染、谁付费”的原则，更加公平合理。企业需要估测自身排放量，在年初拍卖平台上购买配额。在配额拍卖的情况下，企业会比免费分配的情况下更有足够的动力去减排。配额拍卖的收入可以成立一个专门基金，用于推动低碳技术的应用和推广。

四、排放产品的交易

排放交易系统的一个重要组成部分是碳交易市场，碳市场具有重要的价格发现功能，价格是市场中最重要的交易信号。碳市场建立之后，首先需要交易的是配额现货，这是碳市场最基本的功能。EU ETS 中交易的是 EUA 现货，交易平台主要是欧洲能源交易所（European Energy Exchange, EEX）。在 EUA 上市交易后，其他碳产品陆续上市交易。

（一）EUA 拍卖

欧盟目前正在逐步将配额的分配方式从免费分配转变为拍卖，目前的拍卖平台主要是 EEX。每年初的预定时间，欧盟官方开始在 EEX 拍卖 EUA 配额，经过认证的排放企业有资格购买配额。这实际上相当于配额的一级市场。

（二）EUA 现货

在 EUA 配额拍卖完成后，各家企业就可以在碳市场上购买或出售

EUA 了，这是排放配额的二级市场。EUA 现货目前主要在欧洲能源交易所交易，还有部分 EUA 现货在场外市场交易，但所占比例较低。只有当资产的二级市场正常运转时，才会增加一级市场的吸引力。二级市场形成的 EUA 现货价格直接决定企业减排的成本，具有重要意义。

（三）EUA 衍生品

目前，在碳二级市场上交易的不仅有 EUA 现货，还有 EUA 衍生品。EUA 衍生品的主要交易所是欧洲能源交易所和洲际交易所。EUA 衍生品包括两种：EUA 期货和 EUA 期货期权（简称 EUA 期权）。EUA 期货的标的资产是 EUA 现货，EUA 期权的标的资产是 EUA 期货。目前，EUA 衍生品的交易量要远高于 EUA 现货，已经成为碳市场主要的交易品种。

EUA 衍生品的主要用途是风险对冲和投机。参与 EUA 拍卖的企业，可以使用 EUA 衍生品对冲未来 EUA 价格的变动风险。EUA 现货也可以投机，但是衍生品具备较高的杠杆，而且可以做空，用来投机更加方便。适度的投机交易对于增强市场的流动性是必不可少的。

第四节　将配额作为一种金融工具进行交易

2001 年 3 月，为推进欧洲单一市场的建立和欧洲金融服务业的发展，欧盟建立了一系列重要的金融服务法案。金融工具市场指令（Markets in Financial Instruments Directive，MiFID）是欧盟覆盖面最大，也是最为重要的金融监管法案。MiFID 由欧洲议会和欧盟理事会制定和颁布，有效推动了欧盟金融市场监管规则的统一，有力推动了欧盟金融市场一体化的进程。第一版 MiFID Ⅰ 指令于 2007 年 11 月 1 日起生效，第二版 MiFID 2 指令于 2018 年 1 月 3 日起生效。

MiFID 规范了所有在欧盟从事证券投资的公司的设立条件、业务规则、信息披露要求、市场交易规则以及监管部门职责等内容，为欧盟区域内投资公司和证券市场确立了一个综合监管架构，其目标是为欧盟金融服务业提供一个单一的监管规则，以促进金融业的竞争，提高金融市场的透明度，加强投资者保护力度。

MiFID 2 是欧盟实施的第一套关于投资服务和活动的全面规则，有助于提高欧盟金融市场的竞争力。MiFID 2 这一新的立法框架加强了对股票、债券和衍生品等金融工具投资者的高度保护，以改善金融市场的运作，促进金融市场更公平、更有效率、更有弹性和透明度。MiFID 2 将影响每个从事金融工具交易和处理的人、业务和运营模式、系统和数据、人员和流程。

MiFID 2 的监管范围不仅覆盖了欧盟所有 27 个成员国，而且覆盖了冰岛、挪威和列支敦士登等 3 个非欧盟国家。MiFID 2 覆盖的国家与 EU ETS 覆盖的国家范围是完全重合的。根据欧盟的决议，EU ETS 排放交易系统中产生的排放配额将作为一种金融工具，配额的现货和衍生品将全部被纳入 MiFID 2 的监管范围。配额市场和配额交易者也将被 MiFID 2 视为金融市场的一部分，与债券、外汇、商品一样，都需要接受相同的监管规则。

将配额作为一种金融工具进行交易与监管，是欧盟在建设 EU ETS 过程中做出的重大决定之一，这一决定也是 EU ETS 获得成功的关键。配额作为一种金融工具，有很多的金融基础设施可以利用，包括交易平台、交易规则、监管规则、交易者等。有些设施虽然是 EU ETS 全新建立的，但也是在充分参考金融市场的类似设施建立、运行与维护的。例如，配额的拍卖与等级结算系统等，就是充分参考了证券市场的一级市场的拍卖系统，以及登记结算系统。

EU ETS 的一个基本原则是，将 EUA 作为一种金融工具来交易。这极大方便了 EUA 一级市场的拍卖、二级市场及衍生品市场的交易。在排放交易系统中，需要从头开始建立注册登记结算系统及规章制度，但完全可以运行在已有的金融电子登记结算平台上。此外，配额交易系统只需要在证券交易规则的基础上稍作修改就可以建立配额的交易规则，其余事项交给完善的金融交易所就可以了，相当于该交易所上市交易了一种新的金融工具，基本不需要额外的软硬件建设。

一、登记结算系统

配额交易的登记结算系统类似于证券交易的登记结算系统，参与者的配额账户、账户中的配额数据、交易数据等都在登记结算系统实时记录。排放交易系统下的登记结算系统对交易者账户中配额的所有权，及交易进行实时跟踪和记录，类似于证券登记结算系统实时记录客户账户中证券的往来。

（一）欧盟登记簿

参与 EU ETS 的法人和自然人必须在欧盟登记簿开立账户。EU ETS 的注册登记系统是欧盟登记簿，是一个在线电子登记结算系统，负责为所有参与 EU ETS 系统的单位开立专用账户，记录 EU ETS 发放的所有配额 EUA 所有权，以及与 EUA 有关的所有交易。此外登记簿还负责记录国际减碳信用 CER 和 ERU 的持有和变动情况，就像所有银行会计系统记录客户账户中资金的变化。2009 年修订的 EU ETS 指令规定，将 EU ETS 业务全部集中到欧盟登记簿，由欧盟委员会运营。EU ETS 所有业务的注册、登记和结算都集中在欧盟登记簿，该登记簿覆盖了 EU ETS 的所有成员国。

（二）登记簿的记录

欧盟登记簿可以通过类似于网上银行系统的方式在线访问。然而需要注意的是，欧盟登记簿只记录 EUA 和 CER、ERU 的持有及交易情况。具体来看，欧盟登记簿的账户负责记录以下几个方面。

（1）持有 EUA 或国际碳信用（主要是 CER 和 ERU）的法人或个人的账户数据，主要是 EUA、CER 和 ERU 的持有情况。

（2）账户持有人进行的与 EUA 有关的所有交易，包括配额的发放（分配）、拍卖、交易及配额的清缴和删除，还包括转入或转出 EU ETS 的国际碳信用 CER 和 ERU。

（3）EU ETS 覆盖的所有经核实的二氧化碳排放量。

（4）每家排放单位必须在规定时间提交足额的 EUA 来覆盖其经核实的二氧化碳排放量。欧盟登记簿负责确认每家企业是否提交了足额的 EUA。

（5）EUA 衍生品，包括 EUA 期货、EUA 期货期权等的交割、清算和交收。

（三）航空业

鉴于航空业的特殊性，EU ETS 规定航空公司必须在成员国的国家登记簿或指定给航空公司的管理成员国开立一个航空公司专用账户。拥有账户的航空公司或其授权人可以访问其账户数据。航空公司指定的核查员的授权代表只能有限地访问其账户数据，以验证报告的二氧化碳的排放量。在航空公司清缴了足额配额，履行了其年度义务后，已核实的排放量将通过欧盟交易日志系统的公共网站公布。

（四）欧盟登记簿的主要功能

欧盟登记簿是 EU ETS 的核心电子登记结算系统，与股票、债券市场的发行、交易、结算、交收，以及对应资金的清算交收等没有区别。登记结算系统运行的基本原则是安全、高效，EU ETS 可以直接使用现有的金融基础设施，无须再建立一套全新的系统。登记簿的建设只需制定 EUA 登记、交易、托管、清算、交收的规则，健全完善集中统一的登记结算体系，为 EU ETS 各类参与者参与 EUA 配额的场内和场外拍卖、现货和衍生品交易提供规范、灵活、多样的登记结算基础设施服务。系统运行的平台包括电子数据库、记账系统、交易平台等使用现有金融基础设施即可。

二、配额交易系统

EU ETS 还建立了欧盟交易日志（EU transaction log，EUTL）系统，自动检查、记录和授权欧盟登记簿账户之间的所有交易，确保所有交易、转让符合 EU ETS 规则。

（一）欧盟交易日志

欧盟交易日志（EUTL）是社区独立交易日志（community independent transaction log，CITL）的升级版。在引入欧盟登记簿之前，CITL 具有类似的功能。EUTL 作为欧盟登记簿完整性的监测系统，检查所有的注册与交易，以确保它们符合 EU ETS 的规则，并可以拒绝不符合 EU ETS 规则的交易。这一核查将确保从一个账户到另一个账户的任何转移都符合 EU ETS 规则。

（二）欧盟登记簿与欧盟交易日志

欧盟交易日志 EUTL 由欧盟委员会运作和维持，通过记录欧盟登记簿所有账户中的金额和账户之间的交易，追踪 EUA 和 EUAA 所有权的转移。欧盟登记簿负责持有所有参与者的账户，EUTL 则自动检查、记录和授权账户之间的所有交易，从而确保所有转账符合 EU ETS 的规则。

欧盟登记簿和欧盟交易日志中记录的数据还是碳市场中非常重要的信息来源，如市场稳定储备盈余指标的计算和欧洲环境署的报告。EUTL 还定期提供 EU ETS 的透明度指标，发布关于排放企业遵守 EU ETS 规定的信息。此外，EUTL 检查并记录所有进入、流通或离开欧盟登记簿的非 EU ETS 温室气体排放交易单位的详细信息。这些减排单位可以是基于 CDM 或 JI 机制产生的 CER 和 ERU 国际碳信用。

EUTL 的账户记录 EUA、CER、ERU 的持有量和规模，每天都要与欧盟登记簿上的数值记录进行核对，以确保系统的一致性和完整性。任何不一致之处都会被直接报告，相关账户、配额可能会被冻结，直到问题得到解决。2018 年欧盟登记簿与 EUTL 全年 365 天全天候正常运行，由于技术升级导致的中断总计约 26 小时。

欧盟登记簿中超过 3 年的配额交易都会在 EUTL 公共网站上公开。EU-TL 公共网站还会发布关于配额的免费分配、排放量的验证、排放企业的合规状态等最新信息。

三、配额交易平台

EU ETS 配额登记、清算系统需要建立一套新的规章制度，而配额交易平台的规章制度基本无须建立。将碳排放配额作为一种金融工具进行交易，就像股票、债券和商品一样，只需要利用好现有的金融交易平台即可。目前 EUA 的拍卖和现货的主要交易平台是欧洲能源交易所（European

Energy Exchange，EEX）。EUA 衍生品的主要交易平台是欧洲能源交易所（EEX）和洲际交易所（ICE）。

（一）欧洲能源交易所（EEX）

EEX 是全球领先的能源交易所，为全球能源和大宗商品的交易提供安全、流动和透明的市场。EEX 主要交易的产品包括电力、天然气和排放配额以及货运和农产品合约。EEX 交易的 EUA 产品包括 EUA 拍卖、EUA 现货、EUA 期货、EUA 期货期权，此外还有少量的 CER 产品的交易。欧盟已经开始拍卖排放配额 EUA，逐步替代免费发放。目前 EU ETS 配额拍卖的唯一指定平台是 EEX，覆盖了除英国外参与 EU ETS 的其他 30 个成员。

欧洲商品清算所（European Commodity Clearing，ECC）是欧洲领先的能源和商品结算所，也是 EEX 集团的中央结算所。ECC 承担交易对手风险，保证交易的资产及资金的正常结算和清算，为客户提供担保和交叉保证金利益。作为 EEX 集团的一部分，ECC 为 EEX 提供现货和衍生品清算服务。

（二）洲际交易所（ICE）

除 EEX 外，另外一家重要的配额交易所是 ICE。ICE 不交易配额的拍卖和现货，只交易配额的衍生品。ICE 成立于 2000 年，成立之初就宣布只提供电子化交易，之后得到了快速发展。为了向交易者提供全套的解决方案，ICE 陆续通过建设或收购建立了清算所。ICE 目前为包括金融机构、企业和政府实体在内的广泛客户提供金融基础设施、数据服务和技术解决方案。ICE 的清算所旨在为市场提供稳定和风险管理。ICE 交易排放配额的交易所是 IC 欧洲期货交易所，除 EUA 衍生品外，ICE 欧洲还提供 CER 衍生品交易。

（三）交易流程

在 EU ETS 的第二个交易期（2008 ~ 2012 年），成员国通过国家分配计划表（NAP）向排放单位发放配额，并在国家配额持有账户中持有。在第三个交易期（2013～2020 年），国家分配计划被根据国家执行措施（NIM）建立的国家分配表所取代，配额通过欧盟登记簿的欧盟总量账户来发放，拍卖和免费分配的配额转入适当的账户。

1. 上缴配额

欧盟配额（EUA）在整个交易期内的任何一年内都有效。在每年的 4 月 30 日之前，EU ETS 参与者必须在欧盟登记簿提交 EUA 配额，配额的数量等于其上一年经核实的温室气体排放量。

2. 合格的国际碳信用

某些确认合格的国际碳信用也可以在系统允许的最大限度内使用。与第二个交易期不同的是，在第三个交易期国际碳信用不能再直接使用，只有 EUA 可以直接使用。因此所有符合条件的减排单元都需要首先兑换为 EUA。

3. 删除配额

参与者也可以选择自愿“取消”配额，或者换句话说，让配额永久性地从流通中退出，并从欧盟登记簿中删除，而不使用这些配额来满足排放上限要求。这主要是作为一种“自愿抵消”措施或出于环境原因，即删除配额将减少流通中的配额供给，在需求不变的前提下，剩余配额的价格就会上升，最终刺激企业采取更大力度减排。

4. 转移配额

配额的转移发生在 EU ETS 注册账户之间。转让指令由卖方账户以电子方式发出，指令包括了要转让的配额数量和卖方收款账户的详细信息。一般来说，一旦交易被确认，无论是在柜台交易还是在交易所，指令都会被发送到欧盟登记簿进行实际转移（也称为交付）。

在具有完善的金融基础设施的国家或地区建立排放交易系统，可以将碳排放配额作为一种金融工具进行交易。这样可以充分利用现有的金融基础设施，而无须另建一套全新的交易系统。这将极大降低排放交易系统的成本，缩短体系建设周期。此外，将配额作为一种金融工具进行交易，还可以充分利用现有的金融从业人员，只需进行碳配额基本的培训即可参与交易。在现有的金融交易体系中，配额交易与衍生品交易最为相似。EU ETS 的主要交易平台是 EEX 和 ICE，这两家交易所的主要交易产品是各种衍生品，包括能源等商品衍生品及股指、利率、外汇等金融衍生品。

第五节　广泛吸引各类主体参与配额交易

欧盟 EU ETS 排放交易系统于 2005 年启动，前三个交易期（2005 ~ 2007 年、2008 ~ 2012 年、2013 ~ 2020 年）已经结束，第四个交易期（2021 ~ 2030 年）刚刚开始。依靠 EU ETS 的优秀功能，欧盟在每一阶段的交易期都超额实现了预期的减排目标。

在 2005 年第一个交易期开始时，EU ETS 仅覆盖了欧盟 25 国的二氧化碳排放。2007 年，保加利亚和罗马尼亚加入了欧盟及 EU ETS。列支敦士登和挪威于 2008 年，在 EU ETS 第二个交易期开始时加入。在 2013 年第三个交易期开始时，克罗地亚和冰岛加入 EU ETS。同时，EU ETS 还将二氧化碳之外的数种温室气体纳入减排范围，包括硝酸、已二酸生产产生的氧化亚氮（N_2O）排放、乙二醛和乙醛酸及铝生产过程中的全氟化合物（PFC）的排放。

通过 EU ETS 三个交易期的运行，欧盟成功实现了既定减排目标。2012 年欧盟超额实现《京都议定书》中对欧盟设定的“温室气体排放比 1990 年下降 8%”的目标。在实现既定减排目标时，欧盟的经济社会发展所受的不利影响非常小。通过排放交易系统实现温室气体减排，已经成为世界众多国家的首选。

实际上世界上进行减排交易的国家和地区不只欧盟，但只有 EU ETS 有如此优秀的减排效果。这一成果的取得，原因之一在于 EU ETS 广泛吸引了各类社会主体参与进来。不仅扩大了排放交易系统的影响力，广泛宣传了低碳生产和生活的理念，还极大提高了碳市场的效率和流动性。

一、EU ETS 的主要参与者及作用

EU ETS 排放交易系统的成功运作，需要各类主体的广泛参与。参与

者包括官方机构与市场主体两大类。

（一）欧盟委员会

2019 年，地球温度比 19 世纪末高出约 1.5℃，下个世纪全球平均气温将上升更多。气候变暖大多发生在过去几十年，因此说明气温上升正在加速。温度不断上升，其结果将是灾难性的。

欧盟委员会作为《联合国气候变化框架公约》的重要参与方，对节能减排的态度一直很积极，可以说是世界发达国家中的典范。为实现温室气体减排目标，欧盟委员会进行了多方面的努力。EU ETS 是全世界减排体系中的一个重要组成部分，为世界温室气体减排作出了重要贡献。欧盟委员会的主要职能包括以下几方面。

1. 规划 EU ETS 排放交易体系的框架和结构

EU ETS 排放交易体系是一个浩大的系统性工程，需要进行顶层设计。

（1）排放交易体系覆盖的区域。鉴于《京都议定书》对欧盟 27 国设定了减排 8% 的指标，通过谈判与协调，欧盟委员会决定将欧盟所有成员国纳入排放交易体系。不仅如此，2008 年欧盟经济区的挪威、冰岛和列支敦士登也参与进来。2013 年，克罗地亚加入 EU ETS，随后加入欧盟。到 2020 年，EU ETS 覆盖了 30 个国家（英国于 2020 年退出欧盟），是全世界覆盖范围最大的排放交易体系。

（2）覆盖的温室气体。从试运行阶段只有二氧化碳，逐步将其他温室气体纳入进来。第二个交易期纳入了氧化亚氮（N_2O），第三个交易期纳入了全氟化合物（PFC）。

（3）覆盖的行业。排放温室气体的产业范围是非常大的，排放交易体系不可能做到全覆盖。如何做到既能实现减排，又不对经济社会的正常运转造成较大影响，是决策者需要面对的重要问题。经过反复研究和论证，欧盟委员会决定将温室气体排放密度最大的产业纳入减排范围，包括电站及其他≥20 兆瓦的燃烧装置、炼油厂、焦炉、钢铁厂、水泥熟料、玻璃、石灰、砖、陶瓷、纸浆、纸和纸板。在第二个交易期，欧盟委员会决定将航空业纳入减排范围。

（4）排放交易系统的基本规则。在 EU ETS 投入运行之前，有多种减排的方式，包括碳税、排放管制、自愿减排、排放配额交易等。在大部分国家和地区还没有开始实际行动时，欧盟委员会经过充分研究和论证，决定采用“总量控制与交易”作为 EU ETS 运行的根本原则。这一基本框架的使用是 EU ETS 获得极大成功的主要原因之一。

2. 监管碳市场

EU ETS 机制下形成了配额的拍卖、现货和衍生品市场。与其他所有成功运行的金融市场一样，碳市场要取得成功，必须有一整套行之有效监管规则。碳市场监管是指监管机构为确保欧洲碳市场的安全、透明和完整性而采取的措施。这主要包括一个公平透明的交易环境和防止市场滥用的安全机制。原则上，任何在欧盟登记簿拥有账户的人都可以参与欧盟碳市场的交易。在实践中，碳交易主要是由承担了减排任务的能源和工业企业，以及金融中介机构完成。交易可以直接在买方和卖方之间进行，通常称为“场外交易”，也可以通过有组织的交易所进行交易，即“场内市场”。

EUA 衍生品交易受到欧盟金融市场规则的约束，包括当前的金融工具市场规则（MiFID）。然而，现货交易不受欧盟层面的同等规则约束，也不受监管。因此，过去一些碳交易所将排放配额“打包”为金融工具，这为市场参与者提供了金融工具交易的保护和好处。与配额现货交易相比，以这种形式提供的配额交易更受市场参与者的青睐。为了弥补这一差距，MiFID 2 进行了修订，配额现货交易也被纳入欧盟金融市场的监管中。

经修订的 MiFID 2 扩展了原有的 MiFID 规则，以适应配额现货交易的背景。MiFID 2 和相关法规的规则适用于专业交易商、交易场所以及典型的大型 EU ETS 合规买家交易的排放配额。修订后的防止市场滥用规则——市场滥用监管和市场滥用刑事制裁指令适用于所有市场参与者，并禁止市场操纵和内幕交易。这些经过修订的金融法规旨在提供一个安全、高效、公平、透明的交易环境，以增强市场信心。

3. 建设排放交易体系的基础设施

碳市场大部分基础设施都可以利用现有的金融基础设施，但有些关键设施还需要全新建设。核心的碳交易系统，包括欧盟登记簿和欧盟交易日志，需要欧盟委员会建设与维护。

欧盟登记簿是一个电子记账系统，确保根据EU ETS发放的欧盟配额EUA的准确核算。欧盟登记簿记录：持有配额的成员国、法人（公司）或自然人的账户；成员国、公司或自然人在欧盟登记簿开立的一个账户发生的、与配额有关的所有交易；国家分配计划表中规划的向每个企业和成员国分配的排放配额；EU ETS覆盖的所有企业和航空公司的经核实的温室气体排放量，以及企业和航空公司为覆盖其经核实的排放量而放弃的配额；配额和经核实的温室气体排放量的年度核对以及合规状态，每家企业必须提交足够的配额，以覆盖其上一年的经核实排放量。

欧盟交易日志作为欧盟登记簿完整性的监护人，记录所有账户的转账。它检查所有的注册交易，以确保它们符合系统的规则，并可以拒绝不符合EU ETS指令和注册规则的交易。该验证将确保从一个账户到另一个账户的任何配额转账均符合EU ETS规则。此外，EUTL检查并记录了所有进入、流通或离开欧盟登记簿的非EU ETS的排放配额交易的详细信息，如CER、ERU等。欧盟委员会指定专门负责部门，每天检查EUTL的账户记录、配额持有情况，并确保与欧盟登记簿的持有记录相匹配，以确保系统的一致性和完整性。任何不一致之处都会立即上报欧盟委员会，有关账户、配额和京都配额会被立即锁定，直到问题得到解决。

（二）31个成员

到2020年，参加EU ETS排放交易体的国家是31个，包括欧盟全部28个国家和3个EEA国家（见表6-1）。需要说明的是，2016年英国进行了全民公投，决定正式退出欧盟，即所谓的“脱欧”。2020年1月30日欧盟正式批准英国退出欧盟，至此，英国完成了脱欧的全部程序。英国虽然退出了欧盟，但英国尚未完全退出EU ETS。欧盟对此也一直持挽留态度，2020年英国就是否继续留在EU ETS和欧盟进行了谈判。

表 6－1 参加 EU ETS 的国家或地区

所属区域	国家或地区	加入时间（年）
EU	奥地利	2005
	比利时	2005
	保加利亚	2005
	塞浦路斯	2005
	捷克	2005
	丹麦	2005
	爱沙尼亚	2005
	芬兰	2005
	法国	2005
	德国	2005
	希腊	2005
	匈牙利	2005
	爱尔兰	2005
	意大利	2005
	拉脱维亚	2005
	立陶宛	2005
	卢森堡	2005
	马耳他	2005
	荷兰	2005
	波兰	2005
	葡萄牙	2005
	罗马尼亚	2005
	斯洛伐克	2005
	斯洛文尼亚	2005
	西班牙	2005
	瑞典	2005
	英国	2005
	克罗地亚	2013
EEA	挪威	2008
	冰岛	2008
	列支敦士登	2008

这31个国家或地区在EU ETS中的主要职能包括以下几个方面。

1. 配额的分配

EU ETS成员国通过国家分配计划向本国被EU ETS减排体系覆盖的单位免费分配排放配额EUA。在EU ETS的前两个交易期（2005～2007年和2008～2012年），大部分配额都是无偿分配给参与者的，每个参与者收到的配额的数量由国家分配计划决定。所有成员国需要制定一份名为“国家行动方案”的文件，编制并公布在减排期内为本国参与者拟分配的配额数量，之后这些国家行动方案将由欧盟委员会进行评估。欧盟委员会将根据EU ETS交易制度中设置的有关分配标准和办法，批准或修改拟分配的配额总数。

在第三个交易期（2013～2020年），国家分配计划被统一的国家执行措施（NIM）代替。会员国仍需编制一份“分配计划”，即“国家执行措施”文件，其中载有关于该国每个减排企业计划分配配额的所有详细资料。成员国仍然负责数据收集和配额的最终分配。欧盟委员会负责批准或拒绝部分内容，并在必要时进行修订。

2. 配额的拍卖

在第三个交易期（2013～2020年），配额的分配方式将从无偿分配逐渐转变为拍卖。成员国负责确保归属其国家的配额被拍卖。根据EU ETS的规划，配额拍卖可以在通过联合采购程序指定的共同拍卖平台上进行，也可以在由成员国自行指定的拍卖平台上进行。联合采购方式由欧盟委员会和25个成员国采用。德国、波兰和英国选择退出联合采购程序，并指定了自己的拍卖平台。拍卖平台每次预约的最长期限为5年。

欧洲能源交易所（EEX）是25个成员国的共同拍卖平台，德国没有参与联合拍卖程序，不过依然选择了EEX作为本国配额拍卖的唯一平台。另一个拍卖平台是洲际交易所欧洲期货（ICE Futures Europe），它是英国指定的拍卖平台。波兰到目前为止还没有指定一个拍卖平台，因此暂时使用通用拍卖平台（EEX）。挪威、列支敦士登和冰岛也使用共同拍卖平台（EEX），但是并未参加联合采购程序。

3. 确定拍卖资金的用途

EU ETS明确规定：成员国应自行确定拍卖配额所得收入的用途。成员国在确定资金用途后，应及时将配额拍卖的资金用途通知欧盟委员会。在2008年欧洲理事会的国家元首宣言中，成员国承诺将至少一半的配额拍卖收入用于减少温室气体排放、减缓和适应气候变化，这一宣言还被写入EU ETS的指令中。该指令规定，拍卖配额产生的收入至少50%用于应对气候变化，该指令还列出了可以资助的应对气候变化的类型。

应当指出，并非所有配额拍卖的收入都归会员国所有，部分配额被指定给特定项目。例如，欧盟层面的新进者储备项目获得了多达3亿的配额，即所谓的NER 300。这些配额被委托给欧洲投资银行（European Investment Bank）出售，收入旨在建立一个示范方案，资助尽可能多的碳捕获、储存及可再生能源供应项目。目前所有成员国都参与了这一项目。

4. 对碳泄漏企业的补贴

碳泄漏是指企业因减排政策而增加成本的风险。在企业所在国家或地区采取措施降低温室气体排放时，可能会增加企业的生产成本，最终导致企业将生产转移到温室气体减排标准或措施相对宽松的国家。与没有面临类似成本的竞争对手相比，更严格的气候政策下的减排成本可能使欧盟企业处于竞争劣势。这些企业，通常是能源密集型行业。此类企业可能会决定将生产转移到欧盟以外的地方，或者在这些地方进行新的投资。因此，碳泄漏可能会导致欧盟经济发展受损，同时不能实现全球性的减排目标。

EU ETS指令允许成员国以国家援助的形式，就EU ETS导致的电价上涨，即所谓的"间接排放成本"，向用电密集型企业提供财政补贴。EU ETS制定了"国家援助措施指南"，对碳泄漏企业的补贴水平由各成员国自行决定。补贴通过"国家援助计划"提供，且最高不超过"国家援助措施指南"确定的最高补贴金额。只有符合EU ETS"国家援助措施指南"标准的行业才有资格获得来自电力消费间接碳成本的经济补偿。

5. 运营与维护本国配额交易登记簿

EU ETS成员国的国家登记簿与欧盟登记簿互联互通，共同确保配额数据的准确性。成员国负责运营与维护本国的国家登记簿，被纳入排放交易系统的企业和航空公司必须通过所在成员国的国家登记簿开立运营商账户，运营商的授权代表可以访问和更改其机密账户数据，如报告的排放量，或执行交易。运营商指定的核查员授权代表只能有限地访问该运营商账户的数据，用来验证报告的排放量。会员国的国家授权人员可以检查所有数据，以确保不发生欺诈活动。

（三）排放单位

被 EU ETS 纳入减排范围的装置为排放单位，是排放交易系统的微观主体。减排目标的实现，最终需要依靠排放单位的努力。排放单位在 EU ETS 中的主要职责有以下几个方面。

1. 完成减排义务

这是排放单位的首要责任，是实现减排目标的根本途径。根据 EU ETS 减排的总原则“总量控制与交易”，在配额采取无偿分配的时期，排放交易系统会在每个交易期初期确定被纳入减排的装置的排放上限。排放上限确定之后，排放单位在当年的温室气体的最大排放量就确定了，排放企业的实际排放量不得高于排放上限。如果企业未能完成排放目标，实际排放量高于排放上限，则企业需要在配额市场购买超过排放上限的碳配额 EUA。未能完成排放任务，又没有及时购买配额的企业，将被处以罚款。缴纳罚款后，未能上缴的配额还需要在下一年继续上缴，不能免除。如果使用的是拍卖的方式分配配额，EU ETS 只设置每年的总排放配额量，不再为企业设施排放上限。企业还可以通过拍卖的方式在配额市场购买配额。在每年规定的最终时间之前，排放单位需要向欧盟提交足额的配额，配额的数额等于排放单位在上一年的实际排放量。

2. 接受各类核查

只有排放单位上报的温室气体排放量真实准确，EU ETS 才能正常运行，这是排放交易系统正常运行的基础。为确保这一点，欧盟委员会制定了多项政策。在 EU ETS 运行的初期，主要是由官方机构来进行核查。随着排放体系的正式运行，被纳入减排范围的装置越来越多，EU ETS 就将核查的任务交给了市场，由经过授权的有相应资质的企业来执行核查任务。这一点类似于股市当中由会计师事务所审计上市公司的财务报告。

3. 参与配额市场交易

配额市场包括一级市场、二级市场和衍生品市场。一级市场是配额的拍卖市场，二级市场是配额的交易市场，衍生品市场是配额的各类衍生工具的交易市场。在排放交易系统的第三个交易期（2013～2020年），配额的分配方式逐步从免费分配替换为拍卖。排放企业需要在一级市场购买所需的排放配额。当企业的实际排放量高于企业的排放上限时，企业需要在二级市场购买配额；企业的排放量低于上限时，可以将多余的配额在二级市场上出售。除此之外，碳市场还有配额的衍生品交易，包括配额的期货和期权等。如果排放企业预期未来需要购买配额，又担忧配额价格上涨，可以通过购买配额期货或购买配额看涨期权来对冲配额价格上涨的风险。同样，如果企业预期未来有配额要出售，担心配额价格下跌，可以通过出售配额期货或购买配额看跌期权的方式来对冲配额价格下跌的风险。

4. 节能减排

在排放交易系统中，配额就意味着成本或收益。对于排放单位来说，完成减排任务的方式有两个：一是采用低碳技术减少排放，二是在碳市场购买配额。EU ETS 排放上限越来越低，第三个交易期（2013～2020年）开始使用线性递减法确定企业排放上限，企业减排压力越来越大。EU ETS 覆盖范围越来越大，碳市场上的配额需求也越来越大，配额价格会越来越高。通过使用低碳技术实现减排，可能比购买配额要划算。低碳技术可以不断改进，多余的配额能够在碳市场上出售获取高额的收益。因此从长远来看，使用低碳技术减少排放是最优选择。

（四）中介机构

EU ETS 排放交易系统中，除欧盟官方和排放单位的参与，还包括中介机构。一个完整的排放体系，中介机构是必不可少的，类似于股市体系中会计师事务所是必不可少的中介机构，债券体系中评级机构是必不可少的中介机构。排放交易系统中的中介机构主要包括两类。

1. 核查机构

建立一个完整、透明的排放量监测和报告系统是排放交易系统取得成功的基础。缺乏这一系统，排放企业的实际排放量将很难追踪，EU ETS 将缺乏透明度和权威性，执行力也会受到影响。碳市场参与者和主管部门都希望确保排放的1吨二氧化碳当量就是报告上的1吨二氧化碳。只有这样，才能确保经营者履行义务，根据排放量提供足够的配额。

排放企业和航空公司每年都要向主管部门提交符合要求的年度排放报告，报告需要由独立核查机构进行核查。核查机构的工作内容类似于注册会计师对上市公司年度财务报告的审计，只有通过注册会计师审计的财务报告才能公开发布。

2. 咨询机构

参加排放体系的企业的规模差别较大，有些规模较小的企业对于排放的各项合规要求不熟悉，也没有足够的资金成立一个专门的部门去处理该项业务。在这一背景下，咨询机构出现了。咨询机构的主要业务是对排放企业与投资机构提供专业的咨询服务。

（五）投资机构

投资机构是通过投资碳配额获取收益的金融机构。排放单位交易配额，要么是为了购买配额满足上限要求，要么是通过出售剩余的配额获取收益。金融机构投资碳配额，与投资股票、债券、大宗商品类似，目的就是为了获取收益。

1. 投资机构投机的配额产品

从目前 EU ETS 的统计数据来看，相对于配额现货，投资公司更加青睐配额衍生品。配额市场中，衍生品的交易量约占配额总交易量的 90% 以上。在投机方面，与现货相比，衍生品具有如下优势。

（1）成本更低。交易配额现货需要全款，而衍生品都是杠杆交易，只需较少资金就可以投机与现货相同规模的配额。例如，要购买 1 万单位的 EUA 配额，如果每单位的价格是 30 欧元，购买 EUA 现货的成本是 30 万欧元；EUA 期货的保证金约为 10%，购买 EUA 期货的成本是 3 万欧元，购买 EUA 平值期权的成本约为 2 万欧元。购买配额期货的杠杆是 10 倍，购买期权的杠杆是 15 倍。

（2）可以双向交易。配额现货现在还很难做空，而配额衍生品天然适合做空。当判断配额价格要下跌时，可以做空配额期货或者购买配额的看跌期权。双向交易极大便利了配额的投机。

（3）流动性更好。由于配额衍生品的交易量远高于配额现货，且有些配额现货在场外交易，导致衍生品比现货的流动性更好。对于纯粹的投机来说，资产的流动性越好，投机越方便。如果流动性比较差，可能会出现要平仓的时候无法及时平仓的情况，导致产生较大损失。

2. 投资机构对配额市场的作用

虽然投资机构对于排放配额没有刚性需求，买卖配额只是为了获取收益，但大量投资机构的存在，对于配额市场至关重要。

（1）促进了配额市场的价格发现功能。配额市场的一个重要功能是价格发现，即通过买卖双方的大量交易，形成公平合理的价格。作为碳市场最重要的资源配置信号，配额价格对于排放单位和官方的相关决策至关重要。如果配额价格较低，排放单位就可以通过购买配额的方式来完成减排任务；官方就可以减少配额的拍卖规模，将一部分原定拍卖的配额留存下来，形成市场稳定储备（Market Stable Reserve，MSR），待市场配额价格过高时，再将 MSR 拍卖，以稳定市场价格。价格发现功能的实现，需要有大量专业的供给者和需求者。供给者和需求者的数量越多，就越接近完全竞争市场，形成的价格就越合理。

（2）提高配额市场的流动性。流动性是金融市场取得成功的必要条件。在缺乏流动性的市场中，很多时候交易者无法及时完成交易，即出现想买买不了、想卖卖不出去的情况。交易者可能会很快退出交易，市场进一步萎缩，流动性进一步下降，导致最后可能不得不关闭市场。大量投资机构参与交易，极大提高了配额市场的流动性，尽管投资机构的交易目的是投机。如果市场的流动性很高，进行交易的参与者可以迅速找到交易对手方进而完成交易，无论是购买还是出售配额，无论是现货交易还是衍生品交易，无论是投机交易还是套期保值交易。

（六）交易平台

配额的交易必须通过交易平台完成，交易平台有场外市场和场内市场。交易类型包括配额拍卖、配额现货交易、配额衍生品交易。由于排放配额的交易方式与商品、金融工具几乎完全相同，EU ETS 配额的交易与其他金融工具和交易一样受欧盟金融市场监管法规的监管。

1. 场外市场

场外市场也被称为 OTC 市场（Over The Counter），没有固定场所，交易规则也很少，交易灵活，主要是通过网络或电话完成交易。场外市场主要是配额现货的交易，没有配额拍卖。场外配额衍生品的交易量也很低，主要包括配额远期。场外交易直接在买方和卖方之间进行，无须通过中介机构。由于在场外交易，缺乏交易规则，因此一般来说场外市场的信用风险较大，流动性也不好。但场外市场交易灵活，能够满足交易者多样化的交易需求。由于场外市场的流动性较差，因此不太适合进行投机交易。碳市场的场外交易主要是排放企业之间的配额买卖，用来购买不足配额或出售多余配额。根据 EU ETS 统计数据，40% 的配额现货是在场外市场完成交易的。

2. 场内市场

场内市场是各类交易所。场内交易规则多，灵活性较差，但流动性好，信用风险低。EU ETS 排放交易系统下配额的拍卖、配额衍生品的交易全部是通过场内交易来完成。EUA 配额的主要场内交易平台是欧洲能源交易所（EEX）和洲际交易所（ICE）。

二、广泛传递低碳减排理念

温室气体减排目标的完成，仅仅依靠排放交易系统是不现实的，需要全世界共同努力。有些温室气体的排放是不可能避免的，如人类的呼吸。温室气体的主要来源是化石燃料的燃烧，因此火力发电、供热等行业是温室气体的排放大户，也是最早被纳入 EU ETS 排放交易系统的。截至 2020 年，EU ETS 已经历经 15 年（2005 ~ 2020 年），运行了三个交易期，收到了非常好的减排效果，超额完成了每个阶段的减排目标。不仅如此，EU ETS 通过广泛吸引社会主体参与排放交易系统，还广泛宣传了低碳减排的理念。

（一）EU ETS 的成功，为全世界增强了减排信心

在《京都议定书》通过之后，世界上有不少国家对减排目标的实现持怀疑态度。欧盟最早开始行动，在经过多年研究与讨论之后，最终欧盟决定采用排放交易的方式来实现减排，而且率先在国家层面实践了“总量管

制与交易”的减排模式。在试运行阶段（2005～2007年），欧盟就开始着手修订排放交易系统的各项规则，并且广泛吸引各类社会主体参与。包括欧盟各成员国政府、排放单位、金融交易所、投资机构（包括法人和自然人）、中介机构、媒体等。为扩大EU ETS的影响力，欧盟还主动与联合国合作，规定在一定限额内可以使用基于CDM和JI项目产生的CER和ERU作为EUA的替代品。通过一系列的努力，欧盟成功地将各主体吸引到EU ETS中来，共同将EU ETS打造成世界上最成功的排放交易系统，成功实现了减排目标，远远超出了世界的预期。EU ETS已经成为全球温室气体减排的典范，以强有力的事实说明了人类可以在不牺牲经济社会发展的前提下，实现温室气体的大幅度减排，为全世界的减排事业增强了信心。

（二）社会主体广泛参与排放交易系统，能够在各领域传递环保理念

参与EU ETS的有各领域的主体，包括政府部门、企业、金融机构、个人、国外政府等。各类主体参与减排的目的不同：政府部门是为了实现节能减排，企业是为了完成减排任务，金融机构和个人是为了获得投资收益，国外政府是为了本国的减排项目能够获得资金支持。尽管如此，就像亚当·斯密在《国富论》和《道德情操论》中论述的那样“每个人都试图应用他的资本，来使其生产品得到最大的价值。一般来说，他并不企图增进公共福利……他所追求的仅仅是他个人的安乐、个人的利益，但当他这样做的时候……他经常促进了社会利益，其效果比他真正想促进社会利益时所得到的效果还大。”这正是市场经济的基本法则。EU ETS获得成功的关键原因就是以市场化的原则设计了减排交易系统，这就避免了政府过多干涉微观主体的行为，让市场这个“看不见的手”来发挥主要作用，共同促进社会福利的增长——在这一系统下，就是实现以最低成本的温室气体减排。

各主体参与排放交易系统，无形当中就把低碳减排的理念传递到各个领域。参与的主体越多，减排的理念就传播得越广泛，尽管各个主体的目的不一致。欧盟的环保理念在发达国家中是最普及的，这是EU ETS能够建立并获得成功的原因之一。但是反过来EU ETS也促进了欧盟环保理念

更加深入，无论是对于企业还是对于普通民众。各家排放单位为实现减排任务，要么投资研发或购买低碳技术，要么在配额市场购买足额的排放配额，这都需要付出真金白银。排放交易系统的运行和碳市场的配额交易，让所有人都深刻意识到了环保减排并不只是说说而已，必须承担一定的成本，付出实实在在的行动。这也为欧盟后续的一系列环保政策的制定和实施奠定了基础，即使这些政策会让民众付出一些经济成本，其施行的阻力也会大大减少。

（三）不断改进的排放交易系统，正在吸引更多的市场主体参与进来

EU ETS 并非一个封闭的排放交易系统，而是在运行过程中不断改进的开放体系。当然，EU ETS 的一些基本框架是不会变化的，如“总量控制与交易”的基本原则等。在此基础上，排放交易系统会根据运行中的实际情况及时进行调整。为确保排放交易系统的正常运行，欧盟在 2005 ~ 2007 年进行了试运行（即第一个交易期），根据运行中暴露出来的问题，在第二个交易期及时进行了调整。例如，将配额的无偿分配，逐步过渡至拍卖；覆盖的温室气体也从单一的二氧化碳扩大到其他温室气体；逐步将航空业纳入减排覆盖范围。这一系列的调整稳定了市场的预期，对排放交易系统的稳健发展起到了至关重要的作用。

三、不断提高排放交易系统的效率

欧盟 EU ETS 排放交易系统的成功，不仅在于欧盟采用了合理的“总量控制与交易”的基本框架，而且在于欧盟将 EU ETS 作为金融体系加以发展和监管，是 EU ETS 能够吸引社会主体广泛参与配额交易的关键。EU ETS 排放交易系统还实行了动态调整策略，在系统运行过程中不断改进，提高系统的运行效率，为系统的参与者提供更好的软硬件环境，吸引更多社会主体参与进来。

（一）不断改进的配额分配方式

在 EU ETS 于 2005 年开始第一交易期的试运行时，为了给排放单位留

足充分的适应时间，同时尽力减轻企业减排成本，EU ETS 采用了向排放单位无偿分配配额的方式，这一措施能够有效降低企业的减排成本。在采用历史排放法计算企业免费配额额度时，所有企业都可以免费获得绝大部分排放配额，只有一小部分配额需要企业采用低碳技术来降低配额需求，或者直接在配额市场上购买。排放企业迅速适应了 EU ETS 的各项减排要求，顺利完成了第一和第二交易期的减排目标。

在企业初步适应减排要求时，EU ETS 开始改革免费配额的分配方式。排放单位的配额计算方式从历史排放法替换为基准线法，更加公平合理。历史排放法通过简单计算排放单位近年的历史排放量，计算年平均排放量，以此为基础下浮一定幅度确定排放单位的配额额度。下浮的幅度是欧盟通过减排目标计算出来的，减排目标越高，下浮的幅度就越大。历史排放法在系统运行初期缺少基础数据的前提下，能够以最快速度推动系统运行起来，这对 EU ETS 是很重要的。但是显然历史排放法不够公平，只考虑企业的历史排放量，而没有考虑企业的排放效率。基准线法是以同一行业排名前 10% 企业的排放量为基础，根据同一行业企业的产量计算免费分配的配额额度。与历史排放法相比，基准线法更加公平合理，改进了配额的分配方式。

在完成第二交易期（2008～2012 年），顺利实现欧盟在《京都议定书》中承诺的减排 8% 的目标之后，在第三交易期（2013～2020 年）开始改革配额的分配方式，将无偿分配配额的措施逐步替换为拍卖的方式。在无偿分配配额时，实际上默认为每家排放单位都有一个“基本排放权”，只要在基本排放权范围内排放温室气体，就无须支付配额的成本。拍卖配额的方式实际上否决了这一权力，认为应该实施“污染者付费”，即企业排放的每单位温室气体，都需要支付一单位的费用。这种要求实际上更加合理，毕竟还是有很多没有排放任何温室气体的企业存在的。采用拍卖的方式分配配额，企业的排放成本立即增加很多，这就可以更加有效地去激励企业实施减排。采用拍卖的方式分配配额，还可以获得大量的拍卖收入，欧盟将这些收入组建了专门的基金，用于支持低碳技术的投资与应用。

（二）不断完善的系统辅助机制

在 EU ETS 的第二交易期（2008 ~ 2012 年），美国金融危机肆虐全球，对欧盟经济发展造成了重大打击。随着经济的萎缩，欧盟的企业开始减少生产，温室气体的排放量随之明显下降。配额供给的增加和需求的减少，造成了配额价格大跌。欧盟配额 EUA 的价格一度跌破 5 欧元。长期低迷的配额价格是非常不利于排放交易系统的运行的。为了应对这一状况，欧盟迅速做出了调整，一是设置了市场稳定储备机制（MSR）；二是改进了配额的计算方式，设置了线性折减系数，每年降低等量的配额。

MSR 的设置，极大提高了 EU ETS 的灵活性，提高了欧盟应对配额价格变化的能力。在配额价格过低时，EU ETS 会将部分配额从拍卖市场中暂时封存起来，存入 MSR。如果未来市场上配额的价格出现过高的情况，欧盟就会将 MSR 中的配额释放一部分出来平抑配额价格。这一点非常类似于各国央行的货币政策，与货币政策不同的是，货币的总供给量是可变的，而配额的总供给量是不变的。线性折减系数的设置，降低了配额的供给，能够有效提高配额的价格，激励企业去实施减排。折减系数的设置是完全公开的，这对于稳定市场预期，降低排放企业合规成本和投资机构的投资成本是很重要的。

另外，从全世界范围来看，欧盟的减排标准是最高的。这对 EU ETS 成员国的企业来说意味着经营成本的增加。在配额采用无偿分配的方式时，企业的减排成本较低，只需要满足基本的减排要求即可。在采用拍卖的方式分配配额时，企业的减排成本大幅增加。如果企业所在行业与国外企业存在竞争关系，而国外的减排标准比欧盟低，则减排就会损伤欧盟企业的竞争力，企业可能为了降低生产成本将生产转移至减排成本较低的国家，这就产生了碳泄漏。碳泄漏会导致严重影响欧盟经济社会的正常发展。为了有效应对碳泄漏，欧盟决定对存在碳泄漏风险的企业继续采用无偿分配配额的方式，降低企业的减排成本来应对国外的竞争。

（三）不断改进的市场监管规则

在 2008 年金融危机之后，欧盟深感金融市场的监管存在严重问题，决定对欧盟金融工具市场指令（MiFID）进行大规模的深度修订。修订的焦点在于对金融市场监管的全覆盖，新修订的 MiFID 2 大幅扩大了监管范围，将监管推向证券、外汇、商品，以及创新的配额交易。在充分吸取了 2008 年金融危机的教训之后，欧盟决定在 MiFID 2 规则中将场外交易的衍生工具逐步纳入场内交易，以便更好监管。

配额现货和配额衍生品作为创新金融产品，也被纳入 MiFID 2 的监管范围中。将配额作为金融工具交易和监管，促进了配额市场的发展和繁荣。然而，配额现货交易之前不受欧盟层面的同等规则约束，也不受监管。因此，过去一些配额交易所将排放配额“打包”为金融工具（如每日期货）。这为市场参与者提供了金融工具交易的保护和好处。与在其他场内交易的配额现货相比，以这种形式提供的配额更受市场参与者的青睐。为了弥补这一差距，经过审查的 MiFID 2 将现货交易也置于欧盟金融市场监管之下。

经审查的 MiFID 2 扩展了原有的 MiFID 规则，以适应即时交付排放配额交易（配额现货）的背景。MiFID 2 还对市场行为进行了修订，以禁止市场滥用行为。配额特定要素包括对内幕信息的具体定义、量身定制的内幕信息披露义务以及对一级市场（拍卖）的全面覆盖。新规则还确保反洗钱检查到位，所有市场参与者都能获得简单透明的信息。2018 年 1 月 3 日，MiFID 2 开始正式实施。这些经过审查的金融法规提供了一个安全和高效的交易环境，增强了市场的信心。

（四）不断改善的国际合作机制

在 EU ETS 第一个和第二个交易期中，EU ETS 允许排放单位在一定比例和限额范围内使用京都配额 CER 和 ERU 进行合规。通过这一规则，有大量的发展中国家和转型国家（乌克兰等）获得了大量资金支持，有力推动了这些国家低碳技术和低碳经济的发展。欧盟是全球 CER 和 ERU 最主要的买家，推动了国际碳价的上涨。

通过市场化排放交易系统 EU ETS，欧盟成功实现了每一交易期的减排目标，成为全球市场化减排的典范。欧盟已经和很多国家开展合作，如瑞士已经决定将本国的排放交易系统与 EU ETS 连接起来。英国虽然在 2020

年退出欧盟，已经着手建立英国的排放交易系统。但是英国已经开始和欧盟谈判，未来将英国的排放交易系统和 EU ETS 连接起来。有些国家还与欧盟开展了深度合作，积极学习 EU ETS 的经验，规划建立本国的排放交易系统。

航空业作为排放大户之一，早在 EU ETS 建立之初就开始规划将航空业纳入到减排范围。2012 年欧盟正式将航空业纳入减排范围，但是很快在全球范围内引起了巨大争议。争议的焦点在于欧盟是否有权对其他国家从欧盟进出港的航班征收排放配额。对此，欧盟决定对航空业继续采取无偿分配配额的方式，来降低航空业合规的成本。同时考虑经济主权的问题，欧盟决定对他国的航空企业暂时豁免配额的征收。欧盟一直致力于与其他国家和组织，特别是国际民航组织（ICAO）合作，共同推动国家航空运输业的减排。2016 年 10 月，ICAO 第 39 届大会通过了建立全球航空运输业碳抵消及减排机制（Carbon Offsetting and Reduction Scheme for International Aviation，CORSIA）的决议，成为全球第一个行业性减排市场机制。

第七章　中国建立排放交易系统的现实基础

2020年，中国对全世界做出了郑重承诺：中国将继续提高国家自主贡献，到2030年二氧化碳排放达峰，2060年之前实现碳中和。到2030年，中国单位GDP二氧化碳排放将比2005年下降65%以上，非化石能源占一次能源消费比重将达到25%左右，森林蓄积量将比2005年增加60亿立方米，风电、太阳能发电总装机容量将达到12亿千瓦以上。中国要实现这些宏伟目标，需要多管齐下，各项政策协调配额。其中，建设国家统一的排放交易系统，是减排关键措施之一。中国建设全国统一的排放交易系统并非从零开始，而是已经具备了良好的现实基础。中国从2014年就开始在全国7个省市开展了排放交易的试点，已经积累了丰富的经验和数据。

建设国家排放交易系统，最重要的并非技术问题，而是国家层面是否具有减排的坚定决心和意志。与美国相比，欧盟在几乎所有方面都不占优势，但是欧盟建立了跨越国家的排放交易系统，顺利实现了每一交易期的减排目标，已经成为全世界市场化减排的典范。与此同时，美国并没有建立国家排放交易系统，仅有的数家地方排放交易系统交易平淡，对实现全国温室气体的目标作用不大，象征意义大于现实意义。实际上美国是全世界第一个开展排放交易的国家，但是现在已经远远落后欧盟，根本原因在于美国政府对减排态度消极，是全世界唯一一个先后退出《京都议定书》和《巴黎协定》的国家。中国具备坚定的减排决心和意志，中国从加入《京都议定书》以来，在每次制订国家“五年规划”时，都将碳减排作为重要内容之一。中国每一阶段做出的减排“五年规划”都已经全部实现，且大部分是超额实现。

此外，建立排放交易系统还需要足够大的市场规模和雄厚的经济基础。从全世界来看，目前世界范围内真正取得成功的排放交易系统只有欧盟的 EU ETS，这并不是偶然的。排放交易系统的建立，需要足够大的排放规模。排放规模过低，并不足以支撑起以一个完整的排放交易系统，配额市场需要足够高的交易量才能存在和发展。全世界有足够排放规模建立国家排放交易系统的国家只有美国、中国、欧盟、俄罗斯、印度等国家。中国有丰富的配额资源，足以支撑一个排放交易系统的建立和发展。

一个有效的排放交易系统，必然会对经济发展形成一定冲击，同时在长期会改变一个国家的能源结构。如果一个国家经济发展落后，建立排放交易系统将带来严重的后果。目前来看，经济的高速发展，需要消耗大量的能源。在目前新能源供给还很不稳定，且价格长期居高不下的前提下，化石燃料是发展中国家推动国家经济发展的唯一选择。印度没有建立排放交易系统，落后的经济基础是主要原因。要实现经济以较高的速度发展，化石燃料的大量消费是必需的，因此印度对于减排一直持强烈的抵制态度。中国经济总量已经稳居世界第二位，且在近年来经济发展取得重大成就，2020 年 GDP 突破 100 万亿元，脱贫攻坚战取得了全面胜利，现行标准下 9 899 万农村贫困人口全部脱贫。中国的经济发展已经步入了崭新的阶段，能源结构的转变是必然要求，并不会对经济发展造成过大冲击。中国的新能源已经取得了良好的发展，具备了很好的基础。未来在排放交易的激励下，中国的能源转型会更快，且对中国经济发展不会造成较大的冲击。新能源在能源一次消费中所占比重越高，反过来也会促进二氧化碳的减排，形成良性循环。

近年来，中国从上到下进行了环保理念的长期有效的宣传，取得了良好的效果。企业和个人是否具备良好的环保理念，也是决定排放交易系统成败的重要条件。如果一个国家的企业和民众不具备良好的环保理念，即使建立起排放交易系统，也会遭到企业和民众的抵制，很难实现减排目标。美国国内的民众长期以来形成了能源高度浪费的坏习惯，以电力使用比例来看，2017 年美国居民用电占比 37%，高于商业的 36.3% 和工业的 26.4%。中国的工业用电占比在 70% 以上，远高于美国的 26.4%。也就是说，美国的电力消费的主力是美国的居民。因此美国的大批民众对减排的态度是非常抵制的，不愿意自己奢侈的能源消费受到任何影响。美国的很多企业对减排的态度比民众还要消极，特别是化石能源企业。它们凭借在美国政界的影响力，屡次成功促使美国退出重要的国际减排协议。中国是完全不存在美国的这种情况的，中国的环保理念正在日益深入人心。不仅如此，政府也在采取有效的措施来推广环保的理念，在这一点上中国和欧盟是非常相似的。

欧盟将排放配额作为一种金融工具来交易，将配额市场置于金融法规监管之下，是 EU ETS 取得成功的关键因素之一。将配额作为一种金融工具，可以充分利用金融市场的基础设施，包括交易平台、监管法规、登记结算系统等，能够将排放交易系统迅速建立起来，而且还可以降低系统的建设和发展成本。是否具备成熟完善的金融体系，是决定排放交易系统是否可以高效运行的重要条件。中国的金融体系虽然和美欧等国还有差距，但是已经基本比较成熟了，无论是交易平台，还是交易规则、监管规则以及登记结算系统等金融基础设施，已经比较健全，足以支撑中国的排放交易。

第一节　排放交易试点的深入开展

一、不断深化的试点碳市场建设

2013 年 6 月 18 日，中国第一家碳排放交易所——深圳排放权交易所正式开市交易。之后上海、北京、广东、天津、湖北和重庆碳市场相继启动，标志着中国在通过市场机制实现温室气体减排的道路上迈出了重要一步。截至 2014 年末，中国 7 家碳排放权交易所已全部开市运行。从开始试点以来，7 省市排放交易系统运行平稳，7 个试点碳排放交易所逐步发展壮大，中国试点碳市场初具规模并发挥了初步的减排作用。截至 2020 年，全国共有 2 837 家重点排放单位、1 082 家非履约机构，以及 11 169 个自然人参与到试点排放配额的交易中。截至 2020 年 8 月末，中国 7 个试点碳市场排放配额累计成交量为4.06亿吨，累计成交额约为92.8亿元。中国的碳市场已经成为全世界仅次于欧盟碳市场的全球第二大碳市场，为人类减排事业作出了极大的贡献。

中国在2019年底实现了碳排放强度较2005年降低48.1%，非化石能源占一次能源消费比重达15.3%，提前完成中国对外承诺的2020年目标。中国排放交易的试点有效实现了温室气体的减排，对中国完成这一目标作出了积极贡献。排放交易试点不断推进，在试点区域内广泛覆盖了主要的排放大户，通过分配排放配额的方式激励排放企业提高化石燃料的转换效率，不断研发新技术、新工艺降低碳排放。中国排放交易试点碳市场还广泛吸引符合条件的各类投资机构甚至自然人参与排放配额的交易，极大增加了排放配额市场的流动性，增强了配额市场的价格发现功能。各类市场主体广泛参与排放交易的试点，不仅推动了排放交易试点的正常运行，还广泛宣传了低碳理念，促进了低碳经济的不断发展。各类社会主体的广泛参与，也是确保排放交易系统正常运行的重要条件。

各试点对碳排放交易不断深化制度体系建设，加强配额登记系统等基础设施建设，逐步扩大纳入配额管理企业的范围。在配额计算与分配方面，坚持政府引导与市场运作相结合，规范配额的发放、清缴和交易等管理活动，改进排放企业配额的计算方法，优化排放配额的分配方式。不断推动配额交易市场建设，包括碳排放交易所规则、制度等基础设施建设，广泛吸引各类市场主体参与配额市场的交易。支持国家自愿核证减排（CCER）项目，合理化确定CCER碳抵消的使用范围和比例。实行减排试点的各地监管机构，在同等条件下支持已履行减排责任的企业优先申报各类支持低碳发展领域的有关资金支持项目，优先享受财政低碳发展等有关专项资金扶持。同时鼓励金融机构探索开展碳排放交易产品的融资服务，为纳入配额管理的单位提供与节能减碳项目相关的融资支持。此外减排试点还不断改进碳排放监测、核算、报告和核查技术规范及数据质量管理，加强履约管理，确保试点减排成效。中国碳减排试点有效推动了试点省市温室气体减排工作，转变经济发展方式和产业结构升级，也为中国正在努力推进的全国排放交易系统的建设积累了宝贵经验。

二、积极促进温室气体自愿减排量交易机制改革

在全国七省市开展试点碳减排的同时，为促进和保障自愿减排交易活动有序开展，调动全社会自觉参与碳减排活动的积极性，也为逐步建立全国范围内的总量控制下的排放交易积累经验、奠定技术和规则基础，国家发改委在2012年制定了《温室气体自愿减排交易管理暂行办法》，为全国范围内的自愿减排（CCER）铺平了道路。

CCER机制的基本理念是通过奖励而非惩罚的方式促进碳减排。机构的减排量在被审核通过后，可以在试点排放交易市场出售获得收益。这种方式能够有效激励企业广泛投资和采用低碳技术，降低碳排放进而将排放量在配额市场出售以获取收益。通过参与CCER企业可以增加企业的收益，推动低碳技术和低碳经济的发展，促进全国范围内的碳减排。被排放交易系统试点覆盖的控排企业被允许在一定比例内购买CCER来抵销碳排放。在市场机制的作用下，控排企业会购买价格最低的CCER来抵销自身排放。因此，参与自愿核证减排的企业之间也存在竞争，当企业之间的竞争越来越激烈时，减排成本最低的企业会最终胜出。这是市场经济“看不见的手”机制的典型应用，当所有市场参与者为了自身福利而努力时，最终会促进社会福利的增加。

CCER积极参与试点碳市场履约抵销，截至2019年8月，各试点碳市场累计使用约1 800万吨二氧化碳当量的CCER用于配额履约抵销，约占备案签发CCER总量的22%。2019年6月，生态环境部发布了《大型活动碳中和实施指南（试行)》，规范了大型活动实施碳中和的基本原则、评价方式、相关要求和程序等，为促进CCER用于大型活动“碳中和”与生态扶贫奠定了基础。中国已经在全国七省市安排了排放交易的试点，CCER的推出，实际上是将排放配额交易推向了全国，这为建立全国性的排放交易系统奠定了良好的基础。

第二节　全国排放交易系统的有序推进

在开展排放交易试点的同时，中国还稳步推进全国排放交易系统的建设，积极为未来开展全国性的排放交易奠定重要基础。包括全国主要排放行业和企业排放数据的采集、森林碳汇的统计、排放清单的编制等。这些基础性工作的开展，能够为未来中国开展全国性的排放交易打下扎实的基础。

一、稳步推进全国排放交易的立法工作

中国生态环境部从建立健全排放交易制度体系、建设基础支撑系统、开展能力建设等方面加快推进全国排放交易系统的建设。国家有关部门积极推进相关立法工作的开展，包括企业排放量的计算方式、排放配额的分配、重点企业重点行业排放量的统计等。这些基础性工作的开展，为中国建设公平高效的排放交易系统奠定了良好的基础。

中国对于碳排放事务的管辖权一直归属中国发改委，从 2018 年 10 月份开始，这一职能调整至生态环境部。生态环境部积极推进《碳排放权交易管理暂行条例》的立法进程，广泛听取和吸收各方意见，条文日趋完善。有关部门还研究起草了《全国碳排放权配额总量设定与分配方案》《发电行业配额分配技术指南》和重点排放单位温室气体排放报告管理办法、核查管理办法、交易管理办法等配套政策法规。此外，还积极要求各省（区、市）组织重点排放单位持续开展碳排放数据监测、报告和核查工作，稳步推进全国碳市场注册登记系统和交易系统建设。2019 年 5 月，生态环境部印发了《关于做好全国碳排放权交易市场发电行业重点排放单位名单和相关材料报送工作的通知》，组织全国各省级主管部门报送拟纳入全国碳市场的电力行业重点排放单位名单及其开户材料，为注册登记系统和交易系统开户、配额分配、碳市场测试运行和上线交易打下坚实基础。

二、加强温室气体排放的统计基础工作

装置排放数据的真实性是确保排放交易系统权威性和客观性的基础，也是排放企业合规的基础，更是配额市场运行的基础。因此提前测定企业真实的排放数据，是排放交易系统重要的基础性工作。

（一）健全温室气体排放基础统计制度

除生态环境部印发的《关于做好全国碳排放权交易市场发电行业重点排放单位名单和相关材料报送工作的通知》外，国家统计局继续落实《关于加强应对气候变化统计工作的意见》，制定了《应对气候变化统计报表制度》《政府综合统计系统应对气候变化统计数据需求表》。国家林草局加快推进全国林业碳汇计量监测体系建设，制定印发《全国林业碳汇计量监测体系建设工作的通知》，编制完成了《森林生态系统碳库调查技术规范》等标准。

（二）推进温室气体清单编制和排放核算

生态环境部组织有关部门和专家编制完成《中华人民共和国气候变化第三次国家信息通报》和《中华人民共和国气候变化第二次两年更新报告》，并于 2019 年 6 月提交联合国。2018 年 10 月，生态环境部组织开展了 2012 年和 2014 年省级温室气体清单联审工作。

（三）推动企业温室气体排放数据报送

2019 年 1 月，生态环境部印发《关于做好 2018 年度碳排放报告与核查及排放监测计划制定工作的通知》，要求电力、钢铁、水泥等重点行业开展 2018 年度企业温室气体排放数据报告工作，为碳排放配额分配和企业履约提供数据基础。市场监管总局批准发布《温室气体排放核算与报告要求第 11 部分：煤炭生产企业》《温室气体排放核算与报告要求第 12 部分：纺织服装企业》2 项国家标准。2018 年 12 月，民航局印发《民用航空飞行活动二氧化碳排放监测、报告和核查管理暂行办法》，为民航企业参与

国内外基于市场的减排机制奠定重要基础。

第三节 坚强的国家意志

2020 年 9 月 22 日，在第 75 届联合国大会期间中国郑重宣布将提高国家自主贡献力度，采取更加有力的政策和措施，二氧化碳排放力争于 2030 年前达到峰值，努力争取 2060 年前实现碳中和。这一富有雄心的重大宣示，既表明了中国全力推进新发展理念的坚定意志，也彰显了中国愿为全球应对气候变化作出新贡献的明确态度，得到国际社会的普遍赞誉。

中国是拥有 14 亿人口的发展中国家，是遭受气候变化不利影响最为严重的国家之一。中国正处在工业化、城镇化快速发展阶段，面临发展经济、消除贫困、改善民生、保护环境、应对气候变化等多重挑战。积极应对气候变化，努力控制温室气体排放，提高适应气候变化的能力，不仅是中国保障经济安全、能源安全、生态安全、粮食安全以及人民生命财产安全，实现可持续发展的内在要求，也是深度参与全球治理、打造人类命运共同体、推动全人类共同发展的责任担当。

一、中国的承诺与贡献

自 1990 年启动国际气候变化谈判以来，中国始终是积极参与者、推动者，并以实际行动向国际社会做出减排承诺，切实履行自身责任和义务。作为最大的发展中国家，中国仍然处在城镇化和工业化发展阶段，经济社会发展和生态环境保护之间的矛盾凸显。尽管如此，为了全人类的利益，中国把环境保护作为一项基本国策。在 2007 年，中国在发展中国家中第一个制订并实施了应对气候变化国家方案，还在 2009 年向国际社会做出减排承诺，到 2020 年，单位国内生产总值二氧化碳排放比 2005 年下降 40% ~ 45%，并将此作为约束性指标纳入国民经济和社会发展中长期规划，还制订了相应的国内统计、监测、考核办法。截至 2019 年底，中国碳强度较 2005 年降低约 48.1%，非化石能源占一次能源消费比重达 15.3%，中国对外承诺的碳减排2020年目标已提前完成。

2012年，中国把生态文明建设上升到与经济、政治、社会、文化建设同等重要的地位，整个国家的污染治理进程明显加速。两年以后，作为习近平主席特使，张高丽副总理在2014年9月联合国气候峰会上宣布中国将尽早提出2020年后气候行动目标，努力争取二氧化碳排放总量尽早达到峰值。两个月以后，中国宣布2020年后气候行动目标，计划到2030年非化石能源在一次能源消费的比例提高到20%左右。

中国把绿色低碳发展作为生态文明建设的重要内容，采取了一系列行动，为应对全球气候变化作出了重要贡献。2009年中国向国际社会宣布：到2020年单位国内生产总值二氧化碳排放比2005年下降40%～45%，非化石能源占一次能源消费比重达到15%左右，森林面积比2005年增加4 000万公顷，森林蓄积量比2005年增加13亿立方米。积极实施《中国应对气候变化国家方案》《“十二五”控制温室气体排放工作方案》《“十二五”节能减排综合性工作方案》《节能减排“十二五”规划》《2014—2015年节能减排低碳发展行动方案》和《国家应对气候变化规划（2014—2020年）》。加快推进产业结构和能源结构调整，大力开展节能减碳和生态建设，在7个省市开展碳排放权交易试点，在42个省市开展低碳试点，探索符合中国国情的低碳发展新模式。

2014年，中国单位国内生产总值二氧化碳排放比2005年下降33.8%，非化石能源占一次能源消费比重达到11.2%，森林面积比2005年增加2 160万公顷，森林蓄积量比2005年增加21.88亿立方米，水电装机达到3亿千瓦（是2005年的2.57倍），并网风电装机达到9 581万千瓦（是2005年的90倍），光伏装机达到2 805万千瓦（是2005年的400倍），核电装机达到1988万千瓦（是2005年的2.9倍）。加快实施《国家适应气候变化战略》，着力提升应对极端气候事件能力，重点领域适应气候变化取得积极进展。应对气候变化能力建设进一步加强，实施《中国应对气候变化科技专项行动》，科技支撑能力得到增强。

2015年6月30日晚间，中国正式公布国家自主贡献预案——《强化应对气候变化行动——中国国家自主贡献》（INDC），其核心内容是中国在2020～2030年应对气候变化的行动目标。根据预案，中国确定到2020

年，单位国内生产总值二氧化碳排放比 2005 年下降 40% ~45%，非化石能源占一次能源消费比重达到15%左右，森林面积比2005 年增加 4 000 万公顷，森林蓄积量比 2005 年增加 13 亿立方米。二氧化碳排放 2030 年左右达到峰值并争取尽早达峰；单位国内生产总值二氧化碳排放比 2005 年下降 60% ~65%，非化石能源占一次能源消费比重达到 20%左右，森林蓄积量比 2005 年增加 45 亿立方米左右。

二、"十三五"减排规划的实施与成效

2016 年中国开始实施国家"十三五"减排方案，规划到 2020 年单位国内生产总值二氧化碳排放比 2015 年下降 18%，碳排放总量得到有效控制。氢氟碳化物、甲烷、氧化亚氮、全氟化碳、六氟化硫等非二氧化碳温室气体排放力度进一步加大，碳汇能力显著增强。支持优化开发区域碳排放率先达到峰值，力争部分重化工业 2020 年左右实现率先达峰，能源体系、产业体系和消费领域低碳转型取得积极成效。全国碳排放权交易市场启动运行，应对气候变化的法律法规和标准体系初步建立，统计核算、评价考核和责任追究制度得到健全，低碳试点示范不断深化，减污减碳协同作用进一步加强，公众低碳意识明显提升。

2015 年 11 月 30 日在巴黎气候变化大会开幕式上，习近平主席发表了题为《携手构建合作共赢、公平合理的气候变化治理机制》的重要讲话。习近平主席代表中国政府承诺，中国将于 2030 年左右使二氧化碳排放达到峰值并争取尽早实现，2030 年单位国内生产总值二氧化碳排放比 2005 年下降 60% ~65%，非化石能源占一次性能源消费比重达到 20%左右。中国一直是全球应对气候变化事业的积极参与者，目前已成为世界节能和利用新能源、可再生能源第一大国。中国将把生态文明建设作为"十三五"规划重要内容，落实创新、协调、绿色、开放、共享的发展理念。通过科技创新和体制机制创新，实施优化产业结构，构建低碳能源体系，发展绿色建筑和低碳交通，建立全国碳排放交易系统等一系列政策措施，形成人和自然和谐发展的现代化建设新格局。

中国在"国家自主贡献"中，提出将于 2030 年左右使二氧化碳排放

达到峰值，并争取尽早实现；2030 年单位国内生产总值二氧化碳排放比 2005 年下降 60% ~65%；非化石能源占一次能源消费比重，达到 20% 左右；森林蓄积量比 2005 年增加 45 亿立方米。

第四节　雄厚的经济基础

要实现节能减排的目标，无论手段多先进、规划多合理，短期之内对经济社会发展的冲击是不可避免的。中国经济保持了多年的高速发展，1990 ~2019 年，30 年间年均经济增长率是 9.3%①。到 2019 年中国国内生产总值（GDP）的总量已达 990 865 亿元，稳居世界第二位（见图 7 -1）。中国已经具备了雄厚的经济基础来应对减排对经济发展造成的短期冲击。

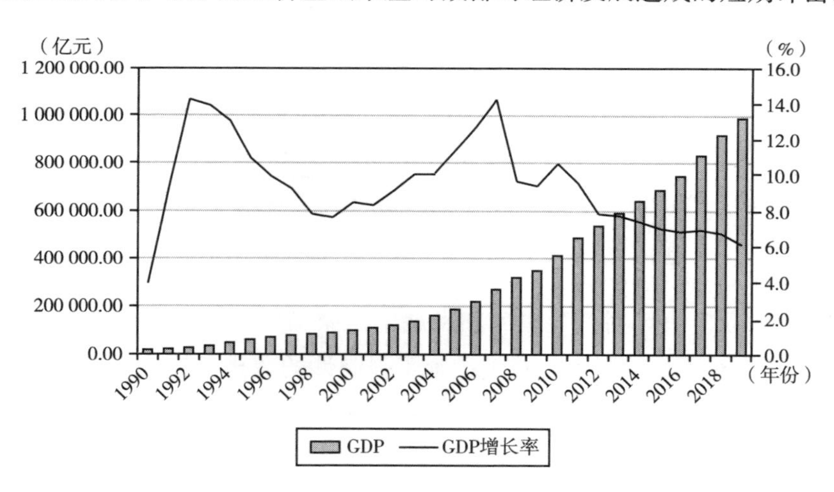

图 7 -1　1990 ~2019 年中国 GDP 与 GDP 增长率

从 1990 年开始全世界开始正式决定从全球范围实施减排，1992 年联合国通过了《联合国气候变化框架公约》，正式开始了全世界范围内的减排行动。1990 年中国的 GDP 占全球经济总量的比重仅 1.59%，经济基础依然比较薄弱。尽管如此，本着对全人类负责的态度，中国还是毅然加入了

① 算数平均增长率。

《联合国气候变化框架公约》，共同推动世界范围内的温室气体减排。伴随着多年经济的高速增长，2019 年中国 GDP 占全球总量的比重已经从 1990 年的 1.59% 提高到 2019 年的 16.36%（见图 7-2）。雄厚的经济基础给了中国更多减排的选项，能够通过各种减排方式实现节能减排，而不必过多担心减排对经济发展的冲击。相反，近年来中国还通过各项减排政策、法规的制定和实施，倒逼企业节约能源，提升能源利用效率，积极采用低碳新工艺、新技术，加强企业能源和碳排放管理体系建设，强化企业碳排放管理。

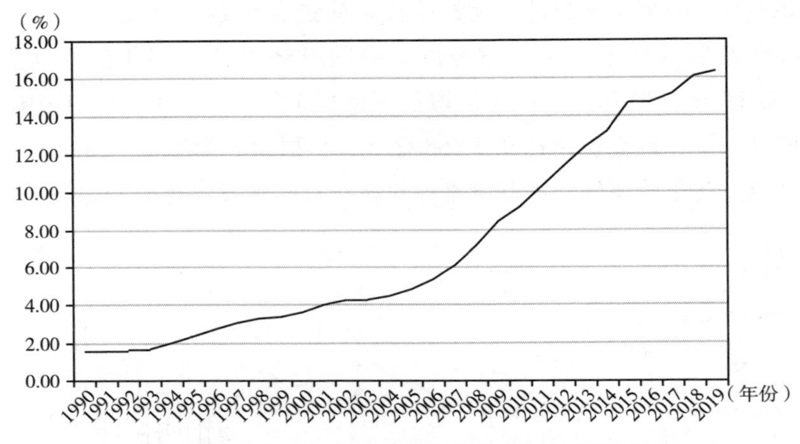

图 7-2　1990～2019 年中国 GDP 占全球 GDP 比重

《京都议定书》对发达国家和发展中国家确定了“共同但有区别”的减排责任，对于发达国家的减排设置了强制性的减排目标，而对于发展中国家则并未设置减排的具体目标。议定书采取这种政策，主要考虑的是以下三点：

第一，目前全球温室气体从存量效果来看主要是发达国家的历史责任，本着谁污染谁治理的原则，发达国家减排的责任要重于发展中国家。

第二，温室气体减排在短期甚至长期之内会对经济发展造成冲击，经济的发展对能源的依赖是很大的。在全世界可再生能源还不是很成熟的情况下，如果对发展中国家贸然设置强制减排目标，必然会影响其经济发展速度。

第三，温室气体的减排措施主要是设置简单的总量减排目标，而非碳排放强度，毕竟造成温室气体效应的是温室气体总排放量。发达国家可以通过研发先进的低碳技术和工艺等实现减排目标，而基本无须牺牲经济发展。发展中国家由于技术、资金等方面的劣势，无法通过大规模低碳技术的使用实现减排，强制减排只能牺牲经济发展。

中国作为全球最大的发展中国家，本身并不负有减排的历史责任，但仍然设置了“到2030年前实现碳排放的峰值，努力争取2060年前实现碳中和”的伟大目标。这是大国的担当，这是对全人类的巨大贡献。由于中国已经具备了雄厚的经济基础，同时也有了相当强的低碳技术研发能力。未来实现节能减排，可以像发达国家一样通过技术进步来实现，不会对经济发展造成明显的负面效应。

第五节　成熟完善的金融市场

在绝大部分开展排放交易的国家和地区，排放配额都是作为一种金融工具来交易的。有些国家甚至干脆将碳市场建立在已有的金融市场中（如洲际交易所ICE），直接利用已有的金融市场和金融交易规则，这极大降低了碳市场建设的成本。不过这也要求所在国家和地区拥有较为成熟的金融体系。

1990年，中国成立了第一家证券交易所——上海证券交易所；同年，中国成立了第一家期货交易所——郑州商品交易所。经过30年的发展，中国已经拥有较为完善的金融体系，银行、证券、保险、基金、信托、期货以及金融控股公司等金融机构，贷款、股票、债券、外汇、商品、衍生品等金融工具，场内交易市场（交易所）和场外交易市场等各方面都较为完备的金融市场。2019年，中国金融业增加值77 077亿元，增长7.2%；全年社会融资规模增量25.6万亿元，年末社会融资规模存量251.3万亿元。中国金融市场的交易规模仅次于美国，目前稳居世界第二位。

一、金融业的长足发展

经过多年的发展，中国的金融业已经取得了长足的进步。不仅传统金融业蓬勃发展，金融与信息科技等现代技术相结合产生的新金融发展更加迅猛。银行业、证券业、保险业及新兴的衍生品交易，无论是机构的数量还是资产的规模，在全球都稳居前三位。此外，近年来随着场外市场的不断完善，债券、互换、外汇等市场也获得了高速发展。

1. 银行业

截至2019年末，全国银行业金融机构资产总额290.00万亿元，同比增长8.14%。年末全部金融机构本外币各项存款余额198.2万亿元，全部金融机构本外币各项贷款余额为158.6万亿元。

2. 证券业

截至2019年末，全国共有证券公司133家，较上年增加2家，其中上市证券公司35家，较上年增加2家。证券公司资产总额7.26万亿元，同比增长15.97%。截至2019年末，沪、深两市共有上市公司3 777家，较上年末增加193家，总市值和流通市值分别为59.29万亿元和48.35万亿元，同比上升36.33%和36.66%。

全年沪深交易所A股累计筹资13 534亿元，比上年增加2 076亿元。首次公开发行A股201只，筹资2 490亿元，比上年增加1 112亿元，其中科创板股票70只，筹资824亿元；A股再融资（包括公开增发、定向增发、配股、优先股、可转债转股）11 044亿元，增加964亿元。全年各类主体通过沪深交易所发行债券（包括公司债、可转债、可交换债、政策性金融债、地方政府债和企业资产支持证券）筹资71 987亿元，比上年增加15 109亿元。全国中小企业股份转让系统挂牌公司8 953家，全年挂牌公司累计股票筹资265亿元。

3. 保险业

截至2019年末，全国保险业总资产20.56万亿元，同比增长12.18%。全年保险公司保险保费收入42 645亿元，比上年增长12.2%。其中，寿险业务保险保费收入22 754亿元，健康险和意外伤害险业务保险保费收入8 241亿元，财产险业务保险保费收入11 649亿元。支付各类赔款及给付12 894亿元。其中，寿险业务给付3 743亿元，健康险和意外伤害险业务赔款及给付2 649亿元，财产险业务赔款6 502亿元。

4. 基金业

截至2019年末，全国共有公募基金管理公司128家，较上年末新增8

家。共管理公募基金 14.77 万亿元，同比增长 13.35%。2019 年，已登记私募基金管理人 24 471 家，管理私募基金 81 739 只；基金实缴规模 13.74 万亿元，同比增长 7.51%。

5. 期货业

截至 2019 年末，中国共有四家期货交易所，已上市期货、期权品种 78 个，其中商品期货 58 个、金融期货 6 个、商品期权 10 个、金融期权 4 个。149 家期货公司，下设 86 家风险管理子公司，行业总资产约 6 450 亿元（含客户资产）。

6. 场外市场

中国目前还拥有庞大的场外交易市场，包括银行间债券市场、外汇市场、场外衍生品市场等。截至 2019 年末，企业债券余额为 23.47 万亿元，同比增长 13.4%；政府债券余额为 37.73 万亿元，同比增长 14.3%；非金融企业境内股票余额为 7.36 万亿元，同比增长 5%。国家外汇储备余额为 3.11 万亿美元，居全世界第一位。2019 年全国期货成交总量 3 921 566 817 手，同比增长 30.25%，成交金额 2 905 856.06 亿元，同比增长 37.85%。2019 年全国期权成交总量 40 675 987 手，同比增长 122.17%，成交金额同比增长 63.57%。

二、逐步完善的金融基础设施

金融基础设施通常指为各类金融活动提供基础性公共服务的系统及制度安排，涉及支付、征信、交易、登记托管、清算结算等多个领域。金融基础设施在金融市场运行中居于枢纽地位，天然具有跨机构、跨行业、跨市场的特征，是金融市场稳健高效运行的基础性保障，是实施宏观审慎管理和强化风险防控的重要抓手。经过多年建设，中国逐步形成了为货币、证券、基金、期货、外汇等金融市场交易活动提供支持的基础设施体系，功能比较齐全、运行整体稳健。随着金融市场快速发展，金融基础设施的安全和效率也面临一定挑战，在法制建设、管理统筹、规划建设等方面还有待加强。为推动建设具有国际竞争力的现代化金融体系，有效发挥金融市场定价与资源配置功能，需要进一步加强对中国金融基础设施的统筹监管与建设规划。

中国金融基础设施统筹监管范围包括金融工具登记托管系统、清算结算系统（包括开展集中清算业务的中央对手方）、交易设施、交易报告库、重要支付系统、基础征信系统等六类设施及其运营机构。经过多年建设，目前中国已形成功能比较齐全、整体运行稳健的金融基础设施体系，为货币、证券、基金、期货、外汇等金融市场交易活动提供支持。

三、快速成熟的衍生品交易体系

从欧盟建立和发展排放交易系统的经验来看，与传统的金融工具交易如股票、债券、外汇等相比，排放配额的交易更加类似大宗商品的交易。大宗商品的交易主要是采用标准化的期货和期权进行，EU ETS 配额的交易除现货外，主要是期货和期权，EUA 期货和期权的交易量远超 EUA 现货交易量，占 EUA 全部交易量的 90% 以上。建立排放交易系统需要较为成熟的衍生品交易系统，EU ETS 配额及衍生品交易的平台主要是欧洲能源交易所和洲际交易所。

从 1990 年中国第一家期货交易所——郑州商品交易所成立以来，经过 30 年的发展，中国期货市场已经发展成为包括郑州商品交易所、大连商品交易所、上海期货交易所和中国金融期货交易所四家期货交易所，拥有国债、股票指数、原油、黄金、早籼稻等共 66 个交易品种，基本覆盖了农产品、能源、金属、金融等几大门类。在经历了 1993 ~ 1999 年两轮大整顿之后，中国衍生品市场在近几年快速走向成熟和规范。从 2004 年开始，中国期货交易额超过 GDP 总额，2010 年中国期货交易额达到 300 万亿元，为中国 GDP 的 7 倍多。由于受国际金融危机的影响，中国期货交易规模在 2011 年出现了大幅度下滑，但经过两年调整，到 2013 年基本恢复到危机前水平。之后开始迅速恢复增长，到 2015 年中国的期货交易额达到 554 万亿元，是当年 GDP 的 8 倍。随后中国经济进行了大规模的去杠杆调整，期货交易规模一度出现大幅度下跌，但始终远高于 GDP 规模（见图 7 – 3）。

经过多年的高速发展，中国期货市场日臻成熟。2015 年中国第一种期权——上证 50ETF 期权合约上市交易，这是中国金融市场上第一种场内期

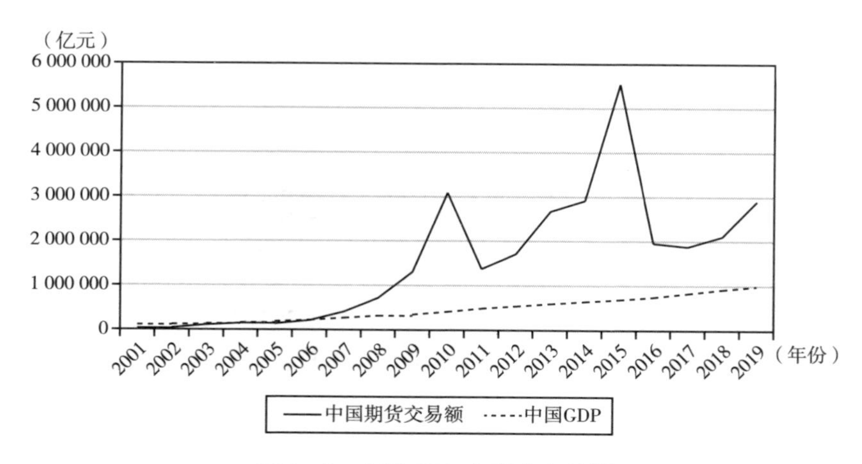

图 7 –3　中国 GDP 与期货交易额

资料来源：Wind 金融终端。

权，之后中国的期权市场开始了大发展。2017 年豆粕期权合约在大连商品交易所挂牌交易，这是中国金融市场首个期货期权。2019 年 12 月，沪深 300 股指期权在中金所上市交易，对于对冲股市风险，具有重要意义。到 2020 年，中国共有 6 家交易所交易各类期权 22 种。其中期货期权 18 种、股指期权 1 种、ETF 期权 3 种。虽然距离第一种期权上市只有 5 年时间，但期权交易发展极为迅速。中金所沪深 300 股指期权上市不到一年，交易量就超过了 12 万张（见图 7 –4）。

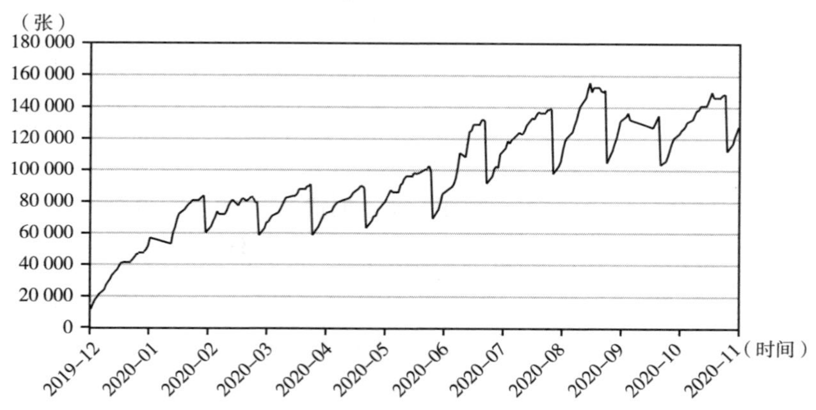

图 7 –4　中金所沪深 300 股指期权持仓量

资料来源：Wind 金融终端。

逐步成熟完善的中国衍生品交易体系，为中国未来排放配额的交易创造了良好的条件。

第六节　环保意识的普及

多年以来，中国通过政府引导，以及多元化媒体广泛宣传，鼓励企业积极行动，充分发挥公众参与的积极性，逐渐形成全社会广泛参与的绿色低碳发展格局。

一、政府加强引导

中国政府一直是绿色低碳的主要倡导者。通过中央各有关部门主办的各类活动和宣传，绿色低碳环保的理念逐渐深入人心，取得了良好的效果。

生态环境部会同有关单位持续深入开展“美丽中国，我是行动者”主题实践活动，展示政府及社会各界推动低碳发展、践行绿色生活等方面的进展和成效，宣传绿色低碳理念；发展改革委会同有关部门开展“绿色发展，节能先行”全国节能宣传周活动，发布《绿色高效制冷行动方案》，促进绿色消费，引导公众积极践行绿色生活方式；财政部会同有关部门深入实施北方地区冬季取暖试点政策，推进试点地区以清洁方式取暖替代散煤燃烧取暖，引导农村地区居民形成绿色生活消费方式，减少污染排放。

教育部积极开展全国大学生节能减排社会实践和科技创新活动、“节能校园，从我做起”主题宣传活动，推动形成崇尚节约、低碳环保的校园新风尚；工业和信息化部制定“中国纺织产业价值链应对气候变化 2030 行动”路线图，启动气候领导力项目，推动行业重点企业设定自愿减排目标；住房和城乡建设部开展 2019 版国家标准《绿色建筑评价标准》宣传培训活动，提升从业人员技术水平，推动标准实施应用，向公众传播绿色建筑标准理念；交通运输部组织积极引导社会公众优先选择公共交通等绿色出行方式。

农业农村部组织开展“减塑在行动”环保实践活动，呼吁社会公众践行减塑行动，减少塑料对水生野生动物的伤害；卫生健康委组织开展“环境与健康宣传周”活动，加强与气候变化相关的健康教育，提升公众适应气候变化的健康防护技能；应急管理部注重加强对各级领导干部应对气候变化及其影响、自然灾害防治和应急管理能力提升的专题培训，参与现场活动的直接受益人群超过 8 000 万人次；国家气象局积极普及气候变化相关知识，编写印刷了一系列关于气候变化与气象灾害防御的科普宣传画册，开展气象科普宣传活动，向社会公众普及应对气候变化相关的气象科普知识，增进公众对天气和气候的关注。

国家林草局加强林业应对气候变化专业人才的培养，积极推进林业应对气候变化工作，举办了全国林业应对气候变化政策与管理培训班和林业碳汇交易与项目管理培训班。北京冬奥组委发布《北京 2022 年冬奥会和冬残奥会低碳管理工作方案》，创造出奥运会碳普惠制的“北京案例”。

二、媒体广泛宣传

人民日报、新华社、经济日报、中国日报、中国新闻社、新华网、中央电视台、中央人民广播电台、中国国际广播电台等主要的新闻及互联网媒体，对联合国气候行动峰会、联合国气候变化大会等应对气候变化领域的重大新闻事件给予高度关注，利用文字、图片、视频等多种形式进行全方位报道。随着低碳重要战略规划及应对气候变化政策文件的出台，对包括碳排放交易市场、绿色“一带一路”建设等进行及时宣传报道和深入解读，通过报道每年开展的“全国低碳日”活动，引导提高环保意识，形成良好的舆论氛围。

中国新闻社、中国新闻周刊呼吁公众践行节约适度、绿色低碳、文明健康的生活方式。国家气象局联合各大媒体共同报道“应对气候变化·记录中国”系列气候变化实地考察与科普宣传活动，从科学角度见证气候变化、面向公众宣传应对气候变化。自然资源保护协会等单位举办了“夏日节能、制冷先行”主题活动，配合全国节能宣传周活动，提升消费者对制冷节能重要性的认知。北京日报等媒体积极报道 2019 国际奥林匹克日冬奥主题活动，呼吁公众积极参与体育运动，倡导低碳生活方式。

三、企业积极参与

企业界认真贯彻和积极践行绿色低碳发展理念。银行业积极开设新业务，共促实体企业绿色低碳发展。兴业银行与中国清洁发展机制基金管理中心、福建省财政厅签署“绿色创新投资业务”合作协议，构建福建省绿色低碳和节能减排产业发展新机制。

中国的发电行业积极探索产业转型，一方面不断提高低碳技术和工艺的研发，提高煤炭等化石燃料的燃烧和转换效率，在提供同样的电力前提下，不断降低化石燃料的消耗量。另一方面，加快发电转型，从化石能源的火力发电向风电、光电、核电等清洁发电转型。风电行业作为中国头号温室气体排放来源，如果能够很好地实现绿色转型，对于中国减排目标的实现将具有举足轻重的作用。

钢铁行业积极探索绿色转型，探索节能环保的低碳技术和低碳工艺，积极实施低碳计划。国家电网有限公司认真贯彻落实国家关于促进新能源消费的政策措施，不断提升能源资源配置能力和智能化水平，着力推进电网高质量发展，将全面环境管理理念贯穿公司发展各环节，统筹推动电源、电网、市场有机衔接。其他排放大户，包括水泥、电解铝、玻璃等产业，也积极响应国家的环保号召，不断研发低碳技术，降低能源消耗，降低温室气体排放。

四、公众广泛参与

中华环保联合会通过戏剧等生动方式，宣传环保理念、传递环保意识，鼓励大众积极参与到环境保护和全民健康的公益事业当中。中国纺织工业联合会与31个全球品牌与纺织企业及11家行业组织共同签署《联合国气候变化框架公约》时尚产业气候行动宪章，并在此基础上将“碳管理创新2020行动”升级为“气候创新2030行动”路线图。

我国群众通过多种形式积极参与到低碳环保的行动中来，有群众积极参与企业举办的植树造林活动、拒用一次性非环保塑料袋、一次性餐盒和筷子等具体行动，践行低碳环保的生活方式。对于政府和媒体提倡的其他低碳环保行动，社会各界也都积极回应。例如，环保组织提倡的夏日空调温度不低于26℃、节约用电、节约用水等，减少能源消耗，有些民众在购买车辆的时候，积极响应国家的环保号召，购买纯电动汽车来替代燃油车。中国的公众，正在以实实在在的行动践行绿色低碳的生产和生活方式，为降低碳排放作出了切实的贡献。

清华大学气候变化与可持续发展研究院举办了“气候变化大讲堂”，提升大学生对气候变化的理解和认识，推动气候变化国际交流。第四届中国（深圳）国际气候影视大会征集到全球130多个国家和地区推送的5 000多部生态文明影视作品。2019中国国际低碳科技博览会在湖南长沙举办，促进企业和社会各界共同提高低碳技术发展意识，推动先进低碳技术的产业化发展。山西举办了2019年太原能源低碳发展论坛，同年江苏镇江举办了“国际低碳（镇江）大会”，宣传普及低碳发展理念。

第七节　新能源的飞速发展

中国经济的高速发展，离不开能源的支撑。在中国的一次能源消费中，煤炭和石油占据绝对地位，可再生能源尽管发展很快，但总体占比还不高。但是随着中国经济发展水平的不断提高，驱动经济增长的主要因素开始从投资拉动向科技和消费共同驱动转变。可以说，中国化石燃料高速增长的消费时代已经过去，达峰时间很快会到来。新能源在中国的高速发展，一方面是政府通过各类措施加以引导，如财税方面的优惠；另一方面是民众的环保理念在不断加强。中国飞速发展的新能源为中国建设排放交易系统打下了坚实的基础。

开展排放交易，就是要通过排放配额价格激励企业不断降低碳排放。降低排放的途径主要包括提高化石燃料的使用效率，将燃料逐步替换为可再生能源。提高化石燃料的燃烧效率是有上限的，目前很多行业都遭遇到“瓶颈”。可再生能源对化石能源的替换才是根本解决之道，中国可再生能源的高速发展，为实施碳排放交易开创了一个良好的可再生能源环境。

一、可再生能源发电迅速发展

温室气体的主要来源是化石燃料的燃烧。发电作为一项消耗化石能源的主要用途之一，如果能够将化石燃料逐步替代为可再生能源，包括核能、太阳能、风能等，温室气体的排放将大幅降低。经过多年的努力，中国新能源发电无论是在发电量还是在总发电量中所占比重，都取得了长足的进步。随着经济社会的高速发展，直接消耗化石能源的生产和生活设备越来越少。电动机取代柴油发动机、汽油发动机已经是大势所趋，如动车取代柴油火车、电动车取代燃油车等。可以预期，未来中国电力的需求仍然会持续高速增长，化石燃料的直接需求将逐步降低。因此，发电的能源结构将在很大程度上决定未来中国温室气体排放的总体规模。

中国电力结构持续改善。2019 年，全国发电量为 75 034.3 亿千瓦时。其中可再生能源发电量达 20 455.4 亿千瓦时，占全部发电量的 27.7%；非化石能源发电量 23 938.9 亿千瓦时，占全国发电量的 32.6%。可再生能源和非化石能源在总发电量中所占比重，均比 2018 年上升，清洁能源的电力供应能力持续增强。

（一）非化石能源所占比重持续提高

从统计数据来看，2010～2019 年中国水电、核电、风电、光电等非化石燃料发电量所占比重从 20.1% 增长到 30.4%，增长幅度为 9.3%。火电所占比重从 2010 年的 79.2% 下降到 2019 年的 69.6%（见表 7－1）。要知道这是在中国总体发电量年均增长 5.91% 的前提下实现的。中国能够取得如此优异的成就，关键原因在于强大的国家意志。中国通过提供财政补贴、税收优惠等有力措施，推动了非化石能源的飞速发展。可以预期，未来中国非化石能源的发电量在总电量中所占比重，将会继续增长，中国电力结构将持续改善。

表 7-1　　2010～2019 年中国发电量及构成

年份	火电		水电		核电		风电		太阳能	
	发电量（亿千瓦时）	占比（%）	发电量（亿千瓦时）	占比（%）	发电量（亿千瓦时）	占比（%）	发电量（亿千瓦时）	占比（%）	发电量（亿千瓦时）	占比（%）
2010	33 319	79.2	7 222	17.2	739	1.8	446	1.1	1	0.0
2011	38 337	81.3	6 990	14.8	864	1.8	703	1.5	6	0.0
2012	38 928	78.1	8 721	17.5	974	2.0	960	1.9	36	0.1
2013	42 470	78.2	9 203	16.9	1 116	2.1	1 412	2.6	84	0.2
2014	42 687	75.6	10 643	18.8	1 325	2.3	1 561	2.8	235	0.4
2015	42 842	73.7	11 303	19.4	1 708	2.9	1 858	3.2	385	0.7
2016	44 371	72.2	11 934	19.4	2 133	3.5	2 371	3.9	662	1.1
2017	46 627	71.8	11 898	18.3	2 481	3.8	2 950	4.5	967	1.5
2018	50 769	71.0	12 342	17.0	2 944	4.0	3 660	5.0	1 775	3.0
2019	52 202	69.6	13 044.4	17.4	3 484	4.6	4 057	5.4	2 243	3.0

资料来源：国家统计局。

（二）新能源装机量持续增长

近年来中国新能源发电发展迅速，在不断增长的发电总量中所占比重越来越高。截至 2019 年底，火电装机容量 119 055 万千瓦，水电装机容量 35 640 万千瓦，增长 1.1%；核电装机容量 4 874 万千瓦，增长 9.1%；并网风电装机容量 21 005 万千瓦，增长 14.0%；并网太阳能发电装机容量 20 468 万千瓦，增长 17.4%。从装机容量的增长速度来看，火电的增长速度接近于 0，新能源发电装机容量增长速度远高于火电（见表 7-2）。

表 7-2　　2010～2019 年中国累计装机容量及结构　　单位：万千瓦

类型	2010 年	2011 年	2012 年	2013 年	2014 年	2015 年	2016 年	2017 年	2018 年	2019 年
水电	21 606	23 298	24 947	28 044	30 486	31 954	33 207	34 377	35 259	35 640
火电	70 967	76 834	81 968	87 009	92 363	100 554	106 094	111 009	114 408	119 055
核电	1 082	1 257	1 257	1 466	2 008	2 717	3 364	3 582	4 466	4 874
风电	2 958	4 623	6 142	7 652	9 657	13 075	14 747	16 400	18 427	21 005
光电	—	212	341	1 589	2 486	4 318	7 631	13 042	17 433	20 468

资料来源：国家统计局。

截至 2019 年，中国新能源发电装机容量突破 4 亿千瓦，占中国总装机容量比重20.6%。2019年，全年中国新能源发电新增装机容量5 610万千瓦，占全国新增总装机容量比重的58%，连续第三年超过火电新增装机。风电新增装机容量持续提升，太阳能发电继续保持稳步增长，分布式光伏发电累计装机容量突破6 000万千瓦。

从发电结构看，火电占比进一步降低，约59%，较2018年降低1个百分点。水电、风电、光电、核电等非化石能源占比则进一步增加至41%。从10年历史数据来看，非化石能源装机比重明显上升。

2019年火电装机比重较2010年下降了14.24%，相应的风电、光电、水电、核电装机比重共上涨了14.24%，中国的发电装机结构进一步优化（见图7－5、图7－6）。

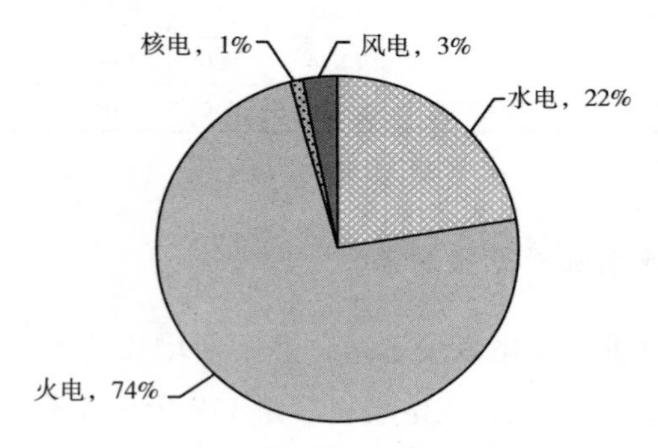

图7－5　2010年中国电力结构

资料来源：国家统计局。

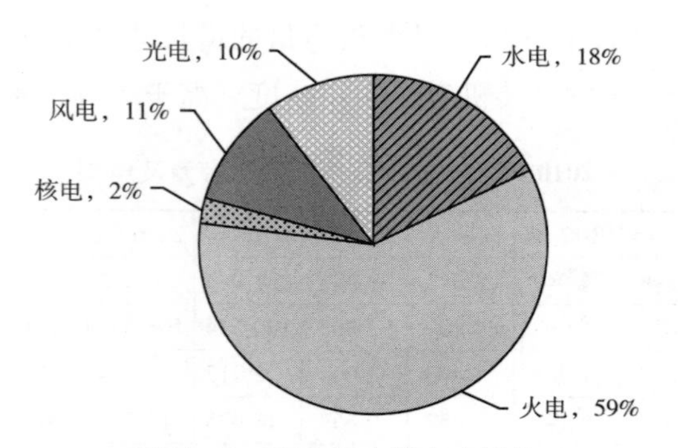

图7－6　2019年中国电力结构

资料来源：国家统计局。

分类型看，2019年，火电新增装机占全部新增装机的40.2%，太阳能发电新增装机占比 26.4%，风电新增装机占比 25.3%，水电新增装机占比为 4.1%，核电新增装机占比 4.0%。以风电、太阳能发电为代表的新能源发电合计占比超过 51%，连续三年成为新增发电装机的最大主力（见图 7－7）。

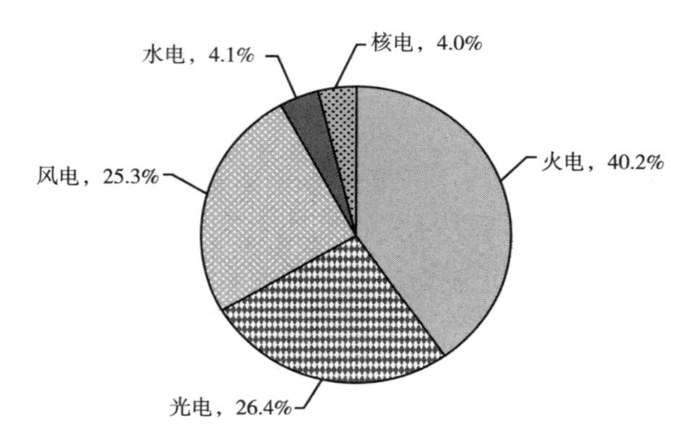

图 7－7　2019 年中国各类发电新增装机结构占比

资料来源：国家统计局。

多年的经济高速发展，使中国对能源的需求迅速增长，这是经济社会发展的必然要求。能源消耗越来越大，而且主要是化石能源，导致的一个结果是中国的温室气体排放大幅增长。从 2005 年开始，中国的二氧化碳排放量占全球排放量的比重为 22%，超过了美国居世界第一位。之后中国碳排放占世界比重一直呈增长态势，到 2011 年，中国占世界的比重是 28%，这一比重一直保持至 2020 年，中国的减排压力是很大的。不过近年来中国开始大规模使用新能源替代化石能源，已经取得了良好的成效。可以预期的是，未来中国会加大新能源替代化石能源的力度，在确保不对社会经济发展造成负面影响的前提下，温室气体减排的效果会越来越好。

二、新能源汽车

从全世界范围来看，汽车行业是碳排放的大户之一，如果能够实现汽车行业的减排，将极大促进全世界的温室气体减排。通过改进发动机的技术和工艺来减少汽车的油耗已经进行了很多年，目前来看已经走到了尽头。更有效的措施是改变汽车的动力来源，将石油动力替换为电力，大力发展新能源汽车。新能源汽车是将非化石燃料转化为电力，或者直接使用电池，利用电力驱动的汽车。经过多年的研发，新能源汽车主要包括纯电动汽车、混合动力汽车、燃料电池汽车及其他新能源汽车。

（一）中国汽车消费高速发展

中国连续多年的经济高速发展也促进了人民收入的快速增长，汽车的产销量也随之出现爆发式增长。全国汽车销量从 2010 年的 1 806.2 万辆一路上涨至 2017 年的 2 887.9 万辆。虽然 2018 年和 2019 年连续出现下滑，但中国的汽车销量始终位居世界第一位（见图 7 - 8）。

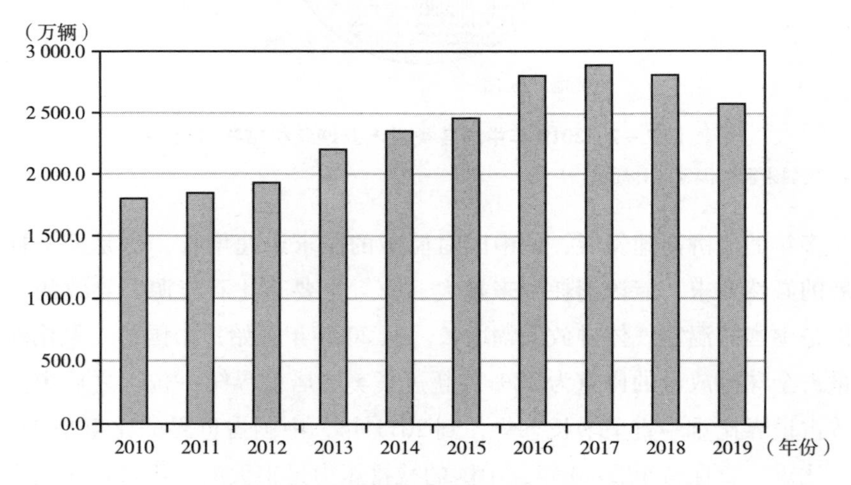

图 7 - 8　2010 ~ 2019 年中国汽车销量

资料来源：中国汽车协会。

（二）中国新能源汽车飞速增长

中国汽车销量的大幅增长带来的负面影响除了交通拥堵外，还有温室气体排放的不断增加。对此国家对新能源汽车推出了一系列优惠政策，包括购车补贴、免征车辆购置税、差异化车牌管理等。这些政策的实施，极大地推动了中国新能源汽车的发展。2010 年全国新能源汽车的销量是 7 605辆，2019 年增长到 120.6 万辆，年均增长率高达 76.2%。中国新能源汽车从2015年以来产销量、保有量连续5年居世界首位（见图7-9）。

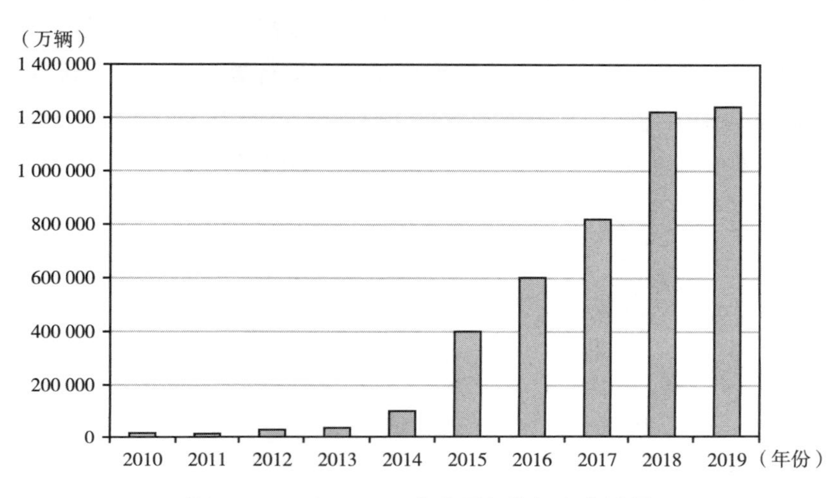

图7-9 2010~2019年中国新能源汽车销量

资料来源：中国汽车协会。

2019年，中国新能源汽车产销分别完成124.2万辆和120.6万辆。其中纯电动汽车生产完成102万辆，销售完成97.2万辆；插电式混动汽车产销分别完成22.0万辆和23.2万辆；燃料电池汽车产销分别完成2 833辆和2 737辆。从产销量看，中国的新能源汽车以纯电动为主，占比接近81%，插电混动占比19%，燃料电池占比不足1%。纯电动汽车的动力来源完全是电力，其碳排放完全取决于发电过程的碳排放。纯电动汽车的生命周期中碳排放是要低于插电混动汽车的，未来仍将是中国新能源汽车的发展重点。

与发达国家相比，中国在新能源汽车领域具有很大的后发优势。中国汽车消费的增量中新能源汽车所占比重远高于发达国家，不少消费者在购买第一辆车的时候开始考虑新能源汽车。巨大的市场需求反过来又促进了对新能源汽车的投资，中国新能源汽车的发展前景一片光明。飞速发展的新能源汽车将极大促进中国的温室气体减排。

2020年，国务院通过了《新能源汽车产业发展规划（2021—2035年）》，力争经过15年的持续努力，中国新能源汽车核心技术达到国际先进水平，质量品牌具备较强国际竞争力。纯电动汽车成为新销售车辆的主流，公共领域用车全面电动化，燃料电池汽车实现商业化应用，高度自动驾驶汽车实现规模化应用，充换电服务网络便捷高效，氢燃料供给体系建设稳步推进，有效促进了节能减排水平和社会运行效率的提升。规划预期到 2025 年，中国纯电动乘用车新车平均电耗降至 12.0 千瓦时/百公里，新能源汽车新车销售量达到汽车新车销售总量的 20%左右。

第八章　中国排放交易系统的构建

为实现温室气体减排，从而将全球温度上升控制在一定幅度内，1997年联合国政府间气候变化专门委员会通过了《京都议定书》。与之前其他的控制气候变化的协议不同，《京都议定书》对世界减排工作确定了“共同但有区别”的减排原则，直接对发达国家的温室气体排放设定了明确的目标。欧盟表示将完成议定书中对欧盟设定的减排目标，而美国则在2001年退出议定书，明确拒绝承担减排责任。

《京都议定书》在2012年到期后，迫切需要一个新的减排协定来协调全世界范围内的减排工作。2015年12月12日《巴黎协定》在联合国巴黎气候变化大会上通过，2016年4月22日在纽约签署。该协定为2020年后全球应对气候变化行动做出了安排。《巴黎协定》的长期目标是将全球平均气温的上升幅度控制在2℃以内，并努力将温度上升幅度限制在1.5℃以内。

中国作为发展中国家，根据“共同但有区别”的减排原则，是无须承担强制减排任务的。但在2020年9月22日第75届联合国大会期间，中方主动提出将提高国家自主贡献力度，采取更加有力的政策和措施，二氧化碳排放力争于2030年前达到峰值，努力争取2060年前实现碳中和。中国的减排承诺赢得了全世界的广泛赞誉。欧盟委员会主席冯德莱恩对中国的承诺予以高度评价，并表示期待欧盟与中国加强合作，共同为人类减排事业作出贡献。世界上有多家专业气候研究机构称，中国在联合国大会上做出的承诺，“是多年来最重要的气候变化方面的承诺”，并呼吁美国重新考虑退出《巴黎协定》的决定。

中国作为全球第二经济大国、全球第一温室气体排放大国，要实现中国对全世界的减排承诺，需要建立一整套温室气体减排的政策体系。从国外减排的经验和教训来看，依赖单一政策实现减排对小国比较有效，但是对大国就需要多项政策协调配合，共同实现减排目标。建立温室气体排放交易系统，是最为有效的减排途径之一。

第一节　排放交易系统总体框架

一、排放交易系统建设的基本原则

（一）总量管制与交易原则

从全球十几年的排放交易系统发展情况来看，自愿减排交易作用很有限，只有强制排放交易才能有效实现减排。中国的排放交易系统应该参考欧盟的 EU ETS 排放交易系统，实行“总量管制与交易”的基本原则。通过限制纳入减排范围的企业的温室气体排放总量，来实现减排。对于纳入减排范围的排放企业，如果温室气体的实际排放量超过排放上限，可以在配额市场购买排放配额来完成减排任务。如果排放企业的实际排放量低于上限，可以将多余的排放配额在碳市场出售获得收益。

（二）总量管制与交易的优势

采用总量管制与交易的排放交易系统允许排放配额的交易，从而使排放企业的总排放量保持在上限之内，并且能够使用成本最低的措施来减少排放量。这种减排方式有助于经济社会以最低的成本应对气候变化。

要实现温室气体减排，无论采取哪种减排方式，企业为完成减排任务一定会付出相应的成本。传统的通过收税来实现减排对企业来说几乎没有灵活性，碳税也并不能保证温室气体减排目标一定能够实现，因为很难确定“合适的税率”以实现既定的减排目标。排放交易可以让排放企业自行决定什么是成本最低的选择，以满足固定的排放上限；而且配额的价格由市场的供给与需求决定，无须监管机构过多干预。

总量管制与交易的优势主要体现在以下几方面。

1. 数量的确定性

温室气体排放交易通过设定整个系统的上限，直接限制温室气体的总排放量，该上限通过为纳入排放交易系统的每一家企业分别设置上限来实现既定排放目标。在排放交易系统运行期限内，系统及企业的温室气体的最大排放量都是确定的。这一确定的排放量可以通过中国承诺的“2030 年前达到峰值，努力争取 2060 年前实现碳中和”的目标来精确计算得出。这样就可以在精确实现减排目标的前提下，确保企业的减排成本最低。

2. 成本的最低性

碳配额交易市场形成的碳价格，是每家企业实现减排目标的最高成本。就像前面分析的那样，碳市场的存在给每家排放企业提供了一个免费的看涨期权。企业可以通过使用低碳技术完成减排任务，也可以通过购买排放配额来完成减排任务。这为企业的减排带来了极大的灵活性，企业可以选择对自身而言成本最低的方式进行减排。当所有企业都能够以最低成本实现减排，从总体来看就实现了全社会以最低成本减排。

3. 拍卖配额的收入

如果采用拍卖的方式分配温室气体排放配额，这将为政府创造一个收入来源。被纳入到排放交易系统的企业越多，分配的配额总量就越多，配额拍卖的价格越高，配额拍卖的收入也越高。配额拍卖的收入，除部分用于维持排放交易系统的运行之外，剩余的资金可以成立一个专门的减排基金。拍卖基金主要用来资助企业为应对气候变化的低碳技术和低碳项目，还可以支持补贴某些特殊行业和特殊企业。

二、排放交易系统覆盖的企业与温室气体

排放温室气体的企业数量很多，排放交易系统不可能做到全覆盖。经过多年努力，EU ETS 的覆盖率也仅达到 50%。

（一）确定排放交易系统覆盖的企业及温室气体排放的基本原则

排放交易系统要做到全覆盖是不可能的，为了实现以最低成本减排，在将排放企业纳入排放交易系统时应坚持以下原则。

1. 抓大放小

排放交易系统在运行中的核心环节之一，是需要对企业的实际排放量进行测定。只有能够精确测定企业的排放量，才能确保排放交易系统的权威性，确保排放交易系统能够正常运行。监测企业的温室气体排放的成本目前还是比较高的，而且与企业的数量基本呈正比。为了提高排放交易系统的运行效率，在保证实现减排目标的前提下，要尽可能降低运行成本，在确定排放企业时，应坚持抓大放小的原则，将排放量高于某一定额度的企业全部纳入覆盖范围，其余企业则视情况暂不纳入减排覆盖范围。

2. 先易后难

为尽快将排放交易系统投入运行，在确定排放行业与企业时，可以先将争议小、施行简单的行业与企业纳入排放范围；而争议较大，施行难度较高的行业与企业可以逐步纳入减排覆盖范围。例如，作为主要排放大户的火力发电厂，只要达到确定的排放标准，就应尽快纳入排放范围。航空业由于需要进行国际协调，减排难度较大，可以暂缓纳入排放范围。这种安排可以降低排放交易系统的运行阻力，缩短筹备时间，尽快发挥效用。

3. 全国统一

中国目前有 7 家碳交易所，总体来看交易量较低，发挥的减排作用很小。有几家交易所甚至出现连续数百天没有任何成交的情况，成交的价格也很低。造成这种结果的主要原因之一在于各交易所只覆盖了一定区域，标准也不统一，很容易造成排放企业为降低减排成本而迁移至减排覆盖标准较低或者还没有减排要求的省份。为彻底解决这一问题，未来建立的排放交易系统应该是全国统一、标准唯一的系统。唯一的国家排放交易系统可以有效处理碳泄漏的情况，有效破除地方保护主义，确保排放交易的效果。

4. 动态调整

在确定排放交易系统覆盖的企业与温室气体种类后，应该在运行一定时间后根据实际情况进行动态调整。排放交易系统应该有一个明确的试运行阶段，以验证系统是否按照预期的设想运行，是否能够发挥应有的作用。排放交易系统的试运行阶段应该查找问题，及时改进。经过试运行且修正存在的主要问题后，排放交易系统就可以正式投入运行了。正式运行也可以设立交易期。在交易期内，不宜进行重大调整，如覆盖的企业与温室气体等。排放交易系统本身并非一成不变，应该根据运行过程中出现的新情况进行动态调整。

（二）ETS覆盖的企业与温室气体

根据以上的基本原则，可以确定中国排放交易系统应该覆盖的行业、企业与温室气体的种类。电力和制造业中的排放大户需要全部纳入减排覆盖范围，应该对主要排放行业和排放企业进行分类，以便未来通过基准线法确定企业的排放上限和无偿分配的配额额度。

1. 覆盖的企业

从第一个交易期开始，中国排放交易机制就应覆盖温室气体排放最密集的行业与企业。从中国能耗与排放的统计数据来看，表8－1中的行业是应该被纳入减排覆盖范围的。

表8－1　　中国排放交易系统覆盖行业

行业	类别名称	行业子类
电力	电力、热力的生产和供应业	—
	火力发电	—
	热电联产	—
	生物质能发电	—
	电力供应	电网
建材	非金属矿物制品业	非金属矿物制品
	水泥制造	水泥熟料
	平板玻璃制造	平板玻璃
钢铁	黑色金属冶炼和压延加工业	黑色金属冶炼及压延产品
	炼钢	粗钢
	钢压延加工	轧制、锻造钢坯
		钢材
有色	有色金属冶炼和压延加工业	有色金属冶炼和压延加工产品
	铝冶炼	电解铝
	铜冶炼	铜冶炼
石化	石油、煤炭及其他燃料加工业	石油加工、炼焦及核燃料
	原油加工及石油制品制造	原油加工

续表

行业	类别名称	行业子类
化工	化学原料和化学制品制造业	化学原料及化学制品
	基础化学原料制造	—
		无机基础化学原料
	无机酸制造	无机酸类
	无机碱制造	烧碱
		纯碱类
		金属氢氧化物
	无机盐制造	其他无机基础化学原料
		电石
	有机化学原料制造	有机化学原料
		乙烯
	其他基础化学原料制造	—
		无环醇及其衍生物
		甲醇
	肥料制造	化学肥料
		氨及氨水
	氮肥制造	氮肥（折含氮 100%）
	磷肥制造	磷肥（折五氧化二磷 100%）
	钾肥制造	钾肥（折氯化钾 100%）
	复混肥料制造	复合肥、复混合肥
	有机肥料及微生物肥料制造	有机肥料及微生物肥料
	其他肥料制造	—
	农药制造	—
	化学农药制造	化学农药
	生物化学农药及微生物农药制造	生物农药及微生物农药
	合成材料制造	合成材料
	初级形态塑料及合成树脂制造	初级形态塑料
	合成橡胶制造	合成橡胶
	合成纤维单（聚合）体制造	合成纤维单体
		合成纤维聚合物
	其他合成材料制造	—

续表

行业	类别名称	行业子类
造纸	造纸和纸制品业	纸及纸制品
	木竹浆制造	纸浆
	非木竹浆制造	纸浆
	机制纸及纸板制造	机制纸和纸板
民航	航空运输业	航空运输服务
	航空旅客运输	航空客货运输服务
	航空货物运输	—
	机场	机场

以上行业已经在近年被要求上报碳排放数据，这也为中国建设排放交易系统奠定了坚实的基础。需要指出的是，以上列出的是中国温室气体排放的主要行业。并非以上行业中的所有企业都要被纳入减排名单中，行业中的企业只有在排放量高于某一指标时，才被纳入减排范围。以火力发电为例，到2019年中国60万千瓦级及以上火电机组比重已经提高到46%，因此可以考虑只将60万千瓦级及以上火电机组纳入减排范围。

航空业作为温室气体排放大户，理应被纳入减排范围。但航空业涉及国际减排协调的问题，可以考虑先将其纳入减排范围，但暂时豁免减排义务。待中国排放交易系统成熟之后，再要求航空业承担减排任务。另外，随着排放交易系统在世界范围内蓬勃发展，温室气体排放配额作为一种资产，已经吸引了众多非排放企业参与到配额交易中。有些企业正在大力发展二氧化碳捕捉、管道输送和二氧化碳地质封存技术，未来此类行业也应纳入减排范围。

2. 覆盖的温室气体

在中国排放交易系统投入运行初期，为降低系统的运行成本以及降低企业减排成本，可以将系统覆盖的温室气体限定为二氧化碳。之后可以逐步将氧化亚氮、全氟化合物等其他温室气体纳入减排范围。温室气体是否纳入减排范围，一是看此类温室气体的温室效应的高低，效应高的应尽快纳入；二是看温室气体在中国的排放量，如果排放量非常低，就没有必要纳入。

第二节　排放企业配额分配

排放交易系统需要解决的一项基础工作，是确定每一家排放企业的排放配额，即排放上限。确定每一家排放企业的排放上限之前，首先需要确定整个排放交易系统的排放上限。

排放交易系统的排放上限直接决定了排放企业获得的排放配额的总量（通过拍卖或免费分配），进一步决定了碳市场排放配额的供应。碳价格是由碳供应与碳需求决定的。稀缺性是价格激励的必要条件，更为稀缺的排放配额将导致更高的碳价格。因此，排放交易系统设定的排放上限以及随后通过该系统发放的配额数量是碳价格的关键驱动力。如果排放上限设置过高，则会增加碳配额的供应，压低配额的价格；过低的配额价格不利于激励企业减排，当然排放上限也不能设置得过低，这样虽然可以提高配额价格，刺激企业减排，但会极大增加企业的减排成本。

一、减排体系的排放上限

首先需要确定的是排放交易系统每年的温室气体排放上限，才能以此为基础计算每家企业的排放上限。排放上限一旦确定并公开发布，这意味着配额的供应量是已知的。确定的配额供给有利于降低配额市场的波动率，对于企业制定自身减排规划、降低减排成本是很有利的。

欧盟在确定 EU ETS 的排放上限时，使用的计算方法是有以下几种。

（1）根据欧盟的减排目标及 EU ETS 的覆盖率，计算出排放的最大值。

《京都议定书》中对欧盟设定的减排目标是，到 2012 年排放量比 1990 年降低 8%。如果 1990 年欧盟的温室气体排放量是 *EE*，则 2012 年欧盟的温室气体排放量就需要下降到：

$$(1-8\%)\times EE=0.92E$$

（2）由于 EU ETS 的覆盖率大致为 50%，减排任务需要纳入减排体系的排放企业全部承担。2012 年排放量降低了：

$$0.08 \times EE$$

则排放企业需要承担全部的 0.08E，2012 年其排放量比 1990 年降低：

$$\frac{0.08EE}{0.5} = 0.16EE$$

即排放企业到 2012 年排放量需要比 1990 年下降 16%。EU ETS 的覆盖率是 50%，因此到 2012 年排放企业的排放上限为：

$$0.5EE - 0.16EE = 0.34EE$$

（3）到 2012 年，EU ETS 排放上限是 1990 年欧盟排放量的 34%。考虑到没有被纳入到减排范围的企业，其温室气体排放量可能还会继续增加，增长的排放量也需要通过排放企业的减排来抵消，否则就无法实现总体的减排目标。同时考虑在排放交易系统运行过程中可能出现的意外情况，因此在设定总排放上限时，需要留出一定余量以备缓冲。

综合考虑以上因素，需要在 0.34EE 的基础上再下降一定的幅度。下降幅度由未纳入减排范围企业的排放增长率和对未来排放体系运行中发生意外情况的风险性综合决定。下降幅度越大，完成减排目标就越有保证，但排放企业的减排压力和减排成本就越大，对此应该通过精确计算，来设定一个最佳值。

二、中国减排体系排放上限的确定

中国排放交易系统建立之后，由于《京都议定书》和《巴黎协定》没有对中国设置强制减排目标，因此中国需要自行确定排放上限。

中国在设定排放上限时，主要根据做出的“2030 年前排放量达到峰值，2060 年前实现排放中和”承诺，以及排放交易系统的覆盖率，来计算排放上限。由于排放交易系统是分阶段设定目标，因此在运行初期，主要根据“2030 年前排放量达到峰值”的承诺来计算排放上限。

（一）预测 2030 年的排放额

根据目前中国温室气体的排放变化趋势，科学预测 2030 年排放量。以此为基础，计算需要减少的排放额。

如果 2020 年中国的温室气体总排放量为 EC_0，在没有排放交易系统介入的前提之下，预测的 2021～2030 年温室气体排放年增长率是 R。到 2030 年中国温室气体总排放量是：

$$E_{10} = EC_0 \times (1 + R)^{10}$$

要实现 2030 年排放量达到峰值，就需要降低排放增长率。假定由于排放交易系统的介入，2021～2030 年中国温室气体排放增长率平均每年下降 D。到 2030 年排放达到峰值：

$$EC_{10} = E_0 \times [1 + (R - D)]^{10}$$

（二）确定上限的设置方式

排放上限可以在减排期限内设置为固定值，也可以固定的线性比值系数下降，这一下降系数就是所谓的线性折减系数。通过该系数，可以直接计算每年减少的排放量。从欧盟 EU ETS 运行的情况来看，使用线性折减系数来确定排放上限效果最好。通过线性折减系数确定排放上限，能够逐步降低排放上限，排放企业可以逐步适应减排要求，降低减排成本。

（三）确定排放交易系统的覆盖率

在计算排放上限前，还需要确定排放交易系统的覆盖率。覆盖率越低，排放企业承担的减排任务就越高。欧盟的 EU ETS 作为世界排放交易系统的典范，初期的覆盖率为 40%，在经过多年努力后，覆盖率达到 50%。随着排放交易体的成熟化，覆盖率会逐步上升。例如，航空业在初期不宜纳入减排范围，可以在排放交易系统逐步成熟完善后，再纳入减排范围。本着谨慎性原则，可以将中国排放交易系统初期的覆盖率设置为 40%。

（四）计算排放上限

在确定了以上参数后，就可以计算排放交易系统的排放上限了。2021

年为实施排放交易的第 1 年，排放上限是：

$$EC_1 = EC_0 \times [1 + (R - D)]^1$$

2021～2030 年中的第 n 年的排放上限是：

$$EC_n = EC_0 \times [1 + (R - D)]^n$$

第 n 年比预期减少的排放量，完全由排放企业承担：

$$\Delta EC_n = EC_0 \{(1 + R)^n - [1 + (R - D)]^n\}$$

由于设定的排放交易系统的覆盖率是 40%，则排放企业实际承担的减排额是：

$$\frac{\Delta EC_n}{0.4} = 2.5\Delta EC_n$$

未实施排放交易体时，第 n 年的预期排放量是：

$$E_n = EC_0 \times (1 + R)^n$$

排放交易系统的覆盖率是 40%，在第 n 年留给排放企业的排放上限是：

$$0.4E_n - 2.5\Delta EC_n$$

考虑排放交易系统可能存在的不确定性，为完成排放目标，排放交易系统的上限需要下浮一定幅度，如果下浮的幅度是 F，则最终排放交易系统的排放上限是：

$$(1 - F) \times (0.4E_n - 2.5\Delta EC_n)$$

三、企业配额的分配方式

排放交易系统的上限等于纳入系统的所有企业排放上限之和。企业获得排放配额的方式有两种：免费分配和有偿拍卖。

（一）免费分配

通过精确计算每家排放企业的合理排放上限，以此为基础将排放配额免费分配给所有的排放企业。每家企业获得的配额等于其排放上限，在免费分配配额的情况下，排放上限与企业配额具有相同的内涵。如果企业的排放超过其配额，就需要在碳市场购买等量的配额，以完成其排放义务。未使用的配额可以在碳市场出售。

（二）有偿拍卖

将配额通过拍卖的方式出售给排放企业，拍卖的配额总量等于排放交易系统的排放上限。企业在购买配额之后，就可以在配额范围内排放温室气体了。与免费分配相同的是，企业需要在其购买的配额范围内排放温室气体，如果超额排放就需要在碳市场购买配额。

无论是免费分配还是有偿拍卖，企业每排放一单位的二氧化碳，账户上就需要有一单位的排放配额。配额可以在一级市场上获得，也可以在二级市场上购买。超额排放温室气体是需要接受惩罚的，每吨二氧化碳当量需要缴纳固定的罚款。罚款数额要远高于配额的价格，才能激励企业遵守排放规则。不仅如此，企业在缴纳付款之后，还需要在下一个减排年度继续就上一年度超额排放的温室气体购买等量的配额，因此配额对排放企业而言就是减排的核心。

四、配额的免费分配

排放交易系统的排放上限确定之后，就可以计算每一家排放企业的排放上限了。企业的排放上限，在碳市场上就是企业的排放配额。企业配额的计算与分配是在交易期开始之前，而不是在交易期结束之后完成的。一般来说，交易期内排放企业的配额水平保持不变，除非企业产能发生重大变化。这种方式为排放企业的排放上限提供了更大的确定性，分配规模不会受到其他外部因素的影响，能够使企业更好地规划其排放活动，履行其减排责任。

目前，计算企业配额的方式有以下两种。

（一）历史排放法

该方法简单易行，通过测量每一家排放企业近年的历史排放量，简单取平均值；再计算排放交易系统排放上限下，排放企业的预期排放量与正常排放量的比值；最后每家排放企业以简单平均值乘以比值，得出自身的配额（排放上限）。

例如，A 企业近 3 年的年均排放量是 *EA*。在没有排放交易系统介入的情况下，排放企业的总体排放量是 *TE*。排放交易系统介入后，总体排放上限是 *RTE*。比例为：

$$TR = \frac{RTE}{TE}$$

则企业 A 的配额 *NEA* 是：

$$NEA = EA \times TR$$

这样就可以计算出每家企业的排放配额了。配额计算出来以后，排放交易系统就可以通过免费或拍卖的方式向排放企业分配配额。

历史排放法的优点是简单易行，能够以较低的成本确定每家企业的排放配额。但是历史排放法的缺陷也很明显：不够公平。该方法直接在每家排放企业的历史排放量的基础上计算配额，这样做的结果是效率低的企业得到的配额较多，效率高的企业得到的配额反而较少，这就是“奖懒罚勤”了。

例如，两家火力发电厂 A 和 B，每年的发电量完全一样。发电厂 A 由于采用了低碳技术、提高了煤炭的燃烧效率等原因，碳排放量为 10 万吨。发电厂 B 是一家传统的火力发电厂，碳排放量是 15 万吨。显然 A 的效率是远高于 B 的。但是在历史排放法下，B 得到的配额是 A 的 1.5 倍。在相同发电量的前提下，B 可以免费排放的二氧化碳是 A 的 1.5 倍。这显然是不公平的。

针对历史排放法的缺陷，EU ETS 开发了基准线法。在建立中国的排放交易系统时，如果在体系运行的初期，在缺乏有关排放数据的情况下，可以暂时性的使用历史排放法。但是在数据和方法完善之后，就应该及时过渡到基准线法。

（二）基准线法

鉴于历史排放法的重大缺陷，基准线法被开发出来。在可行的范围内，每家排放企业的配额（排放上限）由与产品相关的温室气体排放基准确定。这些基准设定为每个行业10%最高效企业的平均排放水平。这样的话，高效率的企业应获得所需的全部或几乎所有排放配额；效率低下的排放企业必须做出更大的努力，通过减少排放量或购买更多的配额来覆盖其排放量。同样的原则也适用于航空业的配额计算，但基准是以不同的方式确定的。

与历史排放法相比，基准线法没有为排放效率最低的企业提供更多的配额。基准线法根据企业的生产效率而不是历史排放量来分配排放配额。与高效企业相比，温室气体密集型企业相对于其生产而言将获得更少的配额，从而促使低效企业采取行动，要么减排，要么购买排放配额，来覆盖其温室气体排放量。如果没有可用的产品基准，热量不可测量，且排放量不是由燃料燃烧引起的，则将使用基于历史排放量的过程排放量方法。

（三）排放基准的计算

配额计算中使用的基准是一个排放基准，对于生产特定产品的所有生产过程中排放的温室气体量参考值，基准用于确定生产同种产品的排放企业的排放配额。

（1）生产同种产品的所有排放企业将获得相同的单位配额，即生产的每单位的配额是完全同等的。对于那些温室气体排放量低于基准，表现最好的排放企业，它们实际上将获得比它们需要的更多配额。

（2）在可能的情况下，以产出为基础设定基准。同种产品的整个生产过程中排放的所有温室气体，都被考虑在内。为了激励企业为减排而努力，产品基准可以设置为生产该产品的全国10%最佳企业的平均温室气体性能为基础。

（3）排放效率。即使排放企业处于同一种行业、生产同种产品，由于产量不同，也不便比较排放量。对此，可以通过简单计算企业的排放效率来解决：

排放效率=温室气体总排放量/产品总产量

从公式来看，排放效率是企业生产单位产品排放的温室气体的数量。

排放效率越高，单位排放的温室气体越低。

（4）为了设定基准，被纳入减排范围的所有行业部门，应收集其行业内主要企业的温室气体排放数据和产品的产量，进而计算所有企业的排放效率。将排放效率按照从高到低（单位温室气体排放从低到高）的顺序，将该行业所有企业的排放效率进行排序。在此基础上准确绘制该行业的温室气体排放效率曲线，即“基准曲线”。然后根据该曲线确定10%最佳企业的平均效率，作为确定企业配额的基准。如果有些产品或行业存在数据不足的问题，可以将该行业或产品生产中的最佳技术作为制定产品基准的起点。

（四）产品基准线法下配额的计算

使用产品基准线法计算排放企业的配额，采用以下公式计算：

企业配额＝产品基准×产品产量×碳泄漏暴露系数

（1）产品基准：企业所在行业10%最佳企业的平均排放效率。如果企业的产品并非一种，则逐个计算，最后简单加总即可。

（2）产品产量：企业生产产品的规模。例如，火力发电厂的发电量、水泥厂的水泥产量等。由于企业配额是在每年初提前发放，因此在确定企业产量时，可以使用近几年产量的平均值。从实际情况来看，离当前越近的产量对当前影响越大，因此如果只是简单的取近3年、近5年产量的平均值，其近似性是不够好的。因此可以开发一个类似于GARCH的模型，加大近期产量的权重。如果企业的产量在排放交易期间有大的变化，可以向排放交易系统申请调整。

（3）碳泄漏暴露系数：等于100%或递减系数，具体取决于企业面临的碳泄漏状态。碳泄漏是一个国家或区域由于减排政策而导致企业增加生产成本，企业可能将生产转移到其他减排政策更加宽松的国家。与没有面临类似成本的竞争对手相比，更加严格的减排政策可能导致中国的企业在竞争中处于劣势。这些企业通常是能源密集型企业，可能会决定将生产转移到中国以外的地方，如东南亚、印度、非洲等。碳泄漏可能导致的结果除了本国企业的竞争劣势，以及有关产业的流失外，最坏的影响是导致中国的减排政策完全失效。如果企业转移到其他国家，中国的碳减排目标可以实现，但全球的温室气体总排放量并未减少。因此，碳泄漏可能损害减排行动的效果。

为了应对碳泄漏的挑战，在分配排放配额时，可以制定相应的条款。根据企业所面临的碳泄漏的严重程度，来确定碳泄漏暴露系数。企业面临的碳泄漏程度越严重，这一系数就越高，最高是100%。在排放交易系统运行初期，为给企业充足的适应时间，尽量降低企业的减排成本，可以将所有企业的暴露系数设置为100%。待排放交易体成熟稳定运行之后，可以根据企业面临的碳泄漏实际情况调整暴露系数。碳泄漏情况越严重，企业的暴露系数就越高。在配额免费分配期间，应该对暴露系数设置一个最低值，如80%。之后再逐年降低，直到配额从免费分配的方式转变为拍卖。

当然，未来随着世界大部分国家开展减排行动，排放交易系统下的中国企业所面临的碳泄漏风险也会逐步降低。

五、配额的免费分配方式

企业的排放上限计算出来之后，就可以向企业分配排放配额了。排放配额有两种分配方式：无偿分配和有偿拍卖。无论采取哪种分配方式，企业在下一个排放年度的年初，都需要向排放交易系统运行监管部门缴纳足额的配额。企业排放了多少温室气体，就需要缴纳多少排放配额。如果企业的排放量低于获得的配额，多余的配额就可以在碳市场出售；反之，如果企业的排放量高于分配的配额，超额排放的部分就需要在碳市场购买配额来覆盖。

通过免费的方式来分配排放配额，是向每家排放企业分配排放配额，等于其排放上限。例如，企业A的排放上限是1万吨，免费分配的配额就是1万吨二氧化碳排放当量。

（一）免费分配与碳泄漏

通过免费分配的方式分配排放配额，能够有效降低各行业企业的合规成本，从而保障了可用于投资低碳减排技术的资本。如果其他发达国家和其他主要温室气体排放国没有采取同等行动来减少温室气体排放，那么降低中国排放交易系统的参与成本，对参与方的正常经营就显得尤为重要。在这种情况下，中国的某些能源密集型企业受到国际竞争的影响，可能会在经济上处于不利地位。如钢铁行业，如果参与排放交易系统其生产成本必然上升。与印度等没有采取减排措施的国家相比，中国的钢铁企业显然承担了更高的成本，而这些成本是为了促进全人类的福祉。通过免费分配排放配额，可以减少企业这种潜在的竞争劣势。

（二）免费分配的缺陷

从理论上讲，免费分配并不改变减少温室气体排放的边际收益，因为这种边际收益直接来自碳配额的价格。然而在实际配额交易中，由于遵守排放交易系统规则所需的成本较少，配额的免费分配仍可能会影响对企业的减排激励。购买配额或投资减排的现金成本将大幅降低，这限制了减排的紧迫性。因此，即使减排的边际收益仍然存在，但是配额的免费分配甚至是过度分配，都可能降低企业减排的动力。

此外，配额的免费分配还可以为那些可以将部分或全部的减排成本转嫁给消费者的行业带来暴利。EU ETS 第一个交易期和第二个交易期的经验教训表明，电力企业能够转嫁减排成本，获得暴利。因此在第三阶段，EU ETS 决定电力企业不再获得任何免费的排放配额，必须按照相关的规定购买。EU ETS 前两个交易期的经验表明，发电企业能够将配额的成本转嫁给客户，即使配额的分配是免费的。

（三）配额分配的主体

排放配额的分配，需要排放交易系统指定一个明确的主体来实施。根据欧盟的经验，在排放交易系统运行初期，是由各成员国政府负责分配本国的配额。但是这种分配方式存在一些问题，如分配标准不统一等。之后欧盟就改变了配额的分配方式，由欧盟统一分配排放配额，这样更加公平合理，标准也更加统一。中国在未来建立排放交易系统后，配额的分配应该采取由国家统一分配。欧盟在排放交易系统运行初期，也考虑过统一分配配额，但遭到大多数成员国的反对，才由成员国进行分配。在这种分配方式暴露出诸多问题之后，欧盟才将分配方式修改为统一分配。在中国是不存在这种问题的，这是中国建立排放交易系统的天然优势。在排放交易系统一建立，中国就应该采用国家统一分配的方式。

六、配额的拍卖

在排放交易系统运行的初期，采用免费分配的方式可以降低企业的减排成本，给企业充足的时间适应减排的各项要求。在排放交易系统逐步成熟完善后，排放配额的分配方式应该逐步过渡到拍卖，配额的获得应该通过在拍卖市场上竞价获得。

从经济学的角度来说，拍卖的方式是一种更加公平合理的分配方式，符合"谁污染谁治理"的基本原则。从全社会来看，有些企业排放了大量的温室气体，而有些企业的生产不产生任何温室气体。在配额免费分配的前提下，即使企业被纳入排放交易系统当中，只要排放量低于其上限，就无须支付任何费用。这其实就暗含了一个规则：只要企业的排放在"合理"的范围内，就无须支付任何费用。这种"合理"也只是相对于本行业来说，但是在整个社会甚至全世界来说就不合理了。毕竟不是每家企业都排放温室气体，从这个角度来说，拍卖方式更加体现了只要排放就需要付费，而不是"合理"排放就无须付费。

（一）拍卖的规则

拍卖是一种公开透明的分配方式，允许市场参与者以市场价格获得排放配额。配额的拍卖需要制定一系列的拍卖规则，确定配额拍卖的时间、平台等，确保拍卖过程的公开、透明和无歧视。任何拍卖都必须遵守市场的规则，因此必须在无歧视的条件下对任何符合条件的买家开放。

（二）竞标方式

配额拍卖的竞价方式可以采用单轮竞价、统一竞价的形式。这种简单的拍卖形式有助于包括中小企业在内的所有授权投标人参与。在一个单独的投标窗口内，投标者可以提交、修改和撤回任何数量的出价。报价应该采取批量报价的方式以降低交易成本。批量的大小应该根据投标者的情况合理设定。批量过高会将中小投标者排除在外，批量过低会增加投标的成本，具体取决于拍卖的平台。每一份投标书都必须说明投标人希望以给定的价格购买的配额数量。

（三）配额结算价格的确定

投标需要指定具体的窗口时间，投标窗口必须至少开放一定时间，在采取完全的电子化投标方式后，窗口时间可以适当缩短。投标窗口关闭后，拍卖平台需要确定并及时公布配额结算价格。这一价格的形成，是投标数量之和等于或超过拍卖配额的价格，所有高于结算价格的竞标出价都是成功的。这些投标的价格和投标数量按照降序的方式排列，从最高出价开始分配，平局出价通过随机选择算法排序。

对于每次配额的拍卖，如果未全部卖出，则取消拍卖。如果投标量小于可供拍卖的数量，或者如果结算价格低于拍卖底价，也会发生这种情况。这一拍卖底价是拍卖平台与拍卖主管部门秘密协商后，在拍卖前根据投标窗口关闭之前和当前排放配额的现行市场价格制定的秘密最低结算价格。允许一个明显低于市场价格的结算价格可能会扭曲排放配额的价格信号，扰乱碳市场，不能确保投标人为配额支付公允价格。因此，如果出现这种情况，则拍卖被取消。然后，本次计划拍卖的配额，将累积到同一拍卖平台安排的下一次拍卖中。

（四）拍卖的日程安排

配额的拍卖还需要确定每年具体的拍卖日期，可以是确定的时间点，也可以是时间区间。类似于中国财政部发行国债，央行发行央票，都有确定的循环日期。确定的配额拍卖时间，能够稳定配额市场的预期，降低配额价格的波动。

配额的拍卖日程安排，需要确定在一个日历年内举行的每次拍卖的日期、投标窗口、规模和其他细节。拍卖平台需要在与排放交易系统运营机构充分沟通之后，提前确定拍卖日程。这就为配额市场提供了确定性，有利于稳定配额市场对供给的预期，降低市场的波动性。在日程被固定之后，可以根据实际情况进行调整。但是只能在有限数量的、明确规定的情况下进行调整，而且每一次调整应该确保对可预测性的配额供给的影响是最小的。拍卖日程安排每年由拍卖平台制订完成后，及时向市场公布。

（五）拍卖的平台

配额的拍卖需要制定一个或几个拍卖平台，拍卖规则制定之后，由拍卖平台负责具体的拍卖事宜。拍卖平台可以选择在交易所，即场内市场，也可以选择在场外市场。在中国，股票的一级市场是场内市场，债券的一级市场是场外市场。与债券等非标准化资产不同，排放配额是一种标准化资产。对于标准化资产，最好的交易平台是交易所。与场外市场相比，场内市场的交易更加规范，流动性更好，价格发现更充分。由于场内市场交易是在一个统一的电子化的交易平台完成，所有交易信息都被实时记录与监控，更加有利于监管部门的监管。

配额应明确为“现货”产品。在中国金融市场，配额更加类似于期货市场的大宗商品交易。因此在平台选择方面，利用期货交易平台更加合理。在全球不少开展排放交易的国家和地区，配额的拍卖与交易都是在能源交易所完成的。中国目前的原油期货的交易平台，是上海期货交易所下属的国际能源交易中心（International Energy Exchange，INE）。INE 在成立之初，就允许符合条件的国外投资者参与交易，这也是为中国金融市场逐步对外开放进行的重要试点。中国未来的配额拍卖平台，可以考虑将 INE 作为拍卖与交易平台。一方面 INE 经过 7 年的经营已经拥有成熟完善的交易软硬件，另一方面可以考虑将中国配额交易对外开放。配额的对外开放，有利于增加配额市场上的交易者的数量，有效提高配额市场的流动性。作为全球第一的排放大国，在建立排放交易系统后，碳排放配额将成为重要的金融工具。到时候中国的配额市场的交易量，无论是现货还是衍生品，都将超过欧盟成为世界第一。引入国外交易机构，可以提高中国在碳排放领域的定价权，进而提高中国在世界碳减排领域的话语权。综合考虑以上因素，INE 无疑是目前的最佳平台。

配额的拍卖应该采用完全的数字化的方式进行，拍卖交易所需要建立一个数字化的拍卖平台，并且提供专用的客户端。所有的配额拍卖都通过这一平台进行，符合条件的竞标者通过专用客户端参与竞标。

鉴于配额的现货属性，在配额拍卖完成后，拍卖平台应该在拍卖结束后尽快发放这些配额。作为一种“类金融工具”，配额的拍卖也需要遵守金融工具交易的有关规定。拍卖平台必须仔细检查每份拍卖申请，以确保竞拍人有资格根据规定参与配额的拍卖。拍卖平台和监管机构还有责任监督竞拍人，防止配额拍卖被用于洗钱等犯罪活动。

（六）拍卖的参与主体

只有符合拍卖资格的交易者才能作为投标人参与竞标，下列交易主体有资格在拍卖平台申请竞标。

（1）排放交易系统覆盖的所有排放企业，及其母公司、子公司或附属企业。排放企业还可以组成企业集团，作为代理人代为投标。

（2）经过中国排放交易系统认证的金融投资机构。

（3）其他申请参与配额拍卖，且被排放交易系统同意的机构。如果中国排放交易系统允许国外机构参与交易，可以考虑将符合条件的国外的金融金融机构引入配额拍卖的市场中。

排放交易系统应该制定规则，确保系统所覆盖的中小企业和排放量小的企业能够充分、公正和公平地参与拍卖。这些中小企业可以直接参与拍卖，也可以通过中介或代理参与拍卖。后一种拍卖方式可能会降低中小企业的交易成本。

（七）拍卖收益的支配

配额拍卖之后，会形成拍卖收入。配额价格越高，配额拍卖的收入就越高。作为全球第一大温室气体排放国，可以预期如果中国采用拍卖的方式分配排放配额，拍卖总收入将非常可观。如何合理使用这些收入，是需要提前规划的。

根据其他国家和地区的经验，配额拍卖的收益可以形成一个专门的基金。基金主要用于以下两个方面。

（1）维持排放交易系统的正常运行。排放交易系统的正常运转需要国家投入专项资金来维持。在采取拍卖的方式分配配额之后，维持系统运行的资金就可以由拍卖基金来支付了。

（2）用于资助减少温室气体排放的项目。作为国家减排专项基金，目标是为有关减缓气候变化和环境保护的国家方案提供财政资助。可以将拍卖专项基金资助建立减排示范项目，包括有效的碳捕获和储存项目及可再生能源项目。

第三节　排放配额交易辅助系统

排放交易体的正常运行，还需要建立辅助系统。主要包括登记结算系统、交易日志系统与监督、报告、核查与认证系统（monitoring，reporting，verification and accreditation，MRVA）。这是排放交易系统的重要基础设施，与其他配套系统共同支持着排放交易系统的正常运转。

一、登记结算系统

登记结算系统是一个电子记账系统，作为排放交易系统唯一授权的配额总托管人，主持建立、运营全国配额登记、结算和托管，确保根据排放交易系统分配与交易的配额能够被准确核算。登记结算系统通过年度配额和经核实的温室气体排放量核对排放企业的配额数量及企业的合规状态。每家排放企业必须提交足够的配额，以覆盖其上一年的核实排放量。从排放配额的分配开始，排放登记结算系统就开始记录每一位交易主体账户中的配额数量。账户中配额数量的变动，包括配额的所有交易类型如购买、出售、交割、拍卖、分配、缴纳、删除等，全部需要登记结算系统实时记录。与商业银行的账户系统类似，排放登记结算系统需要坚持安全、高效、准确、及时的基本原则，建立健全集中统一的排放登记结算系统，为登记结算系统各类参与者参与排放配额的现货和衍生品投资，提供规范、灵活、多样化的登记基础设施服务。

（一）登记结算系统的职能

配额账户、结算账户的设立和管理；配额的存管和过户；配额持有人名册登记及权益登记；配额和资金的清算、结算与交收及相关管理；与配额登记业务有关的查询、信息、咨询和培训服务；排放交易系统监管部门批准的其他业务。

（二）登记结算系统业务覆盖的场所范围

为全国排放交易系统交易的排放配额提供登记、清算、结算和交收服务；为全国排放交易系统交易的排放配额的衍生品交易，包括配额期货、配额期货期权等衍生品提供清算、交收服务；为配额的跨境交易提供登记、存管、清算、结算、交收服务；为配额的场外交易提供转托管（转登记）服务。

（三）登记结算系统对系统参与者提供的主要服务内容

通过电子化配额簿记系统为证券持有人设立配额账户，提供登记、存管服务及配额交易后的配额交收服务；为结算参与人设立担保和非担保资金交收账户，为配额、配额衍生品交易提供清算、交收服务。就场内集中交易的配额品种，排放登记结算系统作为中央对手方（CCP）以结算参与人为单位，提供多边净额担保结算服务；就非场内集中交易的配额品种，提供双边全额、双边净额、实时逐笔全额及资金代收付服务。

（四）排放登记结算系统遵循的规则

作为重要的金融市场基础设施，应该严格按照国际清算银行与国际证监会组织联合发布的《金融市场基础设施原则》（PFMI）国际标准建设与运行。为确保登记结算系统的正常运行，还需要建立一套完整、高效、先进的风险管理体系。中国应该建立一套完整的金融业监管法规，覆盖银行、证券、保险、衍生品，以及新生的配额交易等创新金融交易形式，类似于欧盟的 MiFiD 2，推动中国金融市场的规范运营和发展。

（五）排放登记结算系统的参与主体

参与排放交易系统的法人或自然人，必须在排放登记结算系统开立一个账户，才能参与排放交易系统下的配额交易。根据账户持有人的性质及其角色或活动，可提供以下账户类型：排放企业持有账户、航空公司持有账户、投资机构持有账户、个人持有账户。开户时，账户持有人必须提供账户持有人和授权使用账户的代表（自然人）的具体证明。在激活账户之前，收到开户申请的监管机构应仔细检查这些文件。

（六）排放登记结算系统的登陆与使用

为提高服务效率，登记结算系统采用完全的数字化方式运行。这需要建立一套完整的数字信息系统，包括服务端、数据库和客户端。登记结算系统的登录与使用，以类似于网上银行系统的方式在线访问。系统还需要建立灾备系统，除了数据备份在小概率的极端情况下，数字信息系统及数据中心可能会遭到洪水、地震、盗抢、黑客侵袭、恐怖袭击、战争等天灾人祸的破坏。此时如果没有系统和数据的备份，会造成数据丢失、系统崩溃，业务因此完全无法开展。这对排放交易系统来说风险巨大。建立了完善的灾备系统之后，当主中心服务器一旦有故障，灾备中心立刻接管，并对外提供服务。

二、交易日志系统

交易日志系统作为保障排放登记结算完整性的监护系统，记录所有账户的变动。该系统检查所有的注册交易，以确保它们符合排放交易系统的规则，并可以拒绝不符合系统规则的交易。这一核查将确保从一个账户到另一个账户的任何转移都符合系统的规则。

检查交易日志并记录所有从排放登记结算系统中排放配额的分配、转让、上缴、删除等详细信息。日志系统每天都要与排放登记结算系统的配额信息进行核对，以确保系统的一致性和完整性。任何不一致之处都应该被直接报告，相关账户和配额应该被冻结，直到不一致问题得到解决。

为及时向市场公布有关信息，确保排放交易系统的权威性和公平性，交易日志系统应该及时在其公共网站发布关于配额的免费分配、验证排放量、合规状态和每家企业排放限额的最新信息。另外，排放登记结算系统超过一定年限的所有配额的转让都可以在交易日志系统的公共网站上公开。

三、MRVA 系统

对于排放交易系统来说，确保企业排放数据的真实性是一个核心问题。只有保证企业报告的数据的真实性和准确性，才能保证排放交易系统的公平和公正，维护体系的权威性，这是排放交易系统建立和正常运转的关键基础。

MRVA 系统是一个完整、一致、准确、透明的监测、报告、核查和认证系统，对于在排放交易中建立信任至关重要。没有它，排放交易系统的合规性将缺乏透明度，更难追踪，执行力也会受到影响。碳市场参与者和主管部门都应该确保企业每排放 1 吨当量的二氧化碳就报告 1 吨当量的二氧化碳。只有这样，才能确保企业履行减排义务，根据实际排放量以缴足额的排放配额。

排放企业每年都要向主管机构提交符合排放清单的年度排放报告，这是排放企业在给定年份内报告温室气体排放量的关键文件。排放报告需要由独立的认证机构进行核查之后，才能上报主管机构。排放企业在履行其排放义务时必须遵循以下指导原则。

（一）完整性

完整性是排放交易系统监测的核心。监管机构需要在监控计划中制定一个完整的、特定于现场的监控方法。

（二）一致性和可比性

监测计划是一份实时文件，需要在监测方法发生变化时定期更新。为了在一段时间内保持一致，应该禁止任意改变监测方法。这就是为什么监测计划和任何重大变化必须得到主管机构的批准。

（三）透明性

所有数据的收集、汇编和计算必须以公开透明的方式进行。这意味着数据以及获取和使用数据的方法必须以公开透明的方式进行记录，所有相关信息必须被安全地存储和保留，以便被授权的第三方充分访问。

（四）准确性

排放数据必须确保准确性。排放企业需要尽职调查，力求达到最高的准确度。这里意味着排放监测必须在技术上是可行的，并避免产生不合理的费用。MRVA 系统可以采用分级方法，根据排放企业的年排放量设定不同的准确度水平，类似于金融统计中使用标准差来衡量金融风险一样。标准差越大，偏差越大，预测的准确性就越差。与排放较少的企业相比，高排放企业需要实现更高的精度水平。

（五）方法的完整性

排放企业应在年度排放报告中确定排放量，采用其被批准的监测计划中的方法，以确保报告数据的完整性。年度排放报告需要由独立的排放认证机构进行审计核实，必须确保数据没有重大错报。

（六）持续改进

排放企业必须为其监控过程建立适当的程序。如果存在改进的可能性，如达到更高的层级，排放企业应定期提交关于改进潜力的报告。此外，排放企业必须对排放认证机构的建议做出回应。应该允许排放企业根据自身的特点，从不同的监测方法中选择最适合自身的监测方法。企业可以自由选择使用哪种方法，前提是企业能够证明不会出现重复计算或排放数据差距。方法的选择需要得到装置主管机构的批准。

第四节　配额交易市场与产品

排放交易系统下的产品是排放配额。排放交易系统要实现的宏观目标是温室气体的减排；排放企业要实现的微观目标是完成减排任务。这些目标都需要通过配额来实现。排放企业获得配额的方式有两种：无偿分配与拍卖。无论是哪一种分配方式，企业获得原始配额都需要通过一个交易平台。这种交易平台可以是交易所，也可以是场外交易市场。与股票、债券的发行极为类似，这是配额交易的一级市场。在企业获得配额之后，就可以将手中的配额进行交易了。交易的平台可以是交易所，即场内市场，也可以是场外市场，这是配额的二级市场。

配额交易市场对企业完成减排任务至关重要。排放超标的企业可以在配额市场购买配额，未超标企业可以将剩余的配额出售。这是排放交易系统能够利用市场化机制实现减排目标的关键一环。在配额市场建立之后，除了排放企业之外，其他投资机构甚至个人都可以参与配额市场的交易。这些参与者参与配额的交易，能够提高配额市场的流动性，对于更好实现配额市场的价格发现等功能至关重要。

中国应尽快推动建立排放交易系统，以此为前提建设配额现货和衍生品市场。加快顶层设计，通过立法将减排作为企业的强制责任，尽快建设全国统一的排放交易系统。设定国家层面的整体排放目标，明确分配机制和监管程序，在区域、行业、企业之间进行公平合理分配，统一目前分散的碳交易市场，明晰可交易的排放配额并标准化。

一、配额交易的流程

（一）配额的分配

在排放交易系统建立的初期，为了降低企业减排成本，增加企业适应减排的时间，一般配额的分配采取免费的方式。通过一系列复杂的计算，确定每家企业的排放上限。排放交易系统随后将配额免费分配给每家企业，分配的配额等于企业的排放上限。在系统逐步成熟之后，配额的分配可以采用拍卖的方式，配额的拍卖总量等于企业年度排放上限总和，即企业配额总和。企业需要根据自身排放情况购买配额，也可以根据对市场配额价格的预测，在二级市场购买或出售配额。

无论采取哪一种配额的分配方式，对企业的排放要求是一样的。在每年年终，所有被纳入排放交易系统的企业，需要上缴排放配额。企业排放了多少温室气体，就需要上缴等额的配额。

（二）配额的交易

企业在获得配额之后，就可以将配额在配额交易市场即二级市场进行交易了。排放企业交易配额的主要目的，要么是由于自身配额不足，需要购买配额来合规；要么是排放量低于配额，需要将多余的配额出售以获取收益。除排放企业外，还有众多投资机构和个人参与配额交易市场，目的是通过买卖配额来获取收益。

配额的转移发生在排放交易系统的注册账户之间。转让指示由卖方账户以电子指令的方式发出，该指令说明了要转让的配额数量和接收配额账户的详细信息。一般来说，一旦交易被确认，无论是在场外市场还是在交易所，交易指令都会被发送到配额登记结算系统进行实物转移，也称为交割。

（三）配额的上缴

排放配额在整个交易期内的任何一年内都是有效的。在每年年初，排放企业必须在配额登记结算系统提交配额，数额等于其上一年经核实的温室气体的排放量。如果未能及时提交配额，或者提交的配额数量不足，则每吨二氧化碳当量要处以固定额度的罚款。罚款额度要远高于配额的市场价格。而且在缴纳罚款之后，排放企业仍需在下一年度缴纳所欠缴的配额额度。

（四）配额的删除

排放交易系统的参与者也可以选择自愿“删除”配额，或者换句话说，让配额永久性地退出流通，并从配额登记结算系统删除，而不使用这些配额来合规。这是基于这样一种推理：如果排放交易机制中的配额数量减少，那么剩余配额的价格就会上升，这反过来又为内部减排措施创造了更大的激励。

二、配额市场的监管

市场监管是指监管机构为确保配额交易市场的安全性和完整性而采取

的措施。这主要包括一个安全有效的交易环境和防止市场滥用的安全机制。原则上，任何在配额登记结算系统拥有账户的机构和个人都可以参与排放交易系统下的配额交易。在实践中，配额交易主要是由承担了减排义务的能源和工业企业，以及金融中介机构完成的。配额交易可以直接在买方和卖方之间进行，通常称为场外交易（OTC 市场）；也可以通过有组织的交易所交易，即场内市场。

（一）配额交易的类型

配额市场包括多种不同类型的交易：即时交付准备金的交易（即所谓的“现货”交易），以及期货、远期或期权等衍生品交易。从 EU ETS 交易的情况来看，配额现货的交易量所占比重很低。配额的主要交易的产品是衍生品，它们在交易中占据最大份额。由于配额的交易方式与大宗商品、金融工具基本相同，需要接受金融市场监管规则的监管。

（二）配额交易的监管主体

目前，在中国碳交易的主管机构是生态环境部及各地的环保部门。未来建立全国性的排放交易系统，可以由以环保部牵头，联合国家发改委和证监会等机构，成立专门的排放监管机构，监管排放配额的现货交易市场。对于配额的衍生品交易，鉴于其金融衍生品的属性，可以交由证监会监管。

主管部门需要制定配额现货、配额衍生品的交易规则和监管规则，将适用于所有配额市场的参与者。配额市场的监管重点是禁止市场操纵和内幕交易，包括对内幕信息的具体定义、内幕信息披露义务以及对一级市场（拍卖）的全面覆盖。配额的监管还要确保反洗钱检查到位，向所有市场参与者提供真实透明的信息。这些监管规则旨在为交易者提供一个公平、合法和高效的交易环境，以增强市场信心。

三、配额现货市场的构建

配额现货市场作为排放交易系统的重要组成部分，是配额交易的二级市场，类似于股票二级市场。

（一）配额现货市场的作用

配额现货市场作为排放交易系统的核心环节之一，对于系统的成功运行、实现减排目标具有重要作用。

1. 为排放企业提供交易配额的平台

在配额的一级市场上，是通过免费分配或者有偿拍卖的方式分配排放配额。无论采取哪一种方式，绝大部分企业会发现，自身拥有的配额额度与实际排放量是不相等的。有的企业的排放量低于配额，有的高于配额。根据排放交易系统的规定，配额不足的企业需要在配额市场购买足额的配额来完成排放义务。配额有剩余的企业可以在配额市场出售多余的配额以获取收益。配额现货市场是排放企业完成排放义务，以及通过减排获取收益的关键基础设施。配额市场的效率，直接决定了排放企业的交易成本和交易效果。

2. 为金融机构与个人提供投资配额的平台

配额交易市场除排放企业外，还应该允许投资机构与个人参与交易。投资机构与个人参与配额交易，与交易股票、债券和商品的目的完全相同，都是为了获取收益。允许排放企业之外的机构与个人参与配额交易，可以极大提高配额市场的流动性，增强配额市场的价格发现功能。此外，吸引各类交易主体参与配额交易，还可以广泛宣传低碳环保理念。对于投资机构与个人来说，参与配额交易可以增加投资途径。通过分析配额的供求，预测未来配额价格的变动，进而做多或做空配额来获取收益。

3. 为配额衍生品交易提供标的资产

从欧盟发展排放交易系统来看，随着交易系统的成熟完善，配额衍生品的交易量要远高于配额现货，配额现货在配额交易总量中所占比重不足10%。尽管如此，配额现货交易仍是配额交易市场的关键基础。衍生品不能凭空产生，必须以现货资产作为标的资产。配额现货市场的交易价格，对配额衍生品价格的形成提供了价格基础。

（二）配额现货市场的交易平台

配额现货可以在交易所交易，也可以在 OTC 市场交易。交易所即场内市场，OTC 市场即场外市场。

1. 场内市场的特点

场内市场与场外市场相比，优势包括：流动性好、价格发现充分、信用风险更低等。场内交易能够向市场实时披露交易的各项数据，包括交易量、交易价格、持仓量等，这对监管机构监管配额的交易是非常有利的。与场外市场相比，场内市场的缺点是缺乏灵活性。场内市场交易的资产或资产合约，都是由交易所制定的标准化合约，交易者只能接受，无权改变合约中的条款。

2. 场外市场的特点

场外市场的优势在于，交易双方无须通过中介即可完成交易，有利于保护交易双方的商业机密。但是场外交易的劣势在于，由于缺乏统一的交易平台和交易时间，导致场外交易的流动性很差、价格发现不充分。场外交易不透明，监管机构很难监管。虽然在 2008 年美国金融危机之后，很多国家都加强了对场外金融交易的监管力度，但是目前看效果并不能令人完全满意。与场内交易相比，场外交易最大的优势是灵活方便，交易双方可以自行决定交易的具体内容。

3. 配额交易的市场选择

标准化资产非常适合在场内市场进行交易，如股票、贵金属、香草期权等。非标准化资产就不太适合在场内市场交易，如奇异期权。在金融实践中，有些标准化资产由于本身流动较差，因此主要的交易地点在场外。包括国债在内的各类债券，都是标准化金融工具，但主要的交易地点是场外市场。除债券外，外汇的主要交易地点也是在场外。债券和外汇虽然是标准化金融工具，但其价格变化与股票、商品相比，波动性非常小。投资者在购买此类资产后，一般会长时间持有。这就导致资产的交易频率过低，流动性差。交易所中也有少量债券、外汇的交易，但是普遍存在连续几天、十几天没有成交的情况。这对交易所的各类设施是极大的浪费。根据 EU ETS 交易排放配额的经验，配额交易的频率是很高的，流动性也相当好。作为一种标准化资产，排放配额非常适合在场内交易。

4. 交易所的选择

目前中国股市主板交易所有 2 家，期货交易所有 4 家，地方碳交易所有 7 家。从其他国家交易排放配额的情况来看，大部分国家并没有为了配额交易而新建一家交易所，而是将配额作为一种新型的标准化类金融工具，选择一家现有的交易所交易。欧盟配额现货的主要交易地点是欧洲能源交易所（EEX），配额衍生品的主要交易地点是 EEX 和洲际交易所（ICE）。从欧盟交易排放配额的实践来看，配额是作为一种标准化的大宗商品来进行交易的。另外，考虑二氧化碳等温室气体主要来自化石燃料的燃烧，将配额交易置于能源交易所也就顺理成章了。考虑配额的大宗商品属性和能源属性，在中国将配额交易置于上海国际能源交易中心（INE）是最合适的。INE 目前交易的产品包括原油、低硫燃料油、20 号胶和铜。未来中国配额的现货与衍生品，都可以在 INE 进行交易。另外，INE 的产品目前已经全部对外开放，这对未来对外开放配额交易是非常有利的。

四、配额衍生品市场体系的构建

在配额现货市场建立起来之后，配额衍生品市场应该尽快建立，以形成完善的配额市场体系。配额衍生品市场的建立，可以有效促进配额现货市场的发展。在配额的分配方式从免费分配过渡至拍卖之后，排放企业在购买配额时，会面临较大的价格风险。如果企业购买的配额过多，就会面临配额价格下跌的风险。如果企业购买的配额不足，就会面临配额价格上涨的风险。在没有配额衍生品的情况下，排放企业就需要承担这些风险。这对排放企业管理配额的价格风险是非常不利的。配额衍生品的交易，可以为排放企业提供专业的价格风险管理工具。对于投资机构与个人，购买配额衍生品比购买配额现货来进行投机更有吸引力。与配额现货相比，配额衍生品的交易成本更低，流动性更好，还能够方便地做空。配额衍生品体系的构建，在排放交易系统中是必不可少的。

（一）构建配额衍生品交易机制及市场保障体系

配额衍生品市场的建立，比配额现货市场要复杂得多，需要首先规划配额衍生品交易机制。作为衍生品的一种，配额衍生品与其他衍生品存在很大共性，可以参考其他已经广泛交易的衍生品，以及 EU ETS 配额衍生品市场的发展经验，来构建中国配额衍生品市场机制。不过排放配额有其自身的特殊性，在建立配额衍生品市场机制时必须重点考虑这一点。配额衍生品市场机制的构建，需要解决以下问题。

（1）构建中国配额衍生品市场的框架；

（2）确定配额衍生品市场预期实现的目标；

（3）设计配额衍生品交易机制的路径；

（4）确定市场交易主体；

（5）提出吸引市场主体参与配额衍生品交易的措施；

（6）构建市场交易机制；

（7）建立风险控制机制。

除此之外，推动和发展配额衍生品交易市场，需要建立完善的保障体系，包括：

（1）政策支持体系；

（2）市场监管体系及辅助支持体系。

保障体系的建立，是配额现货市场和配额衍生品市场持续健康发展所必需的外部条件。任何一种衍生品的设计和推出，都要以原生品（标的资产）为基础。在未来中国建设的排放交易系统中，排放配额是唯一的现货资产。在设计衍生品时，应以此为标的资产来推出相应的衍生产品。

（二）参与主体

配额排放衍生品市场上的参与主体包括排放企业、金融机构、个人、交易所和监管部门（见图 8－1）。

1. 排放企业

通过在配额衍生品市场上买卖配额衍生品（配额期货、配额期权）来实现对配额价格的风险对冲，最终达到锁定配额现货价格、规避配额价格波动风险的目的。根据欧盟配额衍生品市场发展的经验，排放企业在配额衍生品交易总额中所占比重最低。但即使如此，排放企业交易配额衍生品对配额市场的成功是至关重要的。排放企业对配额衍生品的交易需求是刚

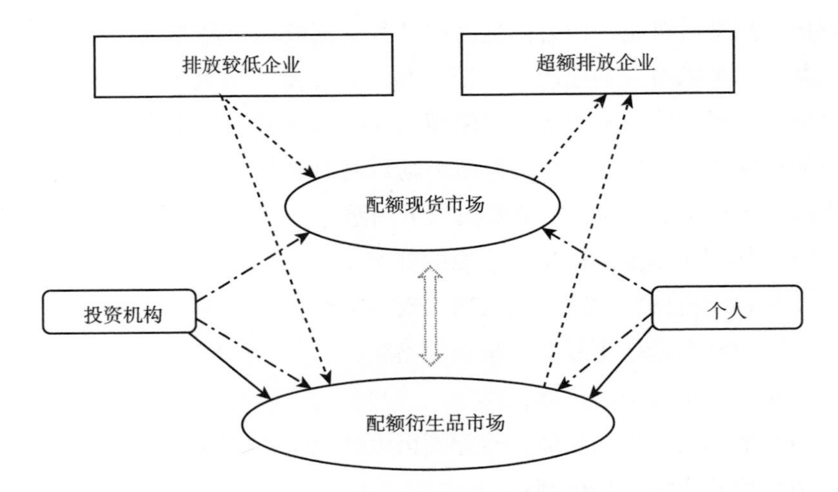

图 8-1　中国配额衍生品市场原理及流程

注：- - - - - - - -➤ 排放企业通过在配额衍生品市场上买卖配额衍生品（配额期货、配额期权）来实现对配额现货价格的风险对冲。具体做法是：超额排放企业在配额衍生品市场买入配额期货，或者配额看涨期权来对冲配额现货价格上涨风险；配额有盈余的企业在配额衍生品市场卖出配额期货，或者买入配额看跌期权来对冲配额现货价格下跌风险。

———➤ 投资机构与个人参与配额衍生品交易，通过买卖配额衍生品来进行投机。

—·—·—·➤ 投资机构与个人通过同时参与配额现货市场和配额衍生品市场来进行套利。

⟺ 配额现货市场和配额衍生品市场之间由于套利者的存在从而使配额现货价格和配额衍生品价格之间存在精确的定量关系。

性的，虽然交易额所占比重较低，但刚性需求是配额衍生品交易的基础。

2. 金融机构与个人

配额衍生品市场上的交易者，除了排放企业还有金融机构与个人；参与配额衍生品交易的目的，是通过投机配额来获取收益。具体做法是：在预测配额现货价格基础上通过买卖配额衍生品来进行投机，通过同时参与配额现货市场和衍生品市场来进行套利。金融机构与个人的投机交易，在配额衍生品交易总量中占据主要比重。投机交易对提高配额衍生品市场的流动性、增强价格发现功能作用重大。

3. 配额衍生品交易所

配额衍生品交易所负责制定交易规则和设计配额衍生品合约。配额衍生品合约为标准化合约，通过合约的制定来具体实现配额衍生品市场的各种机制——交易机制、信用风险控制机制、结算和交割机制等，还提供技术、场所、设施服务等。

4. 监管部门

在配额衍生品市场上，监管部门主要负责制定和执行与配额衍生品交易相关的法律、法规和各项规章制度，确保配额衍生品的交易符合国家的法律法规，符合国家总体的减排政策方向。

（三）现货市场和衍生品市场的关系

配额现货市场和配额衍生品市场之间由于套利者套利行为的存在而使配额现货价格和配额衍生品价格之间存在着精确的定量关系。

当配额现货价格相对于配额衍生品价格过高时，套利者通过卖空配额现货，买入配额衍生品合约并持有到期来锁定一个无风险的收益；当配额现货价格相对于配额衍生品价格过低时，套利者通过买空配额现货，卖出配额衍生品合约并持有到期来锁定一个无风险的收益。正是套利者套利行为的存在，才使配额现货价格和配额衍生品价格之间存在着精确的定量关系，正是这种定量关系的存在才使配额衍生品具备了套期保值、价格发现及投机的功能。

（四）配额衍生品市场预期实现的目标

配额衍生品市场具有的众多功能是配额现货市场所不具备的。通过建立配额衍生品市场，预期可以实现的目标包括以下几点。

1. 价格发现目标

所谓价格发现，是指衍生品市场通过公开、高效竞争的交易运行机制，形成具有真实性、连续性和权威性价格的过程。在配额衍生品市场中，众多交易者通过公开竞价的方式达成买卖协议，形成的市场价格能充分反映出市场参与者对目前以及未来排放配额的供求关系、市场价格的综合预期和真实意愿。配额衍生品价格的波动能够体现出配额资产的供求状况及价格的变动趋势，因此配额衍生品具有价格发现功能。

配额衍生品交易是以配额现货交易为基础的，配额现货价格与配额衍生品价格之间存在确定的定量关系。一般情况下，这一定量关系都是成立的。当由于某种原因致使配额现货价格与配额衍生品价格之间出现偏离时，市场上的套利者会立即参与交易并实施套利，套利的结果不仅使套利者获得了无风险的收益，最重要的是使配额现货价格与配额衍生品价格之间的定量关系重新恢复。所以配额衍生品的价格会随着配额现货的价格变动而变动，同时，又为配额现货的价格提供重要的参考。形成合理的市场价格通常需要一系列条件，例如，供求的集中，公开、公平、公正的竞争，市场的秩序化，充分的流动性等，配额衍生品交易所提供的一系列严格的运行机制能够为这些条件提供保障，形成权威且具有预期性的价格。此外，配额衍生品交易所集中了众多的市场参与者，使决定价格的信息成本大大降低。

价格发现功能的作用在于加强市场竞争的同时，修正市场的不正确定价。在市场经济中，价格机制是调节资源配置的重要手段，价格变化影响着供求的变动。被配额衍生品市场发现的价格随时通过各种方式传播出去，为排放企业和投机者提供价格信号，作为他们制定和调整自己生产经营计划和投资决策的重要依据。成熟的配额衍生品交易市场中，配额衍生品合约买卖双方的数量众多，且参与者大多是具备广泛的信息获取渠道、熟悉行情的专业人员，有着丰富的配额衍生品交易专业知识，掌握科学的分析和预测方法。能够科学、准确地对配额的价格进行预测，体现供求双方的力量，形成的配额衍生品价格反映了大多数人的预期，因此能够比较好地代表供求变动趋势，可以综合反映大多数市场参与者对当前以及未来某一时间段内配额资产价格的观点。构建配额衍生品市场将有助于配额排放权交易市场形成公平、合理的价格，完善配额市场的定价机制。

2. 风险对冲目标

风险对冲（套期保值）是衍生品最基本、最重要的用途。一般而言，所有的衍生品在设计、推出时，所要实现的最重要的功能即为风险对冲。所谓风险对冲，是指在现货市场和衍生品市场对同一类商品同时进行数量相等但方向相反的买卖活动，或者通过构建投资组合，来避免未来现货价格的变化可能带来损失的一种交易手段。

对于参与配额市场的交易者来说，配额资产价格的波动形成了较高的风险。配额衍生品市场能够提供风险对冲的基本功能，为配额现货交易提供了新的风险管理手段，通过支付较低的成本即可将配额资产价格波动的市场风险完全或部分对冲掉，从而更好地满足不同类型投资者的需要。一般来说，参与配额交易的排放企业大都是风险厌恶型的交易者。他们期望尽可能锁定未来配额资产的交易价格，避免价格波动，以期获得稳定的经营利润。配额衍生品市场能够帮助他们达到这样的目的，实现风险的规避。

当企业未来需要购买配额资产而现在想锁定其价格时，可以在衍生品市场上购买等量的配额期货合约或者购买配额看涨期权；当企业未来需要出售配额资产而现在想锁定其价格时，可以在衍生品市场上出售等量的配额期货合约或者购买配额看跌期权。这样，无论将来配额资产的价格如何波动，在配额资产现货上的损失都能够由配额衍生品的盈利来抵销，从而实现风险对冲，达到套期保值的目的。

3. 降低交易成本目标

配额衍生品市场上投机者的交易目的是获取投机收益，依据自身对未来配额资产价格走势的判断进行相应操作：如果配额衍生品市场价格的实际走势与判断相同，则赚取投机收益；如果实际走势与判断相反，则遭受投机亏损。由于配额衍生品与配额现货相比存在较高的交易杠杆，这就使在配额资产价格变动时，投资配额衍生品的收益或损失要比投资配额现货高得多，这就吸引了大量投机者的加入。而且与交易配额现货相比，配额衍生品的流动性更高，还可以方便做空，因此投机者更愿意选择配额衍生品。在投机过程中，投机者主动承担了配额衍生品市场的风险，这样就充当了套期保值交易者的对手方。配额衍生品市场正是由于大量投机者的加入和频繁的买卖交易，才为排放企业进行套期保值提供了便利，使他们能够很方便地达到规避风险的目的。因此，投机者的存在能提高配额衍生品市场的交易量，从而提高配额衍生品市场的流动性和活跃度。

投机者是配额衍生品市场上主动承担最终风险的人，能够促进市场买卖交易的顺利达成。投机者频繁的进行交易，对冲手中的配额衍生品合约，增加了配额衍生品市场的交易量，极大地提高了市场参与者的积极性。而对于配额衍生品市场本身来说，投机者的交易能够阻止配额资产价格的单方向无限波动，因为一旦超出正常的价格范围，投机者就会进行反方向的投机操作，有效地阻止价格的进一步偏离。

4. 活跃市场目标

第一，配额衍生品交易是由交易所制定的标准化合约，最终形成的价格是单一价格，这就降低了交易者搜寻市场信息特别是价格信息的成本；第二，配额现货是全价交易，而配额衍生品是保证金交易，与配额现货相比，配额衍生品交易可以节约大量资金，这就极大降低了交易成本，也降低了交易门槛；第三，配额衍生品合约是由交易所制定的标准化合约，明确了交易双方的权利和义务，严格控制了交易风险，信息传递更加透明。基于以上原因，使得与配额现货市场相比，配额衍生品市场能够吸引更多的交易者，市场交易量更加庞大，有效降低参与者搜寻市场信息的成本，使市场交易更加活跃。

五、配额衍生品市场机制的构建

（一）市场参与主体设计

与配额现货市场相比，投机者更加青睐配额衍生品，配额现货市场的交易者主要是各类排放企业。排放量低于配额数量的排放企业可以将盈余配额在配额市场出售以获取收益；排放量高于配额数量的排放企业需要在配额市场购买其超额排放量以完成排放任务。由于具有较强的投机功能，配额衍生品市场上的参与主体除进行套期保值交易的排放企业外，还有大量其他交易者。根据买卖配额衍生品的目的不同，配额衍生品市场上的参与主体可以分为三类：套期保值者、套利者和投机者。

1. 套期保值者

配额现货市场的交易者主要是具有减排任务的生产企业，这些企业是温室气体主要的排放者，他们也是排放配额的最终使用者。配额衍生品市场最基本也是最重要的功能，是对配额现货的价格风险进行套期保值，这是构建配额衍生品市场的根本目的。未来随着配额现货交易的规模不断扩大，配额价格的波动风险也随之增加，配额衍生品正是实现套期保值的最有效的金融工具。套期保值者是配额衍生品市场发展的根本动力和源泉，正是他们在配额衍生品市场中进行的套期保值交易行为，构成了配额衍生品市场存在和发展的基础。从规模上来看，虽然配额衍生品市场上套期保值交易占比较低，甚至可能远远低于投机交易，但如果没有一定数量的套期保值交易来支撑，配额衍生品市场就会逐步变成专门用来投机的场所。这样发展下去，不用太长时间配额衍生品市场就会由于丧失了发展的原动力而最终趋于失败。

2. 套利者

配额现货价格和配额衍生品价格之间存在着精确的定量关系，这种定量关系是配额衍生品实现对配额现货套期保值功能的前提，也是配额衍生品实现价格发现功能的前提。配额现货和配额衍生品之间的这种定量关系，是由于广大套利者的存在才得以实现的。当配额现货价格相对于配额衍生品价格过高时，套利者通过卖空配额现货，买入配额衍生品合约并持有到期以锁定一个无风险的收益；当配额现货价格相对于配额衍生品价格过低时，套利者通过买空配额现货，卖出配额衍生品合约并持有到期来锁定一个无风险的收益。套利行为的结果，是使配额现货价格和配额衍生品价格回归到其正常水平。套利者对于促进配额衍生品市场健康发展是不可少的，套利者的套利行为是连接配额现货市场和配额衍生品市场的桥梁。

3. 投机者

在配额衍生品市场上存在着这样的交易者，他们参与配额衍生品市场的目的并非进行套期保值，而是通过预测配额衍生品未来的价格走势，不断买入和卖出配额衍生品合约来获取收益，这种交易者就是投机者。例如，当投机者预测配额资产的价格将要上涨时，可以通过买入配额期货合约，或者买入配额看涨期权，并等待时机进行平仓；而当投机者预测配额资产的价格将要下跌时，可以通过卖出配额期货合约，或者买入配额看跌期权，并等待时机进行合约对冲。投机者的存在，对于活跃市场、提高市场流动性是极其重要的。投机者是配额衍生品市场中必不可少的组成部分，只有投机者进行大量的买卖，才能实现配额衍生品市场的价格发现功能。如果没有足够数量的投机者，套期保值者就可能会由于没有足够的交易者充当交易对手而无法实现套期保值的目的。目前，国际配额衍生品交易市场中，机构投机者已经成为重要组成部分，因此，中国在配额衍生品市场的构建过程中，也要重视对机构投机者的培养和吸引。

（二）标的资产

从全球衍生品品种的发展历程来看，衍生品的发展基本遵循了先期货后期权、先场内后场外、先商品后指数的由简单到复杂的发展历程。因此在推出配额衍生品时，也应遵循先简后繁的规律。从衍生品标的资产的发展历程来看，从最开始的农产品到金属产品再到金融产品（股指、国债），以及最新的以各种虚拟资产为基础的各类指数，如气象衍生品（以温度、降雪、降水、飓风、霜冻为基础资产计算出来的指数为标的资产）以及配额衍生品。在衍生品市场中，已经积累了大量以虚拟资产为标的资产的衍生品的交易，这也为配额衍生品的成功打下了坚实的基础（见表8－2）。

表8－2　世界衍生品发展路径

时间	推出的衍生品品种
1848年	芝加哥期货交易所（CBOT）成立，开始交易农产品期货合约
1972年	外汇期货上市交易
1973年	芝加哥期权交易所（CBOE）成立，开始交易股票看涨期权
1975～1977年	利率期货开始在CBOT和CME上市交易
1982年	股指期货合约上市交易
1998年	信用违约互换（CDS）开始在场外市场交易
1999年	气象衍生品开始在CME上市交易
2000年至今	配额衍生品开始在欧洲和美国交易

近年来衍生品交易在世界范围内发展迅速，交易额从2001年的117万亿美元增长到2019年的583万亿美元，年均增长率达9.3%。同期全球GDP年均增长率只有5.5%。2019年全球衍生品交易额为全球GDP的7倍（见图8－2）。这主要是由于随着金融市场的发展，各类金融工具层出不穷，随之而来的各种风险也逐步暴露，衍生产品刚好满足了风险管理等方面的需求。世界衍生品市场的发展，也为配额衍生品的交易和发展奠定了良好的基础。

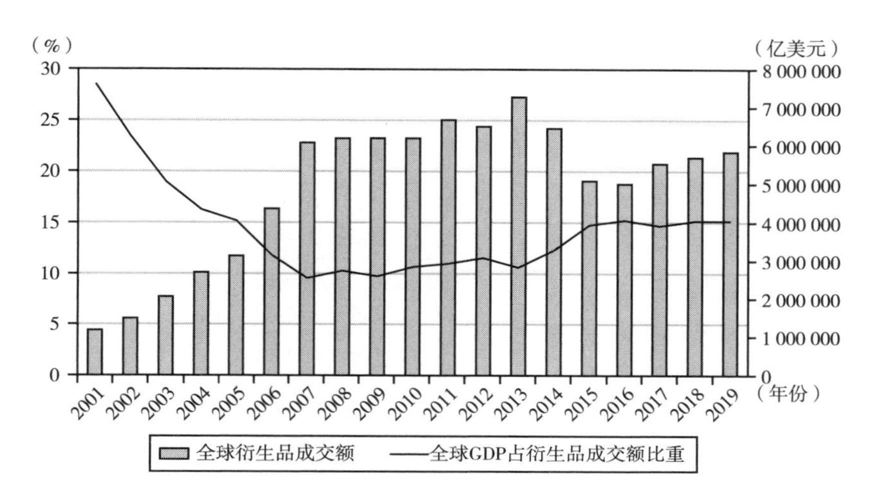

图8-2　全球GDP与衍生品交易情况（2001~2019年）

资料来源：Wind金融终端。

衍生品标的资产应该是已经开始交易的现货品种。任何一种衍生品都不能脱离其标的资产（现货）而单独存在。虽然目前中国已经开始的碳交易产品为碳排放配额和核证自愿减排量（CCER），但成交量非常低。未来建立全国统一的排放交易系统，需要以“总量控制与交易”为原则，而不是自愿减排。自愿减排在全世界大部分国家被证明是基本无效的，强制减排才是唯一出路。因此推出的衍生品应以未来中国排放交易系统下的排放配额为标的资产，只有这样才能形成完整的排放交易市场体系。

在具体的衍生品种类方面，首先推出的是配额期货。从1990年中国成立第一家期货交易所——郑州商品交易所开始，经历了30年的发展，中国的期货交易体系已经基本成熟完善（见表8-3）。因此在所有的配额衍生品中，首先推出配额期货是最稳妥的。而期权和期货是完全不同的衍生产品，期权的运行机制比期货要复杂得多。中国第一种挂牌期权于2015年上市交易，期权交易的制度、规则、经验等还不太成熟，因此配额期权不宜过早上市。作为一种类大宗商品，配额期权的标的资产并非配额本身，而是配额期货合约，配额期权到期时交割的资产是配额期货合约，而非配额本身。因此必须首先推出配额期货交易，才能以此为基础推出配额期货期权（以下简称“配额期权”）。

表 8－3　　中国试点碳交易所及交易产品

交易所	交易产品
广州碳排放权交易所	广东省碳排放配额（GDEA） 核证自愿减排量（CCER）
天津排放权交易所	碳配额产品（TJEA） 核证自愿减排量（CCER）
重庆碳排放权交易中心	重庆碳排放权（CQEA） 核证自愿减排交易（CCER）
上海环境能源交易所	上海碳排放配额（SHEA） 国家核证自愿减排量（CCER）
北京环境交易所	北京市碳排放权配额（BEA） 核证自愿减排量（CCER）
深圳排放权交易所	深圳碳排放权配额（SZA） 核证自愿减排量（CCER）
湖北碳排放权交易中心	湖北碳排放权交易配额（HBEA） 中国核证减排量（CCER）

在建立配额市场体系时，首先建立配额现货市场，在此基础上建立配额衍生品市场。在推出配额衍生品时，首先上市交易的是配额期货，以配额期货为基础，再上市交易配额期权。这是配额市场和配额产品建设的基本步骤，先后顺序不能出现错乱。

（三）交易平台

衍生品交易场所有场内和场外两种，场内交易产品以期货和期权为主，场外交易以远期和互换为主。经过以上的论证可知，在建立中国配额衍生品市场时，应考虑以场内交易为主。当然，场外交易也有其优势，如交易灵活等，但信用风险高和流动性差的缺点是场外交易固有的。作为一种标准化的资产，排放配额的衍生品非常适合在场内交易。场内交易也非常有利于监管机构的监管。因此交易所应该成为配额衍生品的主要交易场所。

在安排配额衍生品场内交易时，可以选择成立新的交易所，也可以选择使用既有的衍生品交易所。

1. 交易所的选择

中国现有 4 家期货交易所，分别是大连商品交易所、郑州商品交易所、上海期货交易所和中国金融期货交易所。如果在推出配额衍生品时，选择利用已有的交易所，可以极大节省建立新的交易所所需的时间和成本。在这方面可以参考 EU ETS 的做法。EU ETS 排放交易系统下 EUA 现货的主要交易平台是欧洲能源交易所（EEX），EUA 衍生品的交易平台是 EEX 与洲际交易所（ICE）。EEX 与 ICE 在 EU ETS 建立之前就已经成立了。EEX 交易的主要产品是各类能源的衍生品，ICE 交易的资产非常齐全，包括农产品、能源、金融等。作为全球规模最大的衍生品电子交易系统之一，ICE 拥有成熟的衍生品交易系统。

目前，中国 4 家期货交易所最合适进行配额衍生品交易的是上海期货交易所。上海期货交易所下属的上海国际能源交易中心（INE）有原油期货、低硫燃料油两种重要的能源品种。INE 的衍生品还完全对外开放，经过审核批准的国外投资者可以在 INE 交易衍生品。这对吸引国际投资资金，取得商品的定价权是很重要的。作为拥有全球最大排放配额资源的国家，未来中国配额交易市场需要逐步对外开放。综合以上因素可以得知，无论是从配额的交易效率来看，还是从配额的交易成本来看，将配额衍生品置于 INE 是最合适的。

2. 清算所

清算所是每一个交易所必须配有的清算机构，它是一个会员制机构，其会员资格申请者必须是已经成为与该清算所有业务往来的配额衍生品交易所会员。为配额衍生品市场的组织结构环节之一，负责配额衍生品交易的清算。

清算所具体负责对配额衍生品交易所内买卖的标准化合约进行统一交割、对冲和结算。清算所是随配额衍生品交易的发展以及标准化合约的出现而设立的清算结算机构，成为配额衍生品市场运行机制的核心。一旦配额衍生品交易达成，交易双方分别与清算所发生关系。清算所既是所有配额衍生品合约的买方，也是所有合约的卖方，即所谓的中央对手方（Central Counter Parties，CCP）。

3. 支付清算系统

支付清算系统也称支付系统，是配额衍生品交易中对买卖双方之间的债权债务关系进行清偿的系统。具体来讲，它是由提供支付服务的中介机构、实现支付指令传递及资金清算的专业技术手段共同组成的，用以实现债权债务清偿及资金转移的一系列组织和安排。

配额衍生品交易的清算与支付结算系统，也完全可以利用现有的金融基础设施。只需对现有的规则进行微调，甚至无须进行任何调整就可以直接使用。这就极大降低了配额衍生品交易基础设施的建设成本。

（四）交割机制

一般来说，绝大部分衍生品合约在到期之前都被提前平仓，只有少量合约被持有到期而进行了交割。衍生品的交割有两种方式：实物交割和现金交割。实物交割是指衍生品合约到期时，按照交易所的规则和程序，交易双方通过该合约标的资产的转移，了结到期未平仓合约的过程。现金交割是指衍生品合约到期时，按照交易所的规则和程序，交易双方按照结算价格进行现金差价结算，了结到期未平仓合约的过程。

一般来说，衍生品在制定交割机制时，会遵循一个基本原则，即能够进行实物交割的一定要采用实物交割，无法采用实物交割或者实物交割成本过高才使用现金交割。配额衍生品的标的资产是在配额市场中交易的排放配额，是一种标准化资产。参考欧盟配额衍生品交易的经验，在制定中国配额衍生品交割机制时，应采用实物交割的方式，这样可以更好打通配额现货与配额衍生品之间的联动关系，更好发挥配额衍生品的各类功能，包括价格发现、风险对冲等。

（五）结算机制

结算机制是指配额衍生品交易所根据公布的结算价格和交易所规定对交易双方的交易保证金、盈亏、手续费及其他有关款项进行资金清算和划转的业务活动。

配额衍生品交易的结算，由交易所组织结算机构统一进行。交易所结算部门负责交易所配额衍生品交易的统一结算、保证金管理、结算担保金管理及结算风险的防范。交易所对结算会员进行结算，结算会员对其受托的交易会员进行结算，交易会员对其客户进行结算。结算会员对其受托交易会员的衍生品交易承担履约责任，交易会员无法履约时，结算会员应当代为履约，并取得对违约交易会员的相应追偿权。

交易所的结算实行保证金制度、当日无负债结算制度、结算担保金制度等。在配额衍生品交易中，任何一个交易者必须按照其所买卖配额衍生品合约价值的一定比例缴纳资金，作为其履行衍生品合约的担保，然后才能参与衍生品合约的买卖，并视价格变动情况确定是否追加资金。这种制度就是保证金制度，所缴的资金就是保证金。当日无负债结算制度，其原则是当日交易结束后，交易所按当日结算价计算交易者所有合约的盈亏、手续费、税金等费用，对应收应付的款项实行净额一次划转，相应增加或减少结算保证金。结算完毕后，交易者保证金低于最低余额标准时，交易所随即向交易者发出通知，要求其追加保证金到初始水平，若交易者拒绝追加，则交易所强制平仓。结算担保金是指由结算会员依交易所的规定缴存的、用于应对结算会员违约风险的共同担保资金。引进结算担保金机制，在配额衍生品市场一开始运作时就有一笔相当数量的共同担保资金，可以增加交易所应对风险的财务资源，建立化解风险的缓冲区，进一步强化交易所整体抗风险能力，为市场平稳运作提供有力保障。

（六）风险控制机制

1. 保证金机制

与配额现货的全额交易不同，配额衍生品实行的是保证金交易。保证金交易是指交易者只需支付资产全额的一定比例就可以进行交易了。一般做法是交易者开立保证金账户，当保证金账户中的资金不低于交易所规定的最低保证金额度时就能够进行配额衍生品的买卖。

保证金是用买卖的配额衍生品全额乘以保证金率计算出来的，保证金率由交易所规定。交易所在确定保证金率时，一般应遵循以下原则：在能够基本控制信用风险的前提下，保证金率越低越好，这样可以节约资金，降低交易成本，吸引更多交易者参与交易。不同资产的衍生品保证金率差别是很大的，保证金率的制定依据是标的资产的价格波动率。标的资产价格波动率越大，保证金率越高；标的资产价格波动率越小，保证金率越低。

配额衍生品的保证金机制是为了防范交易中出现的信用风险。在配额衍生品交易中，交易双方一般是零和博弈的关系，即一方盈利另一方一定是亏损的，且盈利与亏损的数额是完全相等的。在这种情况下，亏损方是有足够的意愿去违约的，保证金机制能够很好地防止违约的发生。当交易者保证金账户中的保证金低于一定额度（维持保证金）时，交易所会通知交易者追加保证金，如果交易者拒绝追加，交易所有权对交易者采取强行平仓措施。保证金机制的根本目的还是防范信用风险，保障交易者的合法权益。

2. 涨跌停板机制

涨跌停板机制是由配额衍生品交易所制定的，在一个交易日中配额衍生品的成交价格不能高于或低于以该合约上一交易日结算价为基准的某一涨跌幅度，超过该范围的报价将视为无效，不能成交。在涨跌停板制度下，前交易日结算价加上允许的最大涨幅构成当日价格上涨的上限，即涨停板；前一交易日结算价减去允许的最大跌幅构成价格下跌的下限，即跌停板。因此，涨跌停板又叫单日价格最大波动幅度限制。涨跌停板制度与保证金制度相结合，对于保障配额衍生品市场的正常运转、稳定市场秩序以及有效发挥配额衍生品的功能具有十分重要的作用。涨跌停板的上限和下限是由交易所规定的，一般情况下，保证金率要显著高于涨跌停板幅度，从而保证即使在配额衍生品价格达到涨跌停板时也不会出现透支情况。

涨跌停板制度的实施，可以有效地减缓和抑制突发事件和过度投机行为对配额衍生品价格造成的冲击，给市场一定的时间来充分化解这些因素对市场所造成的影响，防止价格的暴涨暴跌，维护正常的市场秩序。市场供求关系与价格间的相互作用应该是一个渐进的过程，但配额衍生品价格对市场信号和消息的反应有时过于灵敏。通过实施涨跌停板制度，可以延缓配额衍生品价格波幅的实现时间，从而更好地发挥配额衍生品市场的价格发现功能。在出现过度投机和操纵市场等异常现象时，调整涨跌停板幅度往往成为交易所控制风险的一个重要手段。

3. 持仓限额及大户报告机制

相比于配额现货的全额交易，配额衍生品实行的是保证金交易，存在较高杠杆，更易出现过度投机和操纵市场。为避免过度投机和操纵市场，配额衍生品市场应实行持仓限额和大户持仓报告制度。持仓限额是指交易所规定交易者持仓的最大数量，即交易者可以持有的、按照单边计算的某一合约持仓的最大数量。大户报告机制是指持仓达到交易所规定的持仓报告标准或者被交易所指定必须报告的，交易者应当向交易所报告。

持仓限额制度的执行可以很方便地借助交易者交易编码中的客户号来进行。在配额衍生品市场中，同一个交易者可以在不同的会员处开户，从而拥有多个交易编码，但在不同的交易编码中其客户号应当相同。因此，同一交易者即使在不同会员处开仓交易，仍可以按其客户号对其持仓进行加总计算。如果交易者的持仓达到或者超过持仓限额，将不得同方向开仓交易，即多头持仓超限时将不得进行新的买入开仓，空头持仓超限时将不得进行新的卖出开仓；在下一交易日结束前交易者必须自行平仓以满足持仓限额的要求，否则将会被强行平仓。通过持仓限额机制，可以有效防止交易者通过持有过量的合约而操纵市场的行为，确保市场的公平、公正。

配额衍生品交易所根据市场情况认为有必要的，可以要求交易者报告持仓、资金及交易用途等。当交易者持有的配额衍生品合约的投机头寸达到交易所规定的投机头寸持仓限量一定的比例时，必须向交易所申报。申报的内容包括交易者的开户情况、交易情况、资金来源、交易动机等，以便于交易所审查大户是否有过度投机和操纵市场行为及大户的交易风险情况。通过大户报告机制，监管机构能够及时掌握市场主要交易者的信息，了解可能造成市场价格操纵的所有大户的头寸，及时发现市场操纵等违法行为线索，及时公布大户持仓数据，确保市场公开透明。

4. 风险警示机制

配额衍生品交易所认为有必要，可以单独或者同时采取要求交易者报告情况、谈话提醒、书面警示和发布风险警示公告等措施，以警示和化解风险。风险警示机制的具体做法包括以下几方面。

（1）要求交易者报告情况。交易者出现下列情形之一的，配额衍生品交易所可以要求其报告情况，并单独或者合并实施谈话提醒、书面风险警示措施：

①配额衍生品交易出现异常；

②配额衍生品持仓出现异常；

③配额衍生品交易资金出现异常；

④涉嫌违规、违约；

⑤涉及配额衍生品交易的投诉或者举报；

⑥涉及立案调查等司法程序。

（2）谈话提醒和书面风险警示。交易者发生下列情形之一的，交易所可以要求其报告情况，并实施谈话提醒、书面风险警示措施：

①保证金占用达到较高比例；

②资金出现异常；

③涉嫌违规、违约；

④涉及立案调查等司法程序。

（3）发布风险警示公告。发生下列情形之一导致或者可能导致配额衍生品市场出现重大风险的，交易所可以发布风险警示公告，向市场警示风险：

①配额衍生品合约价格出现重大异常波动；

②交易者的配额衍生品交易出现重大异常；

③交易者涉嫌违规、违约；

④交易者的交易行为存在较大风险。

风险警示机制的实施，可以维护交易的公平、公正、公开，保护交易者的合法权益，提前预警和化解交易风险，促进配额衍生品交易的发展和繁荣。

第五节　市场稳定储备与碳泄漏应对

排放配额的价格直接影响排放企业的减排成本。配额价格越高，企业购买配额完成减排任务的成本就越高。与其他资产一样，配额的价格也是由供给与需求决定。在需求端，配额的需求主要由排放企业减排的排放上限和减排的技术难度决定。企业的排放上限越低，实现减排的技术难度越大，排放企业对配额的需求就越高。在供给端，监管机构分配的排放配额总量决定了配额的供给。由于配额的供给由监管机构决定，在一个排放期内是确定的，因此配额的供给主要由供给端决定。

欧盟在开展排放交易初期，为减轻排放企业的减排成本，企业排放上限设置的相对较高。2008 年美国的金融危机席卷全球，导致世界范围内的经济衰退。欧盟对此始料未及，在配额供给不变的前提下，配额需求出现了大幅度的下降。供过于求导致配额价格暴跌，一度跌破 5 欧元/吨。排放配额的供应过剩对 EU ETS 的正常运作是非常不利的。配额盈余造成的低价格，可能会激励排放企业通过大量购买排放配额来完成减排任务。大量的配额过剩供给导致了持续的低水平的配额价格，降低了低碳投资的价格激励。这将阻碍欧盟排放交易机制的参与者采取行动减少排放，可能导致排放交易系统从最具成本效益的路径上偏离，不能实现长期的减排目标。

中国开展排放交易系统也可能会遇到类似情况。为了及时应对配额供求导致的意外情况，应该采取措施以维持排放交易系统的稳定运行。

一、推迟配额的分配

解决配额供给过程的一种简单措施，是在短期内通过减少配额发放的方式减少配额的供给。如果采用的是免费分配的方式发放配额，则可以临时性地减少配额发放的总量。如果是采用拍卖方式发放配额，可以推迟拍卖一些配额。无论采用哪一种分配方式，临时性减少的配额不应该取消，而应该推迟发放，且额度不能变化。这项措施的目的是在短期内重新平衡配额的供求关系，稳定配额的交易价格，以便保持排放交易系统的整体正常运转。

采用这种方式只能临时性地解决配额供求不平衡的问题，不能解决配额供求的结构性问题。配额推迟分配的决定要根据配额的市场价格做出，这种相机抉择的机制不利于市场交易者对配额供给的预期，对企业长期的减排规划是很不利的。

二、改革配额的供给

推迟配额的供给并不能从根本上改变配额供求失衡的结构性问题，应该改进措施以应对这一情况。

（一）适当提高减排目标

如果出现排放配额供过于求的情况，可以适当提高减排目标。减排目标的提高，需要减少排放配额的总量。排放上限的降低需要适度，降低太多会增加排放企业的减排成本，降低太少又起不到减少配额供给的作用。需要综合考虑配额供过于求的具体原因，以及企业减排的成本等，确定排放目标。

（二）改进排放上限的计算方式

在排放交易系统运行初期，为了稳定排放企业预期，降低配额价格的波动，每个排放年度的排放上限是相同的。在排放交易系统稳定之后，排放上限的计算方式应该进行改进。可以通过设定一个固定的线性折减系数，将排放上限每年降低固定的额度。这将增加配额市场的压力，有利于稳定配额价格，实现加速减排。

（三）逐步扩大减排覆盖范围

在确保排放交易系统将主要的排放大户纳入减排范围后，可以将减排覆盖范围逐步扩大到受经济周期影响较小的排放企业，从而有利于减少碳价格波动。扩大减排覆盖范围，还可以增加市场上的配额需求，提高配额价格。

三、建立市场稳定储备

除了以上措施之外，还可以考虑设立市场稳定储备。市场稳定储备能够从结构方面解决供需之间持续不平衡的问题。市场稳定储备是一种基于确定规则的机制，允许配额供给以确定的方式随配额需求的变化而变化，维持配额市场的供求平衡。鉴于配额市场可能出现的供求失衡，市场稳定储备旨在为市场失衡提供长期解决方案。

市场稳定储备通过控制拍卖的配额数量，实现灵活的配额供给。市场稳定储备作为一种客观和基于规则的机制，在预定义条件下自动调整拍卖量。如果出现连续一定时间配额价格低于某一价格，如近两年的平均价格的30%，则通过减少配额的拍卖量，降低配额的供给，直到配额价格恢复至目标价格以上。如果出现连续一定时间配额价格高于某一价格，如近两年的平均价格的5倍，则通过提高配额的拍卖量，增加配额的供给，直到将配额价格减低至目标价格以下。市场稳定储备是通过控制流通中的配额总数，来实现配额供求的平衡。

配额供给调整参数，如30%和5倍，需要根据排放交易系统的总体目标、配额市场的交易情况、企业减排成本、低碳科技的发展情况等综合考虑。配额调整参数设置不当，可能会适得其反，加剧配额供求失衡的状况。配额供给参数一旦设定，在交易期中就应该保持稳定。与相机抉择的推迟配额供给的主观决策不同，市场稳定储备制度是一种完全客观的调整方式，一旦配额价格达到设定的参数，就会自动触发配额的推迟供给。与主观调整相比，这种客观的调整方式更加科学合理，更有利于市场对供给变动的预期，有利于配额市场的稳定运行。

四、碳泄漏的应对

（一）碳泄漏

碳泄漏是因减排政策而增加成本，与减排标准宽松或者没有减排要求的国家相比，导致在竞争上处于劣势的风险。

碳泄漏可能导致企业盈利减少，甚至亏损，或者迫使企业将生产转移到其他减排标准较宽松或者没有减排要求的国家。与没有面临类似成本的竞争对手相比，更雄心勃勃的减排政策下的成本增长可能使中国企业处于竞争劣势。这些企业通常是能源密集型行业，可能会将生产转移到中国以外的地方或进行新的投资，如东南亚、印度、非洲等。碳泄漏不仅降低本国企业的竞争力，还会导致减排努力的失败。

（二）碳泄漏的应对措施

为了应对本国企业而可能面对的碳泄漏风险，保护中国企业的竞争地位，应该采取有效的应对措施来避免可能出现的碳泄漏。

碳泄漏风险的高低，直接决定于配额价格的高低。配额价格越低，碳泄漏的风险就越低，反之配额价格越高，碳泄漏的风险就越高。一般来说，在排放交易系统运行的初期，配额分配的方式是免费分配，排放上限设置的也比较高，此时碳泄漏的风险较低。随着排放交易系统逐步成熟稳定，配额的分配将采取拍卖的方式，排放上限也将逐步降低，此时碳泄漏的风险就会上升。如果全球很多国家或地区并不做出相应的努力来减少温室气体排放，碳泄漏的风险可能会增加。

1. 确定碳泄漏企业的标准

制定碳泄漏的应对措施，首先应该明确碳泄漏企业的标准，确定哪些行业、哪些企业有碳泄漏的风险。一般来说，同时具备以下特征的企业，会具有较高的碳泄漏风险。

（1）企业所处行业存在较高的竞争性。如果企业所处行业是一个高竞争性的行业，当企业由于减排要求而不得不增加生产成本时，碳泄漏的风险就产生了。处于垄断行业的企业，可以通过将减排成本转嫁给消费者来消除碳泄漏的风险。

（2）国外的类似企业处于更加有利的减排环境中。如果国外的竞争对手所处的减排环境比本国企业更加宽松，则本国企业就会有碳泄漏的风险。有些行业虽然也存在竞争，但只是与本国企业竞争，与国外的同类产业基本不存在竞争关系，这样的行业是没有碳泄漏风险的。比如中国的火力发电企业，在排放交易系统下需要支付较高的减排成本，但是与国外的火力发电企业并不存在竞争关系，因此不存在碳泄漏风险。除了火力发电之外，供热企业作为温室气体的排放大户，也不存在碳泄漏风险。

（3）本国企业在产业链中的议价能力较差。如果本国企业在产业链中的议价能力很强，可以通过将减排成本转嫁给上游或下游企业，来消除或降低自身的减排成本。产业链中议价能力差的企业则不具备这种优势，无法转嫁减排成本。作为排放大户的中国钢铁行业，在产业链中的议价能力就相对较差。虽然中国的钢铁产量占全球一半以上，但是在铁矿石价格方面议价能力一直很差。与下游企业的交易中，中国的钢铁产业的议价能力也不够好。因此中国钢铁产业就存在较大的碳泄漏风险。

（4）减排成本对企业的利润率影响较大。对于有些企业来说，减排成本在总成本中所占比重极低，减排对企业的利润影响极小，即使以上条件都具备，企业也不存在碳泄漏风险。如果减排成本在总成本中所占比重较高，且具备以上三个条件，则企业的碳泄漏风险就比较高了。

2. 设置配额分配的修正系数

为了降低企业由于碳泄漏风险导致的竞争力降低，可以向面临重大碳泄漏风险的行业继续免费分配排放配额。暴露于碳泄漏的行业将获得100%的排放配额，而未受碳泄漏影响行业的配额分配，将逐步从免费分配过渡至拍卖。在采用拍卖的方式分配配额后，可以对排放企业设置修正系数。修正系数是一个介于0和1之间的常数，排放企业面临的碳泄漏风险越高，修正系数就越高。没有碳泄漏风险的企业，修正系数为0。这些符合碳泄漏标准的行业被列入碳泄漏清单，应该若干年更新一次，时间间隔不宜太长。当一家企业被列入碳泄漏名单时，它将一直保留在名单上，直到更新。最初未列入名单的行业，如果能提供证据证明其符合碳泄漏标准，仍可将其列入名单。

第六节　航空业配额分配与交易

航空业是温室气体一个重要的排放来源，从理论上来说，应该将航空业纳入排放交易系统中，在这方面率先实践的是欧盟的EU ETS排放交易系统。在2008年，EU ETS通过了必要的立法，将航空业纳入减排范围。所有往返于EU ETS成员国的航班，必须向EU ETS提交排放配额以覆盖其在欧盟排放的温室气体。

一、航空业纳入减排范围的争议

将航空业纳入减排范围从理论上没有问题，毕竟航空业是温室气体的排放大户，但在实践中有存在很大争议。不同于其他行业，航空业涉及跨国排放的问题。如果欧盟只对加入EU ETS的成员国的航空公司征收排放配额，将不会存在任何问题。但是欧盟认为这对成员国的航空公司是不公平的，毕竟在这些国家排放温室气体的还有其他国家航空企业的航班。欧盟单方面宣布，从2012年开始所有往返EU ETS成员国的航班全部纳入EU ETS减排范围。这一决议立刻在全世界引起了极大的争议，争议的焦点集中在欧盟是否有权对不具备司法管辖权的航空企业征收配额。由于涉及国家的司法主权的问题，欧盟的这一做法在全世界遭到极大的抵制。

除了司法主权的问题，欧盟对域外航空企业征收排放配额，还存在另一项争议。《京都议定书》并未对发展中国家设置减排目标。多年来，在《联合国气候变化框架公约》下的谈判中，对于发达国家和发展中国家所需承担的减排义务，各方已经形成了“共同但有区别的”减排责任的共识，发展中国家只需要尽力减排即可，并不需要承担强制减排义务。即使欧盟对域外国家的航空企业征收排放配额，如果将发达国家的航空企业纳入减排范围在《联合国气候变化框架公约》框架下不存在问题，但是将发展中国家的航空企业纳入减排范围内，就违背了“共同但有区别”的减排原则，势必引起广大发展中国家的强烈抵制。

二、航空业减排的进展

（一）欧盟的妥协

鉴于将航空业纳入减排覆盖范围在全世界引起了巨大争议和抵制，欧盟立法者决定允许从EU ETS成员国进出港的外国航班暂时不纳入减排覆盖范围，以便为国际民用航空组织（ICAO）就航空排放问题达成全球协议留出充足的时间。欧盟寻求通过国际民航组织达成这样一项协议已经很多年了，这项被称为“停止时钟”的决定持续到了2013年的国际民航组织大会。

在2013年国际民航组织第38届大会上，各方就制定一个全球市场机制的路线图达成了协议。该机制将在2016年之前限制国际航空业排放，并计划于2020年实施。在达成这项协议之后，欧盟委员会提出了一项提案，要求EU ETS只覆盖不超过EU ETS其成员国领空的飞机排放物。这一提议既不受航空业的欢迎，也不受第三国的欢迎。2014 年初，欧盟立法者通过了一项法规，将 2013 ~ 2016 年在 EU ETS 指令中覆盖的航空活动限制在欧洲经济区（EEA）机场之间的航班。总的来看，虽然通过了有关立法，但欧盟对于成员国之外的航空企业征收排放配额的计划实质上一直处于搁置状态。

（二）国际航空碳抵消和减排计划（CORSIA）

1. 国际民航组织第 39 届大会

2016 年 10 月，国际民航组织第 39 届大会通过了国际航空碳抵消和减排计划（Carbon Offsetting and Reduction Scheme for International Aviation，CORSIA），形成了第一个全球性民用航空行业的市场减排机制。具体来看，国际民航组织第 39 届大会于加拿大蒙特利尔当地时间 10 月 6 日通过了《国际民航组织关于环境保护的持续政策和做法的综合声明——气候变化》和《国际民航组织关于环境保护的持续政策和做法的综合声明——全球市场措施机制》两份重要文件，形成了第一个全球性的民用航空行业市场减排机制，这是 CORSIA 的基础性协议。CORSIA 旨在通过对航空器设计、推进、操作程序、燃料及其他更加可持续方式的持续创新，弥补航空在减少和消除其二氧化碳排放的能力方面的差距，以实现行业从 2020 年起零增长的目标。

大会通过的市场机制决议旨在通过 CORSIA 控制国际航空业温室气体排放的增长，将从 2021 ~ 2035 年分三个阶段实施。

试验阶段（2021 ~ 2023 年）和第一个交易期（2024 ~ 2026 年）。试验阶段和第一个交易期各国自愿参与，发达国家需要率先参与。

第二个交易期（2027 ~ 2035 年）。在第二个交易期，国际航空活动全球占比高于 0.5% 以上的国家，或国际航空活动全球累计占比 90% 以上的国家参与。

根据行业平均增速分担抵消责任，2030 年后适当增加根据个体增速分担责任的比例，总体上体现了发达国家与发展中国家“共同但有区别”的基本原则。决议还强调要为各国特别是发展中国家参与该机制提供援助，并就该机制实施情况和影响每三年开展一次审评。

2. 国际民航组织第40届大会

2019年9月24日，国际民航组织第40届大会在加拿大蒙特利尔召开。会议认为CORSIA已经成为现实，各航空公司可以追踪其排放量。国际航空运输协会（International Air Transport Association，IATA）联合其他组织提交了一份工作报告，呼吁各国政府在国际民航组织大会上重申CORSIA的重要性，支持国际民航组织理事会的决定，将2019年作为全球航空CORSIA的基准线，并在2027年强制执行前自愿参加CORSIA，重申CORSIA是适用于国际航空温室气体排放的基于市场的措施，坚持国际排放只计算一次的原则。

3. 新冠肺炎疫情的影响

2020年席卷全世界的新冠肺炎疫情对全世界造成了极大的冲击。截至2020年底，全世界新冠肺炎累计感染人数超过7 500万人，累计死亡166万人。疫情最为严重的美国，累计感染1 700多万人，累计死亡31万人。新冠肺炎对全球经济造成了极大的负面影响，根据世界银行和IMF的预测，2020年全世界所有的主要经济体中，只有中国能够保持经济正增长，其他国家都会出现不同程度的负增长。

因为新冠肺炎疫情的原因，很多行业都出现了不同程度的衰退。其中被新冠疫情影响最大的是航空业。因为疫情的原因，全世界航空业的上座率暴跌。出于防疫的要求，不少国家要求航空公司的机组人员，每执飞一次国际航班，就需要隔离14天，这极大增加了航空公司的运行成本。在收益暴跌，成本暴涨，且短时间之内看不到任何好转迹象的前提下，不少航空公司宣布破产。

在疫情的冲击下，全球航空业的温室气体的排放出现了历史性的下跌。但是这种下跌是以航空业的巨大损失为代价的，是不能长久的。如果在短期内继续强制实施减排要求，将对航空业造成更大的冲击。2022年，ICAO大会将审议是否需要进一步修正以解决新冠肺炎疫情的影响，确保CORSIA计划的成功实施。起初，CORSIA基准线的计算是基于2019年和2020年的平均排放量。由于遭遇了史无前例的新冠肺炎疫情危机，2020年航空运输需求与2019年相比下降了一半以上。因此，如果使用2020年的排放量进行计算，CORSIA的基准线将会严重失衡。

2020 年 6 月 30 日，ICAO 理事会决定为 CORSIA 的实施提供明确的保障措施。国际民航组织大会第 A40－19 号决议界定了 CORSIA，其中包括在出现诸如此次新冠肺炎疫情等影响该计划可持续性的不可预见情况，或造成不当经济负担时对国际航空碳抵消和减排计划进行调整的模式，并通过 3 年一次的定期复审，审议对该计划设计要素进行调整的必要性。根据 CORSIA 的 A40－19 号决议第 16 条所载的保障措施，为避免对航空业造成不适当的经济负担，理事会确定将把 2019 年的排放值当作 2020 年的排放量，以便在 2021～2023 年的试验阶段实施 CORSIA。

4. 中国航空业的减排

根据 CORSIA 计划的安排，在该计划的第二个交易期（2027～2035 年），国际航空活动全球占比高于 0.5% 以上的国家需要强制参与。中国作为目前全球第二航空大国，2027 年需要强制参加。中国作为发展中国家，根据“共同但有区别”的基本原则，承担的强制减排责任要比发达国家少。但是中国作为一个负责任的大国，主动对全世界做出了减排承诺：2030 年实现温室气体排放峰值，2060 年努力争取实现碳中和。

要实现这一宏伟的减排目标，中国需要尽快建立排放交易系统，航空业也必须纳入减排范围。与其被动等到 2027 年参与 CORSIA 计划，不如从试验阶段（2021～2023 年）就主动加入到计划中。从试验阶段就加入到航空业的减排计划中，一方面可以彰显中国负责任的大国担当；另一方面中国的航空业可以尽快适应减排要求，还可以增加中国在全球航空业减排领域的话语权。与其他国家特别是发达国家的航空业相比，中国航空业存在几大优势，可以很好地抵销减排成本。

第一，2020 年在全世界主要经济体中，中国所受疫情影响最小，经济恢复最快。2020 年全球主要经济体中，只有中国的经济是正增长，其他经济体全部是负增长。在中国经济恢复的环境下，中国的航空业虽然也遭受了巨大冲击，但与美国等发达国家相比，所受损失是最小的。可以合理预期，从 2021 年开始，中国的航空业是最先恢复正常的。

第二，中国迅速增长的航空市场。截至 2020 年，中国的航空业规模仅次于美国，居全世界第二位。虽然与美国相比，中国的航空业还有不小的差距，但得益于中国高速发展的经济和迅速提高的人均收入，中国的航空业拥有全世界最大的发展潜力。根据 IMF 的预测，2021 年中国经济增速将达 8.2%，远高于世界其他主要经济体。中国经济的恢复，会带动中国航空业的恢复，中国航空业的巨大潜力也将逐步释放出来。2020 年国际航空运输协会（IATA）发布的研究报告显示，中国将在 21 世纪 20 年代中期取代美国成为全世界最大的航空市场。

第三，迅速发展的中国民用飞机产业。长时间以来，全世界的民用飞机市场基本被波音和空客两大飞机公司垄断。中国航空公司购买民用飞机的成本一直居高不下，这也严重影响到航空公司的利润。2008 年 5 月成立的中国商飞是实施国家大型飞机重大专项中大型客机项目的主体，也是统筹干线飞机和支线飞机发展、实现中国民用飞机产业化的主要载体。中国商飞的第一款支线客机 ARJ21 于 2017 年 7 月 9 日取得中国民航局生产许可证，到 2020 年底中国商飞已经向成都航空、国航、东航和南航等航空公司交付了 41 架 ARJ21 客机。另外，中国商飞的主力机型 C919 进展顺利，预期 2021 年交付航空公司。C919 是一款与波音 737 和空客 A320 同型的单通道干线客机。平均来看，航空公司采购的飞机中，60% ~70% 是单通道干线客机。C919 的研发成功意义重大，不仅为航空公司增加了一个主要的采购选项，而且有利于民用飞机市场的竞争，可以极大削减波音公司和空客公司的垄断利润，降低航空公司的采购成本。

三、中国航空业排放交易的基本规划

建立中国排放交易系统之后，尽快将中国航空业纳入减排覆盖范围势在必行。国内航线应该依据中国排放交易系统的要求缴纳排放配额，国际航线可以通过与其他国家进行协调，在 CORSIA 计划的框架下进行减排。

（一）排放上限的计算

航空业的排放上限需要根据航空业的历史排放量确定。历史排放量以近期某一确定的时间区间的平均排放值为基础，通过中国民航局的统计数据和航空企业提供的实际燃油消耗数据来计算。此外，还需要计算辅助动力装置使用的相关燃料消耗，辅助动力装置用于在机场静止时为飞机提供动力。分配给航空业的总可用排放配额，即排放上限，设置为中国航空业历史排放量的一定百分比。考虑到由于疫情对航空企业的冲击，以及航空企业需要一定时间适应排放交易的各项要求，在排放交易系统试运行的初期，排放百分比的设置不宜过低。在排放交易系统试运行初期，排放百分比可以设置为90% ~95%。该上限适用于中国排放交易系统覆盖的航空范围，即从中国所有机场往返的航班，包括外国的航班。

（二）航空业排放配额的分配

每家航空企业的免费配额的数额是根据经核实的吨公里数据确定的。“吨公里”是衡量航空活动的常用单位，是指航空企业运载的乘客和货物乘以总行驶距离。考虑到2020年航空业受疫情冲击较大，配额的计算建议以中国2019年航空业数据为基准基础，不宜将2020年的数据为基础。基准的计算方法是每年可获得的免费配额总额，即航空业排放上限除以航空企业的吨公里数据之和。例如，每行驶1 000吨公里，可获得0.7配额。与其他企业一样，在排放交易系统成熟完善之后，航空业的配额分配也应该逐步过渡到有偿拍卖。

第七节　排放交易系统的发展路径

排放交易系统的建设是一项系统性工程，其建设、发展与完善应该是分阶段、有序地推进，需要进行科学合理的规划。一方面借鉴欧盟等成熟配额市场的发展经验；另一方面需要考虑中国的经济社会发展的实际情况，以及中国对全世界做出的减排承诺。

排放交易系统的建设，建议以2020年为基期，参照国家制定“五年发展规划”的方式，将中国发展排放交易系统的建设与发展路径分为三个阶段：规划与试行阶段、交易与改进阶段和成熟与推广阶段。

一、规划与试行阶段：2021 ~2025 年

将2021 ~2025年作为中国排放交易系统的规划与试行阶段，与中国

"十四五"规划的发展阶段相一致。考虑到排放交易系统在中国是一种全新的减排机制，应该进行科学规划，并且通过一段时间的试行进行修改与完善。对于排放交易系统覆盖的排放企业来说，也需要一定时间进行学习与适应。就像中国很多重大改革措施一样，需要先行试点，在此基础上修改完善，进而推广到全国范围。排放交易系统也不例外，规划与试行阶段的主要任务是试行排放交易系统，针对试行过程中暴露的问题与不足及时修改和完善。

（一）规划设计全国统一的排放交易系统

参考欧盟等国家和地区开展排放交易系统的经验与教训，以及中国碳排放交易试点工作的情况，规划设计全国统一的排放交易系统。排放交易系统必须做到全国统一，覆盖全国所有区域。地方性的排放交易是没有前途的，只有做到全国范围内统一规则、统一标准、统一市场、统一产品，才能实现减排目标。

（二）规划建设排放交易系统的各类基础设施

排放交易系统的建设，需要建设各类基础设施。具体包括以下几个方面。

1. 规则与制度的制定

温室气体的排放配额与其他已经上市交易的资产完全不同，是一种全新的资产。这种资产是在政府为排放企业设定排放上限之后产生的。传统的金融工具具有价值的原因在于可以产生现金流，包括股票、债券、外汇及大宗商品等。排放配额本身并不能产生现金流，其价值的高低主要取决于政府对企业排放的管制。政府对企业的排放上限越高，配额的价格越低；排放上限越低，配额的价格越高。配额的分配方式与债券、股票等资产的发行也不尽相同。排放配额的分配、交易、交割、缴纳等，需要建立一套完整的规则与制度，这是配额交易的基础设施。

2. 配额交易市场的建设

配额市场包括配额分配市场（一级市场）、配额现货交易市场（二级市场）、配额衍生品交易市场。三种市场的建设存在严格的先后顺序：配额分配市场是基础，只有排放企业在获得配额之后，才能在二级市场交易。二级市场上的配额，是配额衍生品的标的资产。三种市场中，一级市场最简单，配额衍生品市场最复杂。三种配额市场互相协调配合，共同促进排放交易系统减排功能的实现。

3. 其他基础设施的建设

排放交易系统的建设，除了基本的规则与配额市场外，还需要建立其他的基础设施。这些基础设施主要包括登记结算系统、交易日志系统与MRVA系统。

（1）排放登记结算系统。这是一个电子记账系统，作为排放交易系统唯一授权的配额总托管人，主持建立、运营全国配额登记结算托管，确保根据排放交易系统的规则分配与交易的配额能够被准确核算。

（2）交易日志系统。作为排放登记结算完整性的监护系统，记录所有账户的转账。该系统检查所有的注册交易，以确保它们符合排放交易系统的规则，并可以拒绝不符合系统规则的交易。这一核查将确保从一个账户到另一个账户的任何转移都符合系统的规则。

（3）MRVA系统。对于排放交易系统来说，确保企业排放数据的真实性是一个核心问题。只有保证企业报告的排放数据的真实性和准确性，才能保证排放交易系统的公平和公正，维护系统的权威性，这是排放交易系统建立和正常运转的关键基础，需要建立完善的系统确保排放数据的真实、准确和完整。MRVA系统是一个完整、一致、准确、透明的监测、报告、核查和认证系统，对于确保企业排放数据的真实性，在排放交易中建立信任至关重要。

二、交易与改进阶段：2026~2030年

将2026~2030年设定为排放交易系统的交易与改进阶段，与中国“十五五”规划的发展阶段相一致。经过五年的规划与试运行，中国排放交易系统已经初步建立。但是作为一种全新的系统，排放交易系统必然会存在一些缺陷与不足。在经过初期的规划与试运行之后，在“十五五”期间就可以进入正式交易阶段了。在这一阶段，需要根据试运行阶段中暴露出来的问题与不足，对排放交易系统进行修改与完善。

1. 排放交易系统的覆盖范围

在试运行阶段，本着主要覆盖排放大户的原则，排放交易系统主要将温室气体的主要排放行业与企业纳入覆盖范围，包括火力发电、钢铁、水泥、供热等。在进入正式运行阶段后，需要设定排放标准，只要高于某一排放指标，就应该全部纳入减排覆盖范围中。

2. 排放配额的分配方式

在试运行阶段，排放配额的分配方式是免费分配，以减轻企业减排成本。在正式运行阶段，配额的分配方式需要逐步过渡到拍卖。通过拍卖的方式分配配额，能够更好体现“谁排放谁付费”的原则，更加公平合理。拍卖配额的收入可以构建一个减排基金，专门用来资助重要的减排项目。另外，由于航空业的特殊性，需要单独设定配额的拍卖方案。

3. 碳泄漏的处理

在第二个交易期，就需要处理排放企业可能存在的碳泄漏风险。存在碳泄漏风险的企业，在与国外同类企业的竞争中处于不利位置。排放交易系统需要对此类企业采取补偿措施，对企业的配额采取一定比例的免费分配。企业碳泄漏风险越高，免费分配的比例就越高。

4. 市场稳定储备

在排放交易系统运行中，可能存在由于内外部因素的冲击导致的配额市场供求失衡的情况。为应对这一可能出现的状况，可以在这一阶段建立配额市场稳定储备机制，以缓解配额市场可能出现的供求失衡，保持配额价格运行在合理范围。

三、成熟与推广阶段：2031～2035 年

将 2031～2035 年设定为中国排放交易体系成熟与推广阶段，与中国“十六五”规划的发展阶段相一致。在这一阶段，中国已经积累了排放交易的丰富经验。经过 10 年的发展，到 2031 年中国已经建立起基础设施完善、运行良好的排放交易系统。

1. 配额的分配全部采用拍卖

经历了第一阶段的试运行和第二阶段的修正，中国的排放交易系统已

经日臻成熟完善。到2031年，全球主要的排放大国应该都采取了有效措施来应对气候变化。在这种背景下，企业基本不再需要被保护和照顾，配额的分配方式应该全部采取拍卖的方式方法，更好体现“谁排放谁付费”的基本原则。

2. 逐步引入境外投资者

到2031年，中国金融市场会逐步对外开放。在排放交易系统逐步成熟稳定之后，中国配额市场也应该尽快对外开放，允许境外投资机构、中介机构参与中国配额市场的各项业务。引入境外投资者，可以增加配额市场的流动性，提高配额市场的价格发现能力。同时，境外投资者的参与，可以扩大中国排放交易系统在世界上的影响力。

3. 加强与其他排放交易系统的互联互通

在发展中国排放交易系统过程中，可以在系统成熟稳定之后加强与其他国家或地区排放交易系统的互联互通。例如，加强与欧盟EU ETS的互联互通，通过与欧盟委员会的沟通与谈判，逐步允许中国的排放配额与欧盟的排放配额互认。中国的企业可以购买欧盟的排放配额来完成减排义务，欧盟企业也可以通过购买中国排放配额来满足减排义务。作为全球第一温室气体排放大国，中国拥有丰富的配额资源。通过与其他配额交易体系的充分交流与合作，有利于全世界的减排目标的实现，还可以不断增强中国在国际配额市场上的话语权。

第八节　国际合作与协调

通过温室气体减排的方式，尽快遏制全球变暖的趋势，已经成为世界上大部分国家的共识。中国建立排放交易系统，实现温室气体减排目标，需要与国际组织和其他国家建立广泛的合作与协调。世界已经有很多国家确定了雄心勃勃的减排目标，并引入了相关的政策工具。截至2020年底，全世界范围内已有或计划实施的61项温室气体减排项目。包括31个排放交易系统项目和30个碳税项目，涉及1 200亿吨二氧化碳当量，约占全球温室气体总排放量的22%。

2020 年 12 月 12 日，在《巴黎协定》签署 5 周年之际，联合国气候雄心峰会召开。来自世界各地的 75 位领导人公布了减少温室气体排放的新承诺和具体计划以应对不断增加的气候变化趋势。在本次峰会上，占全球约 65% 二氧化碳排放和占世界经济体量约 70% 的国家承诺将实现净零排放或碳中和。在气候雄心峰会期间，中国国家主席习近平倡议开创合作共赢的气候治理新局面，形成各尽所能的气候治理新体系，坚持绿色复苏的气候治理新思路。同时，中国进一步宣布国家自主贡献一系列新举措：到 2030 年，单位国内生产总值二氧化碳排放将比 2005 年下降 65% 以上，非化石能源占一次能源消费比重将达到 25% 左右，森林蓄积量将比 2005 年增加 60 亿立方米，风电、太阳能发电总装机容量将达到 12 亿千瓦以上。

联合国秘书长古特雷斯表示，《巴黎协定》签署 5 年后，全球“仍然未能朝着正确的方向前进”。他呼吁全球各国领导人“宣布进入气候紧急状态，直到本国实现碳中和为止”。新冠疫情提供了一个契机，使各国的经济和社会走上了一条符合 2030 年可持续发展议程的绿色道路。展望未来，联合国在 2021 年的中心目标是建立一个真正的全球碳中和联盟（Global Coalition for Carbon Neutrality）。

一、与联合国的合作

2020 年的新冠肺炎疫情导致了全球经济的衰退，对气候行动的影响非常广泛。新冠引发的经济危机导致了能源消费和消费者行为的巨大转变，挑战了许多国家的经济基础。随着经济开始逐步复苏，各国应考虑如何采取措施，以支持向低碳经济的过渡。《联合国气候变化框架公约》第 26 次缔约方大会（COP 26）及国际航空和海事会议已推迟了关于国际交易和市场规则的决定。此外，新冠肺炎疫情导致国际排放配额需求的不确定性增加，航空企业担忧疫情对其在国际航空碳抵消和减少计划（CORSIA）下的抵消义务的影响。

尽管发生了社会和经济动荡，许多国家和企业仍在加快气候行动的努力。缔约方会议和 25 个国家缔约方会议强调，它们迫切需要更新其工作目标。此外，智利缔约方会议主席宣布，《联合国气候变化框架公约》的 120

个缔约方正在努力争取在2050年之前实现二氧化碳净零排放（碳中和），作为气候雄心联盟目标的一部分。截至2020年4月1日，丹麦、法国、新西兰、瑞典和英国已在这一承诺的基础上，将二氧化碳净零排放目标写入立法，而苏里南和不丹已经是碳负排放。此外，15个国家和地区、398个城市、786家企业和16家投资者也表示，他们正在努力实现净零排放目标。

根据世界银行的测算，通过《巴黎协定》第6条开展合作，可将减排措施的实施成本降低约一半，相当于在2030年节省2 500亿美元，或比单独行动的国家再减少50%的全球温室气体排放量。然而，在推动此规则实施方面进展缓慢，因为它覆盖了一些不容易解决的问题。为了确保环境的完整性，需要提高透明度，并就健全的碳信用机制标准达成一致。区域、国家、国家以内各类排放交易机制也带来了确保各种机制之间一致性的挑战，减排的环境完整性和避免重复计算是系统可靠性的关键。

减排目标的实现，离不开世界各国之间的协调配合。应该充分发挥联合国的中心作用，在联合国制定的《联合国气候变化框架公约》框架下开展各类减排活动。对于联合国通过的各类减排决议，中国一向持绝对支持的态度，充分尊重联合国的主体地位与作用。未来中国建设排放交易系统，实现既定减排目标，需要在联合国《联合国气候变化框架公约》框架下进行。以联合国为首，充分与世界各国协调配合，共同实现人类减排事业目标的实现。

1. 坚定决心，合作共赢

虽然实现温室气体减排目标困难重重，但是为了全人类的长远利益，各国必须下定决心，以适合本国的方式进行减排。在全球变暖的重大挑战面前，人类命运休戚与共，单边主义没有出路，只有坚持多边主义，在联合国的协调下，各国协作互相配合，才能实现温室气体的减排，有效应对全球气候变暖的趋势。

2. 提振雄心，各尽所能

基于各国经济社会发展状况不一，温室气体的历史排放也不同，在减排事业中应继续遵循“共同但有区别”的责任原则。根据各国的国情和能力，最大程度强化减排行动。发达国家应该遵守联合国制定的各项减排协议，切实向发展中国家提供允诺的资金、技术及能力建设支持。只有各国各尽所能，才有可能实现《巴黎协定》中的温度控制目标，确保全人类不受温度上升的侵害。

3. 增强信心，绿色发展

实现温室气体减排的根本途径是要实现绿色发展，倡导绿色低碳的生产生活方式。只有坚持绿色发展，才能在确保经济社会正常发展的前提下，实现温室气体减排的目标。采用碳税和排放交易的方式实现减排，短期之内效果很明显，但是难免对经济发展造成一定冲击，特别是会对发展中国家会造成较大冲击。只有坚持低碳发展、绿色发展，才能实现经济发展与温室气体减排的可持续发展。

二、与欧盟的合作

《联合国气候变化框架公约》下的《京都议定书》，以及《巴黎协定》，基于发达国家和发展中国家工业化以来累积的温室气体排放差别很大的事实，以及发达国家和发展中国家的发展阶段不同，确定了一项重要的减排原则：共同但有区别的减排责任。在实行这一原则时，在《京都议定书》和《巴黎协定》中体现出来的是，发达国家承担强制减排责任，发展中国家无须承担强制减排责任，但通过各种减排机制，对承担减排义务的发展中国家进行奖励。

《京都议定书》通过后，作为当时全世界温室气体第一排放大国，美国率先退出议定书，不再承担任何强制减排责任。之后加拿大也退出了议定书，澳大利亚、日本等对议定书的履行也一直很不坚定。发达国家主要经济体中，只有欧盟坚定支持议定书的实施，于2005年建立了全球第一个跨国的排放交易系统EU ETS。通过这一系统的运行，欧盟在2012年超额完成了议定书中对欧盟国家设置的8%的减排目标。EU ETS已经成为全世界运用市场化手段进行减排的典范，成为很多国家学习和效仿的对象。

对于中国这样的大国，要实现减排目标需要多管齐下，建立排放交易系统是必要的手段之一，可以充分参考欧盟的EU ETS，加强与欧盟的协调合作，共同推动《巴黎协定》的尽快落地，尽快实现协定的减排目标。

在欧洲，瑞士的排放交易系统和欧盟的 EU ETS 于 2020 年 1 月 1 日建立了互联，允许瑞士排放交易系统中的企业能够使用 EU ETS 的配额进行合规，反之亦然。在脱离欧盟之后，英国正考虑退出 EU ETS，建设自己的排放交易系统，并将其与 EU ETS 挂钩。未来中国的排放交易系统成熟之后，也可以考虑与欧盟的 EU ETS 建立联系，共同推动人类减排事业的进步。

三、与发展中国家的合作

中国已经成为全世界第二大经济体、发展中国家中的第一大经济体。在减排方面，很多发展中国家已经开始团结在中国周围，共同争取发展中国家的利益。中国与发达国家的合作目标主要包括以下三个方面。

一是推动发达国家遵守各项减排协议。基于历史原因，发达国家需要对目前世界温室气体的累积排放负主要责任。发达国家需要承担主要的减排任务，在解决气候变化的问题中，发达国家和发展中国家承担“共同但有区别”的责任，这一基本原则需要始终坚持。发展中国家应该和欧盟等国家和地区一道，共同敦促美国尽快重返《巴黎协定》。美国是否遵守《巴黎协定》，是目前人类能否按时实现《巴黎协定》1.5℃目标的关键。

二是推动资金问题取得积极进展。当前气候多边进程面临的最大问题之一，是发达国家提供资金支持的政治意愿不足。中国应该和其他发展中国家一道，促进发达国家向发展中国家提供充足、持续、及时的支持，包括兑现到 2020 年每年向发展中国家提供 1 000 亿美元的气候资金承诺，并在此基础上提出加强对发展中国家资金支持的目标、路线图和时间表，同时切实提高资金支持的透明度。国际社会应清晰地梳理 2020 年前发达国家在减排力度、为发展中国家提供支持等方面的差距，针对进一步弥补差距做出明确安排，确保不在 2020 年后向发展中国家转嫁责任。

三是推动发展中国家主动承担更多减排责任。虽然发展中国家并不承担强制减排义务，但发展中国家作为目前全球温室气体排放增量的主要责任方，有义务、有责任主动承担减排义务。应对气候变化是全人类面临的共同挑战，需要各国在多边框架下携手应对。“共同但有区别”的原则不是发展中国家的护身符，发展中国家不能以此为借口无所顾忌继续排放温室气体，而应该在保证经济社会发展的前提下，竭尽所能进行温室气体减排，否则最终会影响全球应对气候变化的集体努力和效果。中国是全世界对减排作出贡献最大的发展中国家，是全世界发展中国家减排的典范。印度作为全世界第四排放大国，一直以发展中国家的身份作为挡箭牌，对本国的温室气体排放始终采取放任的态度，没有对减排事业做出任何贡献。发展中国家应该团结协作，在力所能及的前提下，实现本国最大程度的减排。

第九章　中国排放交易的保障体系

建立和发展排放交易系统，需要建立完善的保障体系，包括政策支持体系、市场监管体系及辅助支持体系。保障体系的建立，是排放交易系统持续稳定发展所必需的外部条件。

第一节　建立健全政策支持体系

一、制定支持排放交易系统的法律法规

建立和发展排放交易系统必须有相应的法律法规体系作为强有力的保障，首先应从法律上确认碳排放权，保证排放配额交易的合法性，明确排放配额的产权范围和权利属性，用法律保障排放交易系统的规范化。在此基础上引入市场机制，通过排放配额交易的方式实现温室气体减排目标，从而最终解决气候变暖问题。国家和地方政府已制定出一系列的法律法规，逐渐形成了排放交易政策的制度支持体系。主要包括以下内容。

2004 年 6 月，国家发改委、科技部与外交部共同颁布了《CDM 项目运行管理暂行办法》。

2007 年 6 月，《中国应对气候变化国家方案》出台，这是中国第一部应对气候变化的政策性文件，也是全球发展中国家应对温室效应的第一部国家方案，表明中国根据国情制定出自己的气候发展战略。

2010 年 10 月，国务院下发了《国务院关于加快培育和发展战略性新兴产业的决定》，明确指出："建立和完善主要污染物和碳排放交易制度。"这是中国首次在官方正式文件中提到"碳交易"。

2011 年 11 月，国家发改委发布了《关于开展碳排放权交易试点工作的通知》，2 省 5 市率先成为碳排放权交易试点地区。要求“各试点地区着手研究制定碳排放权交易试点管理办法，明确试点的基本规则，测算并确定本地区温室气体排放总量控制目标，研究制定温室气体排放指标分配方案，建立本地区碳排放权交易监管体系和登记注册系统，培育和建设交易平台，做好碳排放权交易试点支撑体系建设”。这标志中国碳排放权交易试点正式启动。

2011 年 12 月，国务院颁发了《“十二五”控制温室气体工作方案》，为中国推进低碳经济发展、落实碳减排目标提供了良好契机。

2012 年 1 月，国家出台了《“十二五”控制温室气体排放工作方案重点工作部门分工》，指出：“对温室气体排放的控制工作需要进行全方位考评，并在整个实施过程中做到实时跟踪、检查与反馈，在充分贯彻落实各项方案的基础上，尽早建立起有关温室气体排放控制的各部门间协调机制。”这为落实中国碳减排目标、推进碳排放交易工作提供了保障。

2012 年 6 月 13 日，国家发改委发布了《温室气体自愿减排交易管理暂行办法》，指出“为保障自愿减排交易活动有序开展，调动全社会自觉参与碳减排活动的积极性，为逐步建立总量控制下的碳排放权交易市场积累经验，奠定技术和规则基础”，为建立中国自愿减排交易市场提供了指导。

2014 年 9 月 23 日，国务院批复《国家应对气候变化规划（2014—2020 年）》（以下简称《规划》）。中国发布应对气候变化规划，是积极推动应对气候变化工作、主动参与全球气候治理，彰显负责任大国的实际行动。国务院批复要求，《规划》实施要牢固树立生态文明理念，坚持节约能源和保护环境的基本国策，统筹国内与国际、当前与长远，减缓与适应并重，坚持科技创新、管理创新和体制机制创新；努力走一条符合中国国情的发展经济与应对气候变化双赢的可持续发展之路。

2014 年 5 月 8 日，国务院发布《关于进一步促进资本市场健康发展的若干意见》，其中第十五条明确说明要发展碳排放权衍生品：“以提升产业服务能力和配合资源性产品价格形成机制改革为重点，继续推出大宗资源性产品期货品种，发展商品期权、商品指数、碳排放权等交易工具，充分发挥期货市场价格发现和风险管理功能，增强期货市场服务实体经济的能力。允许符合条件的机构投资者以对冲风险为目的使用期货衍生品工具，清理取消对企业运用风险管理工具的不必要限制。”这就为中国建立排放配额的衍生品市场提供了政策指导。

2014 年 12 月 12 日，国家发改委发布了《碳排放权交易管理暂行办法》，使碳排放权交易市场的建设、管理和监督有了明确可行的依据，为推动建立全国碳排放权交易市场扫清了最后的障碍。其中明确指定了碳交易的产品：排放配额和国家自愿核证减排（CCER）。对于碳交易中的配额管理、排放交易、监督管理和法律责任都进行了详细说明。

2017 年 12 月 18 日，国家发改委发布了《全国碳排放权交易市场建设方案（发电行业）》的通知。方案的目标是启动全国碳排放交易系统，将中国最主要的排放大户火力发电企业首先纳入减排覆盖范围。火力发电企业的排放数据简单清晰，最适宜作为排放交易系统的试点。待排放交易系统在火力发电企业中成熟运行之后，就可以将系统进一步推广了。

2019 年 4 月 3 日，生态环境部发布《碳排放权交易管理暂行条例（征求意见稿）》。2014 年 12 月 10 日，国家发改委以部门规章形式出台的《碳排放权交易管理暂行办法》对碳排放权交易的主要环节作了明确规定，为后续出台行政法规奠定了基础。在《碳排放权交易管理暂行办法》基础上，国家发改委组织专家对内容进一步提炼和简化，力求突出实施碳排放权交易的核心问题，征求各方意见后，形成《碳排放权交易管理条例（送审稿）》，作为行政法规，按照相关的立法程序提请国务院审议。此次《碳排放权交易管理暂行条例（征求意见稿）》的出台，是应对气候变化工作的职能自 2018 年 4 月由发展改革委划转到生态环境部后，生态环境部出台的碳排放权交易重大政策。

2020 年，中国建立排放交易系统的速度明显加快。2020 年 10 月 28 日，中国生态环境部公布了《全国碳排放权交易管理办法（试行）（征求意见稿）》和《全国碳排放权登记交易结算管理办法（试行）（征求意见稿）》，公开向全国征求意见。这次公布的《全国碳排放权交易管理办法（试行）（征求意见稿）》是对应国家发展和改革委员会于 2014 年 12 月 10 日颁布的《碳排放权交易管理暂行办法》进行修订的部门规章，与 2019 年

4月公布的《碳排放权交易管理暂行条例（征求意见稿）》的目标立法层级不同。《全国碳排放权交易管理办法（试行）》正式公布施行之后，《碳排放权交易管理暂行办法》同时废止。这也是应对气候变化职能从国家发改委转隶到生态环境部之后，启动全国碳排放权交易市场的必要工作。

2020年11月20日，生态环境部发布《2019—2020年全国碳排放权交易配额总量设定与分配实施方案（征求意见稿）》，积极贯彻落实党中央、国务院有关决策部署，推进全国碳排放权交易市场建设。生态环境部对发电行业全国碳排放权交易配额总量设定与分配实施方案进行了反复研究论证，形成了《2019—2020年全国碳排放权交易配额总量设定与分配实施方案（发电行业）（征求意见稿）》。为确定纳入配额管理的重点排放单位名单，生态环境部请各地方提交了有关材料并予以确认，在此基础上汇总形成了《纳入2019—2020年全国碳排放权交易配额管理的重点排放单位名单》。

2020年12月3日，生态环境部发布了国家环境保护标准《企业温室气体排放核算方法与报告指南——发电设施（征求意见稿）》，向有关单位正式征求意见。其前身是2013年10月15日国家发改委发布的《中国发电企业和温室气体排放核算方法与报告指南（试行）》。从政策规格上讲，旧指南当时是国家发改委组织编制的一个参考性文件，而新指南将成为正式的国家环境保护标准，这彰显了生态环境部已经将碳排放管理放在核心工作范畴。

2020年12月16日至18日，中央经济工作会议做出重要决议，做好“碳达峰、碳中和”工作。中国二氧化碳排放力争2030年前达到峰值，力争2060年前实现碳中和。要抓紧制订2030年前碳排放达峰行动方案，支持有条件的地方率先达峰。要加快调整优化产业结构、能源结构，推动煤炭消费尽早达峰，大力发展新能源，加快建设全国用能权、碳排放权交易市场，完善能源消费双控制度。

虽然中国已经在应对气候变化、促进低碳经济发展等方面出台了一系列的法律法规，但是，目前还尚未形成完备的碳交易政策支持体系，各项支持低碳经济发展、培育中国碳市场的法律法规和政策还很零散。国家应出台一系列完整的促进排放交易发展的包括财政、金融、监管、风险防范与控制等多方面的政策法律，扶持并鼓励排放交易系统的发展。

二、健全排放交易系统行业政策

要建立排放交易系统，政府应出台一系列支持排放交易系统建设和发展的政策和法律法规，保障配额交易市场的规范化，保证在国际大环境发生动荡的情况下，中国排放交易系统的基本稳定。完整的法律法规体系将为发展排放交易系统提供强有力的保障。

首先，政府及有关职能部门当务之急是出台《排放配额交易法》，类似于《证券法》和《期货法》，明确碳排放配额的产权范围，确认排放配额的权利属性，用法律来规范排放交易。只有从法律层面确认排放交易的合法性，才能从根本上消除市场对排放配额交易的疑虑，坚定配额市场参与主体的决心与信心。这是配额市场建立与运行的基础。

其次，为保障中国排放交易系统的顺利建立，有关部门需要制定一系列相关的配套政策和规章制度。排放配额的交易与普通的资产交易最大的不同，就是排放配额是在《京都议定书》下产生的，配额价格受气候政策的影响极强，可以说政策风险是配额市场中最大的风险。因此，一方面，政策的制定是配额市场赖以存在和发展的前提；另一方面，配额政策也将极大地影响配额市场参与者的心理预期，从而影响配额的市场价格。

最后，从世界上其他国家开展配额交易的经验来看，在实践中，一般是将排放配额作为一种金融工具，或类金融工具进行规范与监管。这样的交易理念能够将配额交易置于成熟规范的金融交易体系中，直接利用金融市场的各项基础设施，可以极大降低配额交易的成本。

但是排放配额与股票、债券、外汇、商品等传统金融工具毕竟不同，传统金融工具由于能够产生现金流而具有价值，排放配额完全由于国家的减排政策才具有价值。因此与传统金融工具相比，排放配额的政策风险较大。在立法确定配额交易合法性的基础上，还需要政府有关部门出台有关促进配额交易的法律法规，促进配额交易的繁荣发展。

（1）制定《配额交易法》《配额衍生产品交易规则》等法律法规，明确包括配额交易主体、配额交易标的物、配额的初始分配、配额的权利移转、配额交易监管机制，以及法律责任等问题。规范配额交易市场的操作行为，完善配额交易市场的法律制度体系。

（2）仿照《期货交易管理条例》《股票期权交易试点管理办法》，制定《碳排放配额交易管理条例》《配额衍生品交易管理办法》，作为整个配额现货和配额衍生品市场正常运行的基础法规，便于规范配额交易，加强配额交易的监督和管理。

（3）建立统一的配额交易信息发布平台，并制定重大事件公告等信息发布规则，创造公平、公正、透明的配额交易环境，保证信息的有效传递，防止由于信息不对称等原因引起内幕交易行为的发生。这样才能广泛吸引金融机构、排放企业及个人的广泛参与，充分扩大配额市场的容量，持续提高市场的流动性。

（4）出台更长期的应对气候变化的国家方案，如《应对气候变化法》，制订适应中国国情，统筹社会经济发展和应对气候变化的战略方案，确定清晰而连贯的中长期减排目标纲要。在建立排放交易系统的初期，可以通过减免交易费用、提供免费交易咨询等多种灵活的手段和方式，吸引排放企业、金融机构以及个人参与排放配额的交易，促进排放交易系统的发展。

第二节　建立排放交易系统的监管体系

排放交易系统稳定、有序的发展离不开有效的监督与管理体系。首先，排放配额属于一种全新的类金融工具，作为一种特殊的商品，如果缺乏监管部门的有效监管，会产生很多不确定性。

一是排放交易系统中的个体行为具有盲目性、投机性、自发性和局限性，需要建立一个良好的排放交易监管体系作为保障，维护市场的有序运行，惩罚破坏市场秩序的行为。

二是配额交易系统正常运行的关键基础，是准确计量企业温室气体的排放量。能否在统一计量标准下准确确定每一家排放企业的温室气体排放量，是决定排放交易系统权威性的关键，也是配额交易市场正常运行的主要保障。准确计量企业的温室气体排放量，需要先进的测量技术，还需要制定严格的监管政策。确保每一家企业的排放数据真实准确，是排放交易系统监管体系核心监管内容。

三是排放配额市场可能会存在影响市场正常运行的各种违规行为，需要监管机构依据监管政策依法依规进行处罚。

1. 操纵市场行为

排放配额作为一种全新的类金融工具，需要在公平、公正、公开的市场中交易。作为一种国家减排政策下产生的资产，排放配额可能会集中于少数几家机构——排放企业、投资机构。如果配额的分配方式是免费分配，则排放量高的企业就可以获得高额的配额。另外，在排放交易系统运行初期，减排覆盖范围较小，配额的总体交易量也不高。基于以上两种原因，如果排放企业凭借自身拥有大量配额供给，凭借自身的数量优势操纵配额的市场价格，将严重破坏配额市场的公平交易。

2. 内幕交易行为

金融市场中的内幕交易广泛存在，严重破坏市场的公平公正，因此内幕交易在金融市场上是被严格禁止的。在配额交易市场中，存在各类内幕交易的机会。排放交易系统的管理机构，能够提前得知配额市场交易规则的变化；金融中介机构，能够提前得知企业温室气体的实际排放量，等等。监管机构必须严格禁止配额市场的交易主体利用内幕信息的优势来获取非法的超额收益。

3. 洗钱行为

洗钱是一种将非法所得合法化的行为。主要指将违法所得及其产生的收益，通过各种手段掩饰、隐瞒其来源和性质，使其在形式上合法化。随着全球反洗钱政策和措施的不断进步，洗钱技术和手段越来越隐蔽。配额交易作为一种全新的资产交易，很容易成为不法分子洗钱的通道。应该在排放交易系统中，落实反洗钱政策部署，强化新领域、新渠道、新方式反洗钱专项监测。

排放交易系统的交易工具是排放配额，排放配额的产生和认定依赖于严格公正的监管。因此，必须充分发挥政府部门的监督、调控和管理职能，对排放配额市场进行有效监管，避免市场失灵，尤其是在配额衍生品市场建立的前期试验阶段，政府的有效监督和适当的行政干预是非常必要的，但是在保证监管效果的同时，还要保证配额交易的自由进行。

一、排放配额市场的监管

配额市场分为配额一级市场和配额二级市场。配额一级市场是配额的分配市场，排放企业通过无偿或拍卖的方式获得排放配额。二级市场是配额的交易市场，排放企业通过购买配额来完成排放义务，或出售多余的配额来获取收益。除了配额的现货市场，还有配额衍生品市场，排放企业通过交易配额衍生品来对冲配额价格的波动风险，投资机构通过交易配额衍生品来获取收益。

（一）配额一级市场的监管

在排放交易系统运行初期，为了降低排放企业合规的成本，延长排放企业适应减排要求的适应期，配额的分配方式为免费分配。首先计算每一家排放企业的排放上限，在此基础上向每一家企业免费分配排放配额，分配的配额等于企业的排放上限。在排放交易系统成熟稳定之后，配额的分配方式应该尽快过渡到拍卖的方式。以拍卖的方式分配配额，管理机构只需要为每家排放企业设置排放上限。排放企业为合规，可以在一级市场上通过拍卖获得配额，也可以在二级市场购买配额来合规。

配额一级市场类似于股票和债券的一级市场，即发行市场。监管机构需要确保每家市场主体有资质参与配额一级市场。在配额采取免费分配的阶段，监管机构需要确保每家企业排放上限计算的准确性，因为上限意味着免费的配额额度，配额额度决定了排放企业的总体减排成本。在配额采取拍卖方式时，监管机构需要确保配额的拍卖完全公开、公平和透明，防止出现通过串联等方式操纵配额的拍卖价格。

（二）配额二级市场的监管

配额的二级市场类似于股票的二级市场，需要的监管措施比一级市场更加全面。配额二级市场的监管可以学习股市监管的成熟经验，确保配额二级市场能够高效运行，具备良好的价格发现功能。配额二级市场的监管重点有三个方面。

1. 市场操纵

配额的市场操纵，是指交易者利用自身的信息、资金等优势，采用不正当手段，人为地制造配额的行情，操纵或影响配额的市场价格，以诱导的方式吸引其他投资者买入或卖出配额，为自己谋取利益或者转嫁风险。配额市场的操纵行为会扭曲配额的供求关系，损害配额市场的价格发现功能，妨碍市场的竞争，导致市场机制失灵，损害其他交易者的合法权益。

2. 内幕交易

内幕交易是指有关人员在获得配额交易的内幕信息后，个人交易配额或者故意将内幕信息泄露给他人。具备内幕信息优势的交易者凭借此优势获取了超额收益，违反配额市场“公开、公平、公正”的基本原则。内幕交易严重违反了市场的信息披露原则，严重影响了配额市场功能的发挥，最终会使配额市场的价格发现功能弱化，丧失优化资源配置的作用。

3. 数据造假

排放企业对配额的需求与供给，虽然在配额的二级市场中的总交易量中所占比重较小，但这种刚性需求是支撑配额二级市场的基础。排放企业的实际排放量，对配额的价格影响很大。企业的实际排放量需要通过有资质的中介机构审核之后，才能向排放交易系统提交。类似于上市企业需要向市场公开发布年度财务报告，且必须经过注册会计师的审计之后才能公开发布。如果企业不能提交真实的排放数据，故意夸大或压低排放数据，将对配额的市场价格造成严重影响。

具体来看，配额二级市场的违规具体行为包括：

（1）涉嫌通过配额交易进行利益输送，且成交金额较大的；

（2）开盘集合竞价阶段多次不以成交为目的，虚假申报买入或卖出指令，可能影响配额开盘价的；

（3）通过虚假申报、大额申报、密集申报、涨跌幅限制价格大量申报，以及在自身实际控制的账户之间进行交易、日内或隔日反向交易等手段，影响配额交易价格或交易量的；

（4）多次进行高买低卖的交易，或单次高买低卖交易金额较大的；

（5）在同一价位或者相近价位大量或者频繁进行日内回转交易的；

（6）通过计算机程序自动批量申报下单，影响配额市场正常交易秩序或者交易系统安全的；

（7）通过影响配额交易价格或交易量，以影响配额衍生品交易价格或交易量的；

（8）在计算配额及其衍生品参考价格或结算价格的特定时间，通过拉抬、打压或锁定等手段，影响配额及其衍生品参考价格或结算价格的；

（9）进行与自身公开发布的配额投资分析、预测或建议相背离的配额交易的；

（10）编造、传播、散布虚假信息，影响配额交易价格或者误导其他交易者的；

（11）证监会或者配额交易所认定的其他情形。

（三）配额衍生品市场的监管

随着配额二级市场交易规模不断扩大，配额价格的波动也会随着加大。为对冲配额的价格风险，应该及时建设配额衍生品市场。

1. 排放企业的风险对冲

在配额采取免费分配阶段，排放企业的大部分配额主要是通过免费的方式获得，配额价格变动对企业的合规成本影响较小。在配额主要采取拍卖的方式分配之后，排放企业的配额全部需要通过购买获得：要么通过拍卖的方式在配额的一级市场获得，要么通过购买的方式在配额二级市场获得。无论哪一种方式，企业的配额价格风险急剧增加，迫切需要有效的风险管理工具对冲配额的价格风险。

2. 投资机构的风险对冲

投资机构主要参与的是配额的二级市场，目的是通过买卖配额来获取收益。投资机构参与配额交易，极大提高了配额市场的流动性，增强了配额市场的价格发现功能。投资机构在二级市场购买配额，需要承担较大风险，配额衍生品可以很好地实现配额风险的管理功能。此外，由于配额衍生品与配额现货相比存在较高的杠杆，有大量的投资机构通过买卖配额衍生品来进行投机，期望获取更高的收益。

3. 配额衍生品市场的监管

衍生品的交易与现货的交易存在很大区别，配额衍生品可以做空，配额现货不行；配额衍生品是T+0交易，配额现货是T+1交易；配额衍生品存在较高的杠杆，配额现货没有杠杆。这些特点决定了配额衍生品的交易风险要远高于配额现货。当然，高杠杆带来的除了高风险，还有高收益。在高收益的驱动下，衍生品市场的违规交易的动力要远高于配额现货。对于配额衍生品，监管机构需要设计一套完整的交易制度来监管各类违规交易行为，具体包括：

（1）单独或者与他人合谋，通过资金优势、持仓优势或者信息优势，连续交易配额衍生品合约，影响配额衍生品交易价格或者配额衍生品交易量；

（2）蓄意与他人串通，根据事先约定的时间、价格和方式，相互进行衍生品交易，影响配额衍生品交易价格或者配额衍生品交易量；

（3）以自身为交易对象的自买自卖，包括一组实际控制关系账户内的交易，影响或者试图影响配额衍生品交易价格或者配额衍生品交易量；

（4）利用移仓、分仓、对敲等手段，影响或者试图影响配额衍生品交易价格、转移资金、进行利益输送或者牟取不当利益；

（5）为影响配额衍生品市场行情囤积配额现货；

（6）通过操纵配额现货市场价格，影响或试图影响配额衍生品价格；

（7）不以成交为目的，或者明知申报的指令不能成交，仍恶意或者连续输入交易指令，扰乱市场秩序，影响或者试图影响配额衍生品交易价格，或者诱导其他交易者进行配额衍生品交易；

（8）利用内幕信息进行配额衍生品交易，或者向他人泄露内幕信息，使他人利用内幕信息进行衍生品交易；

（9）通过计算机程序下单可能影响交易所系统安全或者正常交易秩序的行为；

（10）通过其他方式扰乱或者影响交易配额衍生品市场交易秩序的行为。

二、排放配额市场的处罚措施

（一）配额现货市场的处罚措施

配额交易所在实时监控中，发现配额价格出现异常波动或者配额交易出现异常的，有权采取盘中临时停牌、口头或书面警示、要求提交合规交易承诺、盘中暂停相关配额账户当日交易、限制相关配额账户交易等措施。对情节严重的异常交易行为，可以视情况采取下列措施：

（1）口头或书面警示；

（2）约见谈话；

（3）通报批评；

（4）公开谴责；

（5）要求相关交易者提交书面承诺；

（6）限制相关配额账户交易；

（7）暂停或者限制交易权限；

（8）报请证监会批准冻结相关配额账户或资金账户；

（9）取消参与人交易资格；

（10）上报证监会查处。

对于违规行为构成犯罪的，移交司法机关，依法追究刑事责任。

（二）配额衍生品市场的处罚措施

对于违反配额衍生品交易规则的行为，配额衍生品交易所根据公平、公正的原则，以事实为依据，对违规行为进行调查、认定和处罚。违规行为构成犯罪的，移交司法机关，依法追究刑事责任。

（1）要求交易者报告情况；

（2）将交易者列入重点关注名单；

（3）谈话提醒；

（4）书面警示；

（5）通报批评；

（6）公开谴责；

（7）限期平仓；

（8）限制开仓；

（9）强行平仓；

（10）暂停或者限制业务；

（11）报请证监会批准冻结相关配额账户或资金账户；

（12）取消参与人交易资格；

（13）上报证监会查处。

对于违规行为构成犯罪的，移交司法机关，依法追究刑事责任。

第三节　建立辅助支持体系

建立排放交易系统是一个系统工程，高效的排放交易系统的运行需要有良好的保障制度和完善的激励协调机制作为辅助。主管部门应建立相应的宏观协调机制，更好地发挥生态环境部、证监会等部门的宏观指导作用，建立与发展排放交易系统的指导政策。环保部应与证监会密切合作，不断完善配额一级市场、配额二级市场等配额现货市场。通过配额市场的交易形成的配额价格，是市场配置配额资源的主要信号。在完善配额现货的前提下，还需要完善配额衍生品市场。使配额衍生品市场能够更好地服务于碳现货交易。

生态环境部需要制定详细有效的规则，包括配额的分配、排放企业上限的计算等，确保配额一级市场的规范运行。证监会应研究制定配额二级市场和配额衍生品市场的监管规则，使配额交易有规可循，更好地促进配额市场规范发展。

一、制定激励机制

在配额交易中的最大风险是政策性风险。配额交易依据的是由《联合国气候变化框架公约》缔约国制定的《京都议定书》。《京都议定书》能否持续、能持续多长时间等重大事项全部取决于国家之间特别是排放大国之间的谈判结果，因此配额交易本身存在很大的政策性风险。政府应充分发挥财政税收的经济杠杆调节作用，对承担配额交易政策性风险的机构，包括排放企业和中介机构等给予倾斜性的扶持政策。例如，通过税收优惠等方式，鼓励中介机构开发相关配额及配额衍生品中介服务业务。还可通过政府的价格调控、政府采购及信息发布等手段，鼓励金融机构发展配额及配额衍生品的经纪业务和交易业务。同时，在排放交易系统运行初期，为吸引和鼓励广大市场主体的加入，可以降低甚至免收交易手续费及其他相关费用。

二、大力宣传配额交易

一种新型金融产品能否获得成功，一方面取决于该产品能否满足金融市场的需求；另一方面还在于该产品能否得到广泛宣传，包括产品的功能、特点等。配额市场的成功，需要广泛吸引各类社会主体参与，提高配额市场的流动性以及价格发现等功能。

（一）配额现货交易的宣传

配额一级市场的参与者是承担减排义务的排放企业，配额二级市场的参与者除了排放企业，投资机构和个人都可以参与。通过大力宣传配额二级市场，广泛吸引各类符合要求的市场主体参与配额交易，可以极大提高配额市场的流动性，更好实现配额市场的价格发现功能。配额市场形成的价格，是配额市场最重要的资源配置的信号。

1. 配额市场对排放企业的意义

通过在配额二级市场的交易，排放企业获得了一个免费的看涨期权。如果排放企业通过应用新技术的方式实现减排，且减排成本低于购买配额的成本，则企业应该选择应用新技术；如果企业应用新技术实现减排的成本高于购买配额的费用，企业应该在二级市场购买配额来合规。配额市场的存在，确保了排放企业的减排成本不会高于配额的市场价格，企业总是可以通过最低成本实现减排。

2. 投资者参与配额市场的作用

排放企业通过二级市场实现最低成本减排，需要二级市场有足够多的交易者作为排放企业的交易对手方，需要二级市场足够高的交易量形成公平合理的配额价格。配额市场这些功能的实现，都需要有大量的交易者参与配额市场的交易。有关部门需要大力宣传配额的交易，鼓励符合配额市场交易主体条件的投资者，无论是机构还是个人，能够积极参与配额交易。

3. 投资者参与配额交易

投资者参与配额市场的交易，与参与债券、股票二级市场的交易目标相同，都是为了获取收益。配额市场的出现，为投资者提供了一种全新的投资途径。目前，中国金融市场的主要投资资产包括股票、债券、外汇、商品等，以及这些资产的衍生品。专业的投资机构为了降低投资风险，都是通过多元化的投资方式来降低投资的非系统性风险，这已经成为专业投资的主流投资方式。传统的金融工具之间有较高的相关性，如债券和股票。当一家企业的股票价格下跌时，其债券价格一般也随之下跌。因此即使采用了多元化的投资方式，有些风险还是无法被消除。配额资产的出现，不仅是为专业投资者提供了一种新的资产选择，更是提供了一种可以更好分散风险的投资途径。而且与通过交易衍生品来对冲风险不同，投资者通过投资配额的方式来分散风险是没有交易成本或交易成本很低的。

4. 其他市场主体参与配额市场

除了排放企业和投资机构外，还有其他主体可以通过参与排放交易系统获取收益。这些主体的参与，对于排放交易系统的高效运行也是必不可少的。

（1）低碳技术研发企业。通过研发并且将低碳技术出售给承担排放义务的企业，研发企业可以获得收益。配额的市场价格越高，低碳技术的价值就越高，研发企业的收益就越高。随着减排政策在全世界范围内的逐步推广，碳捕捉和碳封存技术也在不少国家开始研发。刺激此类企业加大投资力度的主要动力是配额的市场价格，因此作为配额市场的间接参与者，低碳技术研发企业也是受益方之一。

（2）中介机构。类似于股市中的投资银行、会计师事务所、律师事务所等。排放交易系统运行之后，大型企业可以成立专门机构来研究和管理与减排有关事务。中小型企业很可能没有足够的财力成立专门的部门来研究与管理排放配额事务，此时专业的咨询机构就可以通过向排放企业提供专业的咨询来获取收益，排放企业也可以因此降低减排成本。排放交易系统正常运行的核心环节之一是确保企业上报的排放数据的真实性，这需要专业的中介机构来审核。类似于上市企业在发布财务报告之前，需要经过注册会计师的审计一样，企业在上报排放数据之前，也需要经过专业中介机构的审核。

（二）配额衍生品交易的宣传

在配额现货市场逐步发展起来之后，还需要尽快建立配额衍生品市场。配额衍生品市场服务于配额现货市场，主要的功能是风险对冲与价格发现。监管机构需要对配额衍生品广泛宣传，吸引更多具备资质的市场主体广泛参与配额衍生品的交易，更好发挥配额衍生品市场的各项功能。

1. 配额衍生品对排放企业的功能

随着配额现货交易规模的不断扩大，配额价格风险也会逐步显现，迫切需要一种有效的金融工具来对冲此类风险，配额衍生品正是为此服务的。对配额交易有刚性需求的排放企业，是碳衍生品的重点服务对象。排放企业交易配额衍生品的主要目标是套期保值，这是配额衍生品市场发展的基础。

（1）一级市场的价格风险。在一级市场，企业如果通过拍卖的方式获取配额，就会存在一个问题：购买多少配额是合适的？如果购买的配额过多，排放企业未能全部使用，就需要在二级市场出售，此时就会存在配额价格低于拍卖价格的风险；如果购买的配额不足，就需要在二级市场购买配额来合规，会存在配额价格高于拍卖价格的风险。而企业需要购买多少配额，事先并不能完全确定。

（2）二级市场的价格风险。无论是采用免费分配还是拍卖的方式获取配额，排放企业的实际排放量刚好等于一级市场所得配额的可能性基本为零。排放企业需要在二级市场购买不足配额，或者出售多余配额。二级市场的配额价格是在不断变化的，就会存在配额的价格风险。

无论是一级市场还是二级市场的配额价格风险，都可以使用配额衍生品来对冲。主要方式是做多配额期货或购买配额期货看涨期权，来对冲配额价格上涨风险；购买期货或购买配额期货看跌期权，来对冲配额价格下跌风险。配额衍生品就是为了管理配额价格风险而设立的，监管机构需要向排放企业广泛宣传配额衍生品的作用，鼓励排放企业通过交易配额衍生品来对冲配额价格风险，聚焦主营业务。

2. 配额衍生品对投资者的功能

配额二级市场上除了排放企业，还有大量的投资机构。投资机构分析配额未来价格的走向，买卖配额来获取收益。与其他金融工具类似，配额的价格也存在大幅度波动。投资机构需要配额衍生品来对冲配额现货价格的风险。此外，由于衍生品存在较高的杠杆，有些投资机构更愿意通过投机配额衍生品来获取收益。因此，配额衍生品还具有投机的功能。

（1）套期保值功能。投资机构在配额二级市场买卖配额来获取收益，存在较高的价格风险。为对冲配额价格变动风险，投资机构可以通过交易配额衍生品来实现。交易配额期货，可以在短期内对冲配额价格风险，但也会对冲掉潜在的收益。而交易配额期权，可以在对冲配额风险的同时，保留潜在的收益。但期货交易的成本极低，期权交易需要较高的成本。

（2）投机功能。与投资配额现货相比，投机配额衍生品有更多优势：可以通过配额衍生品方便地做空配额；投资同样数量的配额，衍生品所需资金要远低于配额现货。投资者通过分析配额价格的变动趋势，做空或做多配额期货，或者购买配额期货期权来获取高额收益。投资机构在配额衍生品市场上的投机行为，可以极大增加配额衍生品的流动性，为排放企业交易配额衍生品来对冲风险提供了便利。

广泛宣传排放配额交易，除了吸引和鼓励有资质的投资者广泛参与排放交易系统，还可以宣传低碳理念。在宣传过程中，应注重采用多样化的宣传方式，有针对性地进行宣传，不断提高宣传效果。

三、培养排放交易专业人才

排放交易系统是一种全新的系统，以此为基础产生的排放配额也是一种全新的资产。欧盟于 2005 年开始 EU ETS 的试运行，是全世界开展排放交易最早的地区。中国虽然也开展了碳交易的试点，但 7 家交易所交易的都是区域性排放交易系统，交易量也很低。7 家碳交易所积累的经验，对未来中国建立全国性的排放交易系统参考价值有限。

建立中国排放交易系统，需要进行全新的构建与设计。当然，排放交易系统完全可以利用现有的中国金融的基础设施，如配额交易市场、登记结算系统等。但排放配额对于中国毕竟是一种全新的事物，需要在摸索中前进。建设排放交易系统的当务之急是培养专门人才。

（一）温室气体排放的技术人才

排放交易系统的运行，需要解决好的首要核心问题是准确测量温室气体的排放量。

1. 温室气体排放的测算需求

准确核算每一家企业的排放量，是为企业分配排放配额、设置排放上限，以及核查企业合规的基础。从世界范围来看，多数国家和地区在计算排放量时，主要通过各类公式和模型来推算。不同的企业、不同的国家技术水平不同，化石燃料的使用效率不同，使用的方法也不完全相同。直接测量每家企业的温室气体排放量，在技术上不现实，成本也太高，基本不具备可操作性。建立中国的排放交易系统，最基础、最重要的工作是研究探索适合于中国国情和发展水平，适用于不同行业的温室气体排放估算方法。这需要专业的方法和专业的人才，专门研究开发适用的估算方法。

2. 各类市场主体的核算需求

大型排放企业可以自行建立一支专业队伍，估算和评估自身排放量的问题，在此基础上才能确定以最低成本完成合规义务的途径。大部分中小型排放企业不具备大型企业的财力，缺乏足够的资源去成立一个专门的部门来处理减排事宜。排放交易系统就需要专业的中介服务机构来向中小企业提供有关服务，中介机构通过服务可以获取服务费用。在每个排放年度的年末，每家排放企业需要提交排放报告，核心数据是本排放年度的温室气体排放量。为确保排放数据的真实、准确，排放企业的排放数据需要通过核查机构的核查才能提交。核查机构是经过监管机构认证的专业中介机构，类似于证券市场中的会计师事务所。

确保排放数据的真实性和准确性是保证排放交易系统运行的基本要求。要做到这一点，需要培养专业的人才。中国作为全世界温室气体第一排放大国，2018 年排放量占全球总排放量的 28%。中国开展排放交易系统，势必要将主要排放企业全部纳入减排覆盖范围。中国的排放交易系统交易量将很快超过欧盟，成为全球第一大排放交易系统。排放交易系统的正常运行，需要各类基础设施协调配合。排放交易系统基础设施的建立，离不开专业人才，尤其是温室气体排放领域的技术人才。中国已经向全世界做出了减排承诺，要实现这一目标，就需要长期坚持节能减排的基本国策。排放交易系统作为减排系统的重要组成部分，是实现长期减排目标的一项重要基础设施。对于排放技术人才的培养，也需要制订一项长期的规划。除了在排放交易系统运行的实践中培养，还可以考虑在特定高校中，如矿业类、石油类、气象类等高校中设置有关专业。

（二）配额交易的专业人才

排放交易系统中，配额市场是决定排放交易系统实现减排功能的关键环节。从各国开展排放交易的实践来看，配额市场都是运行在现有的金融基础设施上，排放配额被作为一种金融工具或类金融工具来交易。这种安排极大降低了配额市场的建设成本，提高了配额市场的交易效率。

中国已经建立起比较成熟完善的金融体系，中国的配额市场也应该充分利用现有的金融体系，无论是配额现货市场，还是配额衍生品市场。与传统的金融工具股票、债券、外汇、商品等相比，排放配额与商品最为类似。将配额作为一种特殊的商品，能够最大效率利用金融市场中各类金融基础设施。

虽然将配额作为一种商品大大提高了配额交易的便利性，但配额与传统的商品如小麦、石油、黄金等毕竟不同，有其特殊性。配额的交易需要既懂金融又懂排放的专业人才。从金融市场的实践来看，配额交易的专业人才不需要像排放技术人才一样专门培养。绝大部分从事大宗商品交易的金融人员，并不具备所交易商品的专业背景，基本都是金融类专业的学生在毕业后，在从业过程中通过培训、学习等方式掌握商品的基本知识。配额作为一种特殊的大宗商品，也可以鼓励市场主体在交易过程中培养配额交易方面的专业人员。财经类高校也完全没有必要开设配额有关的专业，只需要在金融类专业的课程中增加几门排放配额方面的专业课程即可。

第十章　结　　论

全球变暖问题日趋严重，如果这种趋势得不到有效遏制，将严重威胁人类的生存和发展。造成全球变暖的主因经过多年的研究已经可以完全确定，那就是人类活动造成的过量温室气体的排放。降低温室气体排放量，是减缓全球变暖的最有效手段。实现温室气体减排的手段多种多样，但如何保证在实现减排目标的同时，经济发展不受或少受影响，是实现减排过程中需要解决的最大难题。目前来看，建立排放交易系统，通过市场化手段进行减排是实现这一目标的最佳途径。2005 年欧盟率先建立了全球第一个排放交易系统——欧盟排放交易系统 EU ETS，通过这一体系的有效运行，欧盟超额完成了《京都议定书》对欧盟设定的减排目标。在实现减排目标的同时，欧盟的经济社会发展基本未受到减排的影响。到目前为止，EU ETS 已经是世界最先进、覆盖区域最广、减排效果最好的排放交易系统，是全世界市场化减排的典范，成为很多国家学习和效仿的对象。

作为发展中国家，《京都议定书》对于中国的减排量并未做出具体规定。作为一个负责任的大国，中国已经向世界公开承诺：到 2020 年，实现单位国内生产总值二氧化碳排放比 2005 年下降 40% ~45%。从 2019 年的数据来看，中国已经提前超额实现了这一目标。

2015 年 12 月，《联合国气候变化框架公约》第 21 缔约方大会（COP 21）在法国巴黎召开。同年 12 月 12 日，巴黎气候变化大会上通过了《巴黎协定》。2016 年 4 月 22 日，《联合国气候变化框架公约》近 200 个缔约方在联合国总部纽约签署了《巴黎协定》。该协定为 2020 年后全球应对气候变化行动做出了安排：长期目标是将全球平均气温较前工业化时期上升幅度控制在 2℃以内，并将温度上升幅度限制在 1.5℃以内而努力。

为纪念应对气候变化《巴黎协定》达成 5 周年，2020 年 12 月 12 日联合国及有关国家以视频方式举行气候雄心峰会。在峰会上中国向全世界郑重承诺：中国将提高国家自主贡献力度，二氧化碳排放力争于2030年前达到峰值，努力争取2060年前实现碳中和。到2030年，中国单位国内生产总值二氧化碳排放将比2005年下降65%以上，非化石能源占一次能源消费比重将达到25%左右，森林蓄积量将比2005年增加60亿立方米，风电、太阳能发电总装机容量将达到12亿千瓦以上。

中国作为全球最大的温室气体排放大国、第二大经济体、最大的工业国，要实现减排目标难度很大。中国需要建立一套国家层面的完整的减排系统，各项减排政策协调配合，才能实现减排目标。这些配套政策包括：支持低碳技术的研发与推广，提高非化石能源的消费比重，提高森林蓄积量，征收碳税，建立排放交易系统等。建立全国统一的、唯一的排放交易系统，是实现减排目标的核心措施。其他减排措施如碳税，减排效果事先是不能完全确定的。如果碳税征收过低，无法实现减排目标；征收过重则企业经营成本过高，经济发展将遭受不利影响。确定一个“合适”的税率是非常困难的，即使通过实践确定了合适的税率，随着经济和技术的发展，这一税率很有可能变得不合适，频繁调整税率也不现实。

从宏观层面看，排放交易系统可以实现精准减排。事先就完全确定全国温室气体的排放上限，再将排放上限作为排放配额分发给排放企业。排放企业的排放量不能超过自身的排放上限，如果超过了就需要在配额市场购买超排的配额。排放企业购买的配额是其他排放企业剩余的排放配额。这样的运行机制以配额的市场价格为中心，排放企业通过配额价格的变化来决定是自身减排，还是购买配额的方式来完成减排任务。这种市场化的减排机制可以精确地控制整个排放交易系统的排放量，就能够实现在达到减排目标的前提下，将减排对经济社会发展造成的不利影响降至最低。

从微观层面看，减排量越多的企业通过出售多余配额获得的高收益，减排少或者没有减排的企业需要购买配额来完成减排任务。这种市场机制刺激企业努力去实现最大程度的减排，最终实现了社会的整体减排。这正是亚当·斯密在《国富论》和《道德情操论》中对市场这只“看不见的手”教科书般的应用。

人类的存在对地球而言是无足轻重的，但地球的环境对人类的生存和发展是决定性的，保护地球的环境其实是保护人类自己。地球气候变暖将导致极端天气频发、冰川消融、海平面上升，进而破坏生物多样性，严重威胁人类生存环境。全球气候治理刻不容缓，应对气候变化已成全人类最大共识。全球气候治理是一个世纪工程、人类事业，在气候变暖的危机面前任何国家都无法独善其身。作为世界上最大的发展中国家，中国其实无须承担减排的硬性指标，只需要尽力即可。但是作为真正负责任的行动大国，中国向全世界公开做出了承诺。实际上，多年来中国已经通过各种方式努力实现减排，如今中国已成为世界上清洁能源第一大国，风电、光伏发电装机规模和核电在建规模均居世界第一位，清洁能源投资连续多年位列全球第一位，新能源汽车产销量连续多年位居全球第一位，累计减少的二氧化碳排放也居世界第一位，优异的成绩单昭示着全球气候治理的中国贡献。应对气候变化的中国行动向世界表明，中国重信守诺，说到做到。

要实现中国的减排目标，尽快建立全国统一的排放交易系统已经成为共识。通过这一系统，能够以最低限度牺牲经济社会发展为代价，顺利实现减排目标。中国减排目标的实现，能够为全世界的减排事业作出重大贡献，可以鼓舞更多发展中国家为世界的减排事业作出更大贡献。排放交易系统的运行，能够有效降低温室气体的排放，为全世界所有人建设一个清洁、绿色、健康和繁荣的未来。这不仅仅是一个简单的系统，也不仅仅是一套规章制度，这是中国与人类的未来、与人类的希望订立的希望之约，将有助于使我们目前的轨迹走向更美好的命运。

作为人类，我们应该为积极的变化而共同努力，在社会的各个方面和世界的各个角落使之成为现实，来造福世世代代的所有人。正如联合国秘书长古特雷斯在 2020 年 12 月 12 日联合国气候雄心峰会上所说的那样："我们正站在起点上。眼前的道路此刻是充满希望的，但我们需要将这些希望转化为现实。道阻且长，我们不能心存幻想。"

附　　录

名词对照表

汉语名词	英语名词	英语缩写
小岛国联盟	Alliance of Small Island States	AOSIS
减排基金保障机制	Emission Reduction Fund	ERF
分配数量	Assigned Amount Units	AAU
澳大利亚气候交易所	Australian Climate Exchange	ACX
年度排放报告	Annual Emission Report	AER
认可与核查条例	Accreditation and Verification Regulation	AVR
布莱克－斯科尔斯－莫顿模型	Black-Scholes-Merton	B－S－M
北京市碳排放权配额	Beijing Emission Allowance	BEA
巴西期货交易所	Brazilian Mercantile & Futures Exchange	BM&F
缔约方会议	Conference of the Parties	COP
社区独立交易日志	Community Independent Transaction Log	CITL
碳捕获和储存	Carbon capture and storage	CCS
合并登记簿系统	Consolidated System of European Registries	CSEUR
芝加哥商品交易所集团	Chicago Mercantile Exchange	CME
市场滥用刑事制裁指令	Criminal Sanctions of Market Abuse Directive	CSMAD
跨部门修正系数	Cross Sectoral Correction Factor	CSCF
二氧化碳当量	CO_2 Equivalent	CO_2e
芝加哥气候期货交易所	Chicago Climate Futures Exchange	CCFE
重庆碳排放权	Chongqing Emission Allowance	CQEA
中国自愿核证减排	Chinese Certified Emission Reduction	CCER
气候行动追踪组织	Climate Action Tracker	CAT
碳价格支持	Carbon Price Support	CPS

续表

汉语名词	英语名词	英语缩写
机构气候行动储备	Climate Action Reserve	CAR
核证减排	Certification Emission Reduction	CER
碳金融工具合约	Carbon Financial Instrument	CFI
芝加哥气候交易所	Chicago Climate Exchange	CCX
国际航空碳抵消和减排计划	Carbon Offsetting and Reduction Scheme for International Aviation	CORSIA
清洁发展机制	Clean Development Mechanism	CDM
指定经营实体	Designated Operational Entity	DOE
欧盟排放交易系统	European Union Emissions Trading System	EU ETS
欧洲商品清算所	European Commodity Clearing	ECC
欧盟航空企业配额	EU Aviation Allocation	EUAA
欧盟交易日志	EU Transaction Log	EUTL
欧洲自由贸易区	European Free Trade Area	EFTA
欧洲经济区	European Economic Area	EEA
欧洲环境署	European Environment Agency	EEA
欧洲能源交易所	European Energy Exchange	EEX
能源投资回报比率	Energy Returned On Energy Invested	EROEI
欧洲气候交易所	European Climate Exchange	ECX
执行理事会	Executive Board	EB
欧盟排放配额	European Union Allowances	EUA
减排量单位	Emission Reduction Unit	ERU
排放交易系统	Emissions Trading System	ETS
金融行动特别工作组	Financial Action Task Force on Money Laundering	FATF
温室气体	Green House Gas	GHG
总增加值	Gross Added Value	GVA
广东省碳排放配额	Guangdong Emission Allowance	GDEA
国内生产总值	Gross Domestic Product	GDP
湖北碳排放权交易配额	Hubei Emission Allowance	HBEA
历史活动水平	Historical Activities Level	HAL
政府间气候变化专门委员会	Intergovernmental Panel on Climate Change	IPCC

续表

汉语名词	英语名词	英语缩写
国际航空运输协会	International Air Transport Association	IATA
国际碳行动伙伴关系	International Carbon Action Partnership	ICAP
国际交易日志	International Transaction Log	ITL
首次公开发行	Initial Public Offering	IPO
国际民用航空组织	International Civil Aviation Organization	ICAO
洲际交易所集团	Intercontinental Exchange	ICE
国际货币基金组织	International Monetary Fund	IMF
国际排放贸易	International Emissions Trade	IET
联合履约机制	Joint Implementation	JI
日本自愿排放交易系统	Japan Voluntary Emissions Trading System	JV ETS
线性折减系数	Linear Reduction Factor	LRF
监督、报告、核查与认证系统	Monitoring, Reporting, Verification and Accreditation	MRVA
金融工具市场法规	Markets in Financial Instruments Regulation	MiFIR
监测和报告条例	Monitor and Report Regulation	MRR
多边交易设施	Multilateral Trading Facility	MTF
市场滥用条例	Market Abuse Directive	MAD
市场滥用行为监管规定	Market Abuse Regulation	MAR
金融工具市场指令	Markets in Financial Instruments Directive	MiFID
市场稳定储备系统	Market Stability Reserve	MSR
监督、报告与核查系统	Monitoring, Reporting and Verification	MRV
新南威尔士州温室气体减排计划	NSW Greenhouse Gas Abatement Scheme	NSW GGAS
新市场抵消机制	New Market-based Mechanism	NMM
纽约商品交易所	New York Mercantile Exchange	NYMEX
国家执行措施	National Implementation Measure	NIM
新进入者储备	New Entrant Reserve	NER
国家分配计划	National Allocation Plan	NAP
北欧电力库	Nord Pool	NP
场外交易市场	Over the Counter	OTC
有组织的交易设施	Organised Trading Facilities	OTF
市场准备伙伴关系	Partnership for Market Readiness	PMR

续表

汉语名词	英语名词	英语缩写
金融市场基础设施原则	Principles of Financial Market Infrastructure	PFMI
项目开发援助	Project Development Assistance	PDA
区域温室气体减排行动	Regional Greenhouse Gas Initiative	RGGI
上海碳排放配额	Shanghai Emission Allowance	SHEA
深圳碳排放权配额	Shenzhen Emission Allowance	SZA
天津碳配额产品	Tianjin Emission Allowance	TJEA
东京都总量控制与交易项目	Tokyo Cap-and-Trade Program	TCTP
联合国气候变化框架公约	United Nations Framework Convention on Climate Change	UNFCCC
核证标准协会	Verified Carbon Standard Association	VCSA
西部气候倡议	Western Climate Initiative	WCI

参考文献

［1］艾明．EU－ETS碳期货价格影响因素分析［D］．北京：中国石油大学，2018．

［2］BP世界能源展望（2019年版）［R］．伦敦：BP公司，2019．

［3］黄杰．碳期货价格波动、相关性及启示研究——以欧盟碳期货市场为例［J］．经济问题，2020（5）：63－70．

［4］姜山．碳期货市场对现货价格波动性影响研究［D］．株洲：湖南工业大学，2018．

［5］李强林，邹绍辉．国际碳期货价格波动特性研究［J］．会计之友，2019（4），44－48．

［6］梁轶男．基于GARCH模型的欧盟碳期货市场风险度量研究［D］．哈尔滨：东北林业大学，2017．

［7］刘颖欣．EUA期货价格的主要影响因素及对我国碳交易市场发展的启示［D］．厦门：厦门大学，2018．

［8］潘晓滨．国际民用航空业碳抵消与减排计划综述［J］．资源节约与环保，2019（10）：142－144．

［9］齐绍洲，张振源．欧盟碳排放权交易、配额分配与可再生能源技术创新［J］．世界经济研究，2019（9）：119－136．

［10］孙悦．欧盟碳排放权交易体系及其价格机制研究［D］．长春：吉林大学，2018．

［11］万方．欧盟碳排放权交易体系研究［D］．长春：吉林大学，2015．

［12］中国应对气候变化的政策与行动2019年度报告［R］．北京：生态环境部，2019．

[13] 10 Years of the Experience in Carbon Finance [R]. Washington DC: World Bank, 2010.

[14] Annual European Union greenhouse gas inventory 1990 – 2012 and inventory report 2014 [R]. Copenhagen: European Environment Agency, 2014.

[15] Chevallier. Carbon futures and macroeconomic risk factors: a view from the EU ETS [J]. Energy Economics, 2009 (31): 614 – 625.

[16] China Carbon Market [R]. Hong Kong: Macquarie Research, 2013.

[17] Cities and Carbon Market Finance: Taking Stock of Cities' Experience with Clean Development Mechanism (CDM) and Joint Implementation (JI) [R]. Paris: OECD, 2010.

[18] George Daskalakis. On the efficiency of the European carbon market: New evidence from Phase II [J]. Energy Policy, 2013 (54): 369 – 375.

[19] ICAO Environmental Report 2016—Aviation and Climate Change. [R]. Montreal: ICAO, 2019.

[20] Julien Chevallier, Florian Ielpo, Ludovic Mercier. Risk aversion and institutional information disclosure on the European carbon market: A case-study of the 2006 compliance event [J]. Energy Policy, 2009 (1): 15 – 28.

[21] Julien Chevalliera. Time-varying correlations in oil, gas and CO_2 prices: an application using BEKK, CCC and DCC – MGARCH models [J]. Applied Economics, 2012 (32): 4257 – 4274.

[22] Labatt Sonia, Rodney R. White. Carbon Finance—The Financial Implications of Climate Change [M]. Hoboken: Wiley, 2007.

[23] Mapping Carbon Pricing Initiatives: Developments and Prospects [R]. Washington DC: World Bank, 2013.

[24] Oberndorfer. Energy prices, volatility, and the stock market: Evidence from the Eurozone [J]. Energy Policy, 2009 (12): 5787 – 5795.

[25] Progress Towards Achieving The Kyoto and EU 2020 Objectives [R]. Brussels: European Commission, 2014.

[26] Report on the functioning of the European carbon market 2019 [R/

OL]. https：//ec. europa. eu/clima/policies/ets_en#tab -0 -1.

[27] State and Trends of Carbon Pricing [R]. Washington DC：World Bank，2014 -2020.

[28] State and Trends of the Carbon Market [R]. Washington DC：World Bank，2003 -2012.

图书在版编目（CIP）数据

中国碳排放交易系统构建：来自欧盟的经验 / 谷晓飞等著 .
—北京：经济科学出版社，2021.9
ISBN 978 -7 -5218 -2801 -6

Ⅰ.①中… Ⅱ.①谷… Ⅲ.①二氧化碳 - 排污交易 - 研究 - 中国 Ⅳ.①X511

中国版本图书馆 CIP 数据核字（2021）第 168172 号

责任编辑：宋艳波
责任校对：刘 昕
责任印制：王世伟

中国碳排放交易系统构建
——来自欧盟的经验
谷晓飞 王宪明 著
经济科学出版社出版、发行 新华书店经销
社址：北京市海淀区阜成路甲 28 号 邮编：100142
总编部电话：010 -88191217 发行部电话：010 -88191522
网址：www. esp. com. cn
电子邮箱：esp@ esp. com. cn
天猫网店：经济科学出版社旗舰店
网址：http：//jjkxcbs. tmall. com
北京季蜂印刷有限公司印装
710×1000 16 开 27.25 印张 450000 字
2021 年 9 月第 1 版 2021 年 9 月第 1 次印刷
ISBN 978 -7 -5218 -2801 -6 定价：86.00 元